航天科技图书出版基金资助出版

伍德海德出版社复合材料科学和工程系列丛书

航空航天工程先进复合材料

——加工、性能和应用

Advanced Composite Materials for Aerospace Engineering：
Processing，Properties and Applications

［葡萄牙］索海尔·拉纳（Sohel Rana）
［葡萄牙］劳尔·范盖罗（Raul Fangueiro） 主编

南博华 李照谦 连爱珍 王 卓 陈以传 译

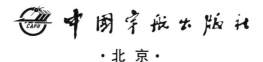

中国宇航出版社

·北京·

Advanced Composite Materials for Aerospace Engineering：Processing，Properties and Applications，first edition.
Sohel Rana，Raul Fangueiro.
ISBN：978 - 0 - 08 - 100939 - 0(English edition).
Copyright © 2016 Elsevier Ltd. All rights reserved.
Authorized Chinese translation published by China Astronautic Publishing House Co.，Ltd.

《航空航天工程先进复合材料——加工、性能和应用》
(南博华，李照谦，连爱珍，王卓，陈以传 译)
ISBN：978 - 7 - 5159 - 2037 - 5(Chinese edition)

版权所有　侵权必究

图书在版编目（ＣＩＰ）数据

航空航天工程先进复合材料：加工、性能和应用 /
（葡）索海尔·拉纳（Sohel Rana），（葡）劳尔·范盖罗
(Raul Fangueiro) 主编；南博华等译 . – – 北京：中国
宇航出版社，2022.2
书名原文：Advanced Composite Materials for
Aerospace Engineering：Processing，Properties and
Applications
ISBN 978 - 7 - 5159 - 2037 - 5

Ⅰ. ①航… Ⅱ. ①索… ②劳… ③南… Ⅲ. ①航空工
程－工程材料－复合材料②航天工程－工程材料－复合材
料 Ⅳ. ①V257

中国版本图书馆 CIP 数据核字（2022）第 027433 号

责任编辑　侯丽平　　封面设计　宇星文化

出版发行	中国宇航出版社		
社　址	北京市阜成路 8 号　邮　编　100830	版　次	2022 年 2 月第 1 版
	（010）68768548		2022 年 2 月第 1 次印刷
网　址	www.caphbook.com	规　格	787×1092
经　销	新华书店	开　本	1/16
发行部	（010）68767386　　（010）68371900	印　张	26　彩　插　2 面
	（010）68767382　　（010）88100613（传真）	字　数	633 千字
零售店	读者服务部　　（010）68371105	书　号	ISBN 978 - 7 - 5159 - 2037 - 5
承　印	天津画中画印刷有限公司	定　价	169.00 元

本书如有印装质量问题，可与发行部联系调换

航天科技图书出版基金简介

航天科技图书出版基金是由中国航天科技集团公司于 2007 年设立的，旨在鼓励航天科技人员著书立说，不断积累和传承航天科技知识，为航天事业提供知识储备和技术支持，繁荣航天科技图书出版工作，促进航天事业又好又快地发展。基金资助项目由航天科技图书出版基金评审委员会审定，由中国宇航出版社出版。

申请出版基金资助的项目包括航天基础理论著作，航天工程技术著作，航天科技工具书，航天型号管理经验与管理思想集萃，世界航天各学科前沿技术发展译著以及有代表性的科研生产、经营管理译著，向社会公众普及航天知识、宣传航天文化的优秀读物等。出版基金每年评审 1～2 次，资助 20～30 项。

欢迎广大作者积极申请航天科技图书出版基金。可以登录中国航天科技国际交流中心网站，点击"通知公告"专栏查询详情并下载基金申请表；也可以通过电话、信函索取申报指南和基金申请表。

网址：http：//www. ccastic. spacechina. com

电话：(010) 68767205，68768904

作者简介

索海尔·拉纳博士：目前是葡萄牙米尼奥大学纤维材料研究会（Fibrous Materials Research Group）的高级科学家，在印度加尔各答大学获得纺织技术学士学位，在印度理工学院（Indian Institute of Technology，IIT，德里）获得纤维科学和技术硕士、博士学位。当前的研究领域是先进纤维和复合材料、天然纤维、纳米复合材料、静电纺丝、多功能和生物复合材料等。他出版过 1 部著作，编辑过 4 本书并对 14 个章节有所贡献，发表过 6 次主旨和特邀报告，发表过各类期刊和国际会议论文约 100 篇。他也参与了几个科学期刊的编辑部工作，并且是众多科学期刊的知名评论家，这些期刊包括《复合材料科学和技术》《复合材料 A》《复合材料界面》《复合材料期刊》《增强塑料和复合材料期刊》《粉末技术》《纳米材料期刊》《实用聚合物科学期刊》等。

劳尔·范盖罗教授：目前是葡萄牙米尼奥大学工程学院的教授和高级研究者，是这个大学进行先进材料专门技术（纳米、智能和复合材料）和结构（3D、拉胀和多尺度）研究的纤维材料研究会的领导，该研究会有 25 名研究者。他也是纤维制品国际论坛（www.fibrenamics.com）的指导者、协调者，此论坛包括 200 名合作伙伴，旨在促进纤维基先进材料的发展、传播、技术转移和研究活动。他在国际知名科学期刊上发表过 110 多篇论文和 320 篇会议论文，编写了 36 本书，获得 14 项专利。他是几个国家级和国际级先进纤维和复合材料研究计划的科学协调者，主要面向建筑材质和健康应用。他也指导博士和博士后的科研工作，同时是欧洲科技纺织品论坛的专家，以及几个领先复合材料和纤维材料国际科学期刊的编委会成员。

前　言

当前，航空航天工业正在寻找可供选择的材料来降低燃料消耗、提高安全性。纤维增强复合材料通过将不同的材质（聚合物、无机物、金属）、尺度（宏观、微观和纳米）和形态（管状、粒子、短纤维、丝束或织物）的纤维与各种基体材料结合提供了一个较宽的性能范围。先进复合材料可以满足航空航天材料所需的性能要求，因此，它们在航空航天工业中的应用越来越广泛。

本书主要集中介绍先进复合材料以及它们在航空航天工业中的应用，论述了这些材料的基本和高级要求，这对于航空航天领域的各种应用都是必要的。也对主要类型的商业化复合材料进行了论述，例如层压板、夹层结构复合材料、编织复合材料、陶瓷和金属基复合材料以及碳-碳复合材料，并且与金属进行了对比，对纤维类型、基体、结构、性能、模拟、测试、机械和结构行为等众多方面均进行了论述。关于航空航天材料的主要要求和什么样的先进复合材料可以满足这些要求在第1章中进行了简要论述，该章也介绍了在航空航天工业中那些已经在使用或将来期望使用的不同类型的复合材料，关于这些复合材料的详细论述会在后续章节中进行。

除材料外，增强体的体系结构对复合材料性能也有很大的影响，为了满足先进技术部门的需求，在复合材料中越来越多地使用先进纤维体系结构。关于这方面，第2章致力于通过编织和针织技术制造先进的2D和3D纤维组织结构，并对它们的生产方法、性能和应用进行了详细论述。

有几种新型复合材料在航空航天工业中有巨大的应用潜力，例如纳米复合材料、多尺度复合材料和拉胀复合材料，对这些材料也进行了详细研究。和其他工业应用一样，纳米技术在发展卓越的高性能和多功能材料方面也已经显示出巨大的确定性优势。纳米复合材料和多尺度复合材料在航空航天工业是有重大前景的先进材料，这些复合材料的概念、产品、加工、挑战、模拟和应用将在第8章和第9章中进行论述。拉胀复合材料也是在航空航天应用中较新的具有卓越特性的材料，这些复合材料将在第7章中进行论述。

在提高安全性、减少维护和提高航空航天材料性能方面，损伤自感应和损伤自愈合是重要特性，第10章和第11章详细介绍了各种自感应和自愈合复合材料的概念、类型、机理和性能，以及在航空航天工程中的应用。考虑到环境利益和可持续性，天然纤维和生物复合材料在航空航天工业中也获得潜在应用，这些重要材料将在第12章中进行论述。

质量控制是在航空航天工程中材料使用时的重要任务，这是因为航空航天工程要求高安全性。航空航天材料质量控制从原材料检验开始，并且通过监测生产过程和最终结构零部件的检测来表征，所有这些航空航天复合材料质量控制基本步骤在第 15 章中进行论述。

本书重点介绍这些材料的设计、加工、性能、模拟和应用潜力，与其他出版物不同的是，本书所介绍的是完全致力于航空航天领域应用的先进复合材料。这些材料的所有要求都进行了论述，以及当下可以使用的不同类型、结构、性能、测试、模拟和产品设计例子。本书不但论述当下可以使用的所有先进复合材料，也论述那些仍处于研究阶段的新颖材料。我们坚信本书对当前从事这个研究领域的工程师和科学家将提供有益的基础性参考；本书也可作为先进复合材料专业学生的参考读物。

我们非常感谢所有参与者的有价值的贡献，我们也衷心感谢米尼奥大学纤维材料研究会、纺织品科学和技术中心（Centre for Textile Science and Technology）为本书的出版所提供的所有资源，也诚挚感谢我们的同事（特别是 Subramani Pichandi 先生）在本书章节格式排版美化中的友情帮助。爱思唯尔有限公司出版团队（Gwen Jones，Steven Mathews，Kate Hardcastle 和 Charlotte Cockle）在本书的出版中给予了大力支持，在此表示衷心的感谢。

索海尔·拉纳和劳尔·范盖罗

葡萄牙米尼奥大学

致　谢

　　奉献给我的导师和最亲爱的父亲穆罕默德·阿布杜尔·拉扎克（Md. Abdur Razzaque），以及我可爱的妻子加尔吉（Gargi），在我每部作品的背后都有她的爱和灵感，包括本书。

——索海尔·拉纳

　　奉献给我的妻子安娜（Ana）和我的女儿们，卡罗琳娜（Carolina）、安娜·乔奥（Ana João）和伊内斯（Inês）……，有你们，一切皆有可能！

——劳尔·范盖罗

相关书目

《先进复合材料失效模拟》(*Modelling of Failure in Advanced Composite Materials*，ISBN 978 - 0 - 08100 - 332 - 9)

《智能自愈合聚合物和复合材料新发展》(*Recent Advances in Smart Self -healing Polymers and Composites*，ISBN 978 - 1 - 78242 - 280 - 8)

《先进复合材料结构完整性和耐久性预估》 (*Predicting Structural Integrity and Durability in Advanced Composite Materials*，ISBN 978 - 0 - 08100 - 137 - 0)

参与者清单

R. D. Anandjiwala　CSIR 材料科学与制造，南非伊丽莎白港；纳尔逊曼德拉城市大学理学院，南非伊丽莎白港

C. Ayranci　加拿大艾伯塔省埃德蒙顿市

P. Balakrishnan　圣雄甘地大学，印度喀拉拉邦科塔亚姆

A. M. Baptista　波尔图大学，葡萄牙波尔图

J. P. Carey　艾伯塔大学，加拿大艾伯塔省埃德蒙顿市

U. Chatterjee　印度理工学院，印度新德里

B. Cheung　艾伯塔大学，加拿大艾伯塔省埃德蒙顿市

D. D. L. Chung　纽约州立大学，美国纽约州布法罗

R. Das　奥克兰大学，新西兰奥克兰

M. de Araujo　米尼奥大学，葡萄牙吉马良斯

R. Fangueiro　米尼奥大学工程学院，葡萄牙吉马良斯

Z. Fawaz　瑞尔森大学，加拿大安大略省多伦多

K. V. N. Gopal　印度理工学院马德拉斯分校，印度钦奈

H. Hu　香港理工大学，香港九龙

A. Hunt　艾伯塔大学，加拿大艾伯塔省埃德蒙顿市

M. Ivey　艾伯塔大学，加拿大艾伯塔省埃德蒙顿市

M. J. John　CSIR 材料科学与制造，南非伊丽莎白港

M. Joshi　印度理工学院，印度新德里

K. M. Karumbaiah　奥克兰大学，新西兰奥克兰

L. Z. Linganiso　CSIR 材料科学与制造，南非伊丽莎白港

F. J. Lino Alves　波尔图大学，葡萄牙波尔图

Y. Liu　香港理工大学，香港九龙

A. T. Marques　波尔图大学，葡萄牙波尔图

C. Melchior　国立化学工程技术学院（INP－ENSIACET），法国图卢兹

G. W. Melenka　艾伯塔大学，加拿大艾伯塔省埃德蒙顿市

J. P. Nunes　米尼奥大学，葡萄牙吉马良斯

S. Parveen 米尼奥大学工程学院，葡萄牙吉马良斯

L. Pothen 摩尔主教学院，印度喀拉拉邦阿勒皮

S. Rana 米尼奥大学工程学院，葡萄牙吉马良斯

C. Scarponi "拉萨皮恩扎"罗马大学，意大利罗马

J. F. Silva 波尔图理工学院，葡萄牙波尔图

M. S. Sreekala 卡拉迪斯里桑卡拉学院，印度喀拉拉邦埃尔纳库拉姆

S. Thomas 圣雄甘地大学，印度喀拉拉邦科塔亚姆

Z. Wang 香港理工大学，香港九龙

A. Zulifqar 香港理工大学，香港九龙

目　录

第1章 航空航天工程先进复合材料

S. Rana，R. Fangueiro

（米尼奥大学工程学院，葡萄牙吉马良斯）

1.1 绪论和现状

航空航天工程是一个涉及航空和航天飞行器发展的工程分支。类似于许多其他的工程学科，材料科学和工程学是航空航天工程的主要部分，这是由于要采用材料来构建航空航天结构件。虽然金属通常用来构建航空航天结构件，但是，材料科学的进步，特别是复合材料科学和技术的进步，使有前景的航空航天工程新材料得到发展。复合材料是由两种或更多组分结合而成的混合物，为了充分利用每种组分的优点，近来，纤维增强聚合物复合材料（FRPs）通过增强不同类型的基体（例如聚合物、陶瓷、金属等）得到了发展，纤维材料正在获得航空航天工程的极大关注。在现代航空航天工业中复合材料的消费已经超过了50%（Brown，2014），复合材料已经应用于航空航天工业的一级和二级结构零部件，包括火箭发动机铸件、天线屏蔽器、天线反射面、发动机舱、水平和垂直尾翼、中央翼盒、飞机机翼、压力舱壁、起落架舱门、发动机通风帽、地板梁、头锥、副翼线路照明盘、垂直和水平安定面等，图1-1所示为复合材料在商用航空飞行器上应用的增长。波

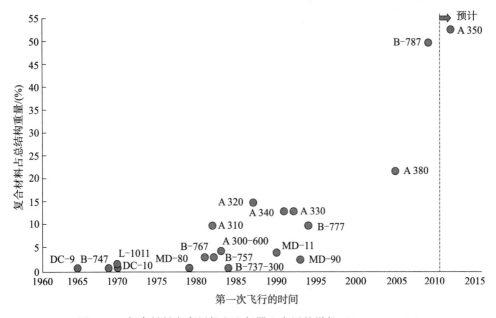

图1-1 复合材料在商用航空飞行器上应用的增长（Brown，2014）

音-777是一款远程双引擎喷气客机，载客量超过300人，于2000年投放市场，它使用了11%的复合材料（见表1-1）；波音-787梦幻客机于2007年投放市场，它使用了超过50%的复合材料（使用了23 t碳纤维制造的大约32 t的碳纤维复合材料），图1-2所示为复合材料在波音-787梦幻客机上的使用情况。在2014年，价值超过11亿美元的大约1 680 Mt复合材料应用在发动机部件上，按此估算，到2023年（Red，2015），复合材料的使用将达到2 665 Mt，价值17亿美元。考虑到高温的要求，可以认为陶瓷基复合材料在航空发动机部件中将有巨大的发展前景。

表1-1　纤维增强聚合物复合材料在飞机结构件中应用的增长

波音-777	波音-787梦幻客机
2000年投放市场	2007年投放市场
11%FRPs	50%FRPs
70%铝	20%铝
7%钛	15%钛
11%钢	10%钢
1%其他	5%其他

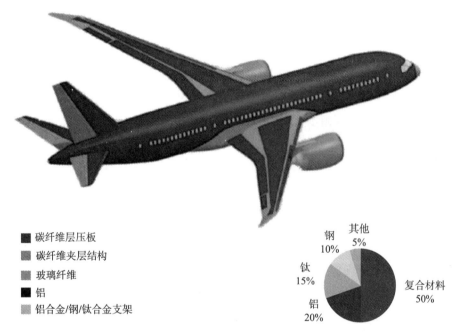

图1-2　复合材料在波音-787梦幻客机上的使用情况（Brown，2014）（见彩插）

图例：
■ 碳纤维层压板
■ 碳纤维夹层结构
■ 玻璃纤维
■ 铝
■ 铝合金/钢/钛合金支架

饼图：钢10%　其他5%　钛15%　铝20%　复合材料50%

过去这些年FRPs使用实质性的增长是由于先进FRPs可以应对大多数航空航天材料的重要需求（Koski等，2009；Nurhaniza等，2010；Mouritz，2012；Alderliesten，2015；Pevitt和Alam，2014；Huda和Edi，2013）：

1）轻质：相较于金属材料，FRPs的重量比较小。考虑到燃料价格增长，为了达到较大的燃料节约而降低航空飞行器结构重量是一个一直存在的巨大需求，复合材料的使用可以使飞机结构重量降低超过 30%。此外，低燃料消耗有助于降低温室气体的排放。

2）应用在航空航天工程中的复合材料应该具有较高的静力学强度。有些结构零部件中，比如机翼，由于风切力和其他高瞬时力，需要材料具有耐极端压力的能力。

3）对应用在航空航天工程中的复合材料的另一个重要需求是良好的抗疲劳性。航空航天结构件的使用寿命主要取决于材料的抗疲劳性，良好的抗疲劳性能增加使用寿命，减少维护的次数和费用，提高安全性。

4）航空航天工程中的复合材料也应该具有高韧性和高损伤容限，这样结构中的裂纹和缺陷不能快速增长而避免结构件突然失效。

5）对航空航天材料的另一个基本需求是耐高冲击能，以抵抗各种突发的冲击力（例如机鸟互撞、外来物体等）。

6）航空航天材料也应该具有电磁波屏蔽功能。

7）对航空航天复合材料的一个重要需求是多功能性。复合材料应该在比较宽的温度范围（从冰点到高温）内保持优异的空间稳定性、抗雷击、抗冰雹、耐腐蚀性（例如喷气机燃料、润滑剂和脱漆剂等流体）以及耐火、耐烟和抗毒性。

8）结构健康监测（SHM）也是对航空航天复合材料的基本需求。这是在线监控航空航天结构件损伤来实现实时维护所必需的，这将有助于降低维护费用和提高航空航天结构件的安全性。

9）为了提高在航空航天工程中应用的竞争性，复合材料也应具有供应的便利性、简单的设计和生产工艺以及可靠的分析和预测工具。

现在的先进复合材料能够满足所有以上要求，除此之外，相较于金属材料，复合材料需要的连接和铆接更少，使得航空飞行器具有较高的可靠性，并且对结构的疲劳裂纹敏感性较低。举个例子，在 LCA Tejas 中，相较于金属材料设计，复合材料的应用减少了 40% 的零件，在机身上减少了一半的紧固件和大约 2 000 个钻孔，降低了成本的同时，也缩短了飞机的装配周期（相较于金属设计的 11 个月，使用复合材料仅仅需要 7 个月）（http：//www. tejas. gov. in/technology/composite _ materials. html）。另外，通过降低温室效应气体排放以及在材料寿命周期末期进行再生或生物降解（在使用绿色复合材料的情况下），为设计绿色客机提供了可能性。

然而，在现代航空器和航天器中复合材料的应用仍存在一些挑战，复合材料存在的一个问题是在机身结构中的行为信息有限，这是由于相较于金属设计，复合材料在机身上的应用经验较少，工程师只能依靠预测工具来了解复合材料在机身结构中的行为。另一个关系到航空航天复合材料应用的问题是复合材料的结构比较复杂，这使得检测损伤比较困难，特别是不可见的冲击损伤。同样，由于技术人员对结构中应用复合材料的经验较少，相较于金属结构，复合材料的修补更费时间。航空航天结构复合材料技术还相当不成熟，并且这些复合材料缺少标准化。因此，未来的努力应集中在解决这些挑战上，以稳定提升航空航天工业中复合材料的应用。

1.2　先进复合材料类型

1.2.1　层压复合材料

层压复合材料是在各种工业中比较常用的复合材料，这种复合材料是由许多纤维层与基体材料结合而成，图 1-3 举例说明了层压复合材料的结构。

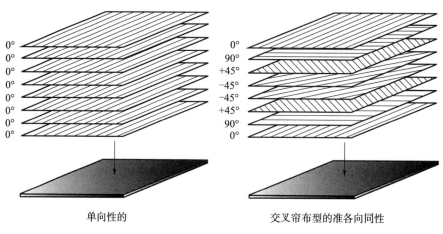

图 1-3　层压复合材料示意图

如图 1-3 所示，纤维层按照复合材料的轴在不同的方向排列，因此，它们的面内性能可以在不同的方向进行定制。层压复合材料具有较高的面内强度和硬度特点，但是层压复合材料的主要缺点是在穿过厚度方向的性能较弱。层压复合材料的一个主要失效模式是在载荷条件下不同层出现分层现象，可以用不同的层缝合方法来降低这种分层问题，但是这会降低层压复合材料的面内特性。最近，含有穿过厚度的纱线的不同三维（3D）纤维体系结构被用来生产复合材料层压板，以提高 Z 向特性（Rana 和 Fangueiro，2015），图 1-4 所示为含有厚度方向捆扎纱线的 3D 机织织物纤维体系结构。使用不同的 3D 纤维体系结构制成的复合材料具有较高的断裂韧性、耐损伤容限和冲击性，并且可以制造复杂的和近净成型的复合材料预制体。

1.2.2　夹层结构复合材料

夹层结构复合材料是由两个薄、坚固的蒙皮和厚的轻质芯材结合而成的，图 1-5 所示为夹层结构复合材料。

在夹层结构复合材料中，面板是典型的高强度复合材料，面板用胶粘剂粘接到不同类型的芯材（蜂窝、巴萨木、泡沫等）上。相较于层压复合材料，夹层结构复合材料具有以下几个优点：

1）轻质；

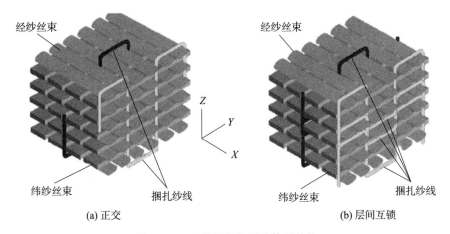

(a) 正交　　　　　　　　　　　　　　(b) 层间互锁

图 1-4　3D 机织织物纤维体系结构

（摘自：Mouritz，A. P.，et al.，1999. Review of applications for advanced three-dimensional fibre textile composites. Composites Part A：Applied Science and Manufacturing 30（12），1445-1461.）

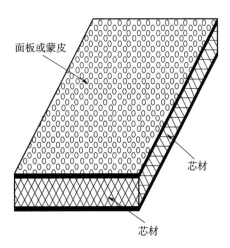

图 1-5　夹层结构复合材料示意图（Velosa，2012）

2）高弯曲刚度；

3）成本效益；

4）绝热；

5）隔音；

6）减振。

类似于层压复合材料，夹层结构复合材料的一个主要问题是芯材和蒙皮的脱粘。近年来，已经开发出了带有完整蒙皮或面板的夹层纤维体系结构（例如，机织织物和编织空间织物），这些纤维体系结构被用作夹层结构复合材料的预制体来消除面板和芯材的脱粘问题。

1.2.3　编织复合材料

编织复合材料是从采用编织技术发展而来的纤维体系结构引申出的（Rana，2015），编织结构是由缠绕的两种或更多的纱线制成的，并且区别于由纱线相对结构轴排列的其他纤维体系结构，图 1-6 显示了一个编织结构来说明编织角和其他结构参数。

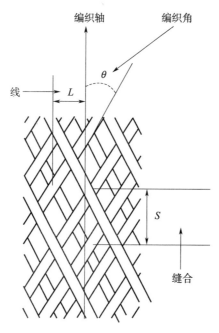

图 1-6　显示不同的结构参数的编织结构示意图

（摘自：Sohel Rana，Raul Fangueiro，2015. Braided Structures and Composites：Production，Properties，Mechanics and Technical Applications，CRC Press.）

编织结构可以是 2D、3D 或多维的，并且有非常大的弹性，可以生产不同的形状，例如空心管、实心管、平板、立方体和不规则形状或者成型的块体。此外，许多带复杂剖面的也能被生产，例如 I 梁、H 梁、三角梁、槽型梁、角型梁、带肋的实心柱、管、板等，这些都能用来制作编织复合材料。编织复合材料具有许多优点，例如：

1) 高抗剪切和抗扭强度及刚度；
2) 高抗挠强度和高模量；
3) 高损伤容限和疲劳寿命；
4) 缺口不敏感；
5) 高断裂韧性；
6) 可能开发出复杂的和近净成型的复合材料。

1.2.4　拉胀复合材料

拉胀复合材料具有负泊松比（不同于常规材料，这类材料在纵向加载时在横向扩展）

（Subramani，2014），这种行为如图 1 - 7 所示。

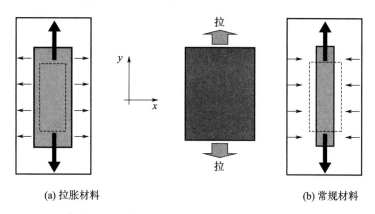

|(a) 拉胀材料|(b) 常规材料|

图 1 - 7　拉胀材料、常规材料在拉伸载荷下的行为（Uzum，2012）

由于这种与众不同的特性，拉胀材料具有以下优势：

1）高剪切模量；

2）同向曲率；

3）高阻尼；

4）高断裂韧性；

5）增强的抗裂纹扩展能力；

6）高的能量吸收能力。

拉胀复合材料可以通过不同的技术来制备：第一种是以拉胀织物（例如，通过编织技术制备）或拉胀纱线（例如，双螺旋纱线）的形式使用拉胀增强体制备；第二种是斜交铺设法，通过许多非拉胀复合材料按照特定的顺序排列产生拉胀行为。

1.2.5　陶瓷基和金属基复合材料

陶瓷基复合材料通过使用连续纤维、颗粒或晶须（Robert 等，1988）增强陶瓷发展而来。陶瓷基复合材料一些常规的增强体有碳化硅（SiC），碳化钛（TiC）和碳化硼（B_4C），氮化硅（Si_3N_4）和氮化硼（BN），氧化铝（Al_2O_3）和氧化锆（ZrO_2）以及碳（石墨或部分无定形碳）和硼。陶瓷基材料具有以下优点：

1）高断裂韧性；

2）抗突变失效；

3）高强度；

4）轻质；

5）低的热膨胀性；

6）耐高温能力；

7）高抗氧化性。

金属基复合材料是通过增强不同类型的金属基体制造的，比如铝、镁、钛、铜等（Miracle，2005），金属基复合材料的典型增强体是陶瓷颗粒或纤维、碳纤维和金属纤维。

不同的加工工艺被应用于金属基复合材料的制备，比如使用液态金属的工艺（电镀和电铸、搅拌铸造、压力渗透、模压铸造、喷射沉积和反应处理）和粉末冶金。金属基复合材料的优点有：

1) 高抗挠强度和刚度；

2) 高延展性和断裂韧性；

3) 耐高温性；

4) 高阻燃性能；

5) 高导电性和导热性；

6) 不吸湿性；

7) 较好的辐射防护。

1.2.6　纳米复合材料

纳米复合材料是通过使用纳米材料达到增强目的或提高复合材料功能的一类复合材料（Thostenson，2005）。作为增强体，纳米材料具有以下优点：

1) 高比表面和较好的界面；

2) 较小的缺陷；

3) 改进性能所需的低体积分数。

一些碳纳米管和纳米纤维等纳米材料具有非常好的机械性能，已经证明它们是卓越的增强材料，在提高不同类型基体（聚合物、陶瓷、金属和水泥）的面内强度和刚度、断裂韧性、疲劳特性、冲击特性、动力学机械特性、热稳定性等性能上，这些纳米材料已经显示出优异的能力。纳米石墨、纳米粘土和金属纳米颗粒是另一些用于增强体的纳米材料。除此之外，具有其他功能的纳米复合材料已被开发出来了，例如导电性和导热性、电磁屏蔽、应变和损伤感应、气体阻隔性能、耐火性等。

纳米复合材料用以下方法制备：分散、熔体挤出、原位聚合、静电纺丝及其他。在分散法中，纳米材料通过超声波降解法、搅拌、压延或其他机械技术直接被分散在不同类型的基体中。在熔体挤出工艺中，纳米材料通过挤出机与热塑性基体混合。同样，纳米材料也能与单体混合，随后在纳米材料表面的官能团的催化下聚合。静电纺丝工艺也被用于生产功能性纳米复合材料纤维，为了达到这个目的，纳米材料被混合到聚合物溶液中，然后静电纺丝形成纳米复合纤维网或连续纱线，纳米材料用来提高纳米纤维网/纱线的机械稳定性并且引入几种其他功能。

1.2.7　多尺度复合材料

多尺度复合材料是一种新型的混杂复合材料；通过结合不同长度尺寸（比如宏观、微观或纳观）的增强体发展而来（Rana 等，2014，2015）。纳米材料既可以作为填料加入常规 FRPs 中，也可以在纤维引入基体前与纤维体系合成一体。纳米材料通过使用各种机械技术（比如超声波降解法、机械搅拌、压制和球磨研磨）分散加工引入基体中，有时也使用化学分散剂（比如表面活性剂）或化学处理来分散。也有另一种方法，纳米材料通过直接生长、涂覆、上胶、喷涂、电泳沉积或化学接枝工艺与纤维体系连成一体。

不同类型的纳米材料一般用于制作多尺度复合材料，比如碳纳米材料（包括 CNT、CNF、纳米石墨等）、纳米粘土、金属纳米颗粒（如纳米-Al_2O_3）等，这使得多尺度复合材料具有不同的性能和特点，例如：

1）增强的面内机械性能；

2）改进的断裂韧性；

3）高的热稳定性；

4）优异的电导率和热导率；

5）电磁屏蔽效应；

6）高的抗耐冲击性；

7）自感应特性；

8）气体阻隔性能；

9）耐火性。

1.2.8　碳-碳复合材料

碳-碳（C-C）复合材料是通过碳纤维或最近发展的碳纳米管（CNTs）增强碳基体发展而来的。C-C 复合材料具有碳纤维的高比机械性能和碳基体的耐高温性（Manocha，2003），C-C 复合材料的优点如下：

1）高比强度；

2）高比刚度；

3）高温下的机械性能保持性；

4）生物相容性；

5）化学惰性。

C-C 复合材料主要通过两种技术方法生产：1）通过有机基体（热固性树脂和热塑性树脂）热解碳化；2）用碳氢化合物气体的化学气相沉积（CVD）方法。

1.2.9　天然纤维复合材料

近来，科学界和各工业应用部门（包括建筑业、汽车业、体育运动业、航空航天业和岩土工程业）均对各种天然植物纤维（比如剑麻、黄麻、亚麻、大麻、椰壳纤维等）投入了极大的关注。2010 年全球的天然纤维复合材料市场达到了 16 亿欧元，在过去 5 年每年都以 15％的速度增长。到 2016 年，天然纤维复合材料市场预计达到 28 亿欧元。天然纤维是低成本、轻质、安全、环境友好、可再生的材料，具有高比机械性能，且在它们生长和应用期间需要较少的能量（Rana 等，2014）。这些材料在降低使用以上领域中的像水泥、金属或者合成纤维等不可再生、非环境友好和高能耗材料上具有巨大的潜能。然而，即使有这些吸引人的特性，天然纤维由于其固有的缺点，很多应用需求都不能满足。天然纤维的一个主要问题是它的高吸湿性，这会导致其膨胀、降解、强度损失，其他主要的缺点是耐化学性、耐高温性和耐火性差。此外，天然纤维与不同基体（聚合物或水泥）结合时表现出较差的界面性能，并且由于它们的膨胀性，导致天然纤维在脆性基体中会形成裂纹。因此，天然纤维和用天然纤维制造的结构件的耐久性是被怀疑的，这限制了这些优秀材料在不同工业部门的充分使用。

通常，天然纤维可以通过被碱、疏水物质、硅烷、过氧化物、高锰酸钾等不同的化学品处理来降低吸湿性和提高与各种基体的相容性（Relves 等，2015）。然而，尽管这些化学处理非常有效，但是由此产生的废化学品和废水对环境造成了污染。近来，等离子表面改性作为各种聚合物纤维包括天然纤维清洁和干燥表面改性技术已经出现，尽管等离子处理依靠等离子发生器使用各类气体（空气、氧气、氮气等）能提供不同的功能化表面，但是，这项技术在不同的表面改性和表面官能团稳定性方面是有局限性的，因此，为了在每种应用中生成稳定的多样性官能团，已经实现了在等离子体官能化表面接枝各种聚合物，然而这个过程包含化学反应步骤（接枝），因此这又与环境污染相关。使用表面反应和聚合同时进行的等离子聚合工艺可以代替接枝步骤，等离子聚合已经被广泛应用在防腐表面和防刮擦涂层、化学性阻挡层和疏水性涂料中，因为这是一个清洁、绿色（例如，无溶剂）的工艺，是可靠的、可再生的且广泛适用于各种单体、不同表面和几何形状试样。因此，这些先进表面处理方法能克服天然纤维的固有问题，也能引入其他的功能，从而提高它们在不同工业部门的应用。

1.2.10　自感应复合材料

自感应复合材料能感应应变、损伤、温度等（Rana 等，2014；Wang 和 Chung，2013）。当前，自感应复合材料在需要提高安全性的各种结构应用中备受青睐，感应的现有方法差不多都是基于外部传感器，为了感应应变和损伤，光纤和压电传感器已经被广泛研究并已经得到商业化应用。然而，这些感应系统有一些固有的缺点，比如成本高、必须熟练人员操作、易碎、细微地方难以达到等，为了应对这些问题，出现了自感应复合材料，使用这些复合材料的结构件有感应应变和损伤的能力。图 1-8 显示了由碳纤维制成的自感应复合材料的响应。

自感应复合材料通常以压阻原理工作（它们在应变和损伤下会改变电阻），这些复合材料含有像碳纤维或碳颗粒或纳米管等导电组分。电阻的变化是由于导电单元之间的电接触点发生变化。在拉伸载荷下，由于减少了导电短纤维、颗粒或纳米管间的电接触点而导致电阻增加，复合材料在承受压缩载荷时的情况则相反。但是，在长纤维复合材料情况下，由于纤维排列和电接触点增加而导致的拉伸载荷期间电阻的降低已有记录，当然，电阻的变化范围通常是较低的。

在长纤维复合材料被大量地应用在航空航天和其他技术领域时，发展具有良好感应性能的长纤维复合材料将是挑战。最近，已经开发出了碳和其他不导电低强度纤维的混杂复合材料来实现复合材料损伤感应，这些复合材料在材料完全破坏前会出现急剧的电阻变

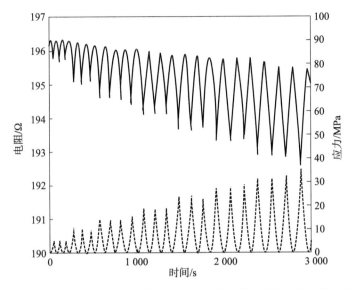

图 1-8　碳纤维环氧基复合材料在持续压力的透厚电阻（粗的上部曲线）下的变化

（摘自：Wang，D.，Chung，D. D. L.，2013. Through-thickness piezoresistivity in a carbon fiber polymer-matrix structural composite for electrical-resistance-based through-thickness strain sensing. Carbon 60 (1)，129-138）

化，然而，这些材料仅仅在预应力情况下才能显示足够灵敏的应变感应，为了解决这个问题，碳颗粒或碳纳米管（CNT）类的纳米材料已经被用来达到良好的感应性能。基于碳纳米管的复合材料能够检测结构中的微小损伤，因此，其在航空航天结构自感应方面非常有发展前景。

1.2.11　自愈合复合材料

自愈合复合材料是那些能够自动修复它们结构内的初始损伤的材料（Blaiszik 等，2010）。损伤自愈合可以是外在的（例如，复合材料含有损伤修补的外愈合剂）。愈合剂可以被包覆在微胶囊、中空纤维或毛细血管网络中，裂纹一旦产生，这些含有愈合剂的系统破裂，释放愈合材料并且修补这些裂纹，图 1-9 所示为基于微胶囊的愈合机理。

自愈合也可以通过几种内在的机理产生。在这种内在自愈合情况中，复合材料含有一些能够在外界的热、光、辐射等作用下发生可逆相互作用的聚合物，因此，在损伤开始时，外部激励引起不同类型的可逆相互作用（例如，热塑性聚合物的可逆相变、像狄尔斯-阿尔德反应的可逆化学键合、离子聚合物中的可逆相互作用、可逆超分子相互作用、形状记忆类的可逆相互作用等）并且修补这种裂纹。复合材料愈合效率用如下的方程式计算

$$\eta = \frac{f_{\text{healed}} - f_{\text{damaged}}}{f_{\text{virgin}} - f_{\text{damaged}}} \qquad (1-1)$$

式中，f 是影响因子。

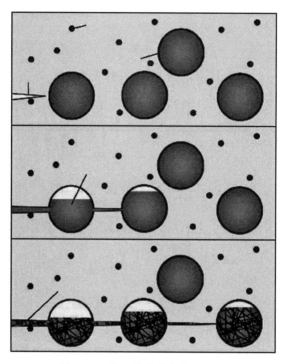

图 1 - 9　基于微胶囊的愈合机理

(摘自：Garcia, S. J., Fischer, H. R., 2014. 9 - Self - healing polymer systems: properties, synthesis and applications. In: Aguilar, M. R., Román, J. S. (Eds.), Smart Polymers and Their Applications, Woodhead Publishing. pp. 271 - 298.)

自愈合复合材料能够修补以下性能：

1) 断裂性能；

2) 疲劳性能；

3) 冲击能；

4) 防护和腐蚀性能。

1.3　结语

由于先进复合材料相较于金属材料的一些优势，比如复合材料的轻质、高强度、耐腐蚀和较高的疲劳断裂性能，以及像 SHM 和自愈合等功能，使得先进复合材料在航空航天工业部门中的应用稳步增长。一些类型的复合材料已经应用于航空航天工业中，比如层压复合材料、夹层结构复合材料、编织复合材料、C - C 复合材料和金属基及陶瓷基复合材料。其他的新型复合材料，比如纳米复合材料、拉胀复合材料和多尺度复合材料，由于其众多的优越性能在航空航天工业部门也有巨大的前景。自感应和自愈合复合材料技术也将会进一步研究，来满足航空航天工业当前的需求。然而，可靠的检测和预测工具、修补技术和航空航天复合材料标准化的需求仍然存在，未来的努力应致力于解决这些问题。

参 考 文 献

[1] Alderliesten, R. C. , 2015. Design for damage tolerance in aerospace: a hybrid material technology.
Materials and Design 66, 421 - 428.

[2] Blaiszik, B. J. , et al. , 2010. Self - healing polymers and composites. Annual Review of Materials
Research 40 (1), 179 - 211.

[3] Brown, G. , 2014. The use of composites in aircraft construction. http: //vandaair. com/2014/04/
14/the - use - of - composites - in - aircraft - construction.

[4] Garcia, S. J. , Fischer, H. R. , 2014. 9 - Self - healing polymer systems: properties, synthesis and
applications. In: Aguilar, M. R. , Román, J. S. (Eds.), Smart Polymers and Their Applications,
Woodhead Publishing. pp. 271 - 298.

[5] Huda, Z. , Edi, P. , 2013. Materials and Design 46, 552.

[6] Koski, K. , Siljander, A. , Backstronm, M. , Liukkonen, S. , Juntunen, J. , Sarkimo, M. ,
Lahdenpera, K. , Tikka, J. , Lahtinen, R. , 2009. Fatigue, residual strength and nondestructive
tests of an aging aircraft's wing detail. International Journal of Fatigue 31, 1089 - 1094.

[7] Manocha, Lalit M. , February/April 2003. High performance carbon - carbon composites. Sadhana
28 (Parts 1 & 2), 349 - 358.

[8] Miracle, D. B. , 2005. Metal matrix composites - from science to technological significance.
Composites Science and Technology 65, 2526 - 2540.

[9] Mouritz, A. P. , et al. , 1999. Review of applications for advanced three - dimensional fibre textile
composites. Composites Part A: Applied Science and Manufacturing 30 (12), 1445 - 1461.

[10] Mouritz, A. , 2012. Introduction to aerospace materials. Technology and Engineering 39.

[11] Nurhaniza, M. , Ariffin, M. K. A. , Ali, Aidy, Mustapha, F. , Noraini, A. W. , 2010. Finite
element analysis of composites materials for aerospace applications. In: IOP Conference Series:
Materials Science and Engineering, vol. 11, no. 1. IOP Publishing, p. 012010.

[12] Pevitt, C. , Alam, F. , 2014. Computer and Fluids 100, 155.

[13] Rana, Sohel, Fangueiro, Raul, 2015. Braided Structures and Composites: Production, Properties,
Mechanics and Technical Applications. CRC Press.

[14] Rana, S. , Zdraveva, E. , Pereira, C. , Fangueiro, R. , Correia, A. G. , 2014. Development of
hybrid braided composite rods for reinforcement and health monitoring of structures. The Scientific
World Journal 2014, 1 - 9.

[15] Rana, Sohel, Parveen, Shama, Fangueiro, Raul, 2015. Advanced carbon nanotube reinforced
multi - scale composites. In: Bakerpur, Ehsan (Ed.), Advanced Composite Materials: Manufacturing,
Properties, and Applications. De Gruyter Open.

[16] Red, C. , 2015. Composites in commercial aircraft engines, 2014 - 2023. http: //www. compositesworld.
com/articles/composites - in - commercial - aircraft - engines - 2014 - 2023.

[17]　Relves，Catia，Rana，Sohel，Fangueiro，Raul，Castro，Gaston，2015. Characterization of physical，mechanical and chemical properties of quiscal fibres. Plasma Chemistry and Plasma Processing 35，863 - 878.

[18]　Robert，Ruh，Palazotto，N.，Watt，George，1988. Introduction to ceramic composites in aerospace applications. Journal of Aerospace Engineering 1 (2)，65 - 73.

[19]　Subramani，P.，Rana，Sohel，Oliveira，Daniel V.，Fangueiro，Raul，Xavier，Jose，2014. Development of novel auxetic structures based on braided composites. Materials and Design 61，286 - 295.

[20]　Thostenson，E.，Li，C.，Chou，T.，2005. Review nanocomposites in context. Journal of Composites Science and Technology 65，491 - 516.

[21]　Uzum，M.，2012. Mechanical properties of auxetic and conventional polypropylene random short fiber reinforced composites. Fibres and Textiles in Eastern Europe 5 (94)，70 - 74.

[22]　Velosa，J. C.，Rana，S.，Fangueiro，Raúl，Van Hattum，F. W. J.，Soutinho，F.，Marques，S.，2012. Mechanical behavior of novel sandwich composite panels based on 3D - knitted spacer fabrics. Journal of Reinforced Plastics and Composites 31 (2)，95 - 105.

[23]　Wang，D.，Chung，D. D. L.，2013. Through - thickness piezoresistivity in a carbon fiber polymer - matrix structural composite for electrical - resistance - based through - thickness strain sensing. Carbon 60 (1)，129 - 138.

第2章 航空航天工程复合材料先进纤维体系结构

Y. Liu[1]，M. de Araujo[2]，H. Hu[1]

（[1]香港理工大学，香港九龙；[2]米尼奥大学，葡萄牙吉马良斯）

2.1 绪论

2013 年，复合材料行业的成品产值预计达到 950 亿欧元（1 260 亿美元），而且预计以后每年增长 9%～10%。这种投资一直是由航空航天工业推动的，目的是为了减小飞行器的重量。但是目前，应用更多的似乎是减小乘用车和其他车辆的重量（Anon，2014）。

由于一些纤维与其他材料（如金属）相比具有较高的比刚度和比强度（见表 2 - 1），它们在航空航天工程的许多应用中都很受青睐。

表 2 - 1 一些高性能纤维与一些金属的比性能比较

比性能	HM 碳纤维	HM 超纯芳纶	E -玻璃纤维	铝	钢
比模量：E/ρ（N·m/kg）[a]	256	80	28	26	27
比强度：σ/ρ（N·m/kg）[b]	1.2	2	0.775	0.05～0.23	0.04～0.27

注：E =杨氏模量；

ρ =密度；

σ =拉伸强度；

HM=高模量；

[a]比刚度；

[b]比强度。

纤维是一种物质，其特征是柔韧、纤细以及高的长径比（Anon，1963），由于纤维具有很高的比表面积，所以它们可以是非常坚固的材料。

在航空航天工程中，用于形成复合材料结构件的有用的纤维是高性能纤维，主要是有机和无机人造纤维，这些纤维是为了在强度、刚度、耐热性或耐化学性方面有很高要求的特殊应用而设计的，它们通常比标准纤维具有更高的强韧性和更高的模量，其中最重要的是碳纤维、芳纶和玻璃纤维。

纤维是各向异性的材料，它们沿纤维长度方向通常非常强韧和坚硬，但可能会在自身重量下弯曲，纤维具有较低的弯曲和扭转刚度。

顾名思义，纺织结构的复合材料是为结构或承载应用而设计的刚性含纺织物材料。

柔性纤维材料（纤维、纱线和织物）的特殊组合称为纺织复合预制体，纺织预制体在纤维取向、缠结和几何形状方面有很大的不同。此外，纺织预制体体系结构有很多种，可以从简单的二维薄板到复杂的三维（3D）净外形。

在飞机、火箭和其他应用中，比刚度是主要考虑因素，在这方面，碳纤维已成为主导材料。当比强度作为主要考虑因素时，首选的纤维材料是芳纶纤维（Scardino，1989）。

各种高性能纤维的结构和性能（包括强度、模量、韧性、耐热性、耐化学性等）必须转化到纱线和织物结构中，才能生产出具有应用所需性能的预制体。就力学性能而言，转化（转换）效率在很大程度上取决于所开发的纱线和织物的纤维取向程度。值得注意的是，织物的结构和几何形状在获得特殊性能（如耐热性和孔隙率）方面也起着重要作用。

图 2-1 举例说明了纤维性能如何转化或转换到最终应用（即复合材料）。

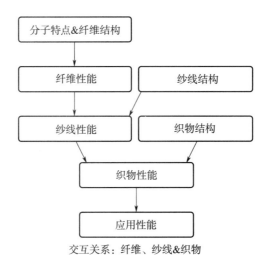

图 2-1　纤维性能转化到最终应用

为承载功能复合材料设计的纺织织物，例如在航空航天应用中，经常需要在多个方向呈现功能性。在这种情况下，正交各向异性的双轴机织物在轴向和径向表现出高强度和较差的柔顺性，在织物的斜向则相反，包含经和纬镶嵌的拉歇尔经编针织物也是如此。另一方面，编织织物在轴向和径向表现出低强度和高柔顺性，在织物的斜向则相反。许多由随机取向组成成分制造的非织造纺织品具有一定程度的各向同性。然而，传统的四种织物成型的产品都是平面薄板，在厚度方向上没有功能成分，即使这些平面薄板就像在层压板中那样是一层接一层地连接叠在一起，功能成分在第三个方向上也是不存在的。

为了获得改进平面各向同性的机织、编织和针织织物，可以在不同方向引入纱线，这个方法引出了三轴机织织物和三轴编织织物，以及多轴机织织物和针织织物。机织、针织和编织结构件中第三方向引入承载成分，这最终导致形成了3D织物成型系统（Banerjee，2014）。

2.2　纤维体系结构类型

纤维是一种 1D 材料，通过纺织工艺可以形成不同的 1D、2D 和 3D 纤维体系结构，形成的纤维体系结构可以根据结构的完整性、纤维的线性和连续性，或者根据织物的形成技术，以不同的方式进行分类。

考虑到结构的完整性以及纤维的线性和连续性，纤维体系结构可以分为四类：2D 离散、2D 连续、2D 平面交错或网格化和 3D 完全一体化结构（Ko，1999）。短纤维随机分布的 2D 离散纤维结构不具有材料连续性，它的结构完整性来自纤维间的摩擦作用，因此具有较低的强度转化效率。2D 连续纤维体系结构是一种单向或多向的纤维系统，它是通过排列连续的纤维来实现的，具有最高的纤维连续性和线性，因此具有最高的强度转化效率，然而，这种没有平面内和法向纱线交织的纤维体系结构存在层内和层间的弱点。为了克服层内破坏问题，利用连续纤维发展了 2D 平面交错和网格状纤维体系结构，但由于缺乏厚度方向的纤维增强，它们的层间强度仍然有限。与 2D 纤维系统不同，3D 完全一体化纤维体系结构具有各种面内和法向的纤维，在厚度方向上的增强纤维使复合材料在实际中不会发生分层。

除了缠绕长丝的 2D 连续纤维体系结构和角铺设法布带铺层结构外，其他 2D 和 3D 纤维体系结构都可以通过工业化纺织工艺实现，因此可以分为机织、非机织、针织和编织结构。非织造技术可以形成 2D 离散纤维体系结构，其他 2D 和 3D 纤维体系结构可以通过机织、针织和编织技术制成。由于本章的重点是在航空航天工程中的复合材料的纤维体系结构，所以本章只涵盖那些已经使用或有潜力的与航空航天相关的复合材料的结构。

2.3　2D 纤维体系结构

因为 2D 离散（非机织）和具有层内缺点的连续纤维体系结构不适合航空航天应用，所以它们不包括在本章讨论中。本节将简要介绍四种 2D 纤维体系结构：机织结构、针织结构、定向结构（DOS）和编织结构。

2.3.1　机织结构

常规的 2D 机织织物结构是由经线和纬线系统交织而成的，有三种基本和最规则的织物类型：平纹、斜纹和缎纹（见图 2-2）。平纹织法是最简单的一种，每根纬纱和每根经纱交织在一起。在斜纹织物中，每根纬纱都在经纱上沿交错的方向向右或向左跨过，形成明显的对角线。与相同参数的平纹织物相比，斜纹织物有更长的浮线、更少的交叉和更开放的结构。在缎纹织物中，每根经纱与每根纬纱仅交错一次，每根纬纱与每根经纱也仅交错一次，且交错位置不能相邻，从而使织物表面光滑。与传统的 2D 织物不同的是，三轴织物是由三组纱线组成的，彼此形成 60° 的夹角，如图 2-3 所示。三轴织物在几个方向上具有优异的力学性能，由于交织点被固定在织物结构中，这些织物具有较高的抗剪切力。

平纹　　　　　斜纹　　　　　缎纹

图 2-2　基本 2D 织物结构

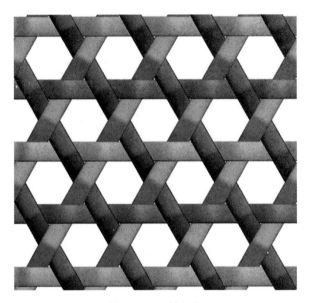

图 2-3　三轴织物

2.3.2　针织结构

　　针织织物结构是由连续排列的相互啮合的线圈组成的，线圈是针织结构的基本单元，通过不同方式的线圈啮合，可以形成不同类型的针织线圈。针织有两种方式，即纬编和经编。在纬编技术中，纱线进入机器，在织物宽度横截面上形成一个接一个的线圈（Spencer，2001），纬编线圈由一个头、两条腿和两只脚组成。图 2-4 所示为纬编的四种主要结构：平纹、罗纹、互锁和反针，每一种都是由不同的面圈和反向环线组合而成。纬编有三种基本的针法：圈针、浮针和卷边，如图 2-5 所示。经编结构与纬编结构有很大的不同，针杆上的每根针在织物的纵向上同时形成线圈（Spencer，2001）。经编结构的基本单元由一个重叠和两个下层叠覆组成，重叠部分可以是开放的，也可以是闭合的，图 2-6 显示了四种典型的经编结构，其中采用了开放和闭合重叠。最简单的经编结构是编链组织，即每根纱线在同一根针上叠纱成圈，由于与纵向线圈没有横向联系，因此没有织物产生。如图 2-6（a）所示，为了形成一个完整的织物，通过下层叠覆运动引入嵌纱，以连接单独的纵向线圈。如果在两个相邻的织针上以交替的重叠和下层叠覆动作进行搭接，则产生如图 2 - 6 (b) 所示的钩编结构，在钩编结构中，下层叠覆一个针的空间。如图 2 - 6 (c) 所示，通过增加一个针距来进行下层叠覆运动，形成了一个经绒结构。这样，通过采用不同的针距进行下层叠覆，可以获得一系列的经编结构衍生物。经编和线缝都是用一根梳栉针织的，通过将经编组织和线缝与两个梳栉结合，形成如图 2 - 6 (d) 所示的互锁结构。

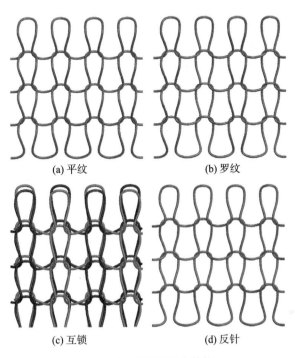

(a) 平纹　　　　　　　　　　　　(b) 罗纹

(c) 互锁　　　　　　　　　　　　(d) 反针

图 2 - 4　主要的纬编结构

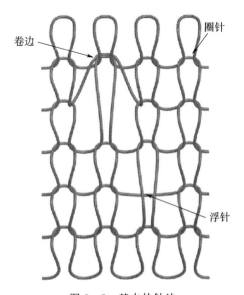

卷边　　　　　　　　　　　　圈针

浮针

图 2 - 5　基本的针法

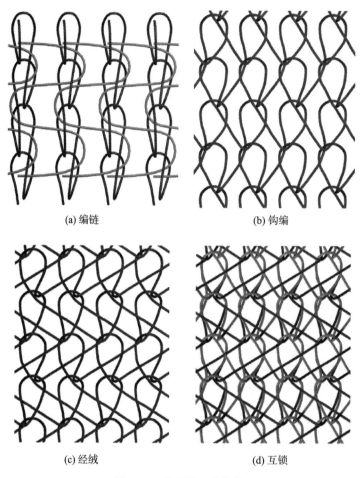

　　　　(a) 编链　　　　　　　　　　　　　　(b) 钩编

　　　　(c) 经绒　　　　　　　　　　　　　　(d) 互锁

图 2-6　典型的经编结构

2.3.3　定向结构

　　定向结构（DOS）是独特的多层织物（Au，2011），在这些结构中，绝对平行且不卷曲的纱线的直端以不同的角度插入结构中（Raz，1987）。用这些技术，可以设计织物仅在所需的方向上增强面内性能，从而生产出具有优异机械性能和经济性的理想组合织物。DOS 包括可以用纬编和经编技术生产的单轴、双轴、三轴和多轴结构，如图 2-7 所示。

　　有一大类适合于制造纬编 DOS 的纬编结构，通过纬编形成的一些典型 DOS 如图 2-8 所示。单轴经纱 DOS 以反针作为基本结构，而单轴纬纱 DOS 使用 1×1 罗纹作为基本结构。由于经纱和纬纱在基本结构内互锁，因此可以使用单面针织物固定双轴垂直非卷曲纱线，多轴直端也可以由单面针织物结构固定。应该注意的是，图 2-8 仅给出了生产各个 DOS 的最简单有效的方法，还有许多其他方法可以固定纬编 DOS 的直纱，例如，双面针织物结构也能够固定四种类型的 DOS。

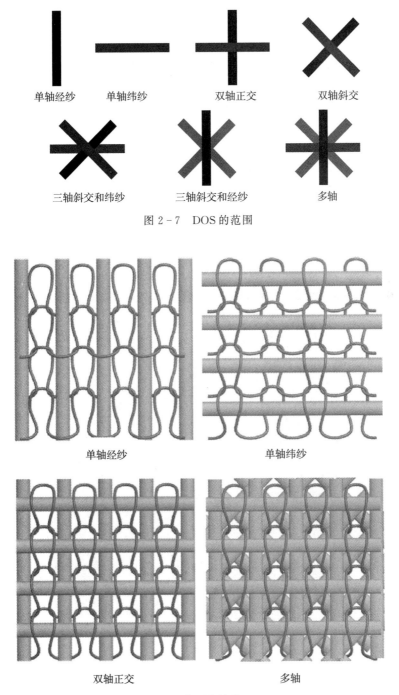

单轴经纱　　　单轴纬纱　　　　　双轴正交　　　　双轴斜交

三轴斜交和纬纱　　　三轴斜交和经纱　　　　多轴

图 2-7　DOS 的范围

单轴经纱　　　　　　　　　　单轴纬纱

双轴正交　　　　　　　　　　多轴

图 2-8　典型的纬编 DOS

　　经编是用于制造 DOS 的最常用技术，经编 DOS 通常在经编过程中由经平针织物和经编针织物固定。图 2-9 所示为一些典型的经编针织单轴、双轴、三轴和多轴 DOS，它们分别由柱针和经编针织物固定，通过经编技术可以将多达八层的直线端组合在一起。

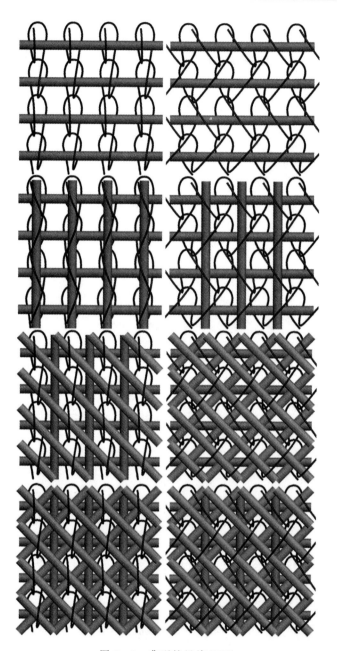

图 2-9　典型的经编 DOS

2.3.4　编织结构

在编织过程中，三根或更多根线以对角线形式相互交织，产生线性（1D）、平面（2D）、管状或立体结构（3D）。图 2-10 所示为一些典型的 2D 平面编织织物，最常见和最简单的编织结构是斜交编织，图 2-10（a）给出了一种编织角度为 45°的斜交编织。为了生产三轴编织物，可以将纵向或轴向纱线引入编织过程，图 2-10（b）～（d）中所示为三种可能的三轴编织物。

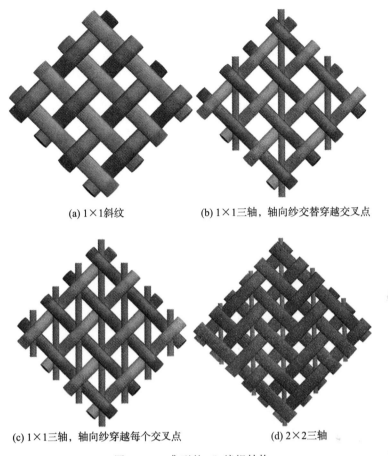

(a) 1×1斜纹　　　　　　　　　(b) 1×1三轴，轴向纱交替穿越交叉点

(c) 1×1三轴，轴向纱穿越每个交叉点　　　　　(d) 2×2三轴

图 2 - 10　典型的 2D 编织结构

2.4　3D 纤维体系结构

用 2D 纤维体系结构增强的层压板的力学性能较差，并且由于手工铺层的高劳动强度导致制造成本很高，2D 层压板在航空航天工程中的应用受到其耐冲击破坏性差和厚度方向的力学性能差的限制。3D 体系结构不仅提高了三维结构的各向同性，而且由于消除了切割和装配操作，还减少了昂贵材料的浪费和制造成本。3D 纤维体系结构增强复合材料比传统 2D 纤维体系结构增强复合材料具有更好的厚度方向力学性能。本节简单介绍 3D 机织、针织和编织纤维体系结构。

2.4.1　3D 机织结构

机织技术能够构建具有许多不同几何特征的 3D 纤维体系结构。3D 机织结构可分为四类：实心体、空心体、壳体和结体，如表 2 - 2 所示。

表 2 - 2　3D 机织纤维体系结构

结构	体系结构	生产技术
实心体	正交	2D 机织物、3D 机织物
	角度互锁	2D 机织物
	全交织	3D 机织物
空心体	织物间隔层的间隔结构	2D 机织物
	织物间隔层的间隔结构	面对面机织物
	蜂窝结构	2D 机织物
壳体	双曲率	2D 机织物
结体	有边或无边的管状网络	2D 机织物

　　3D 实心体机织结构由沿面内方向的经纱和纬纱以及厚度方向的 z-捆扎纱组成。根据固结方式，有 3 种 3D 实心体机织结构类型：正交型、角度互锁型和全交织型（Chen 等，2011）。角度互锁型结构也有两种类型：厚度互锁和层间互锁。图 2 - 11 所示为每种 3D 机织结构的典型示例。正交和角度互锁结构的 x-纱线和 y-纱线不交织，而在完全交织的结构中 x-纱线与 y-纱线和 z-纱线交织（Stig 和 Hallstrom，2012），可以调节 z-捆扎纱的角度，以形成各种角度互锁结构。此外，角度互锁结构和正交结构的组合可以演变为四种基本的捆扎可能性：角度互锁/穿过厚度捆扎（A/T 捆扎）、角度互锁/层间捆扎（A/L 捆

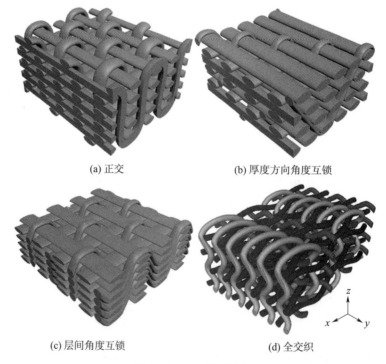

(a) 正交　　　　　　　　　　　(b) 厚度方向角度互锁

(c) 层间角度互锁　　　　　　　　(d) 全交织

图 2 - 11　3D 机织结构

（摘自：Stig, F., Hallstrom, S., 2012. Spatial modelling of 3D - woven textiles.
Composite Structures 94, 1495 - 1502.）

扎）、正交互锁/厚度方向捆扎（O/T 捆扎）和正交互锁/层间捆扎（O/L 捆扎），如图 2 - 12 所示（Hu，2008）。可以将正交和全交织的结构进行编织，直接形成实心体、壳体、管状体以及这些类型的组合的各种轮廓结构。

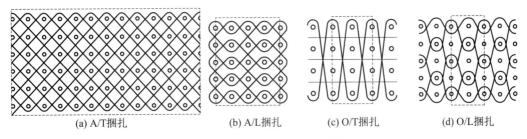

(a) A/T捆扎　　　　(b) A/L捆扎　　　　(c) O/T捆扎　　　　(d) O/L捆扎

图 2 - 12　3D 角度互锁机织结构

（摘自：Hu，J. L.，2008. 3D Fibrous Assemblies Properties，Applications and Modelling of Three - dimensional Textile Structures. Woodhead，Cambridge，pp. 104 - 130.）

　　3D 空心体机织结构可以分为两种类型：间隔结构和蜂窝结构。间隔结构通常具有三层：两个表面蒙皮通过一个间隔层连接，间隔层可以通过织物或间隔纱形成，在间隔层中使用织物的情况下，机织间隔结构的横截面可以是梯形、三角形或矩形，如图 2 - 13 所示，其中还给出了用于三角形机织间隔结构的织物构型。图 2 - 14 显示了一个典型的编织间隔结构，其两个表面蒙皮通过间隔纱连接在一起。3D 中空蜂窝结构是一种多层细胞状

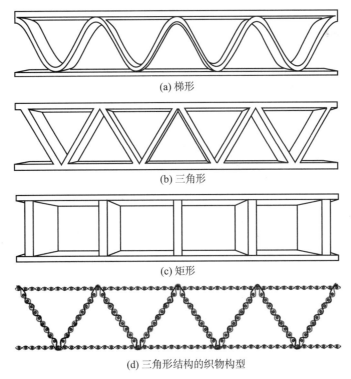

(a) 梯形

(b) 三角形

(c) 矩形

(d) 三角形结构的织物构型

图 2 - 13　具有织物间隔层的 3D 机织间隔结构

结构，其中相邻的织物层以如图2-15所示的排列间隔进行连接和分离，相邻层之间的特殊连接使织物结构从机器上取下后，打开可形成蜂窝状结构。

图2-14　具有纱线间隔层的3D机织间隔结构

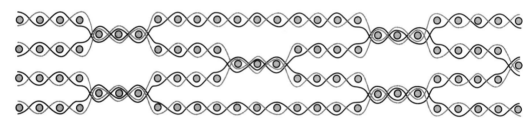

图2-15　3D机织蜂窝结构

　　3D壳体机织结构通常具有双曲面，可以通过使用异型卷取系统织法或不同织法的组合来形成双曲面，织物的异型卷取产生织物的双曲率，图2-16所示为使用短浮织法和长浮织法的组合来形成圆顶结构的示例（Chen和Tayyar，2003）。

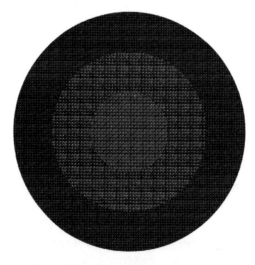

图2-16　结合平纹、斜纹和缎纹织法的3D圆顶结构设计

3D 结点机织结构是由不同的管状或实心构件形成的网络结构（Chen 等，2011），图 2 - 17 所示为一些典型的有边或无边的结点机织结构，构成 3D 结点机织结构的基本织物可以是平纹、斜纹和缎纹机织物。

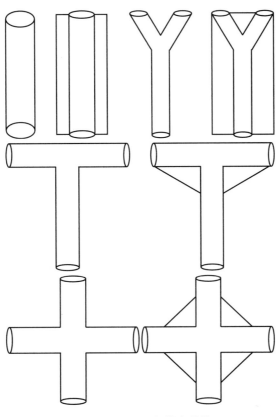

图 2 - 17　3D 机织结点结构

2.4.2　3D 针织结构

3D 针织纤维体系结构（包括网状结构和间隔结构）是通过纬编或经编工艺生产的，纬编非常灵活，可以生产出网形管状结构和空间壳体。图 2 - 18 给出了在带有两个针床的用计算机处理的平面针织机上生产的一些典型的针织管状结构，这些管状结构的基本下针是平纹针织，也可以用类似于 3D 机织结点结构的针织 3D 管状结构（见图 2 - 17）。平纹纬编技术还能够生产 3D 壳体结构，例如图 2 - 19 所示的 3D 圆顶结构和盒形结构。单针头控制能力为计算机处理的平面针织机提供了最大的潜力，可以形成各种 3D 网状结构，配备有双针杆的经编针织机也可用于形成各种结构更紧凑、更均匀和更精细的 3D 管状结构。

间隔结构是另一种类型的 3D 针织结构，它由两个单独的表面层连接在一起，但由隔离纱或织物隔离层保持隔离（Hu 等，1996）。纬编和经编技术都能够生产间隔结构，其中表面层通过间隔纱连接，图 2 - 20 所示为典型的经编间隔结构和典型的纬编间隔结构。经编间隔结构的表面层是基于反向锁织结构，而纬编间隔结构的表面层是基于平面针织结

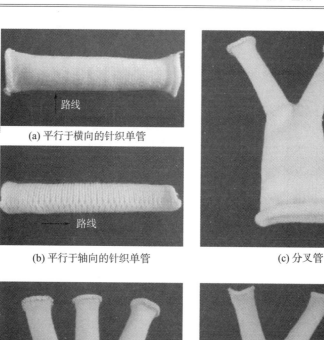

(a) 平行于横向的针织单管

(b) 平行于轴向的针织单管

(c) 分叉管

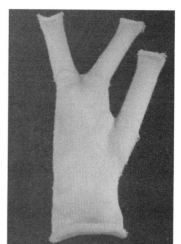

(d) 同一线径分支的三叉管

(e) 不同线径分支的三叉管

图 2-18　3D 针织管状结构

（摘自：Liu，Y. P.，Hu，H.，2015. Three-dimensional Knitted Textiles in Advances in 3D Textiles. Woodhead，Cambridge，pp. 125-152.）

构，经编间隔结构的两个表面层可以相同或不同，两个表面层或只有一个表面层可以是网格结构，甚至每侧的网格大小也可以不同。经编、平型纬编和圆形纬编间隔结构的厚度分别为 1～65 mm，3～12 mm 和 1.5～5.5 mm（Liu，2012）。平型纬编机也能够生产间隔结构，其隔离层是类似于 3D 机织间隔结构的织物，如图 2-13 所示。

2.4.3　3D 编织结构

3D 编织技术是完善的 2D 编织技术的一个扩展，其中，织物是通过将两个或多个纱线系统交织在一起以形成整体结构而被构建的，3D 编织能够制造各种管状和复杂的实体结构，图 2-21 给出了一些示例。

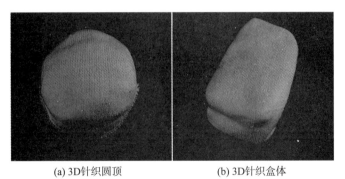

(a) 3D针织圆顶　　　　　　(b) 3D针织盒体

图 2 - 19　3D 针织壳体结构

（摘自：Liu，Y. P.，Hu，H.，2015. Three - dimensional Knitted Textiles in Advances in 3D Textiles.

Woodhead，Cambridge，pp. 125 - 152.）

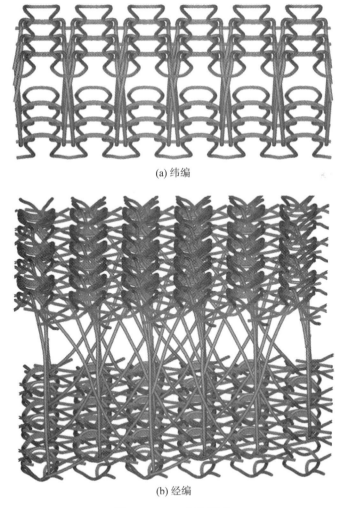

(a) 纬编

(b) 经编

图 2 - 20　3D 间隔结构

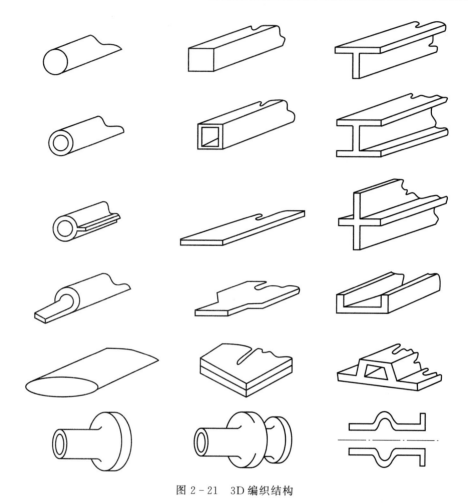

图 2 - 21　3D 编织结构

（摘自：Ko，F. K.，1989. Three - dimensional fabrics for structural composites. In：Chou，T. W.，Ko，F. K.　(Eds.)
Textile Structural Composites，Elsevier，Amsterdam.）

2.5　混杂纤维体系结构

混杂结构是通过组合不同种类的纺织品结构以平衡单个结构的某些特征或缺点而形成的，从每个结构的特性协同作用中，获得具有改善特性的纤维体系结构。图 2 - 22 所示为一种典型的混杂结构，该结构是通过两种无纺布和一种多轴 DOS 联合在一起在 Liba 经编机上生产的（Kruse 和 Gries，2011）。图 2 - 23 所示为一种缝编的机织-针织纤维结构，它由两个平纹布外层和两个纬编布内层组成（Hu 等，2010）。图 2 - 24 所示为一种共机织-针织结构，其中针织结构和机织结构都被结合在一个单一的织物结构中（Xu 等，2011）。

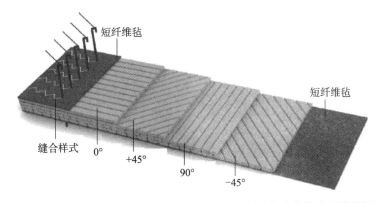

图 2 - 22　通过使用经编技术将无纺布和 DOS 结合起来的混杂纤维结构

（摘自：Kruse，F.，Gries，T.，2011. Standardisation of production technologies for non - crimp fabric composites. In：Lomov，S. V.（Ed.），Non - crimp Fabric Composites，Woodhead，Cambridge，pp. 42 - 66.）

图 2 - 23　通过使用缝合技术将机织织物和针织织物结合在一起的混杂纤维结构

（摘自：Hu，H.，Zhang，M.，Fangueiro，R.，Araujo，M. D.，2010. Mechanical properties of composite materials made of 3D stitched woven - knitted preforms. Journal of Composite Materials 44，1753 - 1767）

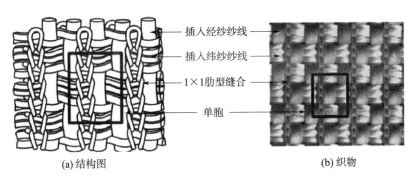

(a) 结构图　　　　　　　　　　(b) 织物

图 2 - 24　混杂共机织 - 针织结构

（摘自：Xu，Y.，Hu，H.，Yuan，X.，2011. Geometrical analysis of co - woven - knitted preform for composite reinforcement. Journal of the Textile Institute 102，405 - 418）

2.6　生产技术

本节描述了上面讨论的 2D 和 3D 纺织品结构的生产技术。

2.6.1　机织结构

常规的 2D 机织织物是通过将经纱和纬纱在挺杆或多臂织机上交织形成平纹、斜纹和缎纹结构而被生产的。织造工艺由五个基本的织造动作构成：放经线、落线、引纬、打纬和收卷。可以使用多种引纬技术，包括梭子、剑杆、抛射和空气喷射。如 2.4.1 节所述，采用单向脱落的 2D 机织工艺也适用于编织某些 3D 机织结构，包括 3D 实心正交角互锁结构、带有织物间隔层和蜂窝结构的 3D 空心间隔结构、3D 壳体结构和 3D 结点结构。图 2 - 25 说明了用于制造 2D 常规和 3D 角度互锁机织结构的 2D 编织原理。

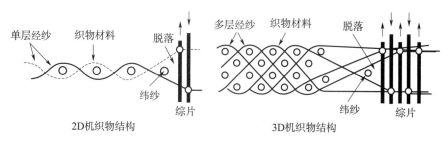

图 2 - 25　2D 和 3D 机织结构的 2D 编织原理示意图

（摘自：Hu，J. L.，2008. 3D Fibrous Assemblies Properties，Applications and Modelling of Three - dimensional Textile Structures. Woodhead，Cambridge，pp. 104 - 130. ）

通过使用丝绒面对面机织技术生产带有间隔纱的 3D 中空间隔结构，丝绒织机将经纱和纬纱同时编织到两个单独的底布中（面对面并在它们之间留有间距），而堆积经纱则与这两个分开的底布交替交织（见图 2 - 26）。

即使可以使用常规的 2D 机织工艺来生产各种 3D 机织实体结构，其厚度尺寸也受到限制，正是由于这个原因，目前已经开发设计出专门用于制造 3D 机织织物的不同类型 3D 织机。King（1976）开发了一种特殊的织机，以生产包含 X、Y 和 Z 纱线无间隔的正交结构，如图 2 - 27 所示。在机织过程中，Z 纱是静止的，先插入 X 纱，然后将其打结到位，之后再将 Y 纱插入并进行打结，重复此过程以产生紧凑的结构，直到达到所需的高度，从而产生 3D 矩形横截面结构，该生产过程不涉及脱落织机梭道。Khokar（1996）开发了一种采用双向梭道操作的 3D 织机。这种梭道系统使经纱能够与水平和垂直的纬纱组交织，这种特殊的 3D 机织工艺还可以直接生产机织型材。3D 完全交织的机织结构即使在切割和损坏织物时也能提供极好的结构完整性。

三轴机织结构的制造是通过使用传统 2D 机织和自动编织技术而实现的，图 2 - 28 所示为 Dow（1975）设计、Barber - Colman 制造的一台典型的三轴织机，该机器使用装有纺锤的旋转轮铺放经纱，然后用综片形成引纬的梭道。

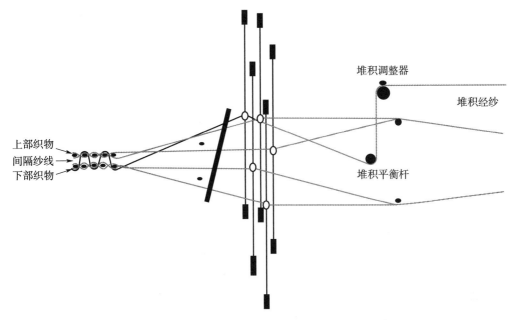

图 2-26　基于面对面原理的 3D 机织间隔织物生产

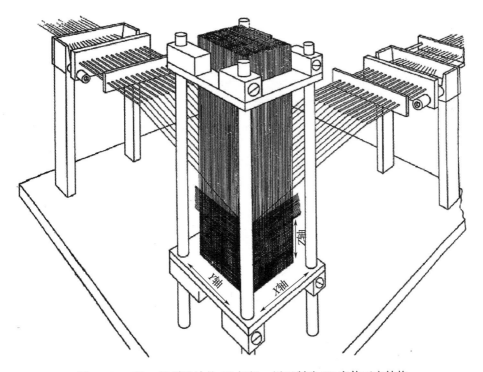

图 2-27　King 特别设计的 3D 织机，用于制造 3D 实体正交结构

（摘自：King，R. W.，1976. Apparatus for Fabricating Three-dimensional Fabric Material，US Patent No. 3955602.）

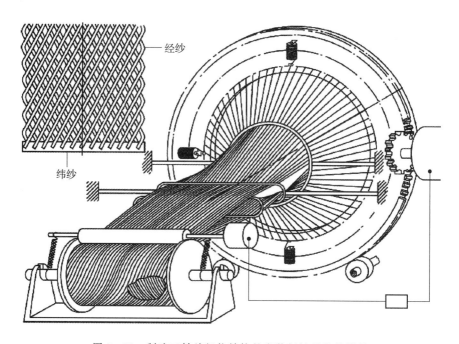

图 2 - 28　制造三轴编织物结构的安装好锭子的旋转轮

（摘自：Dow，N. F.，1975. Warp Beam for Triaxial Weaving，US Patent No. 3884429. ）

2.6.2　针织结构

　　纬编和经编的原理如图 2 - 29 所示（Spencer，2001）。在纬编中，相同的编织周期中，每根针在整个针床上相继发生喂纱和形成线圈，更具体点说，针（A，B，C 和 D）依次被

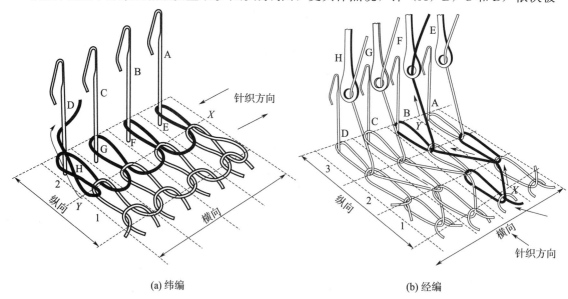

(a) 纬编　　　　　　　　　　　　　　　(b) 经编

图 2 - 29　针织原理

（摘自：Spencer，D. J.，2001. Knitting Technology，third ed. Woodhead，Cambridge. ）

供给相同的纬纱，从而形成具有线圈（E，F，G 和 H）的织物横列。经编中，在相同的编织周期中，在针杆中的每根针上都会出现喂纱和线圈形成的现象，针杆中的所有针（A，B，C 和 D）同时由单独的经纱导轨（E，F，G 和 H）搭接。

　　圆形纬编的关键特征是以管的形式生产织物结构。但是，由于单独选针、移圈、多系统针织以及使用针压和退圈沉降片的能力，平纬编织在构造不同类型的管状结构（包括单支、分叉和多支管）方面更加灵活。图 2 - 30 所示为在电脑平面针织机上使用选定针头的单管针织。管状针织通过在两个针床上交替编织一根纱线形成管，仅在两个织边将此根纱线从一个针床上穿过到另一个针床上。通过将管状针织与嵌花技术结合使用，可以实现单个管的多种变化（见图 2 - 18）。嵌花针织技术使针织机能够使用多种不同的纱架来编织织物的不同部分，纱架可以单独使用，也可以同时使用。利用这种技术，可以首先用一根纱线编织一定长度的单根管子，然后引入另外的纱线载体以同时用两根纱线形成两根管子来形成分叉管，用类似的方式，通过使用更多的纱架，可以形成多分支的管状结构。

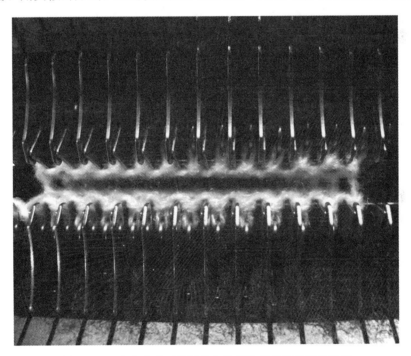

图 2 - 30　在电脑平面针织机上使用选定的针编织单根管

（摘自：Liu，Y. P.，Hu，H.，2015. Three - dimensional Knitted Textiles in Advances in 3D Textiles. Woodhead，Cambridge，pp. 125 - 152.）

　　电脑平面针织机的多功能性为编织形状更复杂的 3D 纺织品提供了可能性，例如圆顶、球形和盒形，如图 2 - 31 所示。编织的圆顶结构可以由 2D 重复的成形段形成［见图 2 - 31（b）］，通过重复增加和减少活动中的针数来实现这样的 2D 分段，每个成形段代表逐渐变宽然后逐渐变窄织物的操作，成形段的类型会影响圆顶的角度和高低比，而成形段的数量会影响圆顶的形状，通过将用于圆顶的椭圆形成形段改变为三角形段，可以形成盒状结构。如图 2-31 (d) 所示，对于圆顶结构，表示操作针的数量减少或增加的直线是线性的而不是弯曲的，成形段的类型会影响所形成盒子的角度，成形和未成形的针数之间的比率确定了所得盒子的长宽比。改变织针数量的能力为电脑平面针织机形成各种 3D 网状结构提供了最大的潜力。

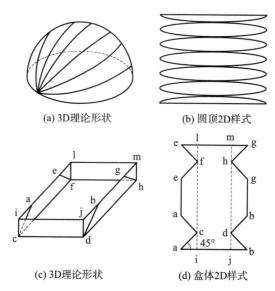

(a) 3D理论形状　　　　　　　(b) 圆顶2D样式

(c) 3D理论形状　　　　　　　(d) 盒体2D样式

图 2-31　3D 壳体针织原理

（摘自：Liu，Y.P.，Hu，H.，2015. Three-dimensional Knitted Textiles in Advances in
3D Textiles. Woodhead，Cambridge，pp. 125-152.）

　　间隔结构是在带有两根针的圆形、平纬编机或经编机上生产的。配备有圆筒和刻度盘的圆形纬编机能够生产间隔织物，其单独的外层通过纱线连接。圆形纬编机上的间隔织物是通过使用表针和圆柱针分别编织两个不同的织物层，然后将这两个织物层与表针和圆柱针上的簇绒连接在一起而制成的（见图 2-32）。可以通过改变相对于机器滚筒的刻度盘高度来调整两个单独的织物层之间的距离，以这种方式预设的间隔织物厚度可以在 1.5～5.5 mm 之间变化（Kunde，2004）。与在圆机上生产间隔织物类似，在平机上生产带有纱线间隔层的间隔织物的方法是：在前针床和后针床上分别创建两个独立的织物层，然后通过在两个针床上的簇绒将它们连接起来（见图 2-33）。两个针床之间的距离决定了间隔织物的厚度。与圆形纬编机不同，平纬机的两个针床之间的距离通常固定在 4 mm 左右。经编间隔织物与其他间隔织物的主要区别在于，它们的三个基本结构要素（即顶层、底层和间隔层）以相同的编织周期编织在一起。经编间隔织物是在双针杆 Raschel 经编机上生产的，其原理如图 2-34 (a) 所示，导杆 1 和 2 搭在前针杆上，导杆 5 和 6 搭在后针杆上（分别用于编织顶层和底层），而导杆 3 和 4 则将隔离纱相继绕在两个针杆上。图 2-34 (b) 显示了 Karl Mayer 在双针杆 Raschel 机器 RD6 上生产间隔织物的过程。

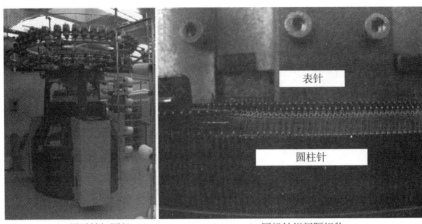

(a) Terrot双层平针织圆机 (b) 圆机针织间隔织物

图 2 - 32 圆机生产间隔织物

（摘自：Liu，Y. P.，Hu，H.，2015. Three - dimensional Knitted Textiles in Advances in 3D
Textiles. Woodhead，Cambridge，pp. 125 - 152）

(a) Stoll电脑平机

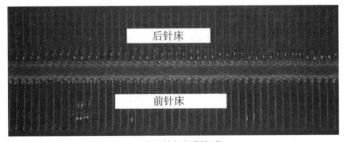

(b) 平机针织间隔织物

图 2 - 33 电脑平机生产间隔织物

（摘自：Liu，Y. P.，Hu，H.，2015. Three - dimensional Knitted Textiles in Advances in 3D Textiles.
Woodhead，Cambridge，pp. 125 - 152）

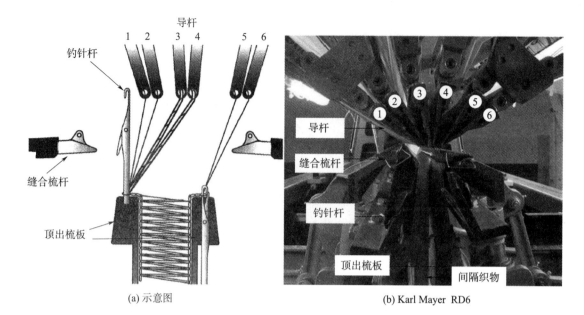

图 2 - 34　双针杆 Raschel 机生产间隔织物原理

(摘自：Liu，Y. P.，Hu，H.，2015. Three‐dimensional Knitted Textiles in Advances in 3D Textiles.
Woodhead，Cambridge，pp. 125 - 152)

2.6.3　定向结构

纬编 DOS 在圆形和平面纬编机上均可生产，图 2 - 35 所示为在圆形针织机上双轴纬编 DOS 的编织原理，其中在纵行和横行方向都引入了直纱线，可以根据所需的针织结构选择单面针织物或双面针织物圆形针织机。对于图 2 - 8 中描述的单轴 DOS，可以使用双层针织机，在编织单轴经纱 DOS 时，应沿纵行方向引入直纱，而在针织单轴经纱 DOS 时，应沿纵行方向插入直纱。除了在纵行和横行方向上插入直纱外，还可以引入不同角度的直纱以形成多轴纬编 DOS。平机上纬编 DOS 的针织原理与圆机相似。

经编技术在生产经编 DOS 方面是非常有效的。虽然双轴经编 DOS 由经纱（0°）和纬纱（90°）组成，但多轴 DOS 的附加偏置（±θ）纱线在通过链或经编针迹穿过织物的厚度将它们固定在一起。如图 2 - 36 所示，用于生产双轴 DOS 的经编机可以分为三个机器模块：输送、针织和上卷（Schnabel 和 Gries，2011）。输送模块由一个引纬系统组成，该系统将纬纱连续地送入两个输送系统的钩或针中，机器的每一侧都有一个输送系统，输送系统连续地将经纬直纱层提供给经编机。经纱由导纱杆直接喂入针头，而不会发生重叠和下层叠覆运动。在经编过程中，通过编织纱线来固定纬纱和经纱以形成双轴 DOS 织物，然后将其缠绕到上卷模块上。

用于生产多轴 DOS 的经编机的工作原理与双轴 DOS 类似，标准的机器配置包括三个纬纱架系统，它们可以在 −45°至 +45°之间的较小范围内调节（见图 2 - 37）。单纱层以连续的步骤被送入输送系统的纬编单元中，由粗纱制成的经线直接提供给针。

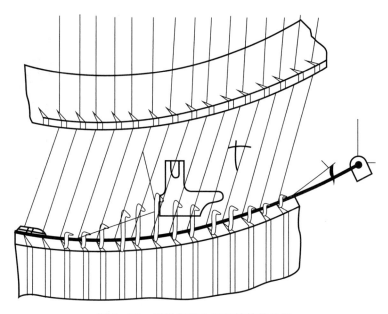

图 2 - 35　圆形机器上的双轴结构针织

（摘自：de Araujo，M.，Fangueiro，R.，Hu，H.，2011. Weft - knitted structures for industrial applications in Advances in Knitting Technology，pp. 136 - 170. ）

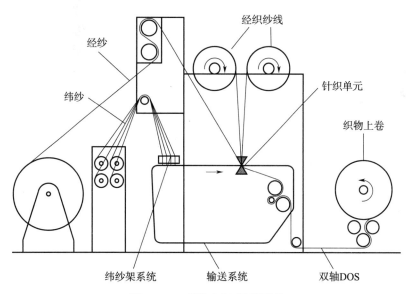

图 2 - 36　双轴 DOS 经编原理

（摘自：Schnabel，A.，Gries，T.，2011. Production of non - crimp fabrics for composites. In：Lomov，S. V. （Ed.），Non - crimp Fabric Composites，Woodhead，Cambridge，pp. 3 - 41. ）

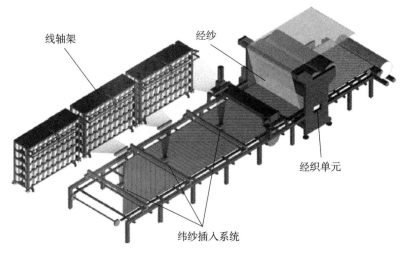

图 2 - 37　多轴 DOS 经编原理

（摘自：Schnabel, A., Gries, T., 2011. Production of non - crimp fabrics for composites. In：Lomov, S. V.（Ed.），Non - crimp Fabric Composites，Woodhead，Cambridge，pp. 3 - 41.）

2.6.4　编织结构

编织是将三根或三根以上的线与产品轴对角交织以获得较厚、较宽或较坚固的产品或为了覆盖某些轮廓的一种工艺。用于制造 2D 和 3D 编织结构的几种类型的编织机已经开发出来了，配备角齿轮的经典且最常用的编织机称为五月柱机，可用于生产 1D 线性、2D 扁平和 3D 管状和实心编织物。图 2 - 38 展示了使用五月柱机编织线性产品的原理（Kyosev，2015），机器的关键部件包括轨道、纱架和角齿轮。轨道决定了运动的路径，纱架通过角齿轮向前移动。通过将一行角齿轮分别置于端部开口的圆形和完整的圆形，该过程可以扩展到更多的纱线以生产 2D 扁平和 3D 管状结构。通过在编织过程中引入镶嵌纱线，可以生产 2D 扁平和 3D 管状三轴编织物。图 2 - 39 所示为采用第三组纵向镶嵌纱线的管状编织工艺。对于结构复合材料应用，始终使用心轴外编织来生产用于型材的 3D 管状编织物，如图 2 - 40 所示（Potluri 和 Nawaz，2011）。与仅具有一层交织层的扁平和管状编织层不同，3D 实体编织层具有多个互连层。形成 3D 实体编织物的机器有两种基本类型：角齿轮和笛卡儿机器，它们的纱线载体移位方法不同。与 2D 编织类似，方形或圆形排列的基于角齿轮的机器也可以生成 3D 实体编织物。为了在预制体尺寸、形状和微结构上提供更大的灵活性，已经开发出了 3D 笛卡儿编织机（见图 2 - 41）。围绕矩形网格移动载体，即所谓的两步和四步编织过程，涉及将载体在特殊的桌子上放置成行和列。通过以给定的顺序移动整个行或列来执行运动，通常是交替进行，此过程主要用于具有 3D 横截面的复合轮廓，如图 2 - 21 所示。

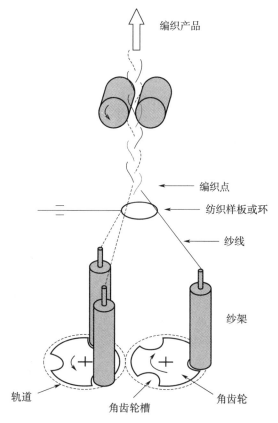

图 2 - 38　五月柱编织机主要结构

（摘自：Kyosev，Y.，2015. Braiding Technology for Textiles，Woodhead，Cambridge.）

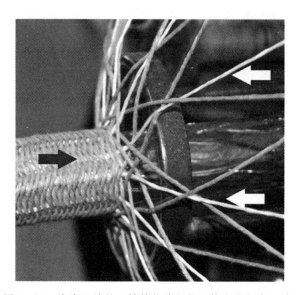

图 2 - 39　有嵌入纱的三轴管状编织物（箭头指向嵌入纱）

（摘自：Kyosev，Y.，2015. Braiding Technology for Textiles，Woodhead，Cambridge.）

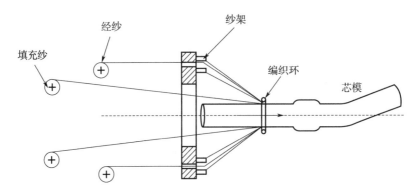

图 2 - 40　心轴外编织

（摘自：Potluri，P.，Nawaz，S.，2011. Developments in braided fabrics. In：Gong，R. H. （Ed.），

Specialist Yarn and Fabric Structures，Woodhead，Cambridge，pp. 333 - 353）

图 2 - 41　3D 笛卡儿编织机

（摘自：Kostar，T. D.，Chou，T. W，1999. Braided structures. In：Miravete，A. （Ed.），

3D Textile Reinforcements in Composite Materials，Woodhead，Cambridge，pp. 217 - 240. ）

2.7　先进纤维体系结构的特性：优点和缺点

关于纺织品增强体的机械性能的公开文献很少，本节将讨论并考虑一些基本原理和要求。

如图 2 - 1 所示，纤维特性到最终应用（即复合材料）的转化效率应尽可能最大化，因此，为应用选择合适的结构至关重要。

对于增强体重要的是使用具有很低捻度的、直的非弯曲的连续长丝纱线，这些必须放置在 2D 和 3D 组件中以形成预制体。

关于机织结构，至少一组纱线必须是弯曲的，即不是直的。弯曲对拉伸性能的影响如图 2-42 和图 2-43 所示。

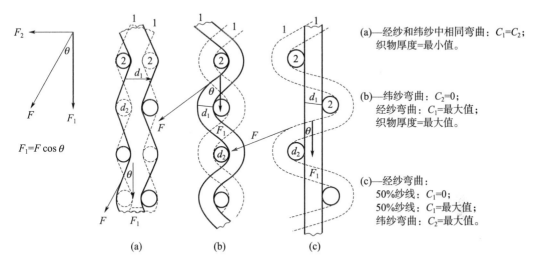

(a)—经纱和纬纱中相同弯曲：$C_1 = C_2$；
织物厚度=最小值。

(b)—纬纱弯曲：$C_2 = 0$；
经纱弯曲：C_1=最大值；
织物厚度=最大值。

(c)—经纱弯曲：
50%纱线：$C_1 = 0$；
50%纱线：C_1=最大值；
纬纱弯曲：C_2=最大值。

$F_1 = F \cos \theta$

图 2-42　各种平纹结构截面：弯曲对拉伸性能的影响（1：经纱；2：纬纱）

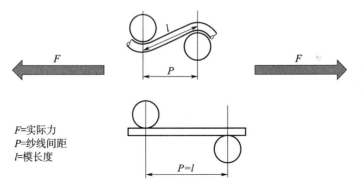

F=实际力
P=纱线间距
l=模长度

图 2-43　机织织物中的交替弯曲示意图

机织织物的强度基本上取决于组成纱线的强度。但是，由于织物的结构以及一些其他的影响，为了在断裂时获得最大的拉伸强度，所有纱线必须在特定方向（经纱或纬纱）均匀分布载荷，图 2-42 中所示的结构中，两个方向上的结构（a）和（b），以及在纬向上的结构（c）就是这种情况，然而，对于结构（c）而言，在经纱方向上并非如此，因为对于在经纱方向上的所有纱线而言，弯曲都不同，在经线方向上施加到（c）的任何载荷基本上都由经纱承受，而不会发生弯曲，弯曲纱线仅会贡献很小的力，此力足以使它们变直，当带有弯曲的纱线伸直并准备承受更大负载时，最初没有弯曲的纱线可能会处于断裂阶段，由于这个原因，结构（c）在弯曲方向上的拉伸强度将略大于结构（a）的拉伸强度的一半。

图 2-43 和图 2-44 说明了在加载初始阶段弯曲交替的影响。图 2-43 显示，当机织织物沿一个方向（经向或纬向）延伸时，只有当模长度（l）等于纱线间距（P）时，纱线才开始完全支撑施加的载荷，在此之前，施加的载荷的作用是使结构变形刚好足以消除纱线中的弯曲。

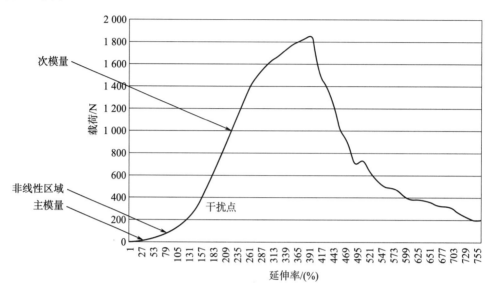

图 2-44　机织织物典型载荷-延伸率曲线（纬向）

织物在逐渐增大的作用力下的拉伸行为通常由载荷-延伸率曲线（见图 2-44）表示，其中曲线的主要线性区域（低应力区域）的斜率称为主模量，对应于结构的变形；曲线的**次级线性区域（高应力区域）的斜率称为次模量**，对应于纱线的延伸。在这两个线性区域之间存在一个非线性区域，该区域可能会受到织物结构的影响。在后面的区域中，随着纱线进一步移位，可能会由于纱线间的摩擦而产生粘滑效应，当结构被卡住且纱线伸直时，纱线开始伸长。

在装填机织织物时为了减小弯曲交替的影响，可以使用扁平纱代替圆形纱。

DOS 针织织物可能是开发用于纺织结构复合材料预制体最成功的技术，因为该技术可以将直的非卷曲纱沿不同方向放置，图 2-45 说明了用直纱装填 DOS 结构与用卷曲纱装填编织结构的情况。应该注意的是，弯曲度越大，纱线的倾斜度越大，则纱线对载荷的贡献就越小，当像 DOS 结构一样放置相同的纱线而没有卷曲时，它将能够承受更大的载荷。

图 2-46 所示为 DOS 织物的典型载荷-延伸率曲线，其中，载荷一旦施加就立即由纱线承担。

目前，基于 DOS 经编的技术是迄今为止使用最广泛的技术，并且这些机器的生产率很高。但是，基于 DOS 纬编的技术要灵活得多，将来可能会引起人们的极大兴趣。

对于编织结构，主要限制是织物宽度，因为制造宽幅织物所需的输送机数量非常大，并且通常是不现实的。应该注意的是，这里也可能会遇到弯曲交替的问题，尤其是在偏置方向上加载时。

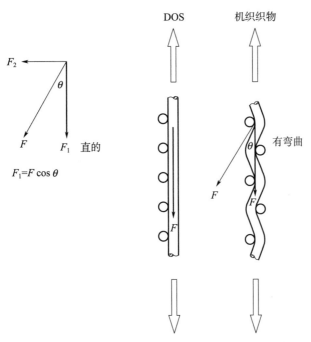

图 2-45　弯曲对应用载荷的影响

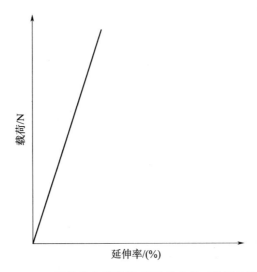

图 2-46　DOS 织物的典型载荷-延伸率曲线（增强纱线方向）

　　编织的织物通过织物在轴向和径向上的剪切机理可高度变形，而在斜线方向上则相反，可以说它们在轴向和径向方向上表现出高柔顺性，而在斜线方向上表现出低柔顺性。在机织织物的情况下，与在编织织物中发生的情况相反，它们在轴向和径向方向上的柔顺性较低，而在斜线方向上的柔顺性较高。为了增加编织物在轴向上的刚度，可以通过使用三轴编织技术在该方向上引入轴向纱线，在机织织物的情况下，可以通过使用三轴编织技术来实现第三方向上的刚度。

如果要在复合材料中使用 3D 织物技术，其性能要求包括高的能量吸收、良好的抗冲击性、良好的可成型性、良好的厚度方向的刚度、强度以及沿着某各向同性角度的弯曲和扭转应变的耐疲劳性和所要求的低密度，已开发的 3D 产品不能完全满足所有的要求标准。此外，商业应用通常要求建立完善的设计策略，该策略要将产品的功能特性与其结构参数和材料特性以及有效且可靠的生产系统联系起来，在这方面，3D 织物技术领域仍需进行大量开发工作（Banerjee，2014）。

2.8　应用

过去数十年来，航空航天复合材料领域一直在努力降低成本，提高部件性能并降低部件重量（Lowe，2005）。由于复合材料具有优异的比刚度和比强度，以及它们巨大的整体设计潜力，因此在航空航天应用中使用纺织结构复合材料的情况正在增加。复合材料结构在空中客车 A340、A380 和即将推出的 A350 XWB 中的份额分别约为 17%、25% 和 50%，显示出迅速增长的趋势（Middendorf 和 Metzner，2011）。通过液体模塑方法 [真空辅助树脂传递模塑（VARTM）、树脂传递模塑（RTM）或树脂薄膜灌注（RFI）] 制成的纺织品复合材料的面内机械性能几乎与预浸料方法制成的相同。然而，通过液体模塑方法制造的织物结构复合材料的面外抗冲击性低于通过预浸料方法开发的。应当指出，由于玻璃纤维较高的密度和较低的刚度以及芳族聚酰胺纤维的高吸湿性，玻璃和芳族聚酰胺纤维在航空航天领域获得了相对有限的用途，因此，航空航天工业中使用的大多数复合材料零件都是使用具有热固性基体的预浸渍碳纤维织物生产的。机织、针织、DOS、编织和其他纺织结构已用于航空航天领域复合材料零件的开发，而最常用的纺织结构是 DOS。

2.8.1　机织结构

川崎重工在日本实现了在航空航天领域使用机织结构的一个例子，该公司使用 Tenax HTS 5631 12K 纱线通过特殊的编织技术制造了 380 g/m²、2×2 斜纹碳纤维织物。使用这种织物开发的预浸料具有多种用途，包括巴西航空工业公司 ERJ 170 内侧襟翼、巴西航空工业公司 ERJ 190 外侧襟翼和机翼短翼以及波音 - 737 - 300 小翼（见图 2 - 47）。

图 2 - 47　航空合作伙伴波音（Aviation Partners Boeing）公司的波音 - 737 - 300 小翼项目

（摘自：Lowe，J.，2005. Aerospace applications. In：Long，A. C.（Ed.），Design and Manufacture of Textile Composites，Woodhead，Cambridge，pp. 405 - 423.）

2.8.2　针织结构

在戴姆勒-奔驰公司进行了一个使用针织结构开发航空航天复合材料零件的例子。图 2-48 所示为一个加筋的刚性壁板，该壁板是由经编织的蒙皮和 3D 编织的刚性较好的筋缝在一起制成复杂的预制体，随后，纤维结构通过 Braunschweig 中的 DLR 用 RTM 工艺浸渍（Drechsler，1999）。

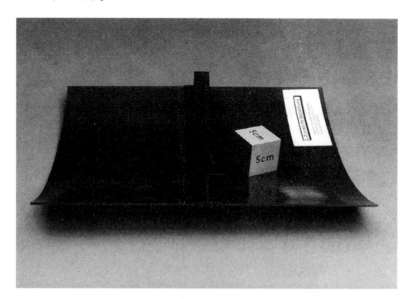

图 2-48　由编织筋和经编蒙皮组成的刚性壁板

（摘自：Drechsler，K.，1999. 3D textile reinforced composites for the transportation industry. In：Miravete，A.（Ed.），3D Textile Reinforcements in Composite Materials，Woodhead，Cambridge，pp. 43 - 66.）

2.8.3　定向结构

使用 12K 碳纤维的 DOS 是航空航天应用中最常用的结构，有两个典型的应用示例：空客 A380 后压舱壁（RPB）和空客 A400 M 货舱门（Middendorf 和 Metzner，2011 年）。A380 RPB 使用由 Saertex 提供的多轴碳纤维 DOS 制成的预制体在汉堡附近的 Stade 的空客工厂生产，将该预制体覆盖在阳模上，然后使用 RFI 工艺进行层压（见图 2-49），在对 3 mm 厚基础层压板进行初步固化并固定桁条之后，最终在高压釜中对零件进行固化，成品舱壁重约 240 kg，尺寸为 6.2 m×5.5 m（Middendorf 和 Metzner，2011）。空客 A400 M 货舱门主要由多轴碳纤维 DOS 和其他的单轴 DOS 织物组成，用于局部增强体和蒙皮铺层，A400 M 货舱门使用 EADS / Premium Aerotec 专利真空辅助工艺（VAP）灌注技术进行处理（见图 2-50）。A400 M 货舱门在奥格斯堡的 Premium Aerotec 工厂生产。除上面描述的大型结构外，在子结构级别还有其他一些航空航天应用，例如空客 A380 的襟翼隔板、侧壳和扎带。

图 2-49　空客 A380 后压舱壁生产中的 DOS 织物覆盖

（摘自：Middendorf，P.，Metzner，C.，2011. Aerospace applications of non-crimp fabric composites. In：Lomov，S. V. （Ed.），Non-crimp Fabric Composites，Woodhead，Cambridge，pp. 441-448）

图 2-50　Premium Aerotec 制造的空客 A400 M 货舱门

（源自：Middendorf，P.，Metzner，C.，2011. Aerospace applications of non-crimp fabric composites. In：Lomov，S. V. （Ed.），Non-crimp Fabric Composites，Woodhead，Cambridge，pp. 441-448. ）

2.8.4　编织结构

　　大型编织机已经在航空航天工业中有了引人注目的应用。A&P 公司使用 800 纱架编织机开发了直径 2 m、长 3 m 的超高频频谱分析仪内衬（Potluri 和 Nawaz，2011），图 2 - 51 显示了使用由 A&P 公司开发的编织内衬为 NASA 开发的气闸原型。

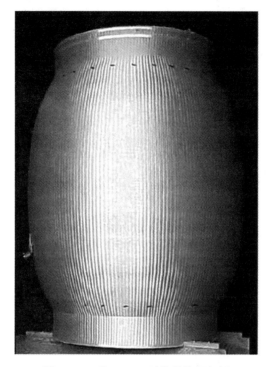

图 2 - 51　为 NASA 开发的编织气闸

（摘自：Potluri，P.，Nawaz，S.，2011. Developments in braided fabrics. In：Gong，R. H.

（Ed.），Specialist Yarn and Fabric Structures，Woodhead，Cambridge，pp. 333 - 353.）

2.8.5　未来的应用

　　纺织结构在航空航天工业中的当前应用主要基于使用预浸料技术的 2D 结构，因为 2D 织物增强材料在面内比 3D 固体织物增强材料更坚固。面外抗冲击性是航空航天复合材料零件开发中的另一个重要载荷案例。具有在厚度方向上定向的纱线的 3D 固体纺织结构使复合材料具有非常强的面外特性。因此，使用 3D 立体纺织结构对于航空航天复合材料部件避免分层和断裂是有益的。但是，特别是在诸如加筋肋和桁条之类的部件中，并非所有载荷都在平面内，这使得预浸料层压板不太合适。可以预见，在不久的将来，3D 机织、针织和编织纤维体系结构将在航空航天工业中引起极大的关注。

2.9　总结与结语

　　本章讨论了用于生产航空航天工程中各种应用的复合材料的各种类型的高级纤维体系结构（机织、针织、编织等），描述了用于高级纤维体系结构的各种生产技术，并分析了各种产品的性能、优缺点和应用。结论是，使用 12K 碳纤维的经编 DOS 结构是航空航天应用中最常用的结构。预计在不久的将来，3D 机织、针织和编织纤维体系结构将在航空航天工业中引起极大的关注。

更多信息来源

［1］ CITEC (aerospace materials)，http：//www. cytec. com/ (accessed 30. 01. 15.).

［2］ Gong，R. H. ，2011. Specialist Yarn and Fabric Structures. Woodhead，Cambridge.

［3］ Long，A. C. ，2005. Design and Manufacture of Textile Composites. Woodhead，Cambridge.

［4］ Lomov，S. V. ，2011. Non‐crimp Fabric Composites. Woodhead，Cambridge.

［5］ Miravete，A. ，1999. 3D Textile Reinforcements in Composite Materials. Woodhead，Cambridge.

参 考 文 献

［1］ Anon, 963. Textile Terms and Definitions. The Textile Institute, Manchester, p. 63.

［2］ Anon, 2014. A Strong Future for Carbon, Glass, Synthetic and Natural Fibre Textiles in Composites. Technical Textile Markets, p. 96.

［3］ Au, K. F. , 2011. Advances in Knitting Technology. Woodhead, Cambridge.

［4］ Banerjee, P. K. , 2014. Principles of Fabric Formation. CRC Press – Taylor & Francis Group, Boca Raton, FL 33487, p. 425.

［5］ Chen, X. G. , Tayyar, A. E. , 2003. Engineering, manufacturing, and measuring 3D domed woven fabrics. Textile Research Journal 73, 375 – 380.

［6］ Chen, X. G. , Taylor, L. W. , Tsai, L. J. , 2011. An overview on fabrication of three – dimensional woven textile preforms for composites. Textile Research Journal 81, 932 – 944.

［7］ Dow, N. F. , 1975. Warp Beam for Triaxial Weaving, US Patent No. 3884429.

［8］ Drechsler, K. , 1999. 3D textile reinforced composites for the transportation industry. In: Miravete, A. (Ed.), 3D Textile Reinforcements in Composite Materials. Woodhead, Cambridge, pp. 43 – 66.

［9］ Hu, H. , Araujo, M. D. , Fangueiro, R. , 1996. 3D technical fabrics. Knitting International 1232, 55 – 57.

［10］ Hu, J. L. , 2008. 3D Fibrous Assemblies Properties, Applications and Modelling of Three – dimensional Textile Structures. Woodhead, Cambridge.

［11］ Hu, H. , Zhang, M. , Fangueiro, R. , Araujo, M. D. , 2010. Mechanical properties of composite materials made of 3D stitched woven – knitted preforms. Journal of Composite Materials 44, 1753 – 1767.

［12］ Khokar, N. , 1996. 3D fabric – forming process: distinguishing between 2D – weaving, 3D – weaving and an unspecified non – interlacing process. Journal of the Textile Institute 87, 97 – 106.

［13］ King, R. W. , 1976. Apparatus for Fabricating Three – dimensional Fabric Material, US Patent No. 3955602.

［14］ Ko, F. K. , 1989. Three – dimensional fabrics for structural composites. In: Chou, T. W. , Ko, F. K. (Eds.), Textile Structural Composites. Elsevier, Amsterdam.

［15］ Ko, F. K. , 1999. 3D textile reinforcements in composite materials. In: Miravete, A. (Ed.), 3D Textile Reinforcements in Composite Materials. Woodhead, Cambridge, pp. 9 – 42.

［16］ Kostar, T. D. , Chou, T. W. , 1999. Braided structures. In: Miravete, A. (Ed.), 3D Textile Reinforcements in Composite Materials. Woodhead, Cambridge, pp. 217 – 240.

［17］ Kruse, F. , Gries, T. , 2011. Standardisation of production technologies for non – crimp fabric composites. In: Lomov, S. V. (Ed.), Non – crimp Fabric Composites. Woodhead, Cambridge, pp. 42 – 66.

［18］ Kunde, K. , 2004. Spacer fabrics – their application and future opportunities. Melliand International

10, 283 – 286.

[19]　Kyosev, Y., 2015. Braiding Technology for Textiles. Woodhead, Cambridge.

[20]　Liu, Y. P., 2012. A Study of Warp – Knitted Spacer Fabrics as Cushioning Materials for Human Body Protection (Ph. D. dissertation). The Hong Kong Polytechnic University.

[21]　Lowe, J., 2005. Aerospace applications. In: Long, A. C. (Ed.), Design and Manufacture of Textile Composites. Woodhead, Cambridge, pp. 405 – 423.

[22]　Middendorf, P., Metzner, C., 2011. Aerospace applications of non – crimp fabric composites. In: Lomov, S. V. (Ed.), Non – crimp Fabric Composites. Woodhead, Cambridge, pp. 441 – 448.

[23]　Potluri, P., Nawaz, S., 2011. Developments in braided fabrics. In: Gong, R. H. (Ed.), Specialist Yarn and Fabric Structures. Woodhead, Cambridge, pp. 333 – 353.

[24]　Raz, S., 1987. Warp Knitting Production. Melliand Textilberichte.

[25]　Scardino, F., 1989. An introduction to textile structures and their behaviour. In: Chou, T. W., Ko, F. K. (Eds.), Textile Structural Composites. Elsevier, Amsterdam, pp. 1 – 24.

[26]　Schnabel, A., Gries, T., 2011. Production of non – crimp fabrics for composites. In: Lomov, S. V. (Ed.), Non – crimp Fabric Composites. Woodhead, Cambridge, pp. 3 – 41.

[27]　Spencer, D. J., 2001. Knitting Technology, third ed. Woodhead, Cambridge.

[28]　Stig, F., Hallström, S., 2012. Spatial modelling of 3D – woven textiles. Composite Structures 94, 1495 – 1502.

[29]　Xu, Y., Hu, H., Yuan, X., 2011. Geometrical analysis of co – woven – knitted preform for composite reinforcement. Journal of the Textile Institute 102, 405 – 418.

第3章 航空航天工程金属和陶瓷基复合材料

F. J. Lino Alves，A. M. Baptista，A. T. Marques

（波尔图大学，葡萄牙波尔图）

3.1 绪论

陶瓷基复合材料（CMCs）具有高断裂韧性、抗突变失效、高强度、重量小和低热膨胀的潜能，并且具有高抗氧化性，可以承受高温，这类材料比金属或其他常规工程材料具有更好的耐高温和耐腐性。

陶瓷是无机非金属材料，由通过离子键和/或共价键连接的金属和非金属元素组成，图 3-1 所示为分别存在于 NaCl（氯化钠）和 SiC（碳化硅）中的两种键。

陶瓷的离子特性可通过以下方法确定

$$离子键 \% = 1 - \exp\left[-0.25 \times (X_a - X_b)^2\right] \times 100 \qquad (3-1)$$

式中，X_a 和 X_b 是元素 a 和 b 的电负性（原子在键中吸引电子的趋势）。

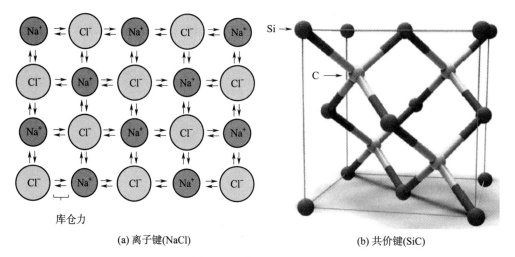

(a) 离子键(NaCl)   (b) 共价键(SiC)

图 3-1 陶瓷中键的类型

CMCs 是具有很大比例（> 5%）的化学或物理不同的相分散在连续的基体中，显示出特定的最终特性的材料，它们在宽温度范围内的耐损伤性能和良好的机械性能也得到了人们的关注。

CMCs 中，基体是一种陶瓷材料，通常是一种工业陶瓷，它是通过相对复杂的工艺由具有小粒径（微米或纳米级）且具有良好的机械、热、电或化学耐受性的高纯度原材料制成的。陶瓷通常在共价和离子型之间形成杂化化学键，并且具有低密度、化学稳定性、高硬度和耐火性（即它们能在高温下保持机械强度）。尽管过去 20 年来在改善这些性能方面取得了显著的进步，但具有整体形状的陶瓷材料仍存在其固有的局限性：有限的拉伸强度以及对机械冲击和热冲击的抵抗力较低（Amaral Fortes 和 Ferreira，2003）。

　　为了持续发展，需要解决许多关键的技术，其中包括新的难熔基体、新的稳定纤维、纤维的惰性涂层以及可承受的制造技术等，这就要求必须对材料有更好的了解，包括纤维-基体的相互作用，以及微观结构、力学和性能之间的关系。

　　由于太空中的温度变化较大（−160 ℃至+93 ℃），并且需要保持通信和传感器系统的精确对准，因此材料的尺寸稳定性是一个关键因素，为此推荐了几种 CMCs，例如用石墨和芳族聚酰胺纤维（KEVLAR®）增强的 CMCs，它们具有较高的比强度和比模量以及较低的热膨胀系数（CTE）。航天器的主要考虑因素是刚度和低热变形性而不是强度，因此所需的材料特性与飞机上使用的材料不同，航天器的其他重要因素包括导热性、导电性、真空下的长期稳定性、空间辐射和低脱气性等（Schwartz，1994）。

　　增加陶瓷的断裂韧性一直是国际科学界为生产具有 R-曲线行为的陶瓷所做的出色研究工作的主要原因之一，这项持续性研究在根本上不同于传统的"消除缺陷"的方法，而是使用了"容忍缺陷""纳米颗粒分散增强"和专注于"层压板"的策略。在不含相变（同素异形体）陶瓷的耐缺陷方法中，为促进裂纹尖端后面的晶粒局部桥接进行了微结构设计，这个理想的桥接会带来强度与缺陷尺寸无关的结果，从加工的角度来看，其优点是强度对加工缺陷和突发状况较不敏感。缺陷耐受性的提高取决于具有受控异质微观结构的多相陶瓷，与消除缺陷相比，这需要一种针对容忍缺陷的处理策略。在纳米颗粒分散增强方法中，已经报道了将超细（100～300 nm）第二相颗粒分散掺入较高膨胀系数的基体中会带来明显的增强效果。最后，层状复合材料还为调整结构陶瓷的微观结构和机械性能提供了一个机会（Harmer 等，1992）。

　　当这些复合材料处于研发阶段时，它们为结构工程师提供了出色的刚性、高的比强度、高温性能以及非突变性的失效模式。

　　CMCs 中，分散相（也称为"强化相"）可以是连续纤维、晶须和颗粒。CMCs 组分的性能以及增强相各自的体积分数、离散分布、取向、尺寸和几何形状是最终性能的决定性因素，但是，还有一个决定复合材料性能的因素：存在的大量具有自身特征的增强相-基体界面。

　　当前 CMCs 的应用包括涡轮机、内燃机、航空航天结构以及高温前缘和蒙皮等。在航天飞机的热保护系统下，CMCs 的功能得到了极大的利用，航天飞机以 3 000 km/h 的速度进入大气层时，鼻锥的温度达到 1 500 ℃，该鼻锥由碳纤维增强碳基复合材料制成，为了防止与氧气接触，碳-碳复合材料首先要涂一层硅，然后再涂一层二氧化硅进行防护（Ruh 等，1988；Richerson，2000）。

　　CMCs 现在被引入到许多其他新领域中，并且当生产成本大大降低时，它们的应用范围将会进一步扩大。价格也是主要关注的问题，现在迫切需要开发具有更优费效比的 SiC（碳化硅）纤维，以促进 CMCs 的应用。

金属基复合材料（MMC）通常与轻金属基复合材料有关。尽管没有公认的 MMC 定义，但我们可以将 MMC 视为具有两种不同成分的复合系统，即金属基体（最常见的是铝、镁或钛）和作为增强相的第二种材料（金属、陶瓷或其他有机化合物），在整个过程中，可以将增强相视为是截然不同的，MMCs 可以看作是粉末、颗粒或纤维（连续纤维、短纤维或晶须纤维）增强的材料。增强相可用于起结构性作用，也可用于改变物理特性（热膨胀性、导热性、导电性、摩擦、耐磨性等）。为了获得有效的 MMCs，增强材料和基体之间的兼容性（化学和热）以及界面性质的控制是必不可少的。

考虑到金属基体中增强相（在大多数情况下是陶瓷）的结构，MMCs 的性能可以定制和改变，几乎涵盖了从金属性能到陶瓷性能的整个区间。就结构特性而言，比强度和比刚度是 MMCs 的主要特征。然而，必须考虑到在具有连续增强体的 MMCs 中，各向异性将在取向方面带来很大的力学性能差异。在某些结构应用中，延展性、韧性、疲劳性和抗冲击性可能是最基本的要求，这意味着必须选择关键的组分以及能够控制微观结构特征的成型工艺（Miracle，2005）。

就工艺而言，液态金属相关的工艺（电镀、电铸、搅拌铸造、压力渗透、挤压铸造、喷涂和反应性加工）和粉末冶金囊括了 MMCs 最重要的成型工艺。然而，在大多数工艺路线中，需要机加工和精加工操作，这就需要特定的工具和操作参数，以便使之具有成本效益。

从切削工具到坦克装甲、刹车盘（汽车和铁路）和刹车钳以及活塞、推进轴和自行车车架，MMCs 的应用范围非常广泛，可以在汽车轮胎螺柱、高尔夫球杆、功率电子模块及在热管理中找到其应用（例如，功率放大器和印刷电路板的散热器），可以将航空结构、航空发动机和不同的子系统作为 MMCs 在航空航天工业中的应用。

MMCs 的当前研究目标是：提高不同温度下的屈服强度和拉伸强度，但同时要保持最小的延展性；与常规合金相比，在更高温度下要具有更高的抗蠕变性；增加疲劳强度（主要是在高温下）；提高耐热冲击性；提高耐腐蚀性；增加杨氏模量并降低热膨胀性。此外，连续加工开发也是 MMCs 主要研究活动的一部分。

3.2　基体类型

3.2.1　陶瓷基体

纤维-基体界面区域可以由界面或界面相组成，一个中间相意味着存在至少两个界面：一个与基体的界面，一个与纤维的界面，当中间相由多层组成时界面会更多（Bansal 和 Lamon，2015）。界面结合类型主要有两种：机械结合（强度较低）或化学结合。机械结合是由残余应力通过纤维被基体夹紧形成的，当界面粗糙时，可以增强径向结合力，因为这种结合是由加工过程中的化学反应或冷却过程中的热收缩引起的，界面性质取决于纤维和基体。普遍的假设是，良好的复合材料性能需要较弱的纤维-基体界面，该界面在基体裂纹的作用下会脱粘，中间相可以克服这些局限性，并且可以根据复合材料的特性来定制

界面特性 (Bansal 和 Lamon，2015)。

CMCs 较为常见的基体是玻璃、玻璃陶瓷、碳、SiC、Si_3N_4、铝酸盐和氧化物等。表 3-1 列出了一些陶瓷基体的主要性能。

表 3-1　不同陶瓷基体的物理和机械性能 (Granta，2015)

性能	铝酸盐 1720	玻璃陶瓷、纳米加工的 9606	碳工业级	SiC HP	Si_3N_4 HP	氧化铝 99	多铝红柱石
密度/(g/cm³)	2.49~2.54	2.57~2.62	1.3~1.8	3.14~3.21	3.16~3.23	3.65~3.93	2.7~3
价格/(€/kg)	1.06~1.24	1.55~9.31	8.39~12.7	10.9~15.5	26.3~40.2	20.3~30.6	6.21~7.76
杨氏模量/GPa	84.8~89.1	115~121	6~15	390~410	302~318	360~380	110~220
拉伸强度/MPa	39.9~43.9	109~120	8~16	476~525	476~525	257~284	55~132
失效应变/(%)	0.04~0.05	0.09~0.1	0.05~0.27	0.12~0.13	0.15~0.17	0.07~0.08	0.02~0.12
弯曲模量/GPa	84.8~89.1	115~121	6~15	390~410	302~318	360~380	110~220
弯曲强度/MPa	51.9~57.1	131~145	35~50	571~630	952~1 050	381~420	175~250
维克硬度/HV	476~525	588~648	24~48	2 380~2 630	1 810~2 000	1 520~1 680	243~268
断裂韧性/ $(MPa \cdot m^{1/2})$	0.71~0.73	1.4~1.7	0.5~1.3	3~3.5	2.6~3.2	3.8~4.2	2.1~2.3
最高使用温度/℃	200~650	686~714	2 580~2 690	1 500~1 650	1 080~1 230	1 170~1 230	1 500~1 700
热导率/ [W/(m·℃)]	1~1.5	3.25~3.51	5~30	76.9~83.2	31.7~34.3	30~36	2~6
热膨胀系数/ (μstrain/℃)	4.11~4.28	5.58~5.81	1.3~5	4.9~5.1	3.6~3.7	4.5~8.3	3.5~5

飞机发动机、陆基涡轮机、火箭和高超声速导弹以及飞行器等动力系统的发展，增加了对具有优异长期力学性能，且在高温、高压和多种环境因素下 (如潮湿) 保持这些性能的结构材料的需求，由于这些应用需要暴露在氧化环境中，因此 CMCs 的热力学稳定性和抗氧化性至关重要，对环境稳定复合材料的需求推动了基于环境稳定的氧化物组分的 CMCs 的发展 (Bansal 和 Lamon，2015)。

3.2.2　金属基体

理论上，任何金属合金都可用于生产 MMC。但是实际上，仅使用了以下少数几种：铝、镁、钛和最终用于超导磁体的铜。在航空航天应用中，减小重量是至关重要的，这就是使用轻金属合金的原因。近年来，由于铝基复合材料具有优异的比强度、比刚度以及良好的热性能和耐腐蚀性，因此在航空航天的结构和热管理部件中已广泛使用铝基复合材料 (Miracle，2001；Chawla 和 Chawla，2006)。其中，诸如 Al-Cu-Mg 和 Al-Zn-Mg-Cu 之类的可沉淀硬化的合金尤其重要 (Chawla 和 Chawla，2006)。

为了 SiC-Al 复合材料的生产，Yana 等人 (2008) 建议使用具有高硅含量的铝合金，以控制在增强相-基体界面中 Al_4C_3 的形成，该化合物被认为是这类复合物中最有害的反应产物。钛及其合金具有相对较高的强度和模量重量比，熔点为 1 672 ℃，可在高温下保持强度，并具有良好的耐腐蚀性和抗氧化性，Ti6Al4V，也称为 5 级 Ti - 6Al - 4V 或 Ti 6 - 4，是最常用的钛合金，在航空航天机身和发动机组件中有广泛的应用（http：//www.aerospacemetals.com/titanium - ti - 6al - 4v - ams 4911.html）。镁是最轻的金属之一（1.74 g/cm³）（Chawla 和 Chawla，2006），比强度与铝合金相似，镁及其合金还具有很高的减振能力，这使其成为许多高速飞行器应用的理想材料（http：//www.intlmag.org/magnesiumbasics/advantages.cfm）。MMC 基体的主要性能如表 3 - 2 所示，不同陶瓷纤维的主要性能如表 3 - 3 所示。

表 3 - 2　MMC 基体的物理和机械性能

性能	$P/$ (g/cm^3)	CTE/ $(10^{-6}K^{-1})$	热导率/ $[W/(m \cdot K)]$	屈服应力 （拉伸）/MPa	极限拉伸 应力/MPa	杨氏模量/ GPa	延伸率/ （%）	参考文献
Al 2024	2.78	22.7	120	—	—	70	—	Yana 等（2008）
Al 2024	2.77	22.9	151	—	—	72	—	Parsonage(1999)
Al 6061/T6	2.71	23.2	160	193	227	69	10	Speer and Es - Said(2004)
Al 6061/T6	2.70	23.6	180	—	290	69/70	—	Parsonage(1999) 和 U. S. Congress (1988)
AlBeMet	2.1	13.9	240	282	338	199	10	Speer 和 Es - Said（2004）
AlBeMet 162	2.1	13.9	210	221～328	288～439	193	10	Parsonage(1999)
Ti TC4	4.44	9.2	6.8	—	—	109	—	Yana 等（2008）
Ti 6Al4V	4.43	8.8	7.2	827	896	110	10	Speer 和 Es - Said（2004）
Ti 6Al4V	—	—	—	—	1 170	114	—	U. S. Congress (1988)
Ti 6Al4V	4.42	8.6～9.7	6.7	880	950～1 000	110	14	http://www.aero spacemetals.com/titanium - ti - 6al - 4vams - 4911.html
Mg Al6Mn	1.78	26	62	130	220	45	8	http://www.make itfrom.com/material - properties/AM60A - AM60A - FMgAl6Mn - M10600 - Magnesium/
Mg	—	—	—	30	115	—	6.08	Sun 等（2012）
Mg + Ni5%	—	—	—	58	146	—	3	Sun 等（2012）

表 3 - 3　不同陶瓷纤维的主要性能（Granta，2015）

性能	SiC 纤维 140 μm	SiC 晶须	氧化铝晶须	高模量碳纤维
密度/(g/cm³)	3.15～3.20	3.15～3.21	3.95～3.97	1.8～1.85
价格/(€/kg)	4 040～4 060	1 400～1 550	3 880～4 660	31.3～37.6
杨氏模量/GPa	440～480	440～480	445～460	370～390
拉伸强度/MPa	2 250～2 300	6 000～8 000	1 660～2 340	2 400～2 410
失效应变/(%)	0.2～0.25	0.2～0.25	0.2～0.25	1.8～2
弯曲模量/GPa	440～480	440～480	445～460	370～390
弯曲强度/MPa	2 250～2 300	6 000～8 000	2 000～2 800	2 200～5 200
维克硬度/HV	3 200～3 300	900～1 000	2 300～2 400	660～810
断裂韧性/(MPa·m$^{1/2}$)	2.2～3	2.25～3.25	3～5.9	1～2
最高使用温度/℃	1 030～1 080	1 130～1 180	977～1 030	530～580
热导率/[W/(m·℃)]	60～100	6～100	20～25.6	80～200
热膨胀系数/(μstrain/℃)	4.4～4.8	4～4.2	7.7～8.6	0.2～0.4

3.3　纤维类型

使用不同类型的增强体来制造 CMCs 和 MMCs 时，会极大地影响制造的难易程度和最终材料的性能。因为最终的复合材料性能在很大程度上取决于组分的性能，所以组分的选择要基于化学稳定性和相容性以及热物理和力学性能。陶瓷和金属基复合材料一般有三种类型：颗粒增强、晶须增强和纤维（连续或不连续）增强。

连续纤维增强的陶瓷中，仅可使用那些能承受基体加工高温（高于 1 000 ℃）的纤维，其他要满足的高温要求包括长期稳定性、抗蠕变性和抗氧化性，可以预见将有各种各样的连续纤维增强的 CMCs 和 MMCs。常见的增强相有碳化硅（SiC）、碳化钛（TiC）和碳化硼（B_4C）、氮化硅（Si_3N_4）、氮化硼（BNs）、氧化铝（Al_2O_3）、氧化锆（ZrO_2）、碳（石墨或部分非晶态）和硼等（Amaral Fortes 和 Ferreira，2003；Bansal 和 Lamon，2015；Clauss，2008）。与氧化物纤维相比，非氧化物纤维表现出优异的强度和抗蠕变性（Granta，2015）。MMCs 的典型增强体为：陶瓷颗粒或陶瓷纤维，碳纤维，由于高密度和与基体的合金反应而趋于不适用的金属纤维。首批 MMCs 中的一种是使用硼丝作为增强体。表 3 - 4 列出了 MMCs 中使用的典型纤维的主要性能。

表 3 - 4　MMCs 用不同纤维的物理和机械性能

性能	ρ/(g/cm³)	CTE/(μstrain/℃)	热导率/[W/(m·℃)]	杨氏模量/GPa	拉伸强度/MPa	失效应变/(%)	断裂韧性/(MPa·m$^{1/2}$)	维克硬度/HV	最高使用温度/℃	价格/(€/kg)
氧化铝纤维(f)	3~4	7~9	20~25	220~390	2 000~2 400	0.8~1	1.5~2	600~700	970~1 000	1 210~4 000
氧化铝晶须或粒子(p)	3.94~3.97	7.5~8.5	20~25	445~460	1 660~2 340/1 500~1 600	0.2~0.25	3~6	2 300~2 400/900~1 000	970~1 000	3 900~4 660
氮化铝(p)	—	—	—	—	—	—	—	—	—	—
硅硼化物	2.7~2.8	~5	~38	~400	~3 000	0.75	2~4	800~1 000	~550	2 700~3 200
石墨	1.9~2	0.01~0.3	80~200	600~800	2 000~2 400	0.5~0.8	1~2	600~800	500~600	50~55
SiC晶须	3.15~3.21	~4	60~100	440~480	6 000~8 000	0.2~0.25	2.25~3.25	900~1 000	~1 150	1 400~1 550
SiC(p)	~3.18	~4	60~100	450~480	2 500~300	0.2~0.25	2~3.5	~3 250	~1 050	23~40
硼	~2.5	~5.6	~19	~400	~2 400	0.5~0.8	2~4	800~1 000	~550	400~500
碳化硼(p/f)	—	—	—	—	—	—	—	—	—	—
铍	~1.86	11	~185	~307	~965	3~4	11~15	200~320	250~300	225~340
二硼化钛(p)	~4.5	~4.7	~73	500~550	~320	~0.15	~5.5	2 500~3 000	~1 475	15~30

注:CTE,热膨胀系数;f—纤维;p—颗粒;ρ—密度。

3.3.1 颗粒增强体

在颗粒增强复合材料中，第二相的颗粒被掺入连续的基体中，这些复合材料可以通过烧结或热压良好分散的两种组分的混合物而轻松制造。

3.3.2 连续纤维

陶瓷长丝增强复合材料可以使用不同类型的长丝，这样的例子有石墨丝、Al_2O_3 丝或莫来石或通过有机金属聚合物路线生产的 SiC 单丝等。实际上，使用连续难熔纤维是获得高温下既强且韧的 CMCs 的最有效方法。

3.3.3 短纤维

短纤维增强复合材料是通过在粉末基体中热压均匀分散的晶须制成的，由于晶须趋于垂直于热压方向取向，因此可以看到某些性能的各向异性。Al_2O_3 - SiC 和多铝红柱石 - SiC 晶须复合材料是将晶须通过超声分散在粉末中，然后热压制成的（Bansal 和 Lamon，2015）。

3.3.3.1 玻璃纤维

20 世纪 40 年代，玻璃纤维这种较早开发的人造增强体开始掺入聚合物基体中，其易于加工和复合的特征使其具有出色的适应性，它具有高的长径比（>100）、低的弹性模量和极小的直径。玻璃纤维的最常见例子是具有良好电绝缘体的 E 型玻璃纤维、具有高耐腐蚀性的 C 型玻璃纤维和具有较高二氧化硅含量的更难熔的 S 型玻璃纤维（在欧洲为 R 型）。作为 E 型玻璃纤维性能的典型值，其密度为 2.55 g/cm^3、拉伸强度为 1.75 GPa、杨氏模量为 70 GPa、热膨胀系数为 $4.7 \times 10^{-6} K^{-1}$（Amaral Fortes 和 Ferreira，2003）。尽管它们可以用作 CMCs 或 MMCs 的增强材料，但由于它们的使用温度低，因此它们不能用作那些耐高温结构类型复合材料的增强体，这里引用它们仅仅是作为历史参考。但是，对于非承力结构和热应用，它们已经使用了很长时间。

3.3.3.2 硼纤维

氮化硼是非常重要的惰性材料，具有优异的抗热震性、各向异性的热性能、良好的介电性能和高的强度，已被用作氮化硅的增强相，可以将热冲击的最高温度从 600 ℃提高到 700～900 ℃（Ruh 等，1988）。硼纤维具有很高的抵抗力，杨氏模量高达 420 GPa，拉伸强度高达 5.7 GPa，但是需要昂贵的制备工艺，这是它的一个很大的缺点。可以通过激光化学气相沉积（LCVD）来生长细纤维（直径为 25 mm），该过程中，只有细丝的顶部被激光焦点加热，这不同于传统技术中的整个钨（W）线保持在相同的温度中（Amaral Fortes 和 Ferreira，2003）。对碳化硅-氮化硼复合材料已经进行的研究显示其具有更高的抗热震性（Granta，2015）。

3.3.3.3 碳纤维

碳、石墨及它们的改性物是典型的高温材料，它们固有的高热稳定性（3 000 ℃以上）

和极低的密度（~1.9 g/cm³）使碳基材料成为高温应用中最有希望的候选材料之一，碳纤维的特别优势是其极高的比刚度和比强度（Granta，2015）。严格来说，石墨纤维是一种通过特殊热处理将碳的近晶结构完全转化为石墨而产生的，这使它们具有高度的各向异性（沿 c-轴方向，杨氏模量从基面的 1 000 GPa 到 35 GPa 不等）（Amaral Fortes 和 Ferreira，2003）。

由非氧化物纤维增强的非氧化物 CMCs 已经被广泛研究，其原因是碳纤维和碳化硅纤维在高温下显示出最高的性能。另一方面，出于相容性的原因，非氧化物纤维本质上可以与非氧化物基体结合，然而，碳纤维在低至 450 ℃ 的温度下在氧化气氛中会反应分解，因此必须对其进行保护。SiC 基纤维具有更高的抗氧化性（Amaral Fortes 和 Ferreira，2003）。

在 CMCs 的增强体中，碳纤维具有最高的比抗拉强度（$\sigma/\rho = 2.8$ GPa /g・cm³）和比模量（$E/\rho = 380$ GPa /g・cm³），碳纤维是由有机前驱体热解产生的，包括纤维素、人造丝、合成聚合物聚丙烯腈（PAN）和石油沥青等（见图 3-2）。由前两种类型的前驱体纤维生产碳纤维包含一个强化聚合物的初始氧化步骤，然后进行热解以分解有机碳前驱体，接下来的步骤是最后阶段在 2 400～3 000 ℃ 的 Ar 或 N_2 中进行石墨化（Amaral Fortes 和 Ferreira，2003）。

碳纤维在惰性气氛中非常稳定，但是在空气中它们会从 500 ℃ 开始氧化。碳纤维的一个有用特性是纵向负热膨胀系数（$\alpha = -1.4 \times 10^{-6}$ K^{-1}），这使得它们可以用于零热膨胀系数的聚合物基复合材料（PMC）的制备。碳纤维的一种最新类型是气相生长的碳纤维，它是在载有金属催化剂（Fe、Ni 或 Co）的基底（C、Si 或石英）加热到温度高于 1 000 ℃ 以上时分解碳氢化合物而获得的，在此过程中，连续从静态基材上除去催化剂，碳纤维在催化剂和基材之间生长，该技术的最大优势是能生产出具有高机械强度（最高 20 GPa）且无缺陷的纤维（Amaral Fortes 和 Ferreira，2003）。

3.3.3.4　氧化物纤维

氧化物纤维具有固有的抗氧化能力，但是它们具有有限的抗蠕变性并且在高温下会经历晶粒生长，这导致其强度降低，而且比碳和 SiC 基纤维的密度要高。尽管氧化物纤维存在这些缺点，但对基于氧化铝纤维的 CMCs 已经开展了广泛的研究（Granta，2015）。

α氧化铝纤维（氧化铝的稳定态）是最常见的基于氧化物的陶瓷纤维。基本的制造过程包括五个步骤（见图 3-3）：1）在水溶液中配制氧化铝颗粒和添加剂的悬浮液；2）从悬浮液中拉伸"绿色"纤维并干燥；3）缓慢燃烧使氧化铝致密化；4）纤维表面涂覆薄的二氧化硅涂层，阻止表面裂纹；5）用丙烷火焰进行快速最终烧结（Amaral Fortes 和 Ferreira，2003）。单晶细丝的优点是由于不存在晶界而具有的高抗蠕变性，$\alpha - Al_2O_3$ 纤维的典型特征是：直径为 10 μm，晶粒大小为 0.5 μm，拉伸强度为 1.8 GPa，杨氏模量为 320 GPa（Amaral Fortes 和 Ferreira，2003）。蓝宝石（单晶 Al_2O_3）纤维已经不再使用，它们的成本和直径（> 50 μm）限制了它们在复合材料中的使用（Granta，2015）。

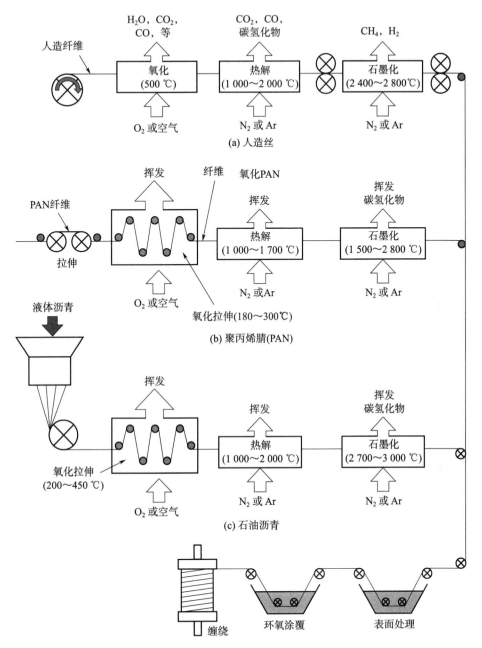

图 3-2　从不同前驱体开始的碳纤维制造流程

(摘自：Amaral Fortes，M.，Ferreira，P. J.（Eds.），2003. Materiais Dois Mil. IST Press（in Portuguese）.

ISBN：972-8469-26-8.）

3.3.3.5　共价陶瓷纤维

共价陶瓷纤维包括 SiC 纤维等，这些纤维的生产技术之一是在钨（W）或碳（C）基材上的化学气相沉积（CVD）工艺，与硼（B）纤维一样，它们是由氢和硅烷的混合物制成，其典型的特性包括 3.5 GPa 的拉伸强度和 430 GPa 的杨氏模量。通过 CVD 获得的

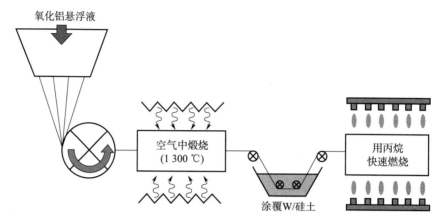

图 3-3　α 氧化铝纤维的基本制造过程

（摘自：Amaral Fortes, M., Ferreira, P. J. (Eds.), 2003. Materiais Dois Mil. IST Press (in Portuguese). ISBN: 972-8469-26-8.）

SiC 纤维易碎，因此出现了另一种生产更加柔软的纤维的制备工艺：聚合物前驱体受控热解，该技术涉及的步骤是：1）在 350 ℃下拉伸聚合物前驱体纤维（例如，聚碳硅烷 $[-Si(CH_3)_2-CH_2-]_n$）；2）在空气中于 190 ℃下或在室温下于臭氧中固化和聚合物稳定化；3）在真空中于 1 300 ℃对纤维前驱体进行热解以生产最终的陶瓷纤维（Amaral Fortes 和 Ferreira，2003）。

有几种具有接近 SiC 组分的商品化纤维，例如 Nicalon 是纳米晶 β-SiC—SiC（～1.7 nm）、SiO_2 和游离 C 的混合物，其抗蠕变性低于含 100% SiC 的 CVD 纤维，但更具弹性（断裂伸长率为 1.6%）。通过热解获得的纤维的负面特征是存在纳米尺寸的残余孔隙率（5%～25%），但聚合物热解工艺仍用于生产 Si_3N_4—SiC 纤维或纯 Si_3N_4。例如，利用溶解在二甲苯中的 PHS 聚合物（全氢硅氮烷）在 1 400 ℃的 N_2 中挤出并热解制得直径为 10 μm 的 Si_3N_4 纤维，具有良好的拉伸强度（2.5 GPa）（Amaral Fortes 和 Ferreira，2003）。

如对于硼（B）和 SiC 纤维所述，Si_3N_4 纤维也可以由反应物 $SiCl_4$ 和 NH_3 通过 CVD 获得，但这种方法同样是昂贵的。$SiCl_4$ 和 NH_3 反应物制成的纤维在高达 1 300 ℃的温度下仍能抗氧化，在该温度下具有最佳的机械抵抗力值（2.0 GPa）。其他共价纤维是 BN 和碳化硼（B_4C），BN 纤维比碳纤维具有更好的抗氧化性，是由氧化硼（B_2O_3）的前驱体纤维衍生而成的，该前驱体纤维会通过氨和热稳定化转化为氮化物。B_4C 纤维由 BCl_3 和 H_2 的混合物通过 CVD 工艺在 C 基材上获得，反应如下：$BCl_3 + 6H_2 + C \rightarrow B_4C + 12HCl$（Amaral Fortes 和 Ferreira，2003）。

硼化锆（ZrB_2）和二硼化铪（HfB_2）属于元素周期表第四组至第六组的难熔过渡金属二硼化物，这些二硼化物中的大多数具有高于 3 000 ℃的熔点，以及高导热性和导电性，对熔融金属的化学惰性以及良好的耐热冲击性。尽管已经有各种基于 ZrB_2 和 HfB_2 的复合材料，但其断裂韧性差仍然是一个没有解决的问题，需要进一步的研究（Granta，2015）。

3.3.3.6　颗粒和晶须

颗粒形状的增强体种类比纤维要广泛得多，因为几乎所有材料都可以以粉末形式获得。晶须是一种特殊类型的增强体，其特征是具有高的机械抵抗力的短单晶纤维，这是由于缺乏晶界和晶体缺陷密度低的原因所致。通常，晶须具有数微米的直径（0.5～10 μm），长度在几微米到几厘米之间，长径比在 50～10 000 之间（Amaral Fortes 和 Ferreira，2003；Lamon，2010）。图 3-4 给出了一些晶须的例子（Soltani 等，2015）。

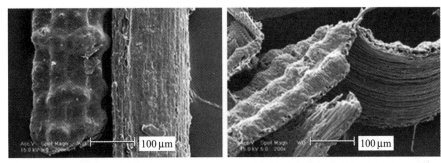

(a) 未经处理的稻壳纤维　　　　　　　　(b) 碱处理过的稻壳纤维

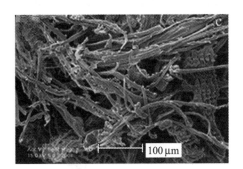

(c) 漂白的稻壳纤维

图 3-4　扫描电镜照片

（摘自：Soltani, N., Bahrami, A., Pech-Canul, M. I., Gonzalez, L. A., 2015. Review on the physicochemical treatments of rice husk for production of advanced materials. Chemical Engineering Journal 264，899-935.）

晶须通常通过气相生长获得，自 1970 年以来一直使用的开创性工艺是用稻壳生产 SiC 晶须。这种原料约占大米加工量的 20%，并含有纤维素、二氧化硅和其他有机和无机化合物。将稻壳在没有氧气的情况下于 700 ℃加热以释放出挥发性物质，然后在 1 500～1 600 ℃下进行自动渗碳处理（碳与纤维素和二氧化硅的结合）1 h，形成 SiC 晶须（Amaral Fortes 和 Ferreira，2003；Richerson，1992）。

颗粒通过沉淀从晶须中分离出来，平均长径比约为 75。另一种方法是气-液-固技术（VLS），其中晶须是从 SiO 和 CH_4 气体中获得的，最初将 Si 和 C 溶解在金属液体催化剂中，随后以 SiC 的形式在气-液表面沉淀。对于直径为 10 mm 和 6 μm 的中长纤维，拉伸强度和杨氏模量分别为 8.4 GPa 和 580 GPa。通常，晶须的成本比相同组成的颗粒高约 5 倍，而 SiC 纤维的成本比简单颗粒高 100 倍（Amaral Fortes 和 Ferreira，2003）。

3.4　加工技术

3.4.1　CMCs 的制造

使用液体、气体或固体前驱体的几种方法可用于成型 CMCs，通过陶瓷材料的常规制造技术或特定工艺来制造 CMCs，第一步称为粉末致密化（通过冷压固结，然后烧结或在一个步骤中热压固结），在烧结过程中，增强相可通过形成刚性结构来抑制致密化，从而避免孔的收缩和密封。根据热膨胀系数的差异，在增强体周围的基体中会产生拉伸应力，从而抑制了致密化。因此，通常将增强相的量保持在体积的 40% 以下（Amaral Fortes 和 Ferreira，2003）。

生产玻璃纤维增强复合材料的最常用技术是悬浮液渗透工艺（见图 3-5），其中纤维被基体相的悬浮液浸渍，然后铺叠成层，形成预制体，将其切割，煅烧并最终通过热压合并。在 SiC 纤维增强 Si_3N_4 基体复合材料情况下，可以使用一种将反应性烧结与热压相结合的特殊技术：将混合有聚合物粘合剂的 Si 层和 SiC 纤维层交替铺叠，然后粘合剂燃烧，并在 1 100～1 400 ℃的 N_2 气氛中压力烧结，以进行硅的硝化（Amaral Fortes 和 Ferreira，2003）。

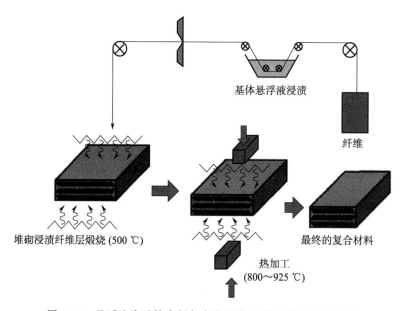

基体悬浮液浸渍

纤维

堆砌浸渍纤维层煅烧 (500 ℃)

热加工 (800～925 ℃)

最终的复合材料

图 3-5　悬浮液渗透技术制备陶瓷纤维-基体复合材料示意图

（摘自：Amaral Fortes，M.，Ferreira，P. J.（Eds.），2003. Materiais Dois Mil. IST Press（in Portuguese）. ISBN：972-8469-26-8.）

在制备 CMCs 的反应烧结工艺领域中，一种商业材料（REFEL®）脱颖而出，该材料是通过低压下在 1 700 ℃将液态 Si 渗入纤维或碳颗粒中制成的。Si 与碳发生反应，形成了一个薄的排列层，其中有不到体积 10% 的 Si 被 SiC 增强，并且基体和增强体之间具有出色的热化学相容性。制备 CMCs 的非常规技术仍然是液体渗透、直接氧化、聚合物热解、CVD 工艺、溶胶-凝胶法和自蔓延高温合成（SHS）等（Amaral Fortes 和 Ferreira，2003）。

液体渗透方法与金属或聚合物的渗透方法非常相似：在真空中或在外部压力下，通过毛细管作用将液体或基质前驱悬浮液渗透制备预成型增强相。该方法的一个例子是生产由各种纤维（SiC、C、Al_2O_3 和莫来石）增强的玻璃基体复合材料，通过将这些纤维引入含有熔融玻璃的熔炉内制成。其他材料是由有机金属聚合物或碳氢化合物（沥青或酚醛树脂）渗透，随后热解并分别形成 SiC 和碳基体而产生的。接下来是总致密化的最后一步热压。直接氧化的方法（Lanxide™工艺）是由浸渍工艺演变而来，这种方法中增强相陶瓷（如 SiC）预成型件浸入了液态金属（如 Al）同时被氧化（Amaral Fortes 和 Ferreira，2003）。

与液体渗透工艺相比，化学气相渗透（CVI）工艺是一种低温成型技术，但是，预制体内部的气流会导致孔隙堵塞，这需要多次浸渍和加工循环才能完全封闭孔隙。CVI 首先用于在 1 000～2 000 ℃下通过 CH_4 的热解来制备碳-碳复合材料。纤维预制体的 CVI 是一种用于成型以 SiC、Si_3N_4、C、B_4C、TiC、Al_2O_3 为基体、以 Nicalon（SiC）和 Nextel（α-Al_2O_3）为增强材料的 CMCs 的工艺方法。作为 CVD 技术的扩展，CVI 技术自 20 世纪 60 年代以来已进行了研究，当使用 CVD 将大量的基体材料掺入纤维预制体中时，被称为化学气相浸渍或渗透（Amaral Fortes 和 Ferreira，2003）。

溶胶-凝胶法是另一种技术，它具有成型温度低和组成均匀性高的优点，但是，增强材料和基体之间的收缩差异很大，并且可能导致开裂。最后，主要用于制造多孔耐火材料的自蔓延高温合成（SHS）技术可用于生产 SiC（晶须）- Al_2O_3 等 CMCs，在这种方法中，在基体内部放热反应期间或之后立即施加压力，以使材料致密化（Amaral Fortes 和 Ferreira，2003）。

3.4.1.1 增强体与基体之间的界面和机械性能

陶瓷材料在 1 000 ℃ 以下很少表现出塑性变形，其机械抵抗力是由裂纹的灾难性传播所决定的，裂纹产生原因有：1）成型缺陷；2）零件的几何形状；3）服役性能降低。可以通过减小缺陷的尺寸或增加断裂韧性来提高材料的抗裂性。第二种途径是 CMCs 的主要目标。理想情况下，界面应具有比复合材料组成相的本征抵抗力低的机械强度，使其成为裂纹扩展和增强材料的断裂韧性的首选途径。具有沿试样长度方向排列的纤维的 CMCs 的应力-应变曲线与具有屈服区域的金属合金的应力-应变曲线 [见图 3-6（a）] 在以下方面类似：1）初始弹性行为；2）在弹性比例的范围内，基体开裂，曲线的斜率开始减小；3）在垂直于试件轴线的方向上，通过多次开裂产生基体屈服，而剩余载荷则通过纤维传递和支撑，直到达到最大拉力值为止；4）以非灾难性的方式使纤维断裂或拔出，直到样品完全断裂。这种行为的主要结果是提高了材料的韧性。

图 3-6（b）所示基体的微裂纹是增韧机理的一个例子，纤维的存在有利于增韧，可源于此推导裂纹之间的最小间距（x）的表达式

$$x = (V_m \sigma_m r) / (2 V_f \tau) \tag{3-2}$$

式中　V_m，V_f ——基体和纤维的质量分数；

　　　σ_m ——基体的拉伸强度；

　　　r ——纤维的半径；

　　　τ ——界面剪切阻力。

微裂纹发生在裂纹尖端，从而降低了应力集中强度因子。但是，基体的较多微裂纹除了降低弹性模量外，还会使材料内部氧化。因此，如果它们的重要性相对较大，则该复合材料对于高温应用是不可靠的。

另一种机制是在裂纹表面之间形成纤维桥接，这对于用 SiC 晶须增强的氧化铝等材料至关重要。增强体和基体之间高的摩擦力值、高纤维含量、纤维直径以及拉伸强度，都对这种现象起了积极作用。在这种机制下，纤维抵抗裂纹张开，并且其断裂发生在裂纹尖端"后"一定距离处［见图 3-6 (c)］。界面的脱粘是其他两种机理的前提：裂纹偏转和纤维拔出［见图 3-6 (d) 和图 3-6 (e)］。

对于纤维拔出机理，在 $l/d \geqslant \sigma_{fl}/(4\tau_i)$ 的条件下，简单的力平衡决定了将纤维从基质中拉出，其中 l/d 是纤维的长径比，σ_{fl} 是拉伸强度，τ_i 是界面阻力。应该注意的是，CMCs 的断裂韧性可以由所有这些增韧机制的组合产生，并在最佳的增强体含量时达到最大值。在用尺寸在 $1\sim10$ nm 范围内的颗粒增强的复合材料的情况下，断裂韧性的提高部分归因于通过围绕颗粒的压缩应力场的作用延缓或终止了裂纹扩展［见图 3-3 (f)］（Amaral Fortes 和 Ferreira，2003）。

增韧机理是仔细控制增强体与基体界面的结果，界面特性是由增强体本身的选择产生的，这涉及在加工和使用过程中的热力学稳定性，以及增强体的最终涂层。理想情况下，该涂层不应与纤维或基体反应，并且必须在复合材料的制造和使用温度下保持稳定，最常见的涂层厚度为 $0.1\sim1\ \mu m$，最常用的涂层为 C、BN、SiC、ZrO_2 和 SnO_2 等。例如，BN 涂层可以避免 ZrO_2 基体与 SiC 纤维表面二氧化硅之间的化学结合而使界面变脆。

尽管用公式表示 CMCs 的主要目的不是通过添加第二相来增加弹性模量或拉伸强度，但这种作用不可忽略，特别是在类玻璃基体的 CMCs 中。对于 Nicalon -玻璃或碳-玻璃复合材料，已知杨氏模量的增加与纤维的相对体积成比例，增强体的体积最多达到 55%，在此基础上，基体中的孔隙率增加而杨氏模量降低。

同样，复合材料的热膨胀系数（α_c）取决于其内部结构和成分的该特性值。对于颗粒增强复合材料，此参数不遵循简单的混合定律，具体取决于组成的体积模量（K）

$$\alpha_c = (\alpha_m V_m K_m + \alpha_p V_p K_p) / (V_m K_m + V_p K_p) \tag{3-3}$$

诸如导热系数 k 和介电常数 ε_r 之类的性能对微观结构的依赖性更为复杂，密度（ρ）是唯一一种混合定律不受增强相几何形状影响的性能，重要的是要知道这些材料的抗疲劳性能。对于 CMCs，由于存在前面提到的韧性机理，这一性能要复杂得多，通过"裂纹密度增量"或 $dE - dN$ 梯度替换 Paris 定律的常规参数"裂纹长度增量"（da），可以最好地描述 CMCs 的抗疲劳性能

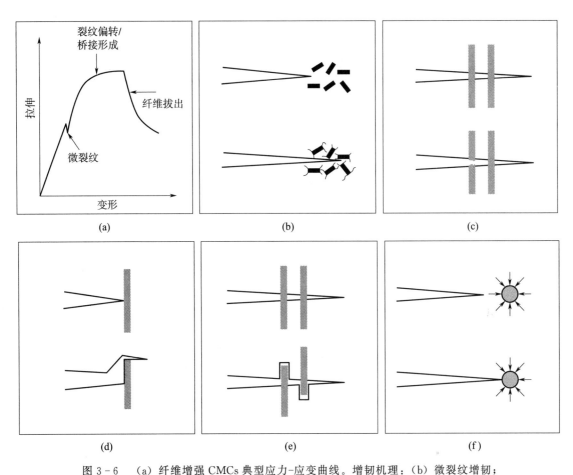

图 3 - 6　（a）纤维增强 CMCs 典型应力-应变曲线。增韧机理：（b）微裂纹增韧；
（c）裂纹两侧之间形成桥接；（d）裂纹偏转；（e）纤维拔出；（f）裂纹延缓或终止

（摘自：Amaral Fortes，M.，Ferreira，P. J.（Eds.），2003. Materiais Dois Mil. IST Press（in Portuguese）.
ISBN：972 - 8469 - 26 - 8.）

$$da/dN = A(\Delta K)^m \tag{3-4}$$

　　通常，CMCs 在周期性的载荷作用下，裂纹的密度开始增加，在中间阶段材料的性能降低速度下降，相应地次临界裂纹扩展的增韧机制增加。在多晶陶瓷中，晶粒间的滑动和缺陷的扩散是在大多数情况下控制蠕变行为的现象。在 CMCs 中，这些机理也是决定因素，但抗蠕变性能可能更高。将整体氧化铝与由 20% 体积含量的 SiC 晶须增强的氧化铝的抗蠕变性进行比较，由于 SiC 晶须引起的颗粒间氧化铝滑移延迟，复合材料在 1 200～1 400 ℃温度范围内的变形速度降低了两个数量级，对于 SiC - Si_3N_4 纳米复合材料，该机理对于在 1 400 ℃下获得约 1.08 GPa 的抗蠕变性至关重要，如果纤维沿载荷轴向排列，则相同的系统（但具有 SiC 纤维）可提供更高的抗蠕变性。但是，如上所述，共价体如 SiC、Si_3N_4 和碳易被氧化，因此基于氧化物的 CMCs（如 Al_2O_3 - SiO_2）在空气中具有更高的高温稳定性（Amaral Fortes 和 Ferreira，2003；Harmer 等，1992；Richerson，2000）。

3.4.2　MMCs 的制造

基于成型工艺中的基体状态，MMCs 的制备可以简单分类为：液态成型、固态成型和气相沉积成型。

3.4.2.1　液态成型

当使用熔点较低的合金（如 Mg 或 Al）时，液态成型非常方便，因为可以生产近净形状的产品，通常生产成本较低。

可以在浇铸之前将增强（短）纤维或颗粒混合到熔化的基体中，以获得复合材料零部件，通常需要搅拌以确保所得材料的不均匀性较低。离心铸造可以使成品零部件有意地进行分散增强，例如刹车盘在外围增强而在中心轮毂中没有增强，从机械加工或性能的角度来看，这是非常有利的（Chawla 和 Chawla，2006）。

常规铸造用于生产复合材料铸造锭，可对其进行加工以获得挤压坯料或轧制预制体以进行进一步加工。连续铸造还可用于生产恒定截面、棒或条状的长半成品，这些技术的一个普遍问题是所产生的不均匀性问题，如图 3 - 7 所示，可以通过变形处理降低增强体单元的聚集和减少聚集区域。Sun 等人（2012）利用超声空化作用将 C 涂层的 Ni 纳米颗粒分散在熔融的 Mg 中，以生产高达 4.9 %重量含量 Ni 的优良增强复合材料。

图 3 - 7　连续铸造铝基复合材料——A356/20％SiCp - T6，注意 SiC 颗粒会团聚，而中心区域的增强体较少

[摘自：Paulo Davim，J.，1997（Ph. D. thesis）]

另一种途径是使用增强体的预制体，使其被液态金属渗透，可以选择无压力渗透、低压渗透、挤压铸造（见图 3 - 8）或压力渗透等方法。如 Yana 等人（2008）所述，无压力渗透使用体积含量为 40％～70％的 SiC 颗粒预制体和放置在其上的铝合金锭，并根据 SiC 粉末床的厚度将其加热到 790～810 ℃持续 2～12 h。挤压铸造是液态金属对短纤维或颗粒预成型体的压力辅助渗透方法。与传统渗透相比，其优势在于处理时间更短，能够产生相对复杂的形状，孔隙率或收缩率（由于施加压力而产生）最小以及界面反应最小化

（Chawla 和 Chawla，2006）。

图 3 - 8　挤压铸造铝基复合材料——AA383/Al₂O₃/20f，预制体内氧化铝纤维三维（3D）分布

［摘自：Paulo Davim，J.，1997（Ph. D. thesis）］

　　喷涂共沉积是由熔融合金上喷出的颗粒或短纤维组成，从而形成快速固结的复合材料。该技术的一个优势是可以实现高生产率（6～10 kg/min），并且快速固结可以最大程度地减少基体与增强材料之间的界面反应（Chawla 和 Chawla，2006）。

3.4.2.2　固态成型

　　大多数基于固态的成型都是以粉末冶金（PM）为基础的，将细粉形式的增强材料和金属合金紧密混合在一起，然后冷压/烧结或热压。由于晶粒和纤维的取向，通常使用二次加工（如锻造或挤压）来获得具有更好性能的完全压实的复合材料。PM 对于生产非连续的纤维增强复合材料是有用的，并最终与纳米颗粒一起使用。这种方法的一个优点是可以生产接近最终形状的零件，通过逐步增加或减少要生产零件的特定区域中的增强相体积含量，也可以获得功能梯度材料。其缺点在于难以控制增强体的分散程度，从而导致增强体的聚集和存在低增强区域。

　　对于长纤维或连续纤维增强产品，通常采用共挤出和辊压粘合技术（Miracle，2001）。在钛基复合材料（TiMC）的制造中，正在使用箔-纤维-箔（FFF）方法、基体包覆单带（MCM）方法和基体包覆纤维（MCF）方法等。Peng（2005）介绍了一种用于生产 SiC 增强 TiMCs 的真空热压 MCF 方法，将直径为 140 μm 的 SiC 单丝涂以～50 μm 厚的 Ti-6Al-4V 涂层，然后以正方形和六角形排列包装在一起，两种制备方法均实现了规则的纤维分布。

3.4.2.3　气相沉积成型

气态工艺主要通过等离子喷涂来实现，例如要在 MCF 方法中使用的金属涂层纤维。在此过程中，基体气相沉积在单根纤维上，通过热等静压操作完成复合材料的制造。

3.5　连接和修补技术

连接是一种不连续，是裂纹萌生和将来失效的潜在区域，因此必须避免，但是有时又是无法避免的。由于不存在导电性，无法将 CMCs 焊接到自身以及不同的材料上，但是，可以使用典型的机械解决方案（例如紧固件、铆钉、螺栓、螺钉等，或使用胶粘剂）。在受限的应用领域中使用钎焊及一些连接材料和方法仍处于研究阶段，如果通用参数适用于这些特定材料，则可以在某些 CMCs 应用中使用这些技术。

连接中的问题之一是不得不连接的材料的 CTEs 不同，在这方面已经提出了几种不同的方法，例如使应力集中最小化的适当设计、金属夹层、渐变接头或被连接表面的机械结构化（Fergurson 等，2014）。适合连接的材料、加工或激光结构化、通过化学反应的表面改性以及选择性去除复合材料基体等的组合方法已被发展了，并针对特定应用进行了定制。

3.5.1　CMC 的机械连接和集成

如果使用某些会引起应力集中的钻孔或其他工艺，则机械连接可能会成为问题。可以使用螺母和螺栓系统来连接 CMCs，但是最好的金属系统（超级合金）的工作温度远低于 CMCs 所要求的预期温度，可以用一些熔点更高的陶瓷代替它们，但可能性有限。CMC 组件可以通过金属或复合螺纹紧固件、C、C "T" 型接头、Miller 紧固件和圆形编织 CMC 紧固件机械地集成到纳米复合材料结构中。与其他连接技术相比，机械锁定的接头由于易于组装和拆卸更令人关注。CMCs 机械连接的一个有趣的改进是与改性胶粘剂或其他连接材料（钎焊合金或玻璃/玻璃陶瓷）的结合，以提供可靠且密封的连接。实际上，胶粘剂和螺钉结合在一起已用于连接金属或聚合物部件，它对 CMCs 的应用是一个具有挑战性但很有希望的概念（Granta，2015）。

3.5.2　粘接

由于 CMC 和 MMCs 的高温应用，限制了胶粘剂的使用，但是，它们对于低温组件可能很有吸引力。此外，可以对胶粘剂进行改性以增加其耐热性，这可以通过添加陶瓷颗粒、纤维或碳纳米管来实现。

因为 C-SiC 和 C-C-SiC 复合材料可以通过原位连接工艺成型复杂薄壁结构，所以，该结构可分为几个能使用近净成形技术来轻松制造的子构件。热解后，通过使用少量压力或通过基于酚醛树脂和碳粉的胶粘剂将子构件组装在一起，为了确保紧密配合，通常在组装之前对零件的接合区域进行机械加工，连接本身是在组装的 C-C 结构的硅化过程中原位进行的，因此，SiC 基体在接头中成型，将各个部件永久地粘接在一起成为一个整体结构（Granta，2015）。一些连接技术不能用于连接 Si-Al-O-N 陶瓷，因为该陶瓷倾向于在高温下分解而不是熔化。Si-Al-O-N 含有少量的晶间玻璃态相，其熔点约为 1 350 ℃，可用于连接这些组分（Schwartz，1994）。

3.5.3　热压扩散粘接

用 SiC 单丝增强的 Si_3N_4 基体的 CMCs 具有出色的耐高温性，耐温可超过 1 350 ℃，两块这种材料蒙皮的连接是通过将整体式单层作为高温稳定的胶粘剂热压而直接粘接获得的，在参考文献中提到了一些以机翼应用为中心的工作（Schwartz，1994）。为了制备这种复杂的形状，必须使符合零件曲率的预成型胶带以实现多向增强，该胶带包含有直径为 75 μm 的纤维 [SCS-9：高纯度 β-SiC，沉积在 33 μm 的预先涂有一层热解碳薄层沥青基碳纤维上（Peng，2005）]，这样可以使胶带更容易围绕机翼前缘进行包裹，其他层片以相反的方向角度沿机翼的轴线缠绕，以提供均衡的多向增强，通过热压进行制造（Schwartz，1994）。最近的研究集中在使用高等静压（HIP）工艺来固结零件上（Schwartz，1994）。

3.5.4　钎焊

钎焊合金可以看作是一种金属"高温胶"，高温钎焊合金基于金、镍和铜，通常用于将 CMC 连接到钴或镍基超级合金。钎焊 CMCs 的关键问题是钎料在基材上的润湿性，钎料与 CMC 之间的化学相互作用以及界面处可能的反应产物。钎焊合金对 CMC 的热力学稳定性（受阻隔涂层的影响）、钎焊合金与 CMC 或要连接的金属相比固有的较低熔化温度和 CTE 不匹配也是非常重要的考虑因素。功能梯度材料可用于解决 CTE 不匹配的问题，活性填料也已经发展到可以生产可靠接头。

目前，正在研究其他连接系统，例如非氧化物复合材料和氧化物复合材料，以与加工条件、层间微结构和机械性能相关联，同时开发温度高于 1 230 ℃的钎焊材料（Granta，2015）。与机械固定的接头相比，通过钎焊方法制成的接头具有许多优势：钎焊组件的尺寸和重量可以大大减小；可以使用小型、紧凑、多部分组件的设计；使用高温钎焊材料可使带钎焊接头的组件在较高的工作温度下起作用（Schwartz，1994），将熔点低于 CMC 熔点的钎焊合金放置在要连接的零件之间，并加热到其熔点以上。

3.5.5　磷酸盐粘接

磷酸盐粘接工艺可以作为昂贵或需要高温烧结的 HP 或 HIP 工艺的替代方案。磷酸盐粘合剂体系已在普通难熔材料中使用了很多年，但它们在高性能复合材料（尤其是非氧化物）中的使用仍未得到开发。磷酸盐粘接工艺一般的概念是将连续的丝束或布与液体或糊状基体前驱体混合，并随着时间和热量变化（温度从室温到 300 ℃不等）而固化，磷酸盐粘接避免了致密化过程中纤维引起的抑制基体收缩的问题（Schwartz，1994）。

3.5.6　其他连接工艺

ARCJOINT 是一种使用碳质混合物和硅（或硅基胶粘剂、胶带）连接碳基 CMC 的液态硅渗透（LSI）工艺，用到的独特技术包括瞬态液相连接（TLPB）、纳米粉末渗透和瞬态共晶相（NITE）、火花等离子体烧结（SPS）、微波辅助连接、激光辅助连接、玻璃和玻璃陶瓷作为 CMCs 的连接材料。固态置换反应和陶瓷前驱体聚合物接头仍处于研究开发阶段（Granta，2015）。

3.5.7　修补技术

对于 CMCs 和 MMCs，修补并非易事，实际上，在大多数情况下，该过程将涉及高温和/或非常特殊的环境条件，但是，可以考虑使用连接技术原理来修补这些结构部件。如今，发展自我修补技术的趋势越来越明显，该技术可以对无机材料进行自我修补，特别是对于 MMCs，可以使用以下技术（Mallick，1997）：沉淀愈合、基于形状记忆合金的愈合、用愈合剂增强的复合材料、电化学愈合、自愈合焊料等。

3.6　性能

3.6.1　CMCs

开发 CMCs 是为了提高准韧性行为的损伤容限，同时保留陶瓷的其他优点，尤其是在高温下的优点，它们的性能与常规陶瓷的性能有很大的不同，因为它们具有各向异性、较低的断裂伸长率（最高 1%）、改善的韧性、动载荷能力和较高的抗热震性。表 3-5 所示为某些 CMCs 的一组重要性能，包括物理、热和机械性能。

表 3-5　CMCs 的物理和机械性能（Granta，2015. CES Edupack. Granta Design）

材料性能		ρ/(g/cm³)	CTE/($10^{-6}\cdot K^{-1}$)	热导率/[W/(m·K)]	体积模量/GPa	极限拉伸强度/MPa	杨氏模量/GPa	延伸率/(%)	断裂韧性/(MPa·m$^{0.5}$)	维氏硬度/HV
氧化铝	碳化硼	3.2~3.5	5~6	19~24	190~225	490~550	340~400	0.1~0.18	4~5.5	2e3~2.5e3
	氮化硅	~3.8	~5.5	~760	~214	~390	~360	~0.08	~3.1	~2.42e3
	碳化钛	~4.25	~7.5	16~22	220~280	390~700	380~420	0.1~0.2	3.7~4.5	1e3~2.5e3
	二氧化钛	~4	~6.15	~25	~275	~410	~395	~0.1	~4	~1.25e3

续表

材料性能		ρ /(g/cm³)	CTE/(10⁻⁶·K⁻¹)	热导率/[W/(m·K)]	体积模量/GPa	极限拉伸强度/MPa	杨氏模量/GPa	延伸率/(%)	断裂韧性/(MPa·m^0.5)	维氏硬度/HV
硅酸铝	多铝红柱石纤维机织物	~2.53	1.95~6	2.5~4	~85	65~225	130~150	0.05~0.2	40~70	475~530
碳	碳	~1.7	0.5~9.5	10~70	65~95	14~25	70~100	0.01~0.04	~6	40~75
碳	金属	~2.5	~3.5	15~80	12~35	10~40	15~40	0.02~0.25	~13.5	30~100
碳	树脂	~1.8	1~5	5~30	10~18	10~25	12~25	0.05~0.2	~1.5	35~75
碳化硅	碳化硅机织物	~2.6	3~6	6~20	~135	205~370	130~270	0.05~0.3	25~35	2e3~3.5e3
碳化钛	镍粘接碳化钛	5.4~6	8~9.5	16~17.5	225~265	1e3~1.3e3	370~430	0.3~0.8	8.5~12	845~1.8e3
碳化钨	碳	1.2~1.35	5~6	35~65	310~335	1.7e3~2.2e3	525~565	~0.6	9.5~11.5	1.4e3~1.65e3
碳化钨	钴	1.25~1.55	5~6.5	55~105	300~400	1.5e3~3e3	465~675	~0.6	7~24	800~2e3
碳化钨	镍	~1.47	4.5~5.5	85~100	345~400	1.4e3~1.6e3	560~640	~0.6	~10	1.45e3~1.65e3
碳化钨	粘接的镍-铬合金	1.4~1.5	4.7~5	55~75	330~355	2e3~2.5e3	585~645	~0.6	~10	1.3e3~1.6e3
碳化钨	碳化钛	~1.15	6~7	25~75	275~305	1.5e3~1.9e3	445~500	~0.6	8.5~12.5	1.45e3~1.75e3

摘自：Granta,2015. CES Edupack,Granta Design.

3.6.2 MMCs

MMCs 超过有机基体复合材料的主要优势之一是极高的工作温度，硼-铝复合材料的最高使用温度为 510 ℃，而相当的硼-环氧复合材料的最高使用温度为 190 ℃（Peng,2005），MMCs 的导热系数也高得多。表 3-6 所示为一些金属合金和 MMCs 的物理、热和机械等重要性能。

表 3 - 6　Al、Ti 、Mg 合金和 MMCs 的物理和机械性能

材料	ρ / (g/cm^3)	CTE/ $(10^{-6} \cdot K^{-1})$	热导率/ $[W/(m \cdot K)]$	屈服应力(拉伸)/ GPa	极限拉伸强度/ MPa	杨氏模量/ GPa	延伸率/ (%)	参考文献
Al+SiC$_p$ 17% vol	2.8	16.4	165	—	461	100	—	Rawal(2001)
Al+SiC$_p$ 56% vol	2.94	8	235	—	—	220	—	Yana 等(2008)
Al+SiC$_p$ 63% vol	3.01	7.9	175	—	—	220	—	Rawal(2001)
Al+Al$_2$O$_3$ 10% vol	2.795	20.9	161	335	253	83	—	Badiey 和 Abedian(2010)
Al+Al$_2$O$_3$ 15% vol	2.839	19.8	141	340	—	88	—	Badiey 和 Abedian(2010)
Al+Al$_2$O$_3$ 20% vol	2.860	—	—	365	—	95	—	Badiey 和 Abedian(2010)
Al+TiB$_2$ 10% vol	2.6	—	—	317	—	91	—	Badiey 和 Abedian(2010)
Al$_4$Li+SiC$_w$ 20%vol T6	—	—	—	250	320	—	0.4	Kobayashi 等 (1988)
Mg +Ni 5%C 涂覆 纳米复合材料	—	—	—	85	160	—	5.8	Parsonage(1999)
UD C P100 42%/Al6061	2.5	−049	320 L	—	905 L	342 L	—	Rawal(2001)
UD-C,B,SiC 或 Al$_2$O$_3$ 50%/Al 6061	2.5~ 3.2	—	—	—	620~1 240 L 30~170 T	130~ 450 L 34~ 140 T	—	U. S. Congress(1988)
UD B 50%/Al	2.7	5.8	—	—	1 100 L	235 L	—	Rawal(2001)
UD C P100 43%/A791C Mg	1.97	0.54	189 L	—	710 L	324 L	—	Rawal(2001)
UD-SiC 50%/Ti	—	—	—	—	1 720 L 340 T	260 L 173 T	—	U. S. Congress(1988)

3.7　模　拟

纤维或颗粒-基体界面层是纤维增强陶瓷和金属基体的关键组成部分。根据该层的特性、基体的类型和纤维排列，复合材料将是一种脆性陶瓷、假塑性复合材料或耐损伤复合材料，界面层的关键作用是保护增强纤维免于断裂，以下看似矛盾的几个必要条件必须得到满足：

1) 必须将纤维粘接到基体上,以确保材料完整性并最终形成连续的媒介。

2) 基体开裂时必须防止纤维失效。

3) 挠曲之后,载荷仍有效地通过界面方位传递,以限制基体开裂引起的纤维过载。

4) 在侵蚀性环境中,纤维不应暴露于通过基体扩散的侵蚀性材料中。

分析模拟或数值模拟可用于预测弹性性能、强度和断裂行为、疲劳行为、热性能、给定构件或结构的整体结构行为、过程仿真和虚拟测试。为了加快高性能复合材料的开发,人们必须了解和控制组分、界面和微结构,并评估它们对不同性能的影响(Materials Genome,2011),为了获得优化的解决方案,越来越多地使用多尺度建模来考虑多相结构和各异质性。

3.7.1　弹性和塑性性能

各向异性和各向同性材料的线性弹性理论(通过经典的层压理论或其他分析方法、或多或少的经验或统计工具确定弹性常数)以及用于预测复合材料的机械或热性能的细观力学模型(考虑各种构成材料在给定温度下的情况),这些通常被用来预测金属或陶瓷基复合材料的弹性性能。基于 Mori – Tanaka、逆 Mori – Tanaka 和虚颗粒离散化 Mori – Tanaka 公式,已经开发出一种新的用于具有分级微观结构和首选均质化的材料的多步程序方法(Beneviste,1987;Beneviste 等,1989;Atul 等,2013)。此外,可以使用陶瓷复合材料的 Voigt – Reuss – Hill 平均估算值,以合理的精度计算有效的拉伸模量,例如使用单晶数据的多晶氧化铝和氧化锆(Pabst 等,2004)。

Ziegler 等人(2010)给出了 Mori – Tanaka 和逆 Mori – Tanaka 细观力学模型的有趣应用,研究了层状结构域金属-陶瓷复合材料的弹性行为,又提出了一个 Mori – Tanaka 模型(Ziegler 等,2010),得出给定域的有效刚度张量公式:

$$C^{\text{dom}} = C^c + f_m (C^m - C^c) : A^m_{(\text{MT})}$$

$$A^m_{(\text{MT})} = [f_m I^4 + f_c S_c : (C^m - C^c)]^{-1} \tag{3-5}$$

式中,I^4 是对称的四阶单位张量;C^m、C^c、f_c、f_m 分别是陶瓷和金属相的刚度张量和体积分数。

在模拟过程中,为了获得某些有效性能并考虑不同的比例,必须考虑相关的代表性体积元(RVE)以实现等效的均匀连续体,平均场方法(Hill,1963)经常被用作均质化过程。为了确定非线性应力应变行为,对破坏进行模拟至关重要,可以使用链段模型、碎片二分法模型和贝叶斯模型(Lamon,2010)。在链段模型中,确定了单位长度的平均缺陷数[参见 Hui 等(1995)的方程]为

$$N(\sigma) = L_0^{-1} (\sigma / \sigma_0)^m \tag{3-6}$$

式中,σ_0 是与测试长度 L_0 相关的比例参数;m 是一个正的常数,类似的 Weibull 分布应用于纤维组元或单根纤维。

纤维长度细分为 N_e 段,并根据以下概率分布为每个段随机分配强度

$$P(\sigma \cdot (L / N_e)) = 1 - \exp[(-L / N_e L_0) \cdot (\sigma / \sigma_0)^m] \tag{3-7}$$

碎片二分法模型考虑了碎片，对于最严重的情况（Lamon，2010），可以通过以下方式给出碎片强度

$$\sigma_{\text{ref}}^{i} = \lambda \big[(V_0 / V_i K) \ln(1/(1 - P_i))^{m} \big] \tag{3-8}$$

式中，V_i 是第 i 个碎片的体积；P_i 是各自的失效概率。

在贝叶斯模型中，碎裂被认为是链组元的渐进多重破坏（Lamon，2010），第 k 个裂纹形成时的应力由下式给出

$$S_k = S_0 \, k^{1/P} \, (V/V)^{1/P} \big[- \ln(1 - P_a) \big]^{1/P} \tag{3-9}$$

3.7.2　强度、损伤和失效

对 CMC 的第一个要求是显示强度性能的能力，该性能必须足够高以使得构件达到其所需的使用寿命，像金属构件热区一样，用于航空燃气涡轮发动机的陶瓷构件通常会设计成薄壁并使用常规方法进行冷却，例如薄膜冷却（静子和转子叶片）和背面对流冷却（燃烧内衬和护罩），因此，构件应力通常来自机械、空气动力学和热梯度载荷的组合，这些载荷会产生面内和厚度范围内的应力-温度分布，该分布在构件壁和附件区域内随时间变化。在这些应力条件下，在常规构件检查周期的时间段内，SiC-SiC 复合材料的面内基体开裂强度（MCS）应该足够高，以避免裂纹扩散到构件壁内或穿过构件壁，从而防止侵蚀性的应用环境到达并侵蚀裂纹桥接纤维。CMCs 构件避免壁内出现分层裂纹的能力尤其重要，因为这些裂纹会显著降低穿过厚度的热导率，从而进一步增加热梯度应力和壁分解的可能性。因此，应优化成品 CMCs 的组分和几何形状，以确保面内和厚度范围内的复合材料均充分超过这些方向上预期的构件使用应力。

增韧陶瓷基复合材料的基本要求是纤维-基体界面处或附近的裂纹偏转，当裂纹沿着纤维偏转时，主基体裂纹最终会在纤维周围移动，使其弥合基体裂纹，并降低基体裂纹尖端的应力强度。纤维最终在远离裂纹平面的位置断裂，并在载荷继续加载到复合材料后开始从基体中拔出。纤维脱粘和组分的非共面断裂的增韧机理通常称为"分布式破坏机理"。纤维的拔出需要一些作用力来克服粗糙和摩擦效应，这进一步增强了复合材料的韧性，每根纤维或多或少独立地起作用，一根纤维断裂失效只会适度增加其相临纤维受到的应力（Bansal 和 Lamon，2015）。

相反，具有过多的纤维-基体结合的复合材料中的基体裂纹直接通过纤维传递，且复合材料的行为就像是整体陶瓷材料。好的复合材料的载荷偏转行为表现出非线性的假塑性行为，而具有过多的纤维-基体结合的不良复合材料则具有良好的弹性，而且通常不会非常坚固。这种载荷偏转行为导致通常使用"非脆性"和"脆性"来描述这两种情况，这些术语可以理解为是否存在所需的非线性载荷偏转行为（Bansal 和 Lamon，2015）。

用于 CMCs 中裂纹偏转的两个基本机理是使用足够弱的（多孔）基体或使用通常涉及纤维涂层的弱设计界面。在本书中，术语"足够弱"是与最终复合材料中的纤维强度相比。裂纹行为是由纤维、涂层（如果存在）和基体之间的竞争引起的（Bansal 和 Lamon，2015）。

连续损伤机制可用于损伤模拟，必须考虑具有热力学框架的各向异性破坏理论（Ladeveze，2000；Ladeveze 等，2001）。定义损伤运动学或将损伤与塑性或粘塑性耦合的能量势能和状态定律以及损伤演化定律（例如，模式Ⅰ或Ⅱ的微裂纹）可用于包括微缺陷在内的不同损伤情况，可以在不同的比例下考虑它们，以适应载荷方向、纤维方向（如果适用）和不同的温度。

3.7.3 疲劳

尽管没有被完全接受，但几位学者已将 Paris 定律用于经典疲劳分析和亚临界裂纹。CMCs 和 MMCs 的疲劳行为在很大程度上取决于基体类型、纤维类型、组分体积含量、纤维取向、孔隙率、载荷类型、频率和环境条件，除了 Paris 定律，还可以使用连续损伤力学模型和热力学模型（将增强相建模为热弹性，将基体建模为热弹粘塑性）。对于 CMCs，可以考虑以下模型（Bansal 和 Lamon，2015）：

1）疲劳损伤演变规律。

2）疲劳非弹性应变演化规律。

3）裂纹密度指标。

4）开裂指标。

5）宏观损伤模型（即基于 Miner 定律的加成损伤定律）。

从不同的角度，可以使用疲劳强度的概念来说明 CMCs 和 MMCs 的疲劳行为的变异性，它与一些材料的疲劳极限有关，材料最大循环应力最多可以达到 1×10^7 个循环。表 3-7 所示为 CMCs 和 MMCs 的典型疲劳强度值，最大的变化对应于纤维有关的纵向和横向载荷的性质。

表 3-7 CMCs 和 MMCs 的疲劳强度

	CMCs						MMCs		
	氧化铝	硅酸铝	碳	碳化硅	碳化钛	碳化钨	铝	镁	钛
1×10^7 个循环下疲劳强度/MPa	230～600	35～65	11～19	110～230	850～1350	1350～2200	35～1100	90～350	160～500

摘自：Granta, 2015. CES Edupack, Granta Design.

3.7.4 虚拟测试

越来越多的虚拟测试被执行，这可以避免在实际工程测试中花费过多的成本。虚拟测试需要将破坏演化定律模拟与真实的高级试验校准结合起来，因此，计算模拟可能包括用于生成标本的随机方法以及新的增强有限元分析（FEA），以适应随机系统，例如裂纹萌生、损伤演化、分叉和合并（Cox 等，2014）。应用 FEA 并使用可能代表微观结构特征的网格，也可以作为承载试样显微镜法的一种替代选择。

3.7.5　过程仿真

热力学模型可用于有限元仿真中，以预测由于纤维和基体热膨胀系数之间的差异而引起的残余应力。纤维可能具有热弹性行为，而基体（金属、陶瓷、杂化材料等）根据其性质可能表现出热弹性、热弹塑性甚至热粘弹性的形式。

Pastore 和 Gowayed（1994）描述了"织物几何模型"（FGM），它是基于可以根据在特定方向上的纤维和基体的相对比例来计算复合材料的弹性这样的思路。使用 FGM，热性能也可以通过各个独立组分的平均性能来计算，如果没有晶相相互作用，则混合物的规则可能是一个可以预测复合材料的热膨胀系数的合理近似。

为了进行精确的过程仿真，需要开发复杂的多物理数学模型，它们必须满足以过程为中心的本构模型，换句话说，它们从简单的模型（甚至使用弹性材料性能）到大而无弹性的变形，具有非线性接触和摩擦的化学和热相互作用以及适用的电磁效应，再加上尺寸效应和不同的工艺参数。CMCs 和 MMCs 的固有性质具有涉及从纳观尺度到宏观尺度特征的大范围特性，并导致不同的损伤和失效模式类型，这意味着基于可靠的理论发展了一种评价方法，该方法能够整合机械、热、电、化学和磁性能与传热和流体力学、扩散和凝固以及微观结构演变的相互作用。

相位场论、动态和随机过程模拟以及更高级的摩擦模型都是可能的模拟工具，其中会有不同的相、转化和动态过程发生，目的是完成现实的过程模拟。

3.8　应用与未来

Low（2014）讨论了基于 MAX 相的复合材料的最新进展，这是一类新型的纳米层状六角陶瓷，其通式为 $M_{n+1}AX_n$（其中：$n = 1 \sim 3$，M 为前过渡金属，A 为 A 组元素，X 为碳或氮），这些化合物代表了一类结合了金属和陶瓷的一些最佳特性（蠕变、耐疲劳和耐腐蚀以及超低摩擦）的新型固体。在工艺方面，火花等离子体烧结和强磁场排列是陶瓷基复合材料合成和致密化的新兴技术。

越来越高的巡航速度、更高的高度、更少的振动、两次检查之间的时间间隔增加以及有害气体的排放减少，这些都要求航空航天工业中飞机所有构件在机械响应方面具有高度的可靠性，这些目标只能与在极端温度下具有高强度和比刚度的材料匹配。可以预见，未来的大型民用运输［高速民用运输（HSCT）］设备是比协和飞机大两倍的超声速飞机，将使用各种各样的 CMCs 和 MMCs（如图 3-9 所示）。

军用航空业在涡轮机和导弹构件方面已经是 CMCs 的消费者，例如碳-碳（C-C）复合材料的涡轮机叶片，它们可以承受大约 1 050 ℃ 的涡轮机排气温度而又不会损失强度并且非常轻，这些功能将使飞机达到 $Ma = 10$ 的速度成为可能，相比较，钛基复合材料仅使飞机达到 $Ma = 3.8$（工作温度为 ～450 ℃）。C-C 复合材料是迄今为止开发的具有最佳高温机械性能的材料，能够在惰性气氛或真空中承受高达 2 000 ℃ 的温度。考虑到各自的比

图 3 - 9　氧化物 CMC 排气地面测试演示装置包括一个 ϕ 1. 60 m 的喷嘴和

一个 ϕ 1. 14 m$\times$2. 34 m 锥体，并带有一个钛端头帽检查孔

（摘自：Destefan, J. , May 14, 2013. Ceramic matrix composites make inroads in aerospace.

IJACT. The Advanced Ceramic Society，Credit：Steyer. ）

值，此功能更加显著：用单向纤维和碳毡层交替制造的 C‐C 复合材料的比抗拉强度
（σ/ρ）在 2 000 ℃ 下可以达到 160 MPa/g · cm^3，传统陶瓷在 1 200 ℃ 也仅达到
40 MPa/g · cm^3（Bansal 和 Lamon，2015）。

　　SiC（w）‐Al$_2$O$_3$ 或 SiC（纤维）‐Si$_3$N$_4$ 的 CMCs 是 C‐C 复合材料的替代品，但特性
不那么出色（60 MPa/g · cm^3），航空航天工业也是这些 SiC 涂覆碳纤维增强碳基体复合
材料的消费者，它们被用于美国航天飞机再入大气层的热防护系统，再入时牺牲了材料的
外层。欧洲社会推进（Société Européenne de Propulsion，SEP）实验室已经通过 CVI 工
艺开发了 2D 和 3D 的 C 和 SiC 纤维增强 SiC 基体复合材料，这个复合材料在高温下具有特
殊的性能（1 400 ℃ 下，E =100 GPa，σ =700 MPa，K_{ic} =32 MPa · m$^{1/2}$），这是为未来的
欧洲航天飞机 Hermes 蒙皮所开发的，它们在 1 300 ℃ 下将承受相当大的机械应力。考虑
到土星卫星泰坦的大气环境（75% 氢气和 25% 氮气以及甲烷和水冰等其他物质），将使用
C‐C 板包覆探测泰坦的惠更斯探测器（Bansal 和 Lamon，2015）。

刹车系统目前是 C - C 复合材料在航空和汽车行业中的重要应用领域。当被触发时，制动器通过刹车盘（转子和定子）对液压作出响应，其中产生的摩擦力导致表面温度高达 3 000 ℃和部件体积内温度高达 1 500 ℃，C - C 复合材料相对于常规刹车系统（烧结金属与高强度钢）的另一个优势是减小了重量：在商用客机中，如果将复合材料用于刹车系统，则可将质量从 1 100 kg 减小至 700 kg。

CMCs 的应用领域已经扩展，在未来几年中，可能会打开新的应用领域，例如火箭推进和飞机刹车，这主要是由于制造工艺的不断改进。因此，不仅要提高材料性能（例如强度或环境稳定性），而且还要关注过程的可靠性和可重复性以及降低制造成本（Bansal 和 Lamon，2015）。

包括 Rolls - Royce Liberty Works（RRLW）和 Boeing 在内的多家公司正在评估在亚声速喷气发动机中使用氧化物-氧化物（O_x - O_x）CMC 排气喷嘴以提高构件的耐用性（与钛相比），并避免因改用较重的金属合金（例如铬镍铁合金）而导致重量增加的情况（Bansal 和 Lamon，2015）。波音公司正在努力为民用飞机生产声学 Nextel 610 /铝硅酸盐复合材料中心体和排气喷嘴。通用航空在氧化物-氧化物复合材料上进行了大量研究，其氧化物-氧化物材料首先用作 F414 发动机的发散排气密封构件。最近，通用航空宣布将氧化物-氧化物材料应用于庞巴迪 Global 7000 和 8000 飞机的 Passport 发动机的多个构件中，包括排气混合器、中心体和核心整流罩（Bansal 和 Lamon，2015）。

德国最近的一项高性能氧化物复合材料（HIPOC）计划于 2009 年开始，其重点是开发用于陆基或航空涡轮发动机的各种氧化物基 CMCs（Bansal 和 Lamon，2015）。

其他用途包括半结构应用，例如热保护系统（TPSs），通常将各种单元（包括隔热材料）结合在一起，以保护暴露于高温和高温气体中的基础结构（Bansal 和 Lamon，2015）。

通过创新的设计和制造，工业界一直在努力改进 O_x - O_x TPS 系统，波音公司开发并改进了航天飞机隔热瓦材料，其中 O_x - O_x CMC 片材粘接到了轻质泡沫陶瓷隔热材料的表面。CMC 具有耐磨性、抗冲击破坏性、改进的耐热性和光滑的表面。ATK - COIC 获得了一项先进的基于非陶瓷瓦 TPS 构件的专利，该构件使用粘接榫卯系统来制造蜂窝状 CMC 蒙皮，并通过机械方式固定在下部结构上（Bansal 和 Lamon，2015）。

O_x - O_x 复合材料的关键限制是其层间性能差和抗蠕变性低，改善这些材料的抗蠕变性的最直接方法是引入耐高温纤维，目前有一些开发高温细径氧化物纤维的措施。YAG 是所报道的最抗蠕变性的氧化物，因此是纤维的理想选择，莫来石、尖晶石和锆石是其他值得探索的组分（Bansal 和 Lamon，2015）。

诸如耐磨性、磨损性和不均匀的热载荷之类的基体主导性能将要求基体密度显著增加，这将需要易于脱粘的氧化或抗氧化界面。

除了材料开发之外，结构部件的模拟和设计还需要仔细考虑基体的主导性能，并在所有加载方向上仔细铺设纤维。这意味着构件设计高度复杂，在许多情况下，还设计和生产了可编织的 3D 纤维体系结构（Bansal 和 Lamon，2015）。

开发 CMCs 是为了提高耐损伤的准塑性性能，同时保留陶瓷的其他优点，尤其是在高温下。CMCs 开发的潜力具有广阔的前景，尤其是对热和力学要求极其苛刻的应用。CMCs 在广泛的中间性能中占主导地位，在这些中间性能中，制造商追求的是低比重（相对刚度）以及断裂能。

MMCs 可以在以下应用中看到：Pratt 和 Whitney 4000 系列发动机风扇出口导向叶片；摩托罗拉的铱星卫星和 GM EV-1 电子封装应用；F-16 战斗机后机身下翼和燃油通道盖；航天飞机轨道器硼铝管的机身中部结构和哈勃太空望远镜（HST）的 P100／6061 Al 高增益天线波导和吊杆。

杂化可能会给 CMCs 和 MMCs 带来其他机会，尽管它们和 PMCs 一样具有潜力，但为了满足越来越高的更苛刻的应用要求，必须考虑混杂复合材料的概念。杂化可以从不同的角度来看，可能是同一基体中的不同类型的纤维（例如，用 Ti 和 SiC 颗粒增强的铝硅混杂复合材料）（Miranda 等，2015），为了进一步地增强，使用一种类型的纤维直至饱和后，另外添加其他类型的纤维。它也可以是相同类型的纤维增强不同基体甚至是多材料方法：具有 MMCs 的 CMCs，具有 CMCs 或 MMCs 的 PMCs 和其他组合。在多材料方法中，连接技术（例如胶接、螺接、铆接、焊接、自穿孔铆钉、螺栓/共固化混合连接或 Surfi-Sculpt®）是成功应用的关键参数。

考虑到需要减少航空运输中的碳排放，预计 2025—2030 年的下一代飞机发动机将由超级合金和复合材料的混合物制成（Leap versus PUREPOWER moteurs，2015），如图 3-10 所示。CMCs 和 MMCs 需要更有效的制造工艺，以及用于保持强度和功能的新型更有效的自修复技术。

图 3-10 PUREPOWER 1000G（Pratt & Whitney）：MMCs 的可能应用
（机匣、传动箱和整体叶盘）

（摘自：Leap versus PUREPOWER moteurs：le match au sommet. S&V Aviation，2015.）

3.9　结　语

尽管 CMCs 和 MMCs 已具有广泛的应用范围，但仍远未得到充分利用。从中期和长期来看，其面临的挑战（尤其是在航空和航天应用中）将是加大研发力度开发定制材料，使用具有适当界面的多种基体和纤维，以满足一系列需求。一般而言，CMCs 和 MMCs 是异质复合系统，其异质性的特征是组分的大小、形状、空间分布和不同性能，它可能以不同数量的固相存在，例如纤维、聚集体和硬质夹杂物。

为了加快新型 CMCs 和 MMCs 的开发，从一开始就必须提供可靠的模拟和仿真工具，以便充分预测在不同大小（纳米观、微观、中观和宏观）和时间（短、中和长期）尺度的结构行为，并控制先进结构令人感兴趣的性能（力学、热、化学、物理和防火特性），同时，需要更高级的多物理和数学理论模型来进行更准确的过程仿真。必须针对产品和过程开发新的数值方法，在定义需求之后，这些方法将确定理想的复合系统性能，各自的材料生产路线图和加工方法，以达到所需的"结构"性能。

参 考 文 献

[1] Amaral Fortes, M. , Ferreira, P. J. (Eds.), 2003. Materiais Dois Mil. IST Press (in Portuguese). ISBN 972 – 8469 – 26 – 8.

[2] Atul, J. , Lomov, S. , Abdin, Y. , Verpoest, I. , Paepegem, W. V. , 2013. Pseudo – grain discretization and full Mori – Tanaka formulation for random heterogeneous media: predictive abilities for stresses in individual inclusions and the matrix. Composites Science and Technology 87, 86 – 93.

[3] Badiey, M. , Abedian, A. , 2010. Application of metal matrix composites in a satellite boom to reduce weight and vibrations as a multidisciplinary optimization. In: 27th International Congress of the Aeronautical Sciences.

[4] Bansal, N. P. , Lamon, J. , 2015. Ceramic Matrix Composites Materials, Modelling and Technology. American Ceramic Society, John Wiley & Sons, Inc.

[5] Beneviste, Y. , Dvorak, G. J. , Chen, T. , 1989. Stress fields in composites with coated inclusions. Mechanic of Materials 7 (4), 305 – 317.

[6] Beneviste, Y. , 1987. A new approach to the application of Mori – Tanaka's theory in composite materials. Mechanic of Materials 6, 147 – 157.

[7] Chawla, N. , Chawla, K. K. , 2006. In: Metal Matrix Composites. Springer.

[8] Clauss, B. , 2008. Chapter 1. Fibres for ceramic matrix composites. In: Krenkel, W. (Ed.), Ceramic Matrix Composites: Fibre Reinforced Ceramic and Their Applications. Wiley – VCH, Weinheim, Germany, pp. 1 – 19.

[9] Cox, B. N. , Bale, H. A. , Begley, M. , Blacklock, M. , Do, B. – C. , Fast, T. , Naderi, M. , Novak, M. , Rajan, V. P. , Rinaldi, R. G. , Ritghie, R. O. , Rossol, M. N. , Shaw, J. H. , Sudre, O. , Yang, Q. , Zok, F. W. , Marshall, D. B. , 2014. Stochastic virtual tests for high – temperature ceramic matrix composites. Annual Review of Materials Research 44, 479 – 529.

[10] Destefan, J. , May 14, 2013. Ceramic matrix composites make inroads in aerospace. IJACT. The Advanced Ceramic Society, Credit: Steyer.

[11] Fergurson, J. B. , Schultz, B. F. , Rohatig, P. K. , 2014. Self – healing metals and metal matrix composites. JOM 66 (6), 866 – 871.

[12] Granta, 2015. CES Edupack. Granta Design.

[13] Harmer, M. P. , Chan, H. , Miller, G. A. , 1992. Unique opportunities for microstructural engineering with duplex and laminar composites. Journal of the American Ceramic Society 75 (7), 1715 – 1728.

[14] Hill, R. , 1963. Elastic properties of reinforced solids: some theoretical principles. Journal of Mechanics and Physics Solids 11, 357 – 372.

[15] Hui, C. Y. , Phoenix, S. L. , Ibnabdeljalil, M. , Smith, R. L. , 1995. An exact closed form

solution for fragmentation of Weibull fibers in single filament composite with applications to fiber - reinforced ceramics. Journal of the Mechanics and Physics of Solids 43 (10), 291 - 303.

[16] Kobayashi, T. , Yosino, M. , Iwanari, H. , Niinomi, M. , Yamamoto, K. , 1988. Mechanical properties of SiC reinforced aluminum alloys fabricated by pressure casting method. In: Fishman, S. G. , Dhingra, A. K. (Eds.), Cast Reinforced Metal Composites. ASM International.

[17] Ladevèze, P. , Letombe, S. , Cluzel, C. , October 1 - 3, 2001. A CMC damage model based on micro and macromechanics for high - temperature and composite loading. In: 4th International Conference on High Temperature Ceramic Matrix Composites, Munich, Germany.

[18] Ladevèze, P. , October 22 - 27, 2000. An anisotropic damage theory including unilateral effects. In: International Bimestre on Damage Mechanics, Symposium on Continuum Damage and Fracture, Cachan, France.

[19] Lamon, J. , 2010. Stochastic models of fragmentation of brittle fibres or matrix in composites. Composites Science and Technology 70, 743 - 751.

[20] Leap versus PUREPOWER moteurs: le match au sommet, 2015. S&V Aviation.

[21] Low, I. M. , 2014. Advances in Ceramic Matrix Composites. Woodhead Publishing Limited, Woodhead Publishing Series in Composite Science and Engineering: number 45, Cambridge, UK.

[22] Mallick, P. K. , 1997. Composites Engineering Handbook. Marcel Dekker, Inc. , NY.

[23] Materials Genome Initiative for Global Competitiveness, June 2011. National Science and Technology Council, Washington, USA.

[24] Miracle, D. B. , 2001. Aeronautical applications of metal - matrix composites. In: Henry, S. D. , et al. (Eds.), ASM Handbook. ASM International, Ohio, USA.

[25] Miracle, D. B. , 2005. Metal matrix composites - from science to technological significance. Composites Science and Technology 65, 2526 - 2540.

[26] Miranda, G. , Buciumeanu, M. , Madeira, S. , Carvalho, O. , Soares, D. , Silva, F. S. , 2015. Hybrid composites - metallic and ceramic reinforcements influence on mechanical and wear behaviour. Composites Part B 74, 153 - 165.

[27] Pabst, W. , Gregorová, E. , Tichá, G. , Týnová, E. , 2004. Effective elastic properties of alumina - zirconia composite ceramics part 4. Tensile modulus of porous alumina - zirconia. Ceramics - Silikáty 48 (4), 165 - 174.

[28] Parsonage, T. , December 8 - 9, 1999. Beryllium metal matrix composites for aerospace & commercial applications. In: Ⅶ Conference on Metal Matrix Composites. IoM, London, U. K.

[29] Pastore, C. M. , Gowayed, Y. A. , 1994. A self - consistent fabric geometry model: modification and application of a fabric geometry model to predict the elastic properties of textile composites. Journal of Composites Technology and Research 16 (1), 32 - 36C.

[30] Paulo Davim, J. , 1997 (Ph. D. thesis).

[31] Peng, H. - X. , 2005. Manufacturing titanium metal matrix composites by consolidating matrix coated fibres. Journal of Materials Science & Technology 21 (5), 647 - 651.

[32] Rawal, S. , 2001. Metal - matrix composites for space applications. JOM 53 (4), 14 - 17.

[33] Richerson, D. W. , 1992. Modern Ceramic Engineering, second ed. Marcel Dekker Inc.

[34] Richerson, D. W. , 2000. The Magics of Ceramics. American Ceramic Society, Westerville,

Ohio，USA.

[35] Ruh，R.，Palazotto，N.，Watt，G.，1988. Introduction to ceramic composites in aerospace applications. Journal of Aerospace Engineering 1 (2)，65 – 73.

[36] Schwartz，M. M.，1994. Joining of Composite Matrix Materials. ASM International，Ohio，USA.

[37] Soltani，N.，Bahrami，A.，Pech – Canul，M. I.，Gonzalez，L. A.，2015. Review on the physicochemical treatments of rice husk for production of advanced materials. Chemical Engineering Journal 264，899 – 935.

[38] Speer，W.，Es – Said，O. S.，2004. Applications of an aluminume – beryllium composite for structural aerospace components. Engineering Failure Analysis 11，895 – 902.

[39] Sun，Y.，Choi，H.，Konishi，H.，Pikhovich，V.，Hathaway，R.，Chen，L.，Li，X.，2012. Effect of core – shelled nanoparticles of carbon – coated nickel on magnesium. Materials Science and Engineering A 546，284 – 290.

[40] U. S. Congress，June 1988. Office of Technology Assessment，Advanced Materials by Design，OTA – E – 351. U. S. Government Printing Office，Washington，DC.

[41] Yana，C.，Wang，L.，Jianyue，R.，2008. Multi – functional SiC/Al composites for aerospace applications. Chinese Journal of Aeronautics 21，578 – 584.

[42] Ziegler，T.，Neubrand，A.，Pait，R.，2010. Multiscale homogenization models for the elastic behavior of metal/ceramic composites with lamellar domains. Composites Science and Technology 70，664 – 670.

第4章 航空航天工程纤维增强层压板

L. Z. Linganiso[1]，R. D. Anandjiwala[1,2]

([1]CSIR 材料科学与制造，南非伊丽莎白港；
[2]纳尔逊曼德拉城市大学理学院，南非伊丽莎白港)

4.1 绪论

4.1.1 先进复合材料（ACMs）的起源

ACMs 也称为先进聚合物基复合材料（Soutis，2005），是优异的结构和功能材料，特别是在航空航天工业中，它们代表了航空航天材料的未来，换句话说，如果没有先进复合材料，就没有现代航空航天工业。ACMs 起源于 20 世纪 40 年代发展起来的玻璃纤维增强塑料（FRP），这些特殊材料的历史在中国可以追溯到 20 世纪 70 年代复合材料的研究和发展，ACMs 最初于 20 世纪 60 年代应用于军用飞机，后续在 20 世纪 70 年代扩展到民用飞机（Soutis，2005；Edwards，2008）。但是，直到 2000 年民用飞机制造商在早期结构应用中应用复合材料的速度仍较慢，后来，ACMs 的应用被拓展至从隐形轰炸机到智能汽车以及从桥梁到石油钻井平台（Katnam 等，2013）等其他应用。对 ACMs 的兴趣可以追溯到 20 世纪 60 年代，当时 NASA（美国国家航空航天航局）正进行军事领域的研究（Katnam 等，2013）。在航空航天业或运输业中 ACMs 的使用是由于超过 40 年的运输网络恶化的结果。

4.1.2 ACMs 分类

复合材料主要分成两个不同组分的标准类，这两个不同的标准类与基体或增强体相关。复合材料标准类主要由金属基复合材料、陶瓷基复合材料和有机基复合材料组成。有机基复合材料一般包括如碳基复合材料（碳-碳复合材料）和聚合物基复合材料两种类型。复合材料的第二个标准类是指增强体，增强体是增强填料或其他形态，它们由纤维增强复合材料、颗粒增强复合材料和片状增强复合材料组成。ACMs 通常由纤维增强体和与其粘接在一起的基体材料组成，纤维材料和基体材料的结合形成高性能复合材料，这种高性能复合材料具有改良的性能。蜂窝芯和结构胶粘剂也被用于金属层压板和夹层结构的生产。纤维大多用作增强长丝。另一方面，玻璃纤维、芳纶和碳纤维广泛应用于复合材料的开发中。对于要求很高使用温度的应用，硼和其他高性能纤维则被适量使用。纤维通常具有高强度、高刚度和低密度特性，经过多年发展，具有优异机械性能的纤维已经被开发出来了。

复合材料基体具有良好的剪切和低密度特性，基体为纤维提供支撑介质，它有传递应力的能力，这决定了纤维的机械性能等级，也间接决定了复合材料的整体性能。不同类型的复合材料也有子类型，以基体材料来说，它由不同的聚合物组成，在先进聚合物复合材料中环氧树脂仍然是最常用的基体材料，有一些基体会由酚醛树脂组成，然而，环氧树脂通常也会取代基体中的酚醛树脂。双马来酰亚胺树脂是一类已被商业生产所认可的基体，由热塑性塑料和碳纤维组成（Sardiwal 等，2014）。图 4-1 详细说明了复合材料的组成。

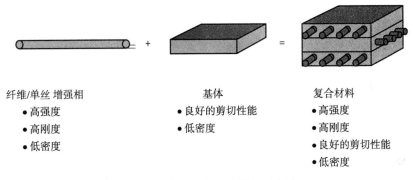

图 4-1　复合材料组成详细示意图

（摘自：Mrazova，M.，2013. Advanced composite materials of the future in aerospace industry. INCAS Bulletin 5（3）139-150，ISSN：2066-8201.）

相反，层压板是由单向（或编织）纤维扁平排列在基体材料中合成一体的。通常认为它是正交各向异性的，它的厚度取决于制造它的材料，单个层一般通过所使用的材料体系的固化程序粘合在一起。层压板的机械响应不同于组成它的单个层，层压板的响应同时取决于每层的性能和铺叠顺序。另外，为了开发一种层压板，通常采用不同取向的几种单层板来实现所需的性能（见图 4-2），层压板通常是按照一定的铺叠顺序铺层的。

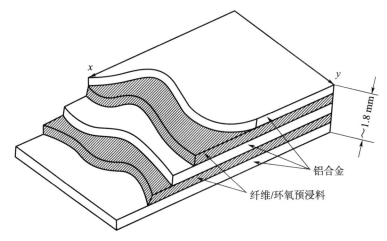

图 4-2　纤维-金属-环氧混杂复合材料

（摘自：Botelho，E. C.，et al.，2006. A review on the development and properties of continuous fiber/epoxy/aluminum hybrid composites for aircraft structures. Material Research 9.）

具有减重和改良损伤容限特点的金属层压板材料是为航空和航天工业开发的一类新材料家族，新的轻质纤维-金属层压板（FMLs）已经得到了发展。金属与聚合物复合材料结合的层压板在许多性能上产生了协同效应，FML 的机械性能比单独的铝合金和复合材料的性能都有所改善，FMLs 通常用在以下几个领域：机翼结构、机身和防弹层，图 4 - 3 所示为 FML 复合材料在空客 A380 飞机上的应用。由于其卓越的性能优势，Aerospatiale、NASA、Bombardier 和最近的 EMBRAER 几家其他航空公司都有兴趣用 FML 复合材料来代替传统的铝合金构件。

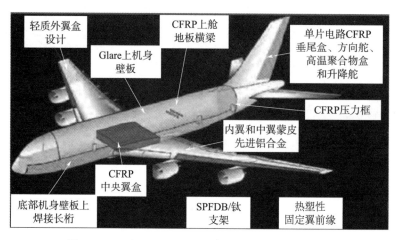

图 4 - 3　空客 A380 飞机中金属-纤维层压板的应用

（摘自：Botelho，E. C.，et al.，2006. A review on the development and properties of continuous fiber/epoxy/aluminum hybrid composites for aircraft structures. Material Research 9.）

4.1.3　背景

最近几十年，ACMs 一直是各种专家长期关注的主题。最初，第二次世界大战后，先进复合材料在飞机工业中的军事应用促进了商业化发展。复合材料领域的创新使得结构设计重量大大减轻。与金属合金相比，复合材料具有许多优势，尤其是高比强度、比刚度，以及卓越的疲劳性能和耐腐蚀性。然而，它们也有一些缺点，如断裂韧性低和吸湿等（Botelho 和 Rezende，2000；Zhang 等，2001；Botelho 等，2001，2002；Bhatnagar 等，1995；Potter，1997；Gutowski，1999；Matthews 和 Rawlings，1999；Pardini，2000；Hou 等，1998）。先进材料性能不断改进的需求是许多现代工程事业的共同特征。先进工程结构件现在包括从材料开发、分析、设计到测试、生产和维护的一系列广泛的技术。材料技术的进步在很大程度上提高了许多先进复合材料结构的主要性能，也是决定这些系统的可靠性、性能和成本效率的关键。轻质、高强度和高刚度纤维增强复合材料是组成材料的主要竞争者，可提高多种运输方式的效率和可持续性，这其中也涉及了航空航天工业。此外，由于它们不同的内部体系结构，复合材料还提供了整合多种功能的巨大空间。一个限制它们更广泛开发的因素是其在冲击载荷下相对较差的性能，而冲击性能是任何一个车辆设计时的关键考虑因素，因为这会导致强度、刚度和稳定性的显著降低（Richardson 和 Wisheart，1996）。它们不能塑性变形而导致通过产生缺陷和损伤来进行能量吸收，这种损伤经常出现在材料自身的内部，表现为基体裂纹和分层，很难从视觉上察觉。因此，纤维增强聚合物复合材料可以直接获益于与如自愈合等额外功能的联合（Hillermeier 和 Seferis，2001）。

此外，碳纤维的高刚度（例如具有极高的裂纹桥接增韧效率，因此裂纹扩展速率很低）会导致产生抗疲劳性（Rikards，2000；Callus 等，2006；Degallaix 等，2002；Vlot 和 Gunnink，2001；Tarnopol'skii 等，1999）。在最近几十年里，科学家们专注于开发重量小、机械性能好的抗疲劳材料，随着时间的推移，对于高性能纤维增强复合材料的研究和开发将会持续增加。如果对这些材料的需求增加，材料的实用性也应该增加，科学家和工程师们正在着手这些特殊材料的开发，来改善现有材料的机械性能或者开发新一代材料，以促进全球飞机用高性能复合材料的发展。

航空航天部门是唯一要求高的安全性和安全保障等级的部门（Hillermeier 和 Seferis，2001），这使得开发满足要求且得到认证和许可的高性能材料的研究人员的压力很大。

4.2　航空航天部门的技术要求

ACMs 由于所具备的许多优势，例如轻质、潜在的功能添加和优异的机械性能，目前在航空航天领域的应用受到高度重视（McAdam 等，2008）。近年来，在航空航天系统设计中它们的使用范围正在扩大，碳纤维增强热塑性塑料的飞机应用主要在中央翼盒、机翼、压力框、起落架门、发动机罩、地板梁、长鼻锥、副翼壁板和垂直/水平安定面上。新的先进复合材料试验方法标准化对于改进材料稳定性、提高材料可靠性是重要的（Gohardani 等，2014）。限制先进复合材料在航空航天领域更广泛应用的原因是材料成本高、加工时间长以及材料同类行为的最优化。

对设计的每个航空航天系统，根据系统将会所处的环境，为了确保系统的安全性，材料的机械性能应进行测量。静力学试验、动力学试验和冲击试验被用来分别评估材料结构的强度和刚度、有关疲劳和振动的强度、冲击强度和断裂性能（Koski 等，2009；Pevitt 和 Alam，2014）。本节将对航空航天部门对 ACMs 应用的要求进行概述。

4.2.1　静力学和疲劳

对诸如飞机静态流的航空航天系统特性知识的了解是控制系统设计的关键（Koski 等，2009），诸如飞机机翼的结构件必须设计成能够经受由风切变和其他任何瞬态力引起的极端载荷，因此，为了了解结构在其生命周期中的耐久性，航空航天系统设计要求进行静力学强度测试。

在航空航天工程中，飞机结构单元的疲劳性能是一个非常重要的因素，因为它们极大地影响了飞机和其他航空航天系统的寿命。疲劳性能有助于预测裂纹扩展速率和应力，并确定系统的安全评估频率或安全级别，以防止可能发生的事故以及减少维修和更换的成本。航空航天部门寻求设计可预测的结构来对抗疲劳（Pevitt 和 Alam，2014），但这是一个挑战，因此，研究也集中在构建设计耐损伤结构上（Alderliesten，2015）。疲劳是导致飞机停飞的主要原因之一。例如，过去已被认为是裂纹扩展引起的事故，由于在停飞前飞机的飞行时间有限，将会对飞机飞行收益产生负面影响。因此，为了保证长的飞行时间，航空航天系统必须从生产阶段就表现出良好的疲劳性能，必要的是，良好的疲劳性能将通过低成本维护、低检查频率和维修简单体现出来，在航空航天部门达到最大化的安全性的挑战很大程度上受到生产成本、运营成本和商业竞争的影响。因此，需要在生产领域进行创新，以可负担的成本改进设计，这就包括灵巧结构设计概念，为了从设计上对抗疲劳，在这种结构中连接和抗疲劳材料都进行了必要的改进（Pevitt 和 Alam，2014），然而，这也意味着必须要有新的理论数据来预测新系统的未来。

4.2.2　材料和结构稳定性

材料和结构是造成航空航天系统中主要性能改进的主要原因（Noor，1998）。计算结构成熟度和 ACMs 的发展改进了结构性能，降低了操作风险，缩短了开发时间（Noor 和 Venneri，1997）。然而，未来的航空航天系统仍然需要满足诸如负载能力、安全性和环境相容性等苛刻的挑战（Noor 等，2000）。用于航空航天系统（飞机、卫星、导弹、运载火箭等）的材料需要在强度、刚度、断裂韧性、疲劳耐久性和耐腐蚀性等一系列性能上进行组合（Dursun 和 Soutis，2014），这就要求航空航天材料必须易于制造而且有较好的费效比，同时根据空气动力学和结构特性要能够承受所要求的重量载荷（Huda 和 Edi，2013）。

此外，航空航天材料要求容许损伤，并给予超过飞机设计寿命的耐久性。当在高负载、冰冻、高温、雷击、冰雹和暴露于潜在腐蚀性液体（如航空燃料、润滑剂和油漆剥离剂）的恶劣条件下运行时，飞机结构不应开裂、腐蚀、氧化或遭受任何形式的损伤（Mouritz，2012）。除了这些要求之外，为了保证速度和油耗，航空航天材料还需要大大降低重量。据报道，大多数飞机的机身重量占总重量的 20%～40%（Mouritz，2012），因此，对于结构有效的轻质材料的使用是非常重要的。航空航天部门的材料和结构都要求灵巧、经济、轻质、多功能、可操作以及在极端环境中防撞、承载灵活并基于计算方法和模拟进行设计（Mouritz，2012；Renton，2001）。

通过新兴的先进技术和先进连接技术改进材料系统和结构的成本、加工和性能是未来系统设计的关键需求。作为结构设计演进、减小重量和节省成本的一部分，ACMs 已成为航空航天部门有针对性的技术解决方案（Braga 等，2014；Hinrichsen 和 Bautista，2001；Ye 等，2005）。这些新一代材料要求具有良好的机械性能和无可比拟的温度稳定性，以使其完全可靠。自动化制造技术被推荐用于费效比优的材料。由于新出现的复合材料的特性不同于金属和合金，因此需要构建新的损伤机制来优化结构效率（Chowdhury 等，2015）。对于先进的和简化的未来结构设计，推荐了改进的设计方法和用于模拟加工和性能的分析工具，对于新型复合材料还需要建立包括刚度、强度和失效机制的先进材料模型。

4.2.3　强度

　　航空航天系统设计中所使用的材料的强度与上述性能一起被要求用来确定航空航天系统结构的设计（Williams 和 Starke，2003）。为了保证系统的长寿命周期，强度常被用来预测冲击时的裂纹扩展并监测重量循环。复合材料以其高比强度和比刚度而闻名，这实现了未来航空航天系统的目标之一（Nurhaniza 等，2010）。复合材料所提供的出众的强度使得航空航天部门对探索复合材料的需求不断增长。

4.3　航空航天工程先进层压复合材料

　　层压复合材料是混杂材料家族的象征，由使用基体材料粘合的层合板组成（见图 4-4）。

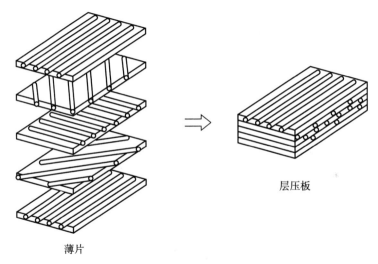

薄片

层压板

图 4-4　定制层压复合材料

（摘自：van Rijswijk，K.，Brouwer，W. D.，Beukers，A.，2003. Application of Natural Fibre Composites in the Development of Rural Societies. Delft University of Technology，FAO Corporate Document Repository，Produced by Department of Agriculture and Consumer Protection，Food and Agriculture Organisation of the United Nations，Rome.）

　　层压结构用于将组成层和粘合材料的最佳方面结合起来，以获得层压复合材料，通过形成层压复合材料可以改善以下性能：

　　1）强度；

　　2）刚度；

　　3）轻质；

　　4）耐腐蚀；

　　5）耐磨；

　　6）美观；

7) 绝热；

8) 隔音。

4.3.1 常用层压板定义

1) 准各向同性；

2) 均衡；

3) 混杂层压板。

4.3.2 叠层顺序符号

该概念通常用来表示层压板的相关参数（如单层厚度、方向和整体叠层顺序等）。对于等厚度层（规则），层及其方向的列表是 $[0°/90°/45°]$ 就足够了，如果层压板由同一层制成，则层及其方向的列表为 $[90_t°/0_{2t}°/45_{3t}°]$ 也就足够了。对于不规则层（没有相同的厚度，如 $[0°/90°/45°]$），层厚度的符号被附加到前面的符号中，图4-5所示为层和方向的列表。

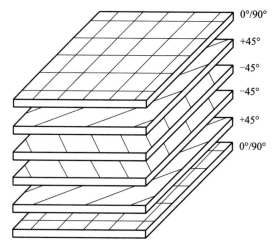

图4-5 层压复合材料的不同层和方向

（摘自：Lanxess AG. Thermoplastic composites with multiaxial - oriented continuous fiber layers. ）

4.3.3 准各向同性层压板

有些层压板具有各向同性的拉伸刚度（层压板平面上所有方向相同）。准各向同性层压板意味着看似各向同性但不是实际上的各向同性。它在所有方向上具有相等的抗弯刚度，因此，准各向同性层压板意味着层压板所有的面内方向有相等的拉伸刚度，所有的铺层必须是相同的材料和相同的厚度，准各向同性层压板的简单例子是一个三层层压板 $[-60°/0°/60°]$ 或四层层压板 $[0°/-45°/45°/90°]$。

4.3.4　均衡层压板

层压板中所有等厚度层与基准轴的角度为 θ，而非 0° 和 90°，仅仅以 $\pm\theta$ 成对出现，必要的是它们彼此之间是相邻的，不存在剪切-拉伸耦合，也不存在弯曲-拉伸耦合，但是，弯-扭耦合确实存在。

4.3.5　混杂层压板

混杂层压板是两种或更多种材料系统的混合物所形成的层压板，例如，石墨-环氧层压板通常与 Kevlar - 49 -环氧树脂层压板一起使用制造波音- 757 和波音- 767 的翼-身整流罩，为了获得功能性层压板，两种环氧树脂的固化必须是相协调的。在混杂层压板中，通常混合不同的纤维系统，但不能使用多种基体系统。

4.3.6　背景

现在，科学界和政治界都承认，飞机发动机的温室气体排放对全球气候变化有重大影响（Mahashabde 等，2011）。飞机排放物直接排放到对流层上部和平流层下部，从而对大气成分产生巨大影响（Lee 等，2009）。这与国际民用航空组织（ICAO）提出的政策相悖，因此，航空航天工业正在研究通过减小重量和改进空气动力学来减少排放（Lee，2010；Lawrence，2009）。全球公认的显著减小重量以满足排放目标的关键技术之一是在飞机设计中应用 ACMs（Mangagri，1999），较轻的结构可以降低油耗，并且减少排放，这加速了航空航天工业中对轻型材料潜在应用的需求。

飞机工业对高性能、轻量化结构的需求激发了发展 FMLs 精细化模型的强烈趋势（Katnam 等，2013）。这方面存在的挑战是科学和技术必须加快步伐以应对这些材料不断增长的市场需求，政府官员和权威人士需要对正确的政策有概念，并对认证有必要的标准，同时研究者需要参与深入的研究使得飞机的 FMLs 开发成本降到最低。

4.3.7　复合材料层压板制造

制造这些层压板最重要的因素是铝和 FRP 层之间的粘合，从以前的工作中观察发现，与铝层和 FRP 层之间强粘接力的层压板相比，弱的界面粘接力层压板的损伤尺寸更大（Ardakania 等，2008）。

FMLs 通常是通过叠层复合材料来制造的，在给定的压力下叠层被加热到一定的温度，使用齿轮压力压紧（见图 4 - 6），再慢慢冷却到室温，加工温度必须足以熔化基体而又不使复合材料中的纤维降解。这个良好的制造技术必能生产出具有很小收缩率的高质量板，叠层顺序根据所需要的产品而选择，然后对所得的薄板进行表征。一般来说，制造热固性树脂层压板有两种工艺：低压工艺和高压工艺。

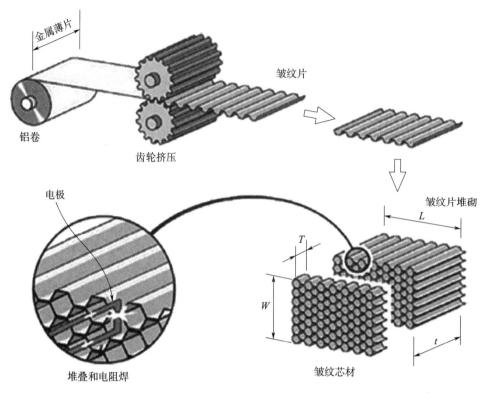

图 4-6　叠层制造工艺流程

（摘自：Wadley，H. N. G.，2006. Multifunctional periodic cellular metals. Philosophical Transactions of the Royal Society A 364，31-68. http：//dx. doi. org/10. 1098/rsta. 2005. 1697. Published online December 2，2005.）

4.3.7.1　低压工艺

低压制造工艺能够生产机械强度、介电性能和热性能完美的结合体，他们有一个使用各种填料和添加剂来生成从阻燃到抗追踪一系列期望性能的惊人能力。低压层压板制造工艺中的典型树脂包括聚酯、乙烯基酯和环氧树脂。这一制造工艺从提供特定产品所需性能合适的树脂配方选择开始。

低压层压板制造工艺被认为比高压层压板工艺更具费效比，因为其从过程开始到过程结束的周期时间更短。

4.3.7.2　高压工艺

高压层压板制造工艺使用玻璃布、牛皮纸、云母纸和亚麻（棉），典型树脂包括酚醛树脂、环氧树脂、三聚氰胺、硅树脂和聚酰亚胺。高压工艺的优点是其优异的介电强度和相关的电性能。高压工艺从合适树脂的智能选择开始。牛皮纸被裁切制成不同物品的包装袋，包装袋根据片层厚度和正在被制造的产品形式制作。树脂组分与填料添加剂混合，增加了抗追踪、阻燃和耐热性，用自动挤压或齿轮挤压将树脂装入牛皮纸包装袋中。用自动材料处理设备分切板材，最后对样品进行检查以描述质量和制造公差（见图 4-7）。

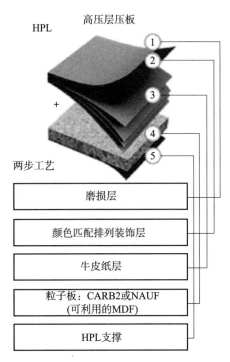

图 4 - 7　高压层压板典型示例

（摘自：Thermally Fused Laminate（TFL）Panels. http：//www. surfaceandpanel. com/education/continuing -
education/tfl - makes - environmentally - friendly - decorative - panels. ）

4.3.8　金属基层压板（GLARE、ARALL 和 CARALL）

FMLs 是由薄金属隔层和纤维增强胶粘剂制成的混杂复合材料，市面上最常见的
FMLs 是基于芳纶纤维的芳纶增强铝层压板（ARALL）、基于高强度玻璃纤维的玻璃纤维
增强铝层压板（GLARE）及基于碳纤维的碳纤维增强铝层压（CARALL）。FMLs 在众多
的航空航天应用中正在增加（Reyes 和 Cantwell，2000），这是由于它们的高比强度和比
刚度、良好的抗疲劳性、较好的疲劳裂纹扩展损伤容限、耐火性、钝口强度、成形性和可
修复性（Fotouhi 等，2015）等优点，由于它们的优异性能，FMLs 正被用作下一代商用
飞机的机身蒙皮结构，FMLs 不仅提供高的抗疲劳损伤扩展能力，也提供了出色的抗冲击
性和抗雷击性能，以及高的耐腐蚀性和耐烧穿性（Vlot 和 Gunnink，2001）。与传统的碳
纤维-环氧复合材料相比，FMLs 的优点之一是低吸湿性：与聚合物基复合材料相比，即
使是在相对恶劣的条件下，FMLs 复合材料的湿气吸收是较慢的，这是由于外层铝的阻隔
作用。由于这种优良的性能，最近 EMBRAER、Aerospatiale、Boeing 和 Airbus 公司等大
公司开始使用 FMLs 作为一种替代材料，以节省资金和保证其飞机安全。

4.3.8.1　芳纶增强铝层压板

芳纶铝层压板是第一代在理论和操作实践之间架起桥梁的 FMLs，它们是在 20 世纪
70 年代末和 80 年代初被构思的。铝的疲劳在飞机结构设计中是众所周知需要考虑的一个

重要材料弱点，因此疲劳不敏感铝是一种高度期待的材料，实现这一目标的理论是利用新开发的高强度芳纶的抗疲劳性，并使用久经考验的金属粘接生产技术以最佳方式混合。应用中有一些主要成就，如福克 27 和后来的福克 50 通勤飞机的机翼下蒙皮。当 ARALL 获得 Mil 手册 5 的资格并作为 McDonnell Douglas C17 军用空中升降机上飞机货舱门的蒙皮材料时，这一差距最终被弥合（见图 4 - 8）。

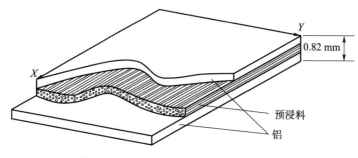

图 4 - 8　2/1 叠层 ARALL 层压板示意图

（摘自：Castrodeza，E. M.，Touça，J. M. R.，Ipi～na，J. E. P.，Bastian，F. L.，2002. Determination of CTODC in fibre metal laminates by ASTM and Schwalbe methods. Materials Research 5，119 - 125.）

1982 年，美国铝业公司（ALCOA）（Vlot 和 Gunnink，2001）以 ARALL 的商品名推出了第一个商业产品，商品名称 ARALL 1 和 ARALL 2 是已经标准化的产品。该领域最成功的产品是在荷兰代尔夫特理工大学取得的，使用芳纶、7475 - T761 铝和环氧树脂开发的 FMLs（Gutowski，1997；Hou 等，1998；Hillermeier 和 Seferis，2001）。FMLs 从理论开始，已经完成了第一个进化周期，它们已经通过了材料规范、材料鉴定和开发、设计和制造许可，最终以操作使用为结果。然而，航空航天要求的不仅仅是性能上的良好表现，在成本上的良好表现也是非常关键的。美国铝业公司将 ARALL 商业化为两个等级：7075 铝层、固化后拉伸的 ARALL 1 和 2024 铝层、固化状态中的 ARALL 2。在这之后，又推出了两个等级（1987）：除了 7475 铝之外与 ARALL 1 相同的 ARALL 3，具有不同种类、高温胶粘剂的军用 ARALL 4（Alderliesten 等，2003）。ARALL 的主要优点是它能够减缓和自止裂纹扩展速率（Alderliesten 等，2003），但是，像任何其他材料一样，芳纶也有它自己的缺点，由于芳纶纤维与胶粘剂之间的界面强度低，因此不可能生产出纤维体积分数超过 50%，同时具有可接受的剥离强度和满意的层间剪切性能的层压板。二是尽管抗疲劳裂纹扩展能力明显优于 ARALL 2，但在某些疲劳载荷条件下确实会出现裂纹桥接纤维层中的纤维失效，这严重影响了裂纹桥接的效率，虽然后拉伸可以解决纤维的失效问题，但会增加生产成本。另一个缺点是，单向纤维的各向异性阻碍了其在双轴应力发生的机身蒙皮中的应用。我们希望得到一种具有多个方向纤维的更加各向同性的纤维复合材料。与单块铝合金相比，ARALL 有相对较差的缺口行为，尤其是钝缺口强度（Asundi 和 Choi，1997）。但在 ARALL 被美国铝业公司明显改进后，FMLs 的额外好处才得到承认（Vlot，2001），特别是为了克服上述缺点，FMLs 中使用玻璃纤维代替了芳纶纤维（Roebroeks，1991）。

4.3.8.2 玻璃纤维增强铝层压板

1990 年，另一项采用高强度玻璃纤维替代芳纶改进 ARALL 层压板的尝试被成功开发了，称为 GLARE（Asundi 和 Choi，1997）。GLARE 是一种结合了延展性较好铝合金 2024 - T3 和植入 FM94 环氧树脂中的 S2 玻璃纤维的 FML（Roebroeks，1991），如图 4 - 9 所示，具有双轴纤维层的 GLARE 的冲击性能比铝好，且玻璃纤维复合材料的冲击行为明显比铝低（Alderliesten 等，2003）。在冲击后，GLARE 性能也比铝合金好，这使得波音 - 777 飞机在 1990 年首次商业化使用 GLARE（Alderliesten 等，2003）。玻璃纤维之间的粘接性被发现比芳纶纤维的好，而且玻璃纤维在受压时具有更强的抗压性，因而，在疲劳载荷期间，很少观察到玻璃纤维中的纤维失效。GLARE 好于 ARALL 的其他优点是更高的拉伸和压缩强度、更好的冲击行为、更高的极限应变和更高的剩余强度，而且，由于玻璃纤维与树脂良好的粘接性能，带有纤维的 GLARE 层压板能够在两个方向上被制造，这更适用于双轴应力产生的一些结构（Asundi 和 Choi，1997）。

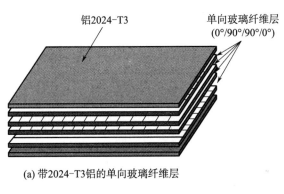

(a) 带2024-T3铝的单向玻璃纤维层

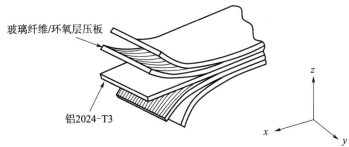

(b) 连续玻璃纤维-金属-环氧混杂复合材料(3/2铺层)构型

图 4 - 9

〔（a）摘自：Hyoungseock, S., Hundley, J., Hahn, H. T., Yang, J., 2010. Numerical Simulation of Glass - Fibre - Reinforced Aluminium Laminates with Diverse Impact Damage. AIAA Journal 48 (3)，676 - 687；

（b）摘自：Edson, C., et al., 2008. Hygrothermal effects evaluation using the iosipescu shear test for glare laminates. Journal of the Brazilian Society of Mechanical Sciences and Engineering 30〕

制造工艺一般包括金属片的表面处理，如铝的阳极氧化和环氧底漆，以及在控制温度和压力下手工铺层在热压罐中固化构建零部件，它的特性非常适合像机身和机翼蒙皮类飞机外部部件。使用 GLARE 层压板的原因是为了获得具有高抗疲劳裂纹扩展能力而无纤维失效、更好的缺口强度和以双轴方式铺设纤维的材料，这意味着，在飞机结构上应用 GLARE 可以达到重量减小、安全性改进、高强度、疲劳不敏感、优异的车间性能、良好且易于维修、优异的损伤容限和简化生产的目的。GLARE 层压板的卓越行为可以转化为与在生产和维护中减少成本相关的飞机结构重量减小（Asundi 和 Choi，1997），GLARE 的优点包括它的比重比铝低约 10%，GLARE 为很多拉伸主导应用的飞机结构提供了设计损伤容限、轻量化、经济有效的解决方案。GLARE 最初是为其出色的抗疲劳性能而开发的，它也有一些其他特性，包括高的特定静力性能、易于制造、优异的抗冲击性能、烧穿性能和良好的耐腐蚀性能。

GLARE 混杂材料技术在空客 A380 飞机机身中的成功引入（Pora，2001）在航空学损伤容限任务中迈出了重要的一步。Alderliesten 认为下一代 FMLs 应该针对特定要求的结构特点和性能进行定制和设计，而不是遵循从 FMLs 作为材料级开始的自下而上的方法（Alderliesten，2015）。在历史上，疲劳损伤在损伤容限材料的开发和研究中一直是一个重要的驱动力，这就解释了为什么在 FMLs 中有大量关于疲劳和疲劳裂纹扩展的论文的原因（Volt，2001）。然后，在 FMLs 中玻璃纤维代替芳纶纤维的发展已经提高了人们对 FMLs 对损伤容限的贡献的认识。

然而，在服役期间，由于机械和环境条件可能会发生诸如基体开裂、纤维-基体脱粘、纤维断裂和分层等损伤，冲击载荷也会引起复合材料层压板的表面损伤，因此，恢复受损构件的强度的结构复合材料修补技术是必需的。

4.3.8.3 碳纤维增强铝层压板

CARALL 复合材料通常是航空航天应用的连续碳纤维和聚合物基体，与金属相比，它们提供了卓越的材料性能，从而使获得更轻的结构设计成为可能（Mangalgiri，1999），更轻的结构带来较低的燃料消耗，从而减少排放。碳纤维增强聚合物复合材料目前正在被用于飞机主要和次要结构应用的设计中（Katnam 等，2013），除了提高燃油效率和减少排放之外，先进碳纤维复合材料在飞机设计中也提高了乘客的舒适度。碳纤维增强先进复合材料通常制成航空航天结构应用的层压板或夹层结构形式（Baker 等，2004）。

从结构角度来看，碳纤维复合材料具有高的比强度、高的比刚度、改进的疲劳容限、耐腐蚀性、可成形性、可定制的机械性能和低热膨胀等优点。

在未来，碳纤维增强塑料可能且将会占飞机结构质量的 50% 以上。然而，可负担能力是航空航天制造业生存的关键，不管是民用还是军用，因此应致力于制造和装配过程的分析和计算模拟以及结构性能模拟，因为它们是紧密相连的。

4.3.9 玻璃纤维复合材料 [玻璃纤维-酚醛和玻璃纤维聚醚醚酮（PEEK）]

4.3.9.1 玻璃纤维-酚醛复合材料

酚醛树脂适合于高温应用，在高温应用中零部件必须满足防火标准。酚醛树脂的应用范围很广，包括电子、防弹、矿井通风、近岸区管路系统、航空航天、铁路和公共交通，它们的关键性能是低密度（重量效率）、低热导率、优异的耐腐蚀性和耐化学性、高比强度、较好的设计灵活性、复杂 3D 结构件生产费效比好、卓越的疲劳和冲击性能、改进的声学性能、雷达/声纳透波性好和低维护成本。

4.3.9.2　玻璃纤维 PEEK 复合材料

PEEK 是一种半结晶、高温（达到 500 ℉）热塑性塑料，这对于在热、化学和燃烧特性有要求的应用是极好的。当它暴露在火焰中时，释放出少量烟雾或有毒气体。PEEK 坚韧、坚固、刚性好，具有优异的抗蠕变性，PEEK 还可以抵抗辐射和各种溶剂，并且由于其抗水解性，PEEK 可以抵挡沸水和过热蒸汽与高压锅、杀菌设备在高于 482 ℉的温度下使用。PEEK 树脂以不同的等级来使用［例如，无增强（或无填充）、30％玻璃纤维增强、30％碳纤维增强和高压-速（HPV）增强］，最常见的应用包括汽车、船舶、核能、油井、电子、医疗和航空航天工业。

玻璃纤维增强 PEEK 对于要求较高强度、刚度或稳定性的结构应用尤其好，特别是在高于 300 ℉的温度下，玻璃纤维的加入大大降低了塑料的膨胀率且提高了弯曲模量，关键特性是 500 ℉的连续工作温度、低的烟和有毒气体排放、非常低的吸湿性、卓越的抗蠕变性和优良的抗疲劳性、抗应力开裂、耐水解、耐化学腐蚀。它们也可以形成如片状、棒状和管状等许多不同的形状或形式。PEEK 唯一的局限性是价格昂贵和各向异性（随方向而定），并且需要较高的加工温度。应用时，应在相对于主要层压板方向的方向上考虑其性能，并且应结合铺层来考虑（Alderliesten，2015）。

4.3.10　天然纤维复合材料的潜在应用

在过去的几年中，天然纤维在复合材料领域取代石油基增强体已经引起了相当大的关注，天然纤维具有低密度、高强度、高刚度特点，且是可再生资源，此外，所开发的复合材料适用于汽车、建筑、生物医学和航空航天等各种应用。

天然纤维增强材料由于其在重量、机械稳定性和价格等方面的优势，在美国和欧洲的航空航天工业中，对其应用的兴趣正在增长（Bledzki 等，2002）。然而，这些可持续材料应用的准备程度正在检查，以获得美国联邦航空管理局（US Federal Aviation Administration，FAA）和英国民航局（UK Civil Aviation Authority）的批准（Bledzki 等，2002）。

4.4　基体体系

聚合材料最大的商业用途是在塑料的制造中。有一些塑料是稳定的高分子量聚合物，不是直链的就是支链的，并在加工和使用过程中保持其化学特性，这些是热塑性树脂。第二大类，实际上是商业上较老的热固性聚合物，通常分为两阶段进行聚合。在第一阶段，它们被聚合成低分子量的粘性液体或可熔固体；在第二阶段，在模压过程中，它们被进一步聚合成高度交联的三维结构，它们是稳定、不溶和难熔的。热固性聚合物和热塑性聚合物都具有各种更为复杂的形式，如涂层、胶粘剂、泡沫、增强塑料和高温材料，可被称为广义的复合材料。这些材料的最终用途选择是基于设计考虑、材料特性和将材料转化为所需产品的加工技术。

文献报道中广泛使用的热固性塑料有酚醛、聚酯、乙烯基酯和环氧树脂（Alves 等，2010），常用的热塑性塑料有聚丙烯（PP）、聚乙烯醇、聚氯乙烯、聚乳酸和天然橡胶。

聚合物树脂通常用纤维来增强以提高其机械性能，这种增强的聚合物基体称为复合材料。终端产品（复合材料）与初始材料（聚合物基体和增强体）相比应该具有更好的性能（热性能、机械性能、流变性能和热机械性能）。文献中记载了开发具有高性能和特殊性能复合材料的各种增强体。增强材料、填充物和纤维可以是生物基材料（天然纤维）或合成材料（石油）。生物基增强体包括亚麻、洋麻、剑麻、龙舌兰、棉花等，合成增强体包括玻璃纤维和碳纤维。天然纤维增强复合材料适用于如汽车、建筑、生物医学和航空航天等不同应用，但是玻璃纤维在航空航天工业中已经得到了广泛的应用。

4.4.1　热固性聚合物

在热固性塑料中，聚合反应分为两个或两个以上阶段进行。在第一个阶段，单体部分聚合成粘性液体或低熔点可溶可熔固体，为加工提供高流动性；在最后阶段，聚合反应完成，生成一个高度交联的三维结构。在加工时，液体可以注入低成本的模具中，但必须留在那里直到最终聚合反应完成。可熔固体可以在没有冷却的情况下被固化和从热模具中拿出，但是废料不能使用。在性能方面，致密的刚性结构使聚合物分子固定，提供了高的硬度、高的强度和耐化学性，但它也使纯聚合物的刚性和脆性较大，需要纤维增强体以获得良好的机械性能。热固性树脂的六种主要类型是烯丙基树脂、环氧树脂、聚酯、脲醛树脂、三聚氰胺甲醛树脂和酚醛树脂。

加工：热固性塑料的快速交联特性通常限制了浇铸液体和模压可熔固体的工艺技术。在模压成型中，可熔性反应预聚体被压在两个热模具表面之间直到固化，然后直接拿出来而不需要冷却。为了提高流动性和更快地固化，树脂有时会在相邻的烘箱中进行预热和熔融，然后被迫通过一个小孔流入最终的模具中，这就是传递模塑。最近在树脂和设备上的改进引入了热固性树脂的螺杆注射模塑。这使得塑料领域的热固性树脂部分有了更大的生命力并得到更多关注。由此产生的解决方案既有优点也有缺点。热固性树脂被认为是高度交联的无定形树脂，不能再熔或溶解，这些基体具有如高强度、高模量、良好的耐热性、耐化学性等优良性能，且易于制备。尽管热固性树脂具有良好的性能，但也存在差的开裂性、脆性和韧性低等缺点。

为了解决热固性树脂的缺点，特别是其韧性低的缺点，人们进行了大量的研究。这可以通过加入液体橡胶和线性热塑性聚合物使材料增韧来实现，从而改善其特点和性能，以达到预期的应用。近年来，高性能结构材料使用热固性树脂的需求在航空航天、汽车、建筑和生物医学等领域已经有了快速的增长。

黄麻纤维被用于增强聚酯来开发一种童车的前引擎盖，在这项研究中，黄麻纤维与玻璃纤维相比较，并对这些复合材料进行生命周期评估（LCA）。黄麻纤维复合材料的环境性能优于玻璃纤维复合材料，黄麻纤维复合材料被认为是解决环境问题的更好方法（Alves 等，2010）。

Feraboli 和 Masini 研究了用于兰博基尼 Murcielago 车身壁板和结构部件的碳纤维-环氧树脂复合材料的发展，在他们的研究中，记述了复合材料的规格，以及制造这些复合材料所需的技术（Ferabolia 等，2007）。

碳纤维-环氧复合材料被开发用于管道结构的修补，研究人员采用动态力学分析方法研究了其热力学性能，他们还比较了未固化和后固化的复合材料。结果表明，未固化复合材料的 tan – delta 峰的大小高于后固化复合材料的，此外，还注意到，后固化的复合材料的 tan – delta 峰变宽，并向更高的温度转移。获得的数据提供了开发良好结构管道修补所需的固化温度和时间信息（Goertzen 和 Kessler，2007）。

Sugita 等人（2010）开发了用于航空航天应用的碳纤维-环氧搭接接头。

纤维素纳米晶增强水性环氧聚合物被作为结构材料和涂料具有一定的前景。纤维素纳米晶的加入带来了热力学性能、热性能和机械性能的改进。研究结果表明，纤维素纳米晶与水性环氧树脂结合良好（Xu 等，2013），在航空航天中具有潜在的应用前景。

大多数热固性聚合物都来自化石燃料，关注从石油基热固性聚合物转变为生物基聚合物（如环氧树脂）的研究是必需的，这通常是通过有机过酸或过氧化氢环氧化来功能化植物油实现的。使用生物基热固性聚合物的好处是环境友好和可持续性，许多研究报道了关于生物基热固性聚合物的合成和表征（Kim 和 Sharma，2012，Bakare 等，2014），生物基环氧的发展将在未来解决环境问题。

4.4.2　化石燃料基聚合物

自工业化初期以来，如煤炭、石油、天然气化石资源的原材料消费稳步增长。除了能源和热生产之外，化石资源已经或仍将作为化学工业的基础材料，其产品已经取代了许多化学工业自古以来一直使用的可再生（一般是农业）原材料。与生物基聚合物一样，化石燃料基聚合物已经在复合材料领域引起了人们的兴趣。这些聚合物被用作聚合物基体来开发具有潜在应用的复合材料。单独的化石燃料基聚合物显示出一些缺点，比如差的性能和特点，这就需要使用添加剂来提高性能和特点。添加剂分为合成添加剂和生物添加剂，根据预期用途和环境考虑，两种添加剂均可使用。

化石燃料基聚合物可分为热固性树脂和热塑性树脂，包括聚乙烯、聚丙烯、聚氯乙烯、聚乙烯醇、聚苯乙烯，乙烯基酯、酚醛树脂、环氧树脂和聚酯。

许多研究集中在使用生物基添加剂来增强化石燃料基聚合物以改善其特点和性能，天然纤维、农作物渣滓和细菌纤维素是常用的增强体。生物基增强体具有如可再生性、可回收性、丰富性、高强度和高刚度等优点，这些增强体可以减少环境问题，并生产出可持续和环境相容的复合材料。

4.4.3　热塑性（生物基）聚合物

热塑性聚合物是一种稳定的高分子量聚合物，有线型的也有支链型的，它们的加工性能、机械性能和热力学性能取决于它们的分子量、分子柔韧性、结晶度和极性，其稳定性、溶解性和渗透性取决于它们的化学成分和结晶度。常见的热塑性树脂包括聚乙烯、聚丙烯、聚苯乙烯、聚乙烯氯化物、聚四氟乙烯、聚甲基丙烯酸甲酯、聚甲醛、醋酸纤维素、聚砜等。

稳定的高分子量线性热塑性聚合物主要通过加热至液态并施加压力使其流入模具或通过硬模形成所需形状，然后冷却至熔点或玻璃化转变温度以下，使其保持该形状，从而将其转化为成品。

公众经历了如气候变化和石油资源短缺的许多环境问题，这就需要使用与环境相容的可再生资源作为替代办法。生物基热塑性树脂已经引起了人们对替代化石燃料基聚合物的极大兴趣，生物基热塑性树脂包括聚乳酸（PLA）、聚（羟基丁酸共戊酸酯）（PHBV）、聚己二酸丁二醇酯（PBAT）和聚琥珀酸己二酸丁二醇酯（PBSA）。

最近的研究集中在开发完全可生物降解材料，也称为绿色复合材料，使用生物基聚合物和增强体。使用生物基纳米材料（纳米纤维和纳米晶）作为增强体来开发生物纳米复合材料已经成为一个研究课题（Reddy 等，2013），这些材料显示出高长径比、高比表面积、高强度和高刚度等优点，但它们仍然还没有应用到飞机设计中。

Oksman 和 Selin（2004）比较了 PLA-亚麻复合材料和最近用于汽车壁板的 PP-亚麻纤维复合材料，他们采用了与制备 PP-亚麻纤维复合材料相同的程序。结果表明，PLA-亚麻复合材料的强度比目前使用的 PP-亚麻复合材料优 50%。

热固性聚合物和热塑性聚合物经常被用作开发 ACMs 的基体材料，热固性聚合物因其制造和加工成本低而被广泛用于飞机制造中（Soutis，2005）。

4.5　FMLs 纤维方向和叠层顺序设计

结构应用的纤维增强复合材料通常用称作层的薄层形式制造而成，如杆、梁或板结构单元通常通过叠层而形成，来达到其所需的整体强度和刚度，这些单元被称为层压板。层压板中每一层的纤维方向和层的堆叠顺序可以被选择以获得特定应用所需的强度和刚度，因此，尽可能真实地模拟试验载荷状态是非常重要的。

4.5.1　有限元模型

有限元法是应用于各种物理问题的数值计算方法之一，它在计算结构应力和变形中扮演着主要的角色。Peterson 和 Londry（1986）在钢和铝自行车车架设计中应用了有限元方法，该方法也被用于分析复合材料自行车车架的结构行为（Lessard 等，1995）。为了从这个模型中获得有效结果，如内部分层和能量消散的试验结果通常被量化。

4.5.2　单层等效模型

单层等效模型通常在多层复合材料层压板的模拟中被采用，从这个模型中获得的结果揭示了哪种叠层可以产生最高的刚度，并且描述了层压复合材料中出现较高应力的区域，找到 FMLs 较好的纤维方向和叠层顺序是非常重要的。

4.5.3　疲劳模拟策略

根据 Sendeckyj，疲劳准则可分为四大类：宏观强度疲劳准则、基于剩余强度的准则、基于剩余刚度的准则以及最终基于实际损伤机制的准则（Naik 等，2000）。

4.5.4　疲劳寿命模型

这些模型不考虑实际的降解机理，而是使用 S - N 曲线或 Goodman 型图表来引入疲劳失效准则，并且它们是剩余刚度和强度的现象学模型。疲劳寿命模型需要大量的实际工作，且不考虑如基体裂纹和纤维断裂的实际损伤机制。这些模型的主要缺点是：对于所有材料、铺层和载荷状态，它们完全依赖于试验输入（Schaff 和 Davidson，1997）。

4.5.5　剩余刚度模型

这些模型提出了一个描述复合材料试件在宏观可观测性能方面的刚度和强度的逐渐退化的演化规律，它们解释了疲劳期间弹性性能的退化，刚度可以在疲劳试验中频繁测量，并且可以在不进一步降低材料性能的情况下进行测量。

虽然剩余强度是疲劳损伤的重要度量，但它不允许进行无损评价，因此，在不破坏试样的情况下测定剩余强度是不可能的，这使得两个试样之间比较损伤状态变得困难。

4.5.6　机械学模型

这类模型用于描述与基体横向裂纹、分层尺寸等特定损伤直接相关的复合材料的性能劣化，并定量分析实际损伤机理的级数。

4.6　未来展望与应用

ACMs 在航空航天应用的高性能结构设计中享有盛誉，这些应用需要具有优异机械性能的轻量化构件，以便在苛刻的使用条件下工作，并提供能源效率（Katnam 等，2013）。航空航天工业目前在主级和次级结构部件中均使用了 ACMs。然而，航空航天工业一直面临的主要障碍之一是先进复合材料的扩张正在迅速增长，但是，如 FAA 等权威机构以及与设计规则和制造工艺航空安全相关的重要问题并没有到位来加速这一转变，结果就是航空航天工业现在需要可靠的保养和维修技术（LLorca 等，2011）。FMLs 等 ACMs 已经被证明对于飞机设计是高性能结构，但是制造这些结构的成本仍然很高。因此，在为航空航天工业开发环境友好型结构中，需要进行透彻的研究和开发，以尽量降低成本。

4.7　结语

　　纤维复合材料从 1903 年 12 月 17 日莱特兄弟的飞行者 1 号在北卡罗来纳州的首次飞行就已经在飞机上建立了应用，到现在在军用和民用飞机上都有很多的应用。另外，在无人驾驶飞行器、空间运载火箭和卫星上也有更多的应用。与更多的常规材料相比，由于它们所具有的高比强度和高比刚度使得它们的使用持续增加，且它们能够塑造和调整其结构以产生更具空气动力学效率的结构配置。可以预测，碳纤维复合材料的使用将增加到超过飞机结构质量的 50%。然而，为了与航空航天工程中使用的常规材料竞争，应致力于可负担的成本和通过简单制造工艺制造复合材料航空航天零件，并开发用于分析制造和装配过程以及产品性能的可靠模拟和仿真技术。

参 考 文 献

［1］ Alderliesten，R. C.，2015. Design for damage tolerance in aerospace: a hybrid material technology. Materials and Design 66，421 – 428.

［2］ Alderliesten，R. C.，Hagenbeek，M.，Homam，J. J.，Hooijmeijer，P. A.，De Vries，T. J.，Vermeeren，C. A. J. R.，2003. Fatigue and damage tolerance of Glare. Applied Composite Materials 10，223 – 242.

［3］ Alves，C.，Ferr ã o，P. M. C.，Silva，A. J.，Reis，L. G.，Freitas，M.，Rodrigues，L. B.，Alves，D. E.，2010. Ecodesign of automotive components making use of natural jute fiber composites. Journal of Cleaner Production 18，313 – 327.

［4］ Ardakania，M. A.，Afaghi Khatibi，A.，Ghazavi，S. A.，2008. A study on the manufacturing of glass – fiber – reinforced aluminum laminates and the effect of interfacial adhesive bonding on the impact behaviour. In: Proceedings of the XIth International Congress and Exposition June 2 – 5. Orlando，Florida，USA.

［5］ Asundi，A.，Choi，A. Y. N.，1997. Fiber metal laminates: an advanced material for future aircraft. Journal of Materials Processing Technology 63，384 – 389.

［6］ Bakare，F. O.，Åkesson，D.，Skrifvars，M.，Bashir，T.，Ingman，P.，Srivastava，R.，2014. Synthesis and characterization of unsaturated lactic acid based thermoset bio – resins. European Polymer Journal 67（article in press）.

［7］ Baker，A.，Dutton，S.，Kelly，D.，2004. Composites Materials for Aircraft Structures. AIAA Education Series，Reston.

［8］ Bhatnagar，T.，Ramakrishnan，N.，Kaik，N. K.，Komanduri，R.，1995. On the machining of fiber reinforced plastic（FRP）composite laminates. International Journal of Machine Tools and Manufacture 35（5），701 – 708.

［9］ Bledzki，A. K.，Sperber，V. E.，Faruk，O.，2002. Rapra review reports. Experts Overviews Covering the Science and Technology of Rubber Plastics 13（8）.

［10］ Botelho，E. C.，Rezende，M. C.，2000. O uso de Compositos Estruturais na Indústria Aeroespacial. Polímeros: Ciência e Tecnologia 10（2），E4 – E10.

［11］ Botelho，E. C.，Scherbakoff，N.，Rezende，M. C.，Kawamoto，A. M.，Sciamareli，J.，2001. Synthesis of polyamide 6/6 by interfacial polycondensation with the simultaneous impregnation of carbon fibre. Macromolecules 34（10），3367 – 3374.

［12］ Botelho，E. C.，Rezende，M. C.，Nogueira，C. L.，2002. Monitoring of nylon 6. 6/carbon fibre composites processing by X – ray diffraction and thermal analysis. Journal of Applied Polymer Science 86，3114 – 3121.

［13］ Braga，D. F. O.，Tavares，S. M. O.，da Silva，L. F. M.，Moreira，P. M. G. P.，de Castro，P. M. S. T.，2014. Advanced design for lightweight structures: review and prospects. Progress in

Aerospace Sciences 69，29 – 39.

[14] Callus，P. J.，Mouritz，A. P.，Bannister，M. K.，Leong，K. H.，2006. Tensile properties and failure mechanisms of 3D woven GRP composites. Composites Part A 30，1277 – 1286.

[15] Castrodeza，E. M.，Touça，J. M. R.，Ipiña，J. E. P.，Bastian，F. L.，2002. Determination of CTODc in fibre metal laminates by ASTM and Schwalbe methods. Materials Research 5，119 – 125.

[16] Chowdhury，N.，Chiu，W. K.，Wang，J.，Chang，P.，2015. Static and fatigue testing thin riveted，bonded and hybrid carbon fiber double lap joints used in aircraft structures. Composite Structures 121，315 – 323.

[17] Degallaix，G.，Hassaïni，D.，Vittecoq，E.，2002. Cyclic shearing behaviour of a unidirectional glass/epoxy composite. International Journal of Fatigue 24，319 – 326.

[18] Dursun，T.，Soutis，C.，2014. Recent developments in advanced aircraft aluminium alloys. Materials and Design 56，862 – 871.

[19] Edson，C.，et al.，2008. Hygrothermal effects evaluation using the iosipescu shear test for glare laminates. Journal of the Brazilian Society of Mechanical Sciences and Engineering 30.

[20] Edwards，T.，2008. Composite materials revolutionise aerospace engineering. Ingenia 36，24 – 28.

[21] Ferabolia，P.，Masini，A.，Bonfatti，A.，2007. Advanced composites for the body and chassis of a production high performance car. International Journal of Vehicle Design 44，233 – 246.

[22] Fotouhi，M.，Saeedifar，M.，Sadeghi，S.，Najafabadi，M. A.，Minak，G.，Sadeghi，M.，2015. Investigation of the damage mechanisms for model delamination growth in foam core sandwich composites using acoustic emission. Structural Health Monitoring 14（3），265 – 280.

[23] Goertzen，W. K.，Kessler，M. R.，2007. Dynamic mechanical analysis of carbon/epoxy composites for structural pipeline repair. Composites：Part B 38，1 – 9.

[24] Gohardani，O.，Elola，M. C.，Elizetxea，C.，2014. Potential and prospective implementation of carbon nanotubes on next generation aircraft and space vehicles：a review of current and expected applications in aerospace sciences. Progress in Aerospace Sciences 70，42 – 64.

[25] Gutowski，T. G.，1997. Advanced Composites Manufacturing，first ed. John Wiley & Sons，New York，USA.

[26] Gutowski，T. G.，1999. Advanced Composites Manufacturing，first ed. John Wiley & Sons，New York，USA.

[27] Hillermeier，R. W.，Seferis，J. C.，2001. Interlayer toughening of resin transfer molding composites. Composites Part A 32，721 – 729.

[28] Hinrichsen，J.，Bautista，C.，2001. The challenge of reducing both airframe weights and manufacturing costs. Air & Space Europe 3，119 – 121.

[29] Hou，M.，Ye，L.，Lee，H. J.，Mai，Y. W.，1998. Manufacture of a carbon – fabric – reinforced polyetherimide（CF/PEI）composite material. Composites：Science and Technology 58（2），181 – 190.

[30] Huda，Z.，Edi，P.，2013. Materials selection in design of structures and engines of supersonic aircrafts. Materials and Design 46，552 – 560.

[31] Hyoungseock，S.，Hundley，J.，Hahn，H. T.，Yang，J.，2010. Numerical simulation of glass – fibre – reinforced aluminium laminates with diverse impact damage. AIAA Journal 48（3），

676 - 687.

[32] Katnam，K. B.，Da Silva，L. F. M.，Young，T. M.，2013. Bonded repair of composite aircraft structures：a review of scientific challenges and opportunities. Progress in Aerospace Science 61, 26 - 42.

[33] Kawai，M.，Hachinohe，A.，Takumida，K.，Kawase，Y.，2001. Off - axis fatigue behaviour and its damage mechanics modelling for unidirectional fibre - metal hybrid composite：GLARE 2. Composites Part A 32，13 - 19.

[34] Kim，J. R.，Sharma，S.，2012. The development and comparison of bio - thermoset plastics from epoxidized plant oils. Industrial Crops and Products 36，485 - 499.

[35] Koski，K.，Siljander，A.，Backstronm，M.，Liukkonen，S.，Juntunen，J.，Sarkimo，M.，Lahdenpera，K.，Tikka，J.，Lahtinen，R.，2009. Fatigue，residual strength and non - destructive tests of an aging aircraft's wing detail. International Journal of Fatigue 31，1089 - 1094.

[36] Lanxess AG，website. http：//lanxess. com/en/corporate/home/.

[37] Lawrence，P.，2009. Meeting the challenge of aviation emissions：an aircraft industry perspective. Technology Analysis and Strategic Management 21，79 - 92.

[38] Lee，J. J.，2010. Can we accelerate the improvement of energy efficiency in aircraft systems. Energy Conversion and Management 51，189 - 196.

[39] Lee，D. S.，Fahey，D. W.，Forster，P. M.，Newton，P. J.，Wit，R. C. N.，Li，L.，2009. Aviation and global climate in the 21st century. Atmospheric Environment 43，3520 - 3537.

[40] Lessard，L. B.，Nemes，J. A.，Lizotte，P. L.，1995. Utilization of FEA in the design of composites bicycle frames. Composites 26，72 - 74.

[41] LLorca，J.，Gonzalez，C.，Molina - Aldaregurado，J.，Seltzer，R.，Sket，F.，2011. Multiscale modelling of composites materials：a roadmap towards virtual testing. Advanced Materials 23，5130 - 5147.

[42] Mahashabde，A.，Wolfe，P.，Ashok，A.，Dorbian，C.，He，Q.，Fan，A.，2011. Assessing the environmental impacts of aircraft noise and emissions. Progress in Aerospace Science 47，15 - 52.

[43] Mangalgiri，P. D.，1999. Composite material for aerospace applications. Bulletin of Material Science 22 (3)，656 - 664.

[44] Matthews，F. L.，Rawlings，R. D.，1999. Composite Materials：Engineering and Science，second ed. Woodhead Publishing Limited，Cambridge，England.

[45] McAdam，R.，O'Hare，T.，Moffett，S.，2008. Collaborative knowledge sharing in composite new products development：an aerospace study. Technovation 28，245 - 256.

[46] Mouritz，A.，May 2012. Introduction to Aerospace Material，AIAA Education. Woodhead Publishing，ISBN 978 - 1 - 85573 - 946 - 8.

[47] Mrazova，M.，2013. Advanced composite materials of the future in aerospace industry. INCAS Bulletin. ISSN：2066 - 8201 5 (3)，139 - 150.

[48] Naik，N. K.，Chandra Sekher，Y.，Meduri，S.，2000. Damage in woven - fabric composites subjected to low - velocity impact. Composite Science and Technology 60，731 - 744.

[49] Noor，A. K. (Ed.)，1998. Structures Technology，Historical Perspective and Evolution. AIAA，Reston，VA.

[50]   Noor, A. K., Venneri, S. L., 1997. Future aeronautical and space systems. Progressing Astronautics and Aeronautics 172, 1 – 5.

[51]   Noor, A. K., Venneri, S. L., Paul, D. B., Hopkins, M. A., 2000. Structures technology for future aerospace systems. Computers and Structures 74, 507 – 519.

[52]   Nurhaniza, M., Ariffin, M. K. A, Aidy, A., Mustapha, F., Noraini, A. W., Finite element analysis of composites materials for aerospace applications, IOP Conference Series: Materials Science and Engineering, 11 (1), 1 – 7.

[53]   Oksman, K., Selin, J. F., 2004. Plastics and composites from polylactic acid. Natural Fibres, Plastics and Composites 149 – 165.

[54]   Pardini, L. C., 2000. Tecnologia de Fabricação de Pré – Impregnados Para Compositós Estruturais Utilizados na Indústria Aeronáutica. Polímeros: Ciência e Tecnologia 10 (2), 100 – 109.

[55]   Peterson, L. A., Londry, K. J., 1986. Finite – element structural analysis: a new tool for bicycle frame design. Bike Tech 5. Retrieved March 15, 2009.

[56]   Pevitt, C., Alam, F., 2014. Static computational fluid dynamics simulations around a specialized delta wing. Computers & Fluids 100, 155 – 164.

[57]   Pora, J., 2001. Composite materials in the airbus A380 e from history to future. In: Proceedings of ICCM13, Plenary Lecture, CD – ROM.

[58]   Potter, K., 1997. Introduction to Composite Products, first ed. Chapman & Hall, London, UK.

[59]   Reddy, M. M., Vivekanandhana, S., Misra, M., Bhatia, S. K., Mohanty, A. K., 2013. Biobased plastics and bionanocomposites: current status and future opportunities. Progress in Polymer Science 38, 1653 – 1689.

[60]   Renton, W. J., 2001. Aerospace structures: where are we headed? International Journal of Solids and Structures 38, 3309 – 3319.

[61]   Reyes, G. V., Cantwell, W. J., 2000. The mechanical properties of fibre – metal laminates based on glass fibre reinforced polypropylene. Composite Science and Technology 60, 1085 – 1094.

[62]   Richardson, M. O. W., Wisheart, M. J., 1996. Review of low – velocity impact properties of composite materials. Composite Part A 27, 1123 – 1131.

[63]   Rikards, R., 2000. Interlaminar fracture behaviour of laminated composites. Computers & Structures 76, 11 – 18.

[64]   Roebroeks, G. H. J. J., 1991. Towards GLARE — The Development of Fatigue Insensitive and Damage Tolerant Aircraft Material (Ph. D. dissemination). Delft University of Technology, Delft.

[65]   Sardiwal, S. K., Abdul Sami, Md, Sai Anoop, B. V., Uddin, S. A., Susmita, G., Vooturi, L., May 2014. CFD simulation and experimental study of winglets at low subsonic flow. International Journal of Engineering Research and Applications 4 (5), 184 – 189. www. ijera. com (Version 7). ISSN: 2248 – 9622.

[66]   Schaff, J. R., Davidson, B., 1997. Life prediction methodology for composites structures. Part I – Constant amplitude and two – stress level fatigue. Journal of Composite Material 31, 128 – 157.

[67]   Soutis, C., 2005. Carbon fibre reinforced plastic in aircraft construction. Materials Science and Engineering A 412, 171 – 176.

[68]   Sugita, Y., Winkelmann, C., Saponara, V. L., 2010. Environmental and chemical degradation

of carbon/epoxy lap joints for aerospace applications, and effects on their mechanical performance. Composites Science and Technology 70, 829 – 839.

[69] Tarnopol'skii, Y. M., Arnautov, A. K., Kulakov, V. L., 1999. Methods of determination on shear properties of textile composites. Composites Part A 30, 879 – 886.

[70] Thermally Fused Laminate (TFL) Panels. http: //www. surfaceandpanel. com/education/continuing – education/tfl – makes – environmentally – friendly – decorative – panels.

[71] van Rijswijk, K., Brouwer, W. D., Beukers, A., 2003. Application of Natural Fibre Composites in the Development of Rural Societies. Delft University of Technology, FAO Corporate Document Repository, Produced by Department of Agriculture and Consumer Protection, Food and Agriculture Organisation of the United Nations, Rome.

[72] Vlot, A., Gunnink, J. W. (Eds.), 2001. Fibre Metal Laminates e An Introduction. Kluwer Academic Publishers, Dordrecht, The Netherlands.

[73] Volt, Ad., 2001. Glare: History of the Development of a New Aircraft Material. Kluwer Academic Publishing, Dordrecht, The Netherlands. ISBN 1 – 4020 – 0124 – X.

[74] Wadley, H. N. G., 2006. Multifunctional periodic cellular metals. Philosophical Transactions of the Royal Society A 364, 31 – 68. http: //dx. doi. org/10. 1098/rsta. 2005. 1697. Published online December 2, 2005.

[75] Williams, J. C., Starke Jr., E. A., 2003. Progress in structural materials for aerospace systems. Acta Materialia 51, 5775 – 5799.

[76] Xu, S., Girouard, N., Schueneman, G., Shofner, M. L., Carson Meredith, J., 2013. Mechanical and thermal properties of waterborne epoxy composites containing cellulose nanocrystals. Polymer 54, 6589 – 6598.

[77] Ye, L., Lu, Y., Su, Z., Meng, G., 2005. Functionalized composite structures for new generation airframes: a review. Composites Science and Technology 65, 1436 – 1446.

[78] Zhang, P. Q., Ruan, J. H., Li, W. Z., 2001. Influence of some factors on the damping property of fibre – reinforced epoxy composites at low temperature. Cryogenics 41, 245 – 253.

第 5 章　航空航天工程夹层结构复合材料

J. P. Nunes[1]，J. F. Silva[2]

（[1] 米尼奥大学，葡萄牙吉马良斯；[2] 波尔图理工学院，葡萄牙波尔图）

5.1　绪　论

　　航空飞行器和航天工业中设计工程师面临的最大挑战之一是减小重量，在这些市场中，每千克都要花费大量的资金，因此夹层结构复合材料成为结构部件中实现最高弯曲刚度和比强度的最有效解决方案之一（Noor，2000；Marasco，2005）。

　　典型的夹层结构复合材料由厚且轻的芯材隔开的两层薄的、坚硬的、高强度的面板蒙皮组成（见图 5 - 1），使用结构胶粘剂将蒙皮粘合到芯材上，其强度足以在两个面之间传递载荷。芯材起了类似于"工"字梁腹板的作用，这意味着通过保持高强度蒙皮远离中性轴产生较高拉伸和压缩应力来承受剪切载荷并提供结构刚度。夹层结构不同于"工"字梁结构的主要原因是其腹板分布在整个横截面上，这种腹板比工字梁中集中的腹板所能提供的扭转刚度高得多（Zenkert，1995；Mazumdar，2001）。

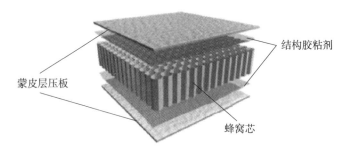

图 5 - 1　典型夹层结构壁板

（摘自：Sezgin，F. E. ，2011. Mechanical Behavior and Modeling of Honeycomb Cored Laminated Fiber/Polymer Sandwich Structures. Master Thesis，Izmir Institute of Technology，Turkey. ）

　　本章将讨论夹层结构复合材料结构件中的主要原材料、制造技术和设计方法。

5.2　夹层结构复合材料结构件

5.2.1　原材料

　　本节概述了航空航天应用夹层结构复合材料结构件中用作面板蒙皮、芯材和胶粘剂主要原材料的相关性能。

5.2.1.1　面板蒙皮

面板蒙皮通常由聚合物基纤维增强复合材料层压板组成，这种层压板是通过典型的手工铺层、热压罐、真空辅助树脂灌注（VARI）、模压、树脂传递模塑（RTM）或自动带铺放技术来铺叠聚合物基预浸渍材料或预浸料（单向带、机织织物等）来制造的（Bitzer，1997）。

为了达到复合材料所需的表面性能（耐腐蚀、温度行为等）和制造类型，必须仔细考虑基体的选择，热固性树脂和热塑性树脂都常用作基体（见表 5 - 1）。

表 5 - 1　夹层结构蒙皮中用作基体的主要聚合物

	材料	密度/(mg/m³)	拉伸模量/GPa	拉伸强度/MPa	最高使用温度/℃
热固性树脂	环氧树脂	1.2～1.4	2.5～5	50～130	80～215
	不饱和聚酯	1.1～1.4	1.6～4.1	35～95	60～150
	乙烯基酯	1.1～1.3	3.0～3.5	73～81	60～150
	酚醛	1.1～1.4	2.7～4.1	35～60	70～120
	氰酸酯	1.1～1.3	2.6～3.5	70～125	150～250
	双马来酰亚胺	1.2～1.3	3.9～4.6	120～180	230～320
热塑性树脂	聚丙烯(PP)	0.9～0.91	1.15～1.57	31.0～41.9	50～135
	聚酰胺/(尼龙)(PA)	1.12～1.42	0.25～3.84	35.2～167.6	75～150
	聚碳酸酯(PC)	1.20	2.20～2.41	62.7～73.3	115
	聚砜(PSU)	1.24～1.25	2.51～2.72	60.0～74.7	150
	聚醚砜(PES)	1.37～1.46	2.44～2.86	68.3～100.6	180
	聚酰亚胺(PI)	1.33～1.43	2.10～4.02	72.4～119.4	170
	聚苯硫醚(PPS)	1.35	3.28～3.42	48.3～87.3	120～220
	聚醚酰亚胺(PEI)	1.26～1.27	2.72～4.02	62.1～150.2	170
	聚醚醚酮(PEEK)	1.3～1.32	3.63	70.3～104.8	120～250

（摘自：Mazumdar，S. K.，2001. Composites Manufacturing：Materials，Product and Process Engineering. CRC Press；Muzzy，J. D.，2000. Thermoplastics - properties. In：Kelly，A.，Zweben，C. Comprehensive Composite Materials. Vol. 2. Elsevier Ltd，pp. 57e76；Peters，S. K.（Ed.），1998. Handbook of Composites，second ed. Chapman & Hall.）

环氧树脂、不饱和聚酯和乙烯基酯是应用最广泛的热固性树脂。环氧树脂几乎始终是先进应用的首选，例如航空航天市场，在这些领域，重量小、强度高和尺寸精度更为重要。与不饱和聚酯和乙烯基酯树脂相比，环氧树脂韧性更好、热变形行为更好、收缩小得多。不饱和聚酯由于膨胀率低、易于加工、耐腐蚀性能优越，因此更适合于大多数商业化和低要求的市场。乙烯基酯通常比不饱和聚酯具有更高的耐腐蚀行为，可以被考虑作为环氧树脂和不饱和聚酯的中间方案。

现在，热塑性树脂也被用作面板蒙皮层压板的基体，与脆性的热固性树脂相比，它们具有更高的韧性、柔顺性和失效应变，提高了疲劳、腐蚀和热行为［聚醚酰亚胺（PEI）

和聚醚醚酮（PEEK）］，而且更易于回收和再加工。然而，使用热塑性树脂基体制造叠层层压板仍然是非常困难和昂贵的，因为它们的加工需要使用更高的温度和压力。热压模塑和自动带铺放工艺是用来生产夹层结构复合材料结构件面板热塑性树脂基体蒙皮的主要技术。

表 5-1 显示了用于夹层结构壁板面板蒙皮的主要聚合物基体的主要性能，除了机械性能外，最高使用温度是选择航空航天应用先进复合材料结构件聚合物基体材料最相关标准的许多倍。

碳纤维由于其极小的重量、高刚度和高拉伸强度，是迄今为止最常被选择用于航空航天应用中夹层结构件增强面板蒙皮层压板的材料。玻璃纤维和芳纶是其他可用作替代品的增强材料，由于玻璃纤维的成本低得多，可用于刚度要求较低的具有价格竞争力的零部件。

芳纶是以芳香族聚酰胺前驱体为基础的材料，具有最低的密度，由于其优异的韧性和磨损性能，可被用于要求有优异磨损和冲击行为的面板蒙皮层压板中。然而，芳纶应用的主要限制是过高的价格（与玻璃纤维相比）、低的使用温度、差的压缩性能以及众所周知的差的粘接性能。

最常用的增强纤维的典型性能见表 5-2。可以看出，碳纤维在拉伸模量和密度之间具有最高的比模量。

表 5-2　夹层结构蒙皮中用作增强体的主要纤维的性能

纤维类型	密度/ (mg/m³)	拉伸模量 E/GPa	拉伸强度 σ/MPa	比模量 E/ρ/ (GPa·m³/mg)	比强度 σ/ρ/ (MPa·m³/mg)	熔点/℃	相对成本
E-玻璃	2.54	70	3 450	27.6	1 385	≥1 540	低
S-玻璃	2.50	86	4 500	34.4	1 800	≥1 540	中
HM-碳 （高模量）	1.90	400	1 800	210.5	947	≥3 500	高
HS-碳 （高强度）	1.70	240	2 600	141.2	1 529	≥3 500	高
硼	2.6	400	3 500	153.8	1 346	2 300	高
芳纶 （Kevlar® 29）	1.45	80	2 800	55.2	1 931	500	中
芳纶 （Kevlar® 49）	1.45	130	2 800	89.7	1 931	500	中

（摘自：Mazumdar, S. K., 2001. Composites Manufacturing: Materials, Product and Process Engineering. CRC Press; Peters, S. K. (Ed.), 1998. Handbook of Composites, second ed. Chapman & Hall.）

已经用聚合物基体浸渍过的增强纤维预浸料常用于通过使用高压釜、模压或带铺放技术的航空航天结构件夹层面板蒙皮复合材料的制造。

热固性树脂基体预浸料必须低温保存在冷库中，以避免树脂固化。在这些预浸料中，用热固性树脂基体浸渍增强纤维后，通过将材料保持在低于冰点温度来使固化反应暂停。由于这个原因，且与热塑性树脂基体预浸料相反，热固性树脂预浸料的保存期总是有限的。几种可用于面板蒙皮夹层结构复合材料结构件的预浸料材料的典型性能见表 5 - 3，这些典型性能表明单向纤维和机织织物都可用于预浸料。

表 5 - 3　用于夹层结构蒙皮的预浸料性能

	预浸料类型	纤维体积分数/（%）	加工温度/℃	拉伸模量 E/GPa	拉伸强度 σ/MPa	最高使用温度/℃	保存期（−17.8 ℃）/月	室温寿命/天
热固性树脂基体预浸料	单向碳纤维（AS4 - T300）-环氧	55～65	120	103～152	1241～2206	85～120	6～12	14～30
	单向碳纤维（IM7）-环氧	55～60	120	138～172	2206～3034	120	12	30
	单向 S2 -玻璃纤维-环氧	55～63	120～177	41～55	827～1586	85～120	6	10～30
	单向芳纶（Kevlar®）-环氧	55～60	120～141	69	965	85	6	10～30
	单向碳纤维（AS4）-双马来酰亚胺	55～62	177～246	103～152	1379～2206	232～316	6	25
	单向碳纤维（IM7）-双马来酰亚胺	60～66	177～227	138～172	2620～2758	232～316	6～12	25
	单向碳纤维（IM7）-碳酸酯	55～63	120～177	138～172	690～2723	232	6	10
	单向玻璃纤维 S2 -玻璃-碳酸酯	55～60	120～177	48	1241	204	6	10
	平纹碳布（AS4）-环氧	57～63	120	55～70	517～855	—	6	10
	平纹芳纶布（285K - 4HS）-环氧	60	120～140	30～31	500	85	6	10～30
	平纹玻璃布 S2 -玻璃-环氧	50～55	120	20～34.5	552～600	85	6	10
	平纹玻璃布（7781 - 8HS）-酚醛	55	—	20	400	—	—	—
热塑性树脂基体预浸料	单向碳纤维-PEEK	57～63	288	179	2827	177	无限	无限
	单向碳纤维（G34/700）-PA（尼龙 6）	55～62	232～260	110	1489	93	无限	无限
	单向芳纶/PA（尼龙 12）	52	204	47	1413	—	无限	无限
	单向碳纤维（AS4）- PPS	64	232～271	121	1965	—	无限	无限
	单向碳纤维（IM7）-聚酰亚胺（PI）	62	321～352	172	2620	204	无限	无限
	平纹碳布 HM（T650 - 35）-聚酰亚胺（PI）	58～62	349～388	69～124	896～1069	260～316	12	无限

（摘自：Mazumdar，S. K. ，2001. Composites Manufacturing：Materials，Product and Process Engineering. CRC Press；HexWeb™ Hon - ycomb Sandwich Design Technology. Hexcel® Technology Manuals. ＜ http://www. hexcel. com/resources/technology - manuals＞（visit on 19. 03. 15. ）

5.2.1.2 夹层结构芯材

在夹层结构中，面板蒙皮层压板应同时具有面内和弯曲（主载荷）功能，同时芯材必须承受横向剪切载荷及夹层板上的压缩和破坏力，芯材还必须确保通过所使用的结构胶粘剂在两个面板蒙皮层压板之间有足够的载荷传递能力。

泡沫芯材、实心芯材和蜂窝芯材相对便宜，可以由巴萨木、胶合板及开孔和闭孔热塑性和热固性泡沫材料组成，几乎不限制选择，芯材具有广泛的不同的密度和剪切模量、刚性、柔性或弹性行为（Hex Web；Beckwith，2008）（见图 5 - 2 和图 5 - 3）。

图 5 - 2　来自于 Airex AG 工业巴萨木中心的 BALTEK® SBC 巴萨木芯材

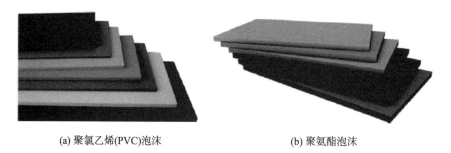

(a) 聚氯乙烯(PVC)泡沫　　　　　　　　　　　(b) 聚氨酯泡沫

图 5 - 3　聚合物泡沫

蜂窝结构广泛用于航空航天、飞机、交通运输和海洋结构中，其中两种最常见的类型是六边形和正方形孔格结构。它们由一系列的孔格组成，嵌套在一起，形成外观类似于蜂巢横截面的板。在它的展开形式中，蜂窝是 $90\%\sim99\%$ 的开放空间。蜂窝结构阻燃、易弯曲且轻质，具有良好的抗冲击性，它提供了芯材的最佳比强度。蜂窝芯材使用金属和非金属材料均可制造。

铝一直是唯一用于制造蜂窝芯材的金属材料，非金属蜂窝芯材可由纸或卡片制成，用于载荷要求较低的应用，也可由芳纶（Nomex®）、热塑性树脂（聚碳酸酯、聚丙烯、聚醚酰亚胺等）以及其他材料制成，如玻璃纤维增强聚酰亚胺和酚醛复合材料，如图 5 - 4 和图 5 - 5 所示。

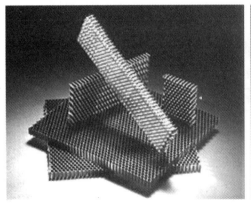
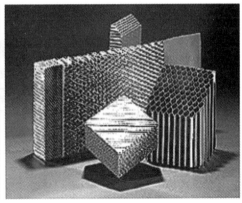

图 5 - 4　来自于 Alcore 有限公司的铝蜂窝

图 5 - 5　芳纶（Nomex®）蜂窝

　　蜂窝芯材的制造方法主要有两种：拉伸法和波纹法。拉伸法更常见，并且用于制造铝和芳纶（Nomex®）蜂窝，这个过程包括将材料片堆叠在一起形成块状，在堆叠之前，胶粘剂节点印制在材料片上，以获得不连续的胶粘剂粘接，片材堆叠块固化后，从堆叠块上切下合适厚度的薄片，然后拉伸获得所需的孔格尺寸和形状。

　　在波纹法中，材料片通过波纹压制辊形成波纹状，然后将波纹片堆叠在一起，粘接并固化，最后，将蜂窝板从堆叠块上切成所需的形状和尺寸，而不进行任何拉伸。

　　与蜂窝芯材制造截然不同，制造泡沫芯材的技术通常包括气体注入法、发泡剂法、膨胀球法等。在所有这些发泡工艺方法中，有一种是向热塑性树脂或热固性树脂中加入气体或发泡剂通过形成闭孔或开孔胞元来降低密度。泡沫的目的是在不增加重量的情况下提高夹层结构的弯曲刚度和厚度。

复合材料夹层结构件中使用的几种芯材的主要性能总结于表 5 - 4 中。

表 5 - 4　用于夹层结构复合材料中的芯材的主要性能

蜂窝密度和孔格尺寸		压缩性能		平面剪切行为			
密度	胞元尺寸ᵃ	稳定的		长度方向		宽度方向	
kg/m³	mm	强度/GPa	模量/MPa	强度/GPa	模量/MPa	强度/GPa	模量/MPa
3003 铝	29	19	0.9	165	0.65	110	0.4	55
	37	9	1.4	240	0.8	190	0.45	90
	42	13	1.5	275	0.9	220	0.5	100
	54	6	2.5	540	1.4	260	0.85	130
	59	9	2.6	630	1.45	280	0.9	140
	83	6	4.6	1 000	2.4	440	1.5	220
5052 铝	37	6	1.35	310	0.96	220	0.58	112
	50	5	2.3	517	1.45	310	0.9	152
	54	6	2.6	620	1.6	345	1.1	166
	72	3	4.2	1 034	2.3	483	1.5	214
	83	6	5.2	1 310	2.8	565	1.8	245
	127	6	10.0	2 345	4.8	896	2.9	364
	130	3	11.0	2 414	5.0	930	3.0	372
5056 铝	37	6	1.8	400	1.2	220	0.7	103
	50	3	2.4	669	1.7	310	1.1	138
	50	5	2.8	669	1.8	310	1.0	138
	72	3	4.7	1275	3.0	483	1.7	193
芳纶 HRH10 Nomex®	29	3	0.9	60	0.5	25	0.35	17.0
	32	5	1.2	75	0.7	29	0.4	19.0
	32	13	1.0	75	0.75	30	0.35	19.0
	48	3	2.4	138	1.25	40	0.73	25.0
	48	5	2.4	140	1.2	40	0.7	25.0
	64	3	3.9	190	2.0	63	1.0	35.0
	64	6	5.0	190	1.55	55	0.86	33.0
	80	3	5.3	250	2.25	72	1.2	40.0
	96	3	7.7	400	2.6	85	1.5	50.0
	123	3	11.5	500	3.0	100	1.9	60.0
	144	3	15	600	3.5	115	1.9	60.0
	29	5 OX	1.0	50	0.4	14	0.4	21.0
	48	5 OX	2.9	120	0.8	20	0.85	35.0

续表

蜂窝密度和孔格尺寸		压缩性能		平面剪切行为			
密度	胞元尺寸[a]	稳定的		长度方向		宽度方向	
kg/m³	mm	强度/GPa	模量/MPa	强度/GPa	模量/MPa	强度/GPa	模量/MPa
聚碳酸 酯(PC)	127	3	4.8	379	—	—	—	—
	48	6	0.8	103	—	—	—	—
聚醚酰 亚胺(PEI)	60～110	—	0.8～16	160～290	0.8～1.4	18～30	0.8～1.4	18～30
玻璃纤维增 强聚酰亚胺	128	5	9.0	869	—	—	—	—
玻璃纤维 增强酚醛	64.1	5	3.3	—	1.45	79.3	0.76	34.5
	88	5	5.2～6.5	655	2.55	134.5	1.31	58.6
	56.1	6	2.8	—	1.2	62	0.69	24
	72	6	3.9	—	1.7	96.5	0.97	41.4
纸蜂窝	80	6	2.8	—	1.3	208	0.57	45
	35	12.7	0.97	—	0.54	82	0.28	30.3
Thead1 酚醛 泡沫 (Gillfoam®)	112	—	1.3	—	0.71	24.8	0.71	24.8
	160	—	2.3	—	1.1	44.1	1.1	44.1
	288	—	8.7	—	2.2	65.5	2.2	65.5
聚氨酯 泡沫	32	—	0.19	—	0.14	1.6	0.14	1.6
	64	—	0.55	—	0.33	5.2	0.33	5.2
	96	—	0.97	—	0.62	10.3	0.62	10.3
	320	—	5.9	—	3.1	103	3.1	103
PVC 泡 沫,闭孔	56	—	0.76	—	0.53	12.4	0.53	12.4
	99	—	1.4	—	0.83	15.2	0.83	15.2
	400	—	5.8	—	4.5	108	4.5	108
巴萨木 终端颗粒	96	—	5.2	—	0.97	110	0.97	110
	152	—	10.3	—	1.5	193	1.5	193
	250	—	26.6	—	4.9	312	4.9	312
聚苯乙烯 (PS)泡沫	30～60	—	0.3～0.9	—	0.25～0.60	4.5～20	0.25～0.60	4.5～20
聚甲基丙烯 酰亚胺 (PMI)泡沫	30～300	—	0.5～16	—	0.8～7.5	19～290	0.8～7.5	19～290
环氧泡沫	80～320	—	0.62～7.4	—	0.45～5.2	—	0.45～5.2	—
碳～石墨 泡沫	30～560	—	0.2～60	—	0.05～3.9	—	0.05～3.9	—

注:[a]胞元尺寸有英制单位,给出的公制值是近似值。

摘自:Mazumdar, S. K. , 2001. Composites Manufacturing:Materials, Product and Process Engineering. CRC Press; HexWeb™ Honeycomb Sandwich Design Technology. Hexcel® Technology Manuals. ＜http://www. hexcel. com/resources/ technology - manuals＞(visit on 19. 03. 15.);Beckwith, S. W. , July/August 2008. Sandwich core materials & technologies—— Part I. SAMPE Journal 44 (4);Doorway, M. C. G. , 1997. Simplified Sandwich Panel Design 34 (3), M. C. Gill Corp.

结构胶粘剂

用在复合材料夹层结构中最常规的结构胶粘剂是环氧树脂、丙烯酸酯和聚氨酯树脂，它们通常被分为三类：1）双组分混合胶粘剂；2）双组分非混合胶粘剂；3）单组分非混合胶粘剂（Mazumdar，2001）。

环氧和聚氨酯胶粘剂大多是双组分混合胶粘剂，丙烯酸酯和厌氧（聚氨酯-甲基丙烯酸酯）胶粘剂属于双组分非混合胶粘剂。双组分混合胶粘剂要求在应用于基材表面之前，两种成分先混合，一旦这两种组分被混合，就有一个有限的适用期。

在双组分非混合胶粘剂中，胶粘剂涂敷在一个基材表面，而活化剂（通常是非常少量的）被涂敷在另一个基材表面，当两个表面被放在一起时，胶粘剂通过两个组分之间的反应而固化。

最后，单组分非混合胶粘剂不需要混合。几乎所有这些胶粘剂都是由两种或两种以上如树脂、固化剂、填料和添加剂组分组成的预混体。环氧树脂、聚氨酯、氰基丙烯酸酯和热熔、光固化以及溶剂型胶粘剂就是此类结构胶粘剂的例子。

表 5-5 总结了一些主要胶粘剂的选择指南，以便选择合适的胶粘剂用于特定应用的夹层结构复合材料板上。

表 5-5　胶粘剂选择指南

特性	标准环氧	聚氨酯	丙烯酸	硅树脂	聚烯烃（乙烯基）
胶粘剂类型[a]	L1、L2、F	L、W、HM	L1、L2、W	L1、L2	F
固化要求	加热、环境温度	加热、环境温度	加热、环境温度	加热、环境温度	热熔
固化速度	差	非常好	最好	正常	非常好
基材适应性	非常好	非常好	好	好	正常
剪切强度	最好	正常	好	差	差
剥离强度	差～正常	非常好	好	非常好	正常
耐冲击性	正常	非常好	正常	最好	正常
湿气行为	差	正常	正常	最好	正常
耐化学性	非常好	正常	正常	正常	好
耐温性	正常	正常	正常	好	差
缺口填充性	正常	非常好	非常好	最好	正常
贮存期（月）	6	6	6	6	12

注：[a]胶粘剂类型：L1＝液体单组分；L2＝液体双组分；F＝膜；W＝水性；HM＝热熔。

摘自：Mazumdar，S. K.，2001. Composites Manufacturing：Materials，Product and Process Engineering. CRC Press.

5.2.2　生产方法

如 5.2.1 节所述，拉伸法、波纹法以及在泡沫材料情况下的气体注入、发泡剂和膨胀球工艺是制造夹层结构芯材最常用的工艺方法。

关于最终夹层结构复合材料零部件的生产，有两种主要的可能性：复合材料夹层结构的常规制造方法是通过胶粘剂将单独制备的蒙皮连接到芯材上而获得的，夹层结构制造期间的连接过程可能需要严格的质量控制；当夹层结构通过共固化方法在模具中制造时，可以去除连接过程，用这种方法夹层结构板胶接和复合材料固化同时进行。

使用最广泛的生产技术包括：真空袋热压罐、液体模塑技术（RTM）、结构反应注射模塑（S-RIM）、模压、纤维缠绕、湿法铺层和胶接。从经济性角度来讲，连续层压板制造工艺是更可取的。

5.2.2.1　液体模塑技术

液体模塑技术包括 RTM、S-RIM 和真空注射模塑技术，也称为灌注技术。所有这些技术都是基于将增强材料在没有任何树脂的情况下放置在模具中，通过使用压力或真空将树脂注入增强织物中。使用封闭式模具，液体模塑技术避免了封闭式模具大量的苯乙烯排放问题，并且适合于生产复杂的形状。在 RTM 中，增强织物或垫、芯材和最终的嵌件被方便地放置在模具中，然后闭合。之后，使用注射机对树脂系统加压，以适当的比例泵送并混合树脂和催化剂，直到完全浸渍（见图 5-6），浸渍时间必须短于树脂凝胶时间。RTM 依赖于模具夹紧结构的刚性，应该足以承受注入树脂的压力而不会打开或扭曲模具，如果大型构件被模制，这方面的过程可能会变得有问题，有时由于其操作和装夹要求，加工则会变得不经济。

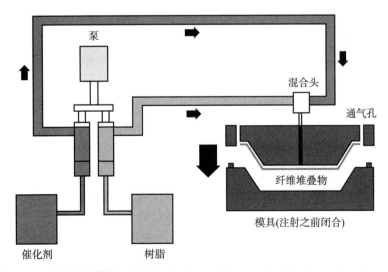

图 5-6　树脂传递模塑（RTM）（Advanced Composite Manufacturing Centre）

真空灌注（见图 5-7）是一种湿法铺层工艺，通常用于制造复合材料层压板，其中增强体由热固性液体树脂注入，真空吸出的树脂被引入模具中，同时真空袋也被压下紧挨着层压板。

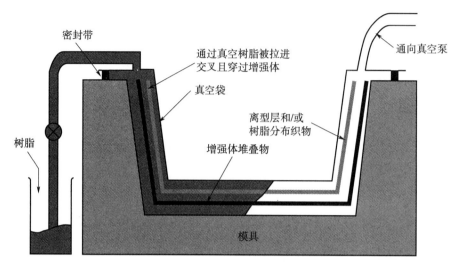

图 5 - 7　真空注入（van Paepegem）

　　首先，增强织物层和芯材被干燥、铺放并精确放置在模具中，这可以手动执行，也可以通过自动化（使用机器人）执行。接下来，树脂被吸进模具，因为层压板已经被压实，没有空间给多余的树脂。由于在真空注射过程中可以获得很高的树脂纤维比，因此在最终复合材料层压板中通常可以获得较高的力学性能。真空注射适用于非常大的结构件的成型，且被认为是一种低纤维体积分数的成型工艺。

　　模具可以用传统方式涂覆胶衣，在胶衣固化后，干燥的增强体放置在模具中，如果需要，这里包括层压板中的所有层和芯材。首先，在干燥的增强体上放置一层带孔的离型膜；接下来，一个由粗孔或一个"皱纹"层组成的流动介质被放置，多孔管作为歧管被放置，用以将树脂交叉分布在层压板上；然后，真空袋被放置并密封在模具周边，一根管子被连接在真空袋和树脂容器之间；最后，真空被用来固定层压板，且树脂被拉入模具。在RTM 和真空注射模塑中，传统的树脂系统也用在湿法铺层工艺中。但是，S - RIM 采用在注射前就混合好的高活性树脂。此外，RTM 和 S - RIM 技术使用匹配的模具，而真空注射采用单面模具，有时可以看作是通过真空袋覆盖模具来减少复合材料孔隙率的湿法铺层技术的改进版。RTM 和真空灌注的树脂填充时间在几分钟到几小时范围内，确保在树脂粘度增大阻止进一步浸渍之前来生产大型构件。在 S - RIM 技术中，由于树脂反应活性高得多，树脂填充时间通常不到一分钟，这意味着仅限于生产比其他两种工艺方法生产的构件更小的构件。在 RTM 的情况下，构件的取出时间（脱模）可以从几分钟到几个小时不等，如果考虑真空灌注的几个小时，则在 S - RIM 的情况下只有几分钟。在 S - RIM 中，在注射前使用专用的泵在撞击混合喷嘴中将双组分树脂混好。对于大型构件的生产，在所有工艺中都可能需要多个注胶点。

5.2.2.2　真空袋和热压罐成型

　　按照惯例，高性能复合材料在热压罐中加工，这要求较高的设备资金投入。随着热压罐尺寸的增加，设备成本呈指数级增长，这是制造大型复合材料结构件的主要约束之一。整体层压板和夹层结构通常都使用预浸料铺设，预浸料的使用确保了良好的浸渍效果，且预浸料中使用的树脂也往往比湿铺层的树脂具有更好的性能。夹层结构可通过热压罐或真空袋成型制造，对于热压罐成型工艺，夹层结构通常作为一个单一过程来铺设和固化。但是，对于大型构件的真空袋固化，铺层和固化分成两个或两个以上阶段可能是必要的，当使用热压罐时，使用过高的压力可能导致最终芯材被压塌。

　　真空袋技术包括将柔性袋放置并密封在复合材料上（见图 5 - 8），从袋下排走所有空气，空气排出会迫使袋子在高达 1 atm 的压力下固定铺层，完成装配，且真空仍然施加，铺层被放入烘箱或放在加热的模具上，复合材料在施加适当的温度固化周期后被生产出来。

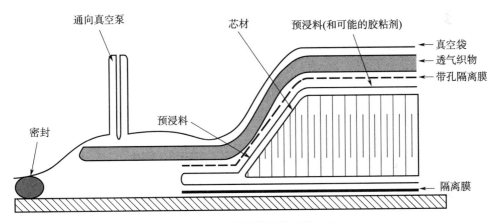

图 5 - 8　真空袋铺层示例（Hexply）

　　热压罐成型用于制造包含高纤维体积和低空隙率的高质量结构构件。热压罐技术需要一个类似的真空袋（见图 5 - 8），烘箱被热压罐取代（见图 5 - 9）。热压罐允许施加大气压力并为复合材料提供固化条件，在该条件下施加的真空度、压力、加热速率和固化温度是被控制的。通常，高成型压力被用于复杂形状的厚截面，较低的压力被用于夹层结构的生产。如果需要缓慢的升温速率来保证模具和复合材料部件上的温度分布均匀，则固化周期可能非常长。

　　由预浸料制成的夹层结构的制造可以通过两种方式完成。在某些情况下，层压板可用类似于湿法手工铺层的方法直接铺设在芯材上，或者，可以用一个单独的工艺将预先制造的蒙皮粘接在芯材上。使用预浸料铺层法制造的夹层结构复合材料具有从良好到优异的机械性能，层压板蒙皮中的孔隙含量低，且层压质量一致。

5.2.2.3　模压

　　用于制造夹层结构的模压技术类似于整体复合材料的生产技术。如果要使用热塑性树

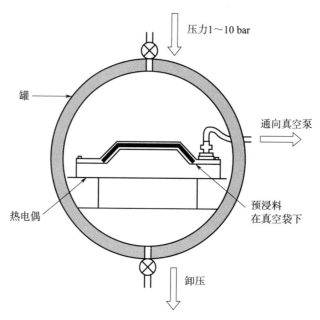

图 5-9　热压罐工艺（Hexply）

脂蒙皮，则加工通过在烘箱中预热蒙皮开始，之后立即将其放入带有芯材的冷模中间夹紧，模具必须被快速闭合（这一要求是必要的）并施加压力，迫使蒙皮与芯材粘合，并允许良好的表面光修整。芯材必须能承受成型压力，如果是热塑性树脂特性，可以进一步提高粘接，因为面板加热会引起芯材表面熔化。

该技术可被用于促进热固性树脂蒙皮与芯材板的粘合，从而获得具有良好质量的夹层板。

5.2.2.4　湿法铺层

这是成型复合材料和复合材料夹层构件最古老和最灵活的技术之一。湿法铺层既可以采用手工铺层，也可以采用劳动密集型作业进行喷涂。这个技术使用单面模具，首先在模具表面覆盖一层脱模剂，通常，胶衣直接沉积在模具上，使层压板具有良好的耐环境性，并形成一个光洁、美观的表面。接下来，增强体以垫子（机织物、针织物、缝纫物或粘合织物）的形式，在刷子或压辊式浸渍机的帮助下，用带树脂的手进行浸渍，将树脂压入增强体中。在喷射的情况下，纤维在手持式喷枪中被切碎，然后被送入一个催化剂作用的树脂喷枪中，直接喷射到模具上。层压板可以在环境条件下固化，或在真空袋的帮助下固化。手工铺层和喷射复合材料之间的主要区别是劳动力成本和机械性能，喷射的劳动力成本较低，这意味着其在经济可行性上是长久的，但获得的较低的机械性能意味着这种方法更常被用于商品型产品。

5.2.2.5　纤维缠绕

纤维缠绕是一种将预张紧、浸透树脂的连续增强体绕着一个正在旋转的对称模具缠绕的制造技术（见图 5-10），通过改变芯轴的旋转速度和导向系统的线速度，可以获得不同的纤维线型，从而控制所获得的复合材料结构的特殊机械性能。新近的纤维缠绕设备通常使用计算机数控系统，可以控制六个轴，现有的软件可以调整如缠绕角、纤维带宽和所需的层压板厚度等所有设置。

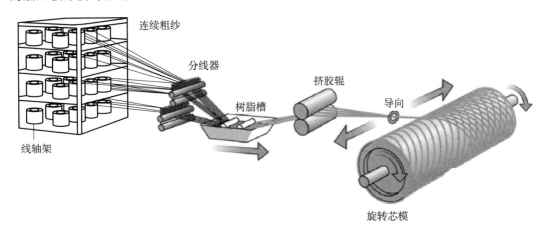

图 5 - 10　纤维缠绕（Nuplex）

夹层结构（通常是圆管）纤维缠绕从生产纤维缠绕内层面板开始，然后停止设备，直到柔性或预发泡的芯材被铺放在所生产的内层面板上，然后，机器被重新启动且外层蒙皮被进行生产。

5.2.2.6　胶接

使用粘接技术，胶粘剂层交错在面板和芯材之间，并且根据所使用的胶粘剂树脂，整个叠层经历一个温度和压力循环。对于性能要求苛刻的应用，使用真空袋和热压罐提供压力，反之，对于通用应用仅使用真空袋就足够了。液压也可以被用于胶接中的压力施加。层压板蒙皮通常使用在粘接前去除的"离型层"织物被生产，以确保合适的粗糙表面。同样，预备要粘接的表面通常是必要的，根据基材的不同，可采用以下步骤之一预备表面：1）脱脂；2）脱脂、打磨并去除松散颗粒；或 3）脱脂并进行化学预处理。处理程序通常包括从复合材料蒙皮上去除离型层、准备好的表面、铺设胶膜，并在蒙皮之间放置芯材。然后，使用真空袋和热压罐或烘箱，加以指定的真空、压力和温度循环。根据应用情况，胶粘剂可以是胶膜或液态形式，且通常是环氧树脂或聚氨酯。通过胶接制造夹层结构构件具有从良好到优异的机械性能特点。

5.2.2.7　连续层压板

连续层压板通常用于标准设计的长生产线的大规模制造。夹层结构壁板由连续层压通过将钢、铝或复合材料薄蒙皮胶接到聚氨酯或聚苯乙烯泡沫塑料、矿物棉或其他绝热芯材上而制成。近来，连续壁板层压机或双皮带层压机已经被设计用来提高生产速率，允许材料的加热和冷却，同时使其承受特定压力。两卷面板薄片首先展开并引导到两个压力皮带之间，然后芯材被和胶层一起插入两个面板薄片之间，通过使用便利的加热和冷却温度及压力值，实现蒙皮与芯材的粘接。在最后阶段，将按所需长度切割壁板。芯材可以分块进料，或者也可以通过在蒙皮之间原位连续注入芯材泡沫并随后进行发泡。另一种制造夹层结构的可能性方法是在蒙皮之间夹一层含有发泡剂的热塑性聚合物薄膜，当聚合物膜熔融时，发泡剂自由膨胀，用芯材泡沫填充蒙皮之间的空隙。

5.2.3　复合材料夹层结构性能

表 5-6～表 5-9 列出了一些主要飞机工业所使用的复合材料夹层结构的主要基本、物理和机械性能，所列出的一些特性是由这些行业自己的测试方法所确定的。

表 5-6　波音和道格拉斯飞机用夹层结构壁板基本性能

产品	芯材类型和密度	胶粘剂	蒙皮	壁板厚度 mm	壁板重量 N/m²	两点弯曲强度（508 mm 跨度）测试方法:军标 401B 极限载荷/N	4 362.2 N 偏移/mm	滚筒剥离强度 N/76.2 mm 宽/mm
4409 Ty Ⅱ 芳纶	3 mm 孔格；144.2 kg/m³ 芳纶蜂窝	改性酚醛	0.25 mm 单向碳-酚醛	10.2	26.3	15 093.3	10.3	24 043.6
4409 Ty Ⅲ	3 mm 孔格；80.1 kg/m³ 芳纶蜂窝	改性酚醛	0.25 mm 单向碳-酚醛	10.2	21.1	11 734.4	10.6	24 486.7
4417 Ty Ⅰ	3 mm 孔格；80.1 kg/m³ 芳纶蜂窝	改性环氧	0.38 mm 单向 FRP -环氧	10.1	24.7	11 908.9	20.2	35 456.1
4417 Ty Ⅱ	3 mm 孔格；144.2 kg/m³ 芳纶蜂窝	改性环氧	0.38 mm 单向 FRP -环氧	10.2	30.1	12 694.1	20.1	38 780.2
4417 Ty Ⅲ	3 mm 孔格；144.2 kg/m³ 芳纶蜂窝	改性环氧	0.56 mm 单向 FRP -环氧	10.2	36.3	16 663.7	13.7	34 348.2
4417 Ty Ⅳ	3 mm 孔格；80.1 kg/m³ 芳纶蜂窝	改性环氧	0.38 mm 单向 FRP -环氧	16.7	30.5	22 596.3	6.6	35 456.1
4509 Ty 1	3 mm 孔格；128.2 kg/m³ 芳纶蜂窝	改性酚醛	0.30 mm 单向碳-酚醛	10.0	25.0	21 811.1	6.7	28 253.9
4509 Ty 2 芳纶	3 mm 孔格；64.1 kg/m³ 芳纶蜂窝	改性酚醛	0.30 mm 单向碳-酚醛	9.9	20.0	18 932.0	7.4	26 148.8
5424 Ty Ⅰ	3 mm 孔格；97.7 kg/m³ 5052 合金,铝蜂窝	改性环氧	0.38 mm 单向 FRP -环氧	10.2	26.0	12 345.1	18.8	44 320.2
5424 Ty Ⅱ	3 mm 孔格；136.2 kg/m³ 5052 合金,铝蜂窝	改性环氧	0.38 mm 单向 FRP -环氧	10.2	30.3	13 697.4	17.2	46 536.1

续表

产品	芯材类型和密度	胶粘剂	蒙皮	壁板厚度	壁板重量	两点弯曲强度（508 mm 跨度）		滚筒剥离强度
						测试方法:军标 401B		
				mm	N/m²	极限载荷/N	4 362.2 N 偏移/mm	N/76.2 mm 宽/mm
5433C	阻燃环氧机织物 FRP	环氧	上面板:0.41 mm 铝合金 2024T3;下面板:0.51 mm 铝合金 2024T3	1.5	35.9	NR	NR	44 320.2

注:FRP—玻璃纤维增强塑料;NR—非客户特殊要求。

摘自:Doorway, M. C. G. , 1997. Simplified Sandwich Panel Design. 34(3), M. C. Gill Corp.

表 5 - 7　空客工业飞机用夹层结构板基本性能

产品	芯材类型和密度	胶粘剂	蒙皮	壁板厚度	壁板重量	分布式面载荷/N			集中载荷无永久变形	冲击强度
						空客工业 TL63/5000/79(Gillfab 4105)和 DAA/MBB/A1 5360 M16 000100 (Gillfab 4205,4322 和 4323)				
				mm	N/m²	10.9 mm 偏移载荷	17.0 mm 偏移载荷	极限载荷	N	N·m
4105	4.8 mm 孔格;96.1 kg/m³ 芳纶蜂窝	改性环氧	0.64 mm 机织物 FRP 环氧	9.5	32.4	NA	NA	218 111	>8 724.4	NA
4205	4.8 mm 孔格;96.1 kg/m³ 芳纶蜂窝	改性环氧	0.64 mm 玻璃纤维织物-碳纤维	9.5	33.8	43 622	76 339	196 300	>8 375.5	NA
4322	4.8 mm 孔格;96.1 kg/m³ 芳纶蜂窝	改性环氧	上面板:0.61 mm 玻璃纤维-酚醛;下面板:0.56 mm 玻璃纤维-酚醛	9.5	33.4	NA	>61 682	165 764	>8 724.4	93.1
4323	4.8 mm 孔格;96.1 kg/m³ 芳纶蜂窝	改性环氧	上面板:0.76 mm 玻璃纤维-酚醛;下面板:0.51 mm 玻璃纤维-酚醛	12.6	36.2	NA	>106 176	242 845	>8 724.4	239.3

注:FRP—玻璃纤维增强塑料;NA—非适用的

摘自:Doorway, M. C. G. , 1997. Simplified Sandwich Panel Design. 34(3), M. C. Gill Corp.

表 5 - 8　波音和道格拉斯飞机用夹层结构壁板物理和机械性能

产品	稳定压缩强度/MPa	面内剪切强度/MPa	2 lb加德纳冲击/(N·mm)	拉剪强度/N	滚筒加载(失效循环数)	30 天 97%湿气浸泡		规范
						508 mm弯曲强度/N	滚筒剥离/(N·mm)	
	测试方法							
	军标401B	BMS4-17D	Model 11K3	Shur-Lok 5107-A3	军标和 DAC Dwg 7954400	军标401B		
4409 Ty Ⅱ	13.40	2.47	21 827.7	62 423	120 076/36 781	13 173.9	19 994.1	Boeing BMS 4 - 20
4409 Ty Ⅲ	5.61	2.34	22 160.0	57 669	82 300	12 170.6	21 052.0	Boeing BMS 4 - 20
4417 Ty Ⅰ	5.83	2.65	145 148.3	80 221	83 964	10 643.8	43 212.0	Boeing BMS 4 - 17
4417 Ty Ⅱ	14.00	3.06	119 664.2	85 368	121 020/38 427	10 992.8	57 616.1	Boeing BMS 4 - 17
4417 Ty Ⅲ	15.42	2.63	183 928.5	84 234	120 001/35 083	12 999.4	54 292.2	Boeing BMS 4 - 17
4417 Ty Ⅳ	5.32	2.81	140 716.3	71 986	83 804	20 066.2	55 400.2	Boeing BMS 4 - 17
4509 Ty 1	10.88	2.84	28 808.2	57 974[a]	111 002	21 025.9	28 586.4	Douglas DAC Dwg 7954400,ty 1
4509 Ty 2	3.96	2.79	26 592.0	49 380[a]	NR	17 885.1	24 597.6	Douglas DAC Dwg 7954400,ty 1
5424 Ty Ⅰ	7.49	3.14	122 988.3	85 150	83 570（没破坏）	10 731.1	55 400.2	Boeing BMS 4 - 23
5424 Ty Ⅱ	12.25	3.11	190 576.5	88 248	121 652（没破坏）	11 647.1	592 824.6	Boeing BMS 4 - 23
5433C	NR	NR	34 348	NR	NR	NR	NR	Boeing BMS 7 - 326 ty Ⅶ, CI 2/1

注:FRP—玻璃纤维增强塑料;NR—非客户特殊要求。

[a] 称为插入膜。

摘自:Doorway,M. C. G.,1997. Simplified Sandwich Panel Design. 34(3),M. C. Gill Corp.

表 5 - 9　空客工业飞机用夹层结构壁板物理和机械性能

产品	压缩疲劳 2×10^6 循环	面内板剪切/N	建筑疲劳较低极限 1 483.2 N 和较高极限 14 700.7 N 2×10^6 循环	滚筒加载（失效循环数）	插入拔出/N	燃烧性	发烟 D，燃烧 240 s，非燃烧 240 s	毒气散发	热释放	油燃烧
	测试方法									
	空客工业 TL 53/5000/79（Gillfab 4105）和 DAA/MBB/A1 5360 M1B 000100（Gillfab 4205，4322 和 4323）				DAA/ATS 1000.001				Far 25.853/FAR 26.855	
4105	NA	29 000	NA	5 583.6 N - 120000 6 892.3 N - 35000	74 157.7	PASS	NA	NA	NA	NA
4205	PASS	24 100	PASS	5 583.6 N - 120000 6 892.3 N - 35000	100 331.0	PASS	34 2	PASS	44.4/44.3	NA
4322	NA	NA	NA	NA	74 157.7	PASS	60 3	PASS	45/45	PASS
4323	NA	NA	NA	NA	73 241.6	PASS	83 7	PASS	43.6/37	PASS

注：FRP—玻璃纤维增强塑料；NA—非适用的。

摘自：Doorway，M. C. G. ，1997. Simplified Sandwich Panel Design. 34(3)，M. C. Gill Corp.

5.2.4　主要应用

表 5 - 10 列出了夹层结构复合材料在主要市场的典型应用。

表 5 - 10　工业应用典型夹层结构复合材料

飞机	航空航天	电子	运输	建筑
地板 内壁 食物操作间装置 机翼控制表面 旅客行李架 推力调节装置	头锥板 鼻锥绝热防护 仪器围栏和支架 隔舱板 空间卫星	电子天线屏蔽器 大天线或圆盘反射器 军用电子仪器掩体 舷侧电子甲板掩体	货盘 海运集装箱 冷藏箱板 快速通行地板 专用汽车车体	建筑幕墙 地板 区域分隔和隔板 膨胀式医院掩体

图 5-11～图 5-13 还展示了夹层结构复合材料在航空航天和海军工业中的应用实例。在卫星上，如图 5-11 所示：1）太阳能电池板：碳-环氧预浸料蒙皮铝蜂窝和胶膜；2）天线反射器：芳纶-环氧和碳-氰酸酯预浸料蒙皮和芳纶-铝蜂窝；3）卫星结构：碳-环氧预浸料、铝蜂窝和胶膜。

图 5 - 11　夹层复合材料在卫星上的应用

图 5 - 12（a）显示了在航天工业中的以下应用：1）整流罩中的碳纤维-环氧预浸料、铝蜂窝和胶粘剂；2）外部有效载荷支架（Speltra）；3）EPS 环中的碳纤维-环氧预浸料；4）前裙；5）助推器头罩用玻璃钢和非金属蜂窝；6）碳纤维-环氧纤维缠绕轭架；7）热防护罩用碳纤维预浸料和耐高温玻璃纤维织物。

图 5 - 12（b）显示了航空工业的以下应用：1）用于雷达透明雷达罩的环氧树脂或BMI 树脂预浸料和机织织物预制件（内衬）；2）前飞机鸭翼用碳纤维-环氧预浸料；3）机

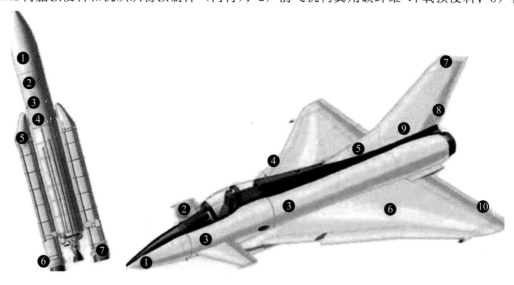

(a) 航天　　　　　　　　　　　　　　　　　　(b) 航空

图 5 - 12　航空航天应用

身蒙皮部分用碳纤维-环氧预浸料、非金属蜂窝芯和胶粘剂；4）用于前缘设备的碳纤维和玻璃纤维-环氧预浸料；5）鳍整流罩；6）机翼和肋骨；7）鳍尖环氧-石英纤维预浸料；8）方向舵；9）鳍；10）应用于飞行控制面的碳纤维和玻璃纤维环氧预浸料、蜂窝芯和胶粘剂。

最后，图 5-13 显示了夹层结构复合材料在舰艇中的典型应用，例如：1）甲板；2）和6）船体蒙皮结构；3）轻型地板结构；4）吊顶天花板；5）室内陈设；7）住宿舱单元；8）舰桥控制台；9）防风雨罩；10）通信设备；11）升降扶梯楼梯；12）隔墙；13）轻量级上层建筑；14）机舱防火、防烟、防毒性（FST）和吸音产品；15）传动轴和联轴器。

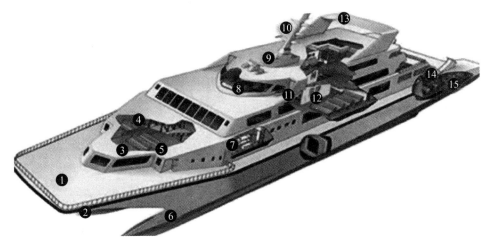

图 5-13 夹层结构复合材料在舰艇中的应用

5.3 夹层结构复合材料设计

夹层结构的合理设计是提高和保证其最佳使用性能的最重要措施之一，本节将讨论设计夹层结构复合材料并确保其能够承受最相关的可预测工作载荷时应使用的主要分析方程和方法。与许多其他情况一样，具有复杂几何形状或服从组合和/或更复杂载荷情况的夹层结构复合材料的设计可能需要计算机辅助工程软件程序（如 Abaqus® 或 Ansys®）。这些软件程序允许通过使用诸如有限元（FEA）或有限差分法（FDM）等先进的数值方法预测和模拟结构在使用条件下的机械行为。

本节简要介绍机械设计中需要考虑的一些更相关和更简单的载荷情况。

5.3.1 弯曲下的失效模式

夹层结构复合材料主要用作受弯结构梁，必须确保其具有必需的刚度，以避免在载荷条件下过度变形。因此，首先，设计师必须验证夹层结构在最坏的载荷使用条件下决不达到最大容许变形（挠度）（见图 5-14）。通常，这种情况仅取决于载荷条件和夹层结构壁板的弯曲和剪切刚度（HexWeb；Doorway，1997）。

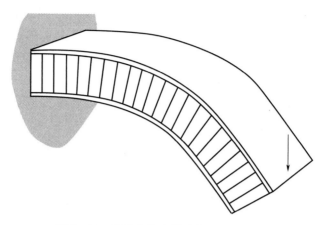

图 5 - 14　弯曲中的变形过大（HexWeb）

　　另一个基本设计确认涉及复合材料蒙皮面板层压板（见表 5 - 11 中的第一种情况）和夹层结构芯材均可承受拉伸、压缩和剪切应力而引起的最坏使用载荷条件。在相同条件下，蒙皮-芯材胶粘剂也必须能够传递蒙皮和芯材之间产生的剪切应力。

　　表 5 - 11 总结了由设计师验证的主要机械失效模式。

表 5 - 11　夹层结构的主要失效模式

失效模式	说明
蒙皮失效	蒙皮厚度、面板厚度或面板强度不足可能导致在压缩或拉伸面发生失效
横向剪切失效	当夹芯的抗剪强度或板厚不足时,就会产生横向剪切失效
芯材局部破碎	当芯材的抗压强度过低时,会导致芯材局部破碎
蒙皮屈曲	当蒙皮厚度或芯材剪切刚度过低时,会导致蒙皮(或一般)屈曲
剪切卷曲	当芯材的剪切模量或胶粘剂的剪切强度较低时,会产生剪切卷曲,这可能是一般屈曲的结果

续表

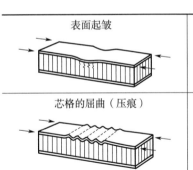 表面起皱	芯材压缩失效(向内屈曲)或胶粘剂粘接失效(向外屈曲)可能发生,这取决于芯材在压缩时的相对强度和胶粘剂在平面拉伸时的相对强度
芯格的屈曲（压痕）	腔内屈曲(仅适用于蜂窝芯材)发生在蒙皮或表面非常薄且细胞尺寸较大的情况下。这种效应可能通过在相邻细胞间传播而导致失效,从而诱发面部起皱

摘自：HexWeb™ eHoneycomb Sandwich Design Technology. Hexcel ® Technology Manuals. < http://www.hexcel.com/resources/technology - manuals> (visit on 19.03.15.)；Broughton, W. R., Crocker, L. E., Gower, M. R. L., January 2002. Design Requirements for Bonded and Bolted Composite Structures. NPL Report MATC(A) 65, NPL Materials Centre - National Physical Laboratory, Middlesex, UK.

在夹层结构复合材料结构体设计中，还必须考虑以下两种情况：夹层结构梁和夹层结构板。对于夹层结构梁，宽度 - 长度比必须小于 1/3（$b/L < 1/3$；见图 5 - 15），相比之下，如果这个比例大于 1/3（$b/L > 1/3$），则这个结构必须被考虑为一个板，并且在计算中必须使用更复杂的和板有关的理论。

5.3.1.1　夹层结构复合材料梁

考虑跨度 L 和宽度 b 的夹层结构复合材料梁，在图 5 - 15 规定的条件下，以单位宽度的中心载荷 w 进行三点弯曲。

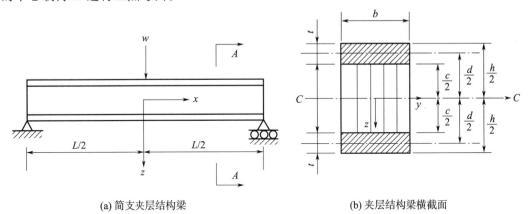

(a) 简支夹层结构梁　　　　　　　　　　(b) 夹层结构梁横截面

图 5 - 15　三点弯曲夹层结构复合材料梁

假设夹层结构复合材料的两面蒙皮厚度 t 是相同的，芯材的厚度为 c，即梁以圆柱形方式弯曲，且在 yz 平面内无弯曲，则横截面保持平面状态并垂直于纵轴，夹层结构蒙皮与芯材之间保持牢固的粘接，夹层结构梁的弯曲刚度 D 可计算如下

$$D = \frac{E_s \cdot b \cdot t^3}{6} + \frac{E_s \cdot b \cdot t \cdot d^2}{2} + \frac{E_c \cdot b \cdot c^3}{12} \tag{5-1}$$

式中（见图 5 - 15），E_s 和 E_c 分别为层压板面板蒙皮面内和芯材 x 方向的杨氏模量；d 是上、下蒙皮中段平面之间的距离；c 是芯材的厚度。

在几乎所有 $\dfrac{d}{t} > 5.77$ 和 $\dfrac{E_s}{E_c} \cdot \dfrac{t}{c} \cdot \left(\dfrac{d}{c}\right)^2 > 16.7$ 的情况下，式（5-1）的第一项和第三项可以忽略不计，因为它们所占比例小于梁弯曲刚度的 1%，这意味着可以使用以下简化方程计算

$$D = \frac{E_s \cdot b \cdot t \cdot d^2}{2} \qquad (5-2)$$

夹层结构梁的剪切刚度 S 由以下公式确定

$$S = b \cdot d \cdot G_C \qquad (5-3)$$

式中，G_C 是芯材的剪切模量。在适当的情况下，必须考虑其与肋状（G_L）或横向（G_w）方向芯材的剪切模量相等

$$G_C = G_L \text{ 或 } G_C = G_w \qquad (5-4)$$

表 5-12 显示了夹层结构复合材料梁可能承受的最常见弯曲条件。

表 5-12　在不同弯曲条件下梁上被加载的值（HexWeb）

梁类型	最大剪切力 F	最大弯曲力矩 M	弯曲挠度系数 k_b	剪切挠度系数 k_s
$P=qlb$ 简支 均布载荷	$P/2$	$Pl/8$	$5/384$	$1/8$
$P=qlb$ 两端均固定 均布载荷	$P/2$	$Pl/2$	$1/384$	$1/8$
简支 中心载荷	$P/2$	$Pl/4$	$1/48$	$1/4$
两端均固定 P 中心载荷	$P/2$	$Pl/8$	$1/192$	$1/4$
$P=qlb$ 一端固定(悬臂) 均布载荷	P	$Pl/2$	$1/8$	$1/2$

续表

梁类型	最大剪切力 F	最大弯曲力矩 M	弯曲挠度系数 k_b	剪切挠度系数 k_s
P 一端固定(悬臂) 一端加载	P	Pl	$1/3$	1
$P=(qlb)/2$ 一端固定(悬臂) 三角形载荷分布	P	$Pl/3$	$1/15$	$1/3$

注：q，均布载荷。

夹层结构复合材料梁的最大挠度（见图 5-14）可计算为

$$\delta = \frac{k_b \cdot P \cdot L^3}{D} + \frac{k_s \cdot P \cdot L}{S} \qquad (5-5)$$

式中，k_b 和 k_s 是表 5-12 中给出的每个弯曲情况下的挠度系数；L 是夹层结构梁的总长度；D 和 S 分别是夹层结构梁的弯曲刚度和剪切刚度。

根据式（5-5）计算的挠度值必须与梁设计中要求的最大允许挠度进行比较。

5.3.1.2　夹层结构复合材料板

如 5.3.1 节所述，当宽度 b 和长度 a 之比等于或超过 $1/3$ 时（见图 5-16），梁理论必须被更加复杂且涉及板的理论所代替。

本文仅给出了如图 5-16 所示的夹层结构复合材料板承受均布载荷并在其四周支撑的情况下的解决方案。在此情况下，一些新的系数和图表将被引入并提供在设计计算中，例如：

$$\lambda = 1 - \mu^2 \qquad (5-6)$$

式中，μ 是面板蒙皮材料的泊松比（在受到端部载荷条件的梁的预计算中，假设 $\lambda = 1$）。

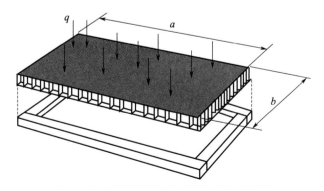

图 5-16　四边简支的夹层结构复合材料板

$$R = \frac{G_L}{G_W} \tag{5-7}$$

式中，G_L 和 G_W 分别是肋状和横向方向芯材的剪切模量，且

$$V = \frac{\pi^2 \cdot E_S \cdot t \cdot d}{2 \cdot b^2 \cdot G_W \cdot \lambda} \tag{5-8}$$

式中（见图 5-15），E_S 是层压面板蒙皮的杨氏模量；t 是面板蒙皮厚度；d 是上、下蒙皮中段面之间的距离；b 是板的宽度；G_W 是芯材横向剪切模量；λ 为由式（5-6）计算的参数。

从图 5-17 所示图表中确定系数 K_1 的值后，承受均布载荷 q 的板的总挠度 δ 可通过以下公式计算

$$\delta = \frac{2 \cdot K_1 \cdot q \cdot b^4 \cdot \lambda}{E_S \cdot t \cdot d^2} \tag{5-9}$$

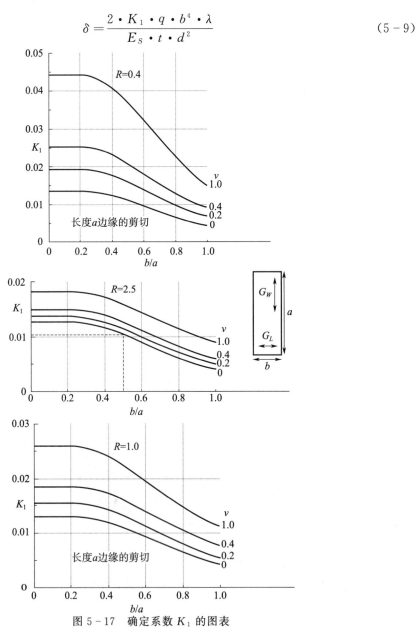

图 5-17　确定系数 K_1 的图表

5.3.2　蒙皮失效

5.3.2.1　夹层结构复合材料梁

梁的面板蒙皮层压板中的最大拉应力和压应力 σ_S 可通过下面公式确定

$$\sigma_S = \pm \frac{M}{d \cdot t \cdot b} \tag{5-10}$$

式中，M 是夹层结构梁承受的最大弯矩。表 5-12 给出了在最常见弯曲情况下要考虑的最大弯矩。

根据式（5-10）计算的应力必须与层压面板蒙皮能够承受的最大容许应力进行比较。

端部载荷条件（见图 5-18）也可能因应力过大、夹层结构壁板屈曲失效（表 5-11 中第 4 行）、孔格内凹陷或面板起皱（表 5-11 中最后两种情况）而导致蒙皮失效。

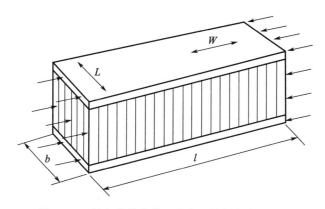

图 5-18　端部载荷条件下的夹层结构复合材料梁

考虑到端部施加的载荷 P 由两个具有相同厚度 t 的蒙皮承受，面板蒙皮中产生的应力可计算为

$$\sigma_S = \frac{P}{2 \cdot t \cdot b} \tag{5-11}$$

式中，b 是壁板的宽度。

如果端部载荷 q 沿长度均匀分布，式（5-11）中考虑的总载荷 P 计算如下

$$P = q \cdot b \tag{5-12}$$

与弯曲时一样，根据式（5-11）计算的应力必须低于层压面板蒙皮承受的最大许用应力，以确保它们不会发生失效。

还必须确保压缩端载荷 P 不超过夹层结构复合材料梁的屈曲载荷 P_b（见表 5-11 第 4 行），其计算公式如下

$$P_b = \frac{\pi^2 \cdot D}{l^2 + \dfrac{\pi^2 \cdot D}{G_c \cdot d \cdot b}} \tag{5-13}$$

且

$$|P| \leqslant |P_b|　　　　　　　　　　　　　　(5-14)$$

式中，D 是根据式（5-1）或式（5-2）计算的壁板弯曲刚度；G_C 是芯材剪切模量的较低值，见式（5-4）；l 是梁长度；d 是上、下蒙皮中段面之间的距离（见图 5-15）。

此外，为了避免面板蒙皮因蜂窝壁不能承受而发生屈曲，孔格内的屈曲（压痕）应力 σ_{CR}^d 不得超过蒙皮中的

$$\sigma_{CR}^d = 2 \times E_S \times \left[\frac{t}{s}\right]^2　　　　　　　　(5-15)$$

式中（见图 5-15），E_S 是层压面板蒙皮的杨氏模量；t 是面板蒙皮的厚度；s 是芯材的胞元尺寸。

最后，起皱和屈曲在高于标准应力 σ_{CR}^W 的情况下可能引起面板蒙皮的波长大于芯材胞元宽度，σ_{CR}^W 由式给出

$$\sigma_{CR}^W = 0.5 \times [G_C \cdot E_C \cdot E_S]^{1/3}　　　　(5-16)$$

式中（见图 5-15），E_C 和 G_C 分别为夹芯杨氏模量和剪切模量。

5.3.2.2　夹层结构复合材料板

对于夹层结构复合材料板的情况，在根据图 5-19 的图表确定系数 K_2 后，最大面板蒙皮应力应被计算如下

$$\sigma_S = \frac{K_2 \cdot q \cdot b^2}{d \cdot t}　　　　　　　　　(5-17)$$

式中，K_2 是根据图 5-19 确定的系数。

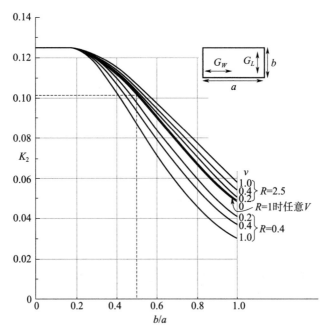

图 5-19　确定夹层结构板系数 K_2 的图表

5.3.3　芯材失效

5.3.3.1　夹层结构复合材料梁

在受弯夹层结构梁中，由于过大的剪切应力芯材可能会失效。因此，由梁上的横向载荷（见表 5-11 的第 2 行）根据式（5-18）计算得出芯材中产生的此类剪切应力的最大值 τ_c，必须低于芯材承受的许用横向剪切应力

$$\tau_c = \frac{F}{c \cdot b} \tag{5-18}$$

式中，F 是表 5-12 中所示的每种弯曲情况下的最大剪切应力；c，b 分别为芯材的厚度和梁的宽度。

此外，芯材还必须抵抗由横向载荷 P 应用引起的局部压应力（见表 5-11 第 3 行所示情况）。此类压应力可通过式（5-19）计算，且必须小于芯材所能够承受的最大许用压缩应力

$$\sigma_c = \frac{P}{A} \tag{5-19}$$

式中，A 是施加载荷 P 的面积。

最后，在端部载荷条件下（见图 5-18），芯材也可能发生剪切卷曲失效，这可能是由于低的芯材剪切模量或弱粘接剪切强度引起的。为了避免剪切卷曲失效，施加在夹层结构梁上总的端部载荷 P 必须小于剪切卷曲和屈曲 P_b^{SC}

$$P_b^{SC} = c \times G_C \times b \tag{5-20}$$

式中，c 为芯材的总厚度（见图 5-15）；G_C 是芯材剪切模量的较低值［见式（5-4）］。

5.3.3.2　夹层结构复合材料板

在夹层结构复合材料板承受均匀分布载荷并在四个侧面支撑的情况下，如图 5-16 所示，芯材产生的最大剪应力 τ_c 可根据以下公式计算

$$\tau_c = \frac{K_3 \cdot q \cdot b}{d} \tag{5-21}$$

式中，K_3 是根据图 5-20 确定的系数；q 为均匀分布载荷；b 为板宽；d 是上、下梁蒙皮中段平面之间的距离。

板的芯材还必须承受根据式（5-19）确定的夹层结构复合材料梁的相同的局部压应力，这是由横向载荷 P 的应用所产生的（见表 5-11 第 3 行所示情况）。

5.3.4　蒙皮和芯材的界面设计

当然，蒙皮-芯材粘接必须至少承受上述针对蒙皮和芯材产生的剪切应力。如果界面上预先存在较大的裂纹，则可能导致蒙皮-芯材脱粘的载荷只能与其他关联的失效模式（例如，面板屈服、面板起皱和芯材剪切）进行比较。然而，由于制造不良、局部冲击、疲劳或暴露在极高温度下都可能会发生脱粘。

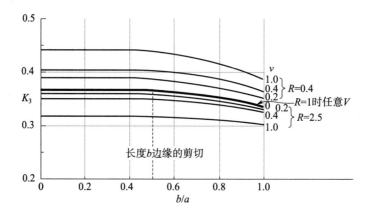

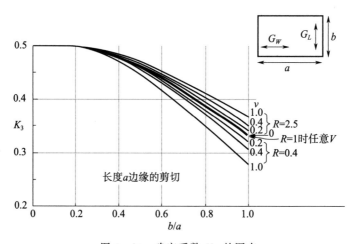

图 5 - 20　确定系数 K_3 的图表

　　通常认为，通过确保蒙皮-芯材界面处的预先存在的裂纹不会达到与模式 I 和模式 II（G_{Ic} 和 G_{IIc}）中的胶粘剂临界应变能释放率相关的临界长度，从而避免蒙皮-芯材脱粘，通常分别通过使用双悬臂梁（DCB）、单悬臂梁（SCB）和端部缺口弯曲（ENF）试验方法确定。混合模式断裂测试方法包括一个改进的 DCB 测试装置，可以在同时模拟模式 I 和 II 条件，从而确定界面的断裂行为。

　　在夹层结构梁承受弯曲集中载荷 w 的情况下，如图 5 - 15 所示，考虑到模式 II 中的临界应变能释放率 G_{IIc} 已经作为所考虑情况下最相关的断裂模式被确定，则梁可能承受的最大许用临界载荷 w_c 可能被确定如下

$$w_c = \sqrt{X \cdot L \cdot b \cdot G_{IIc}} \qquad (5-22)$$

式中，X 是施加载荷和挠度之间的比率 $\dfrac{w}{\delta}$，δ 见式（5 - 5）；G_{IIc} 是模式 II 中的临界应变能释放率。

　　试验结果表明，除非界面中存在大的裂纹，否则不可能发生脱粘。因此，为了通过无损检测质量控制进行充分的监测，对于更可靠的结构件最大容许裂纹长度应该被定义出。

在复杂的实际结构件和载荷条件中，研究蒙皮-芯材脱粘通常需要使用先进的数字方法，如有限元分析或有限差分法。

5.4　质量控制、维护、测试、检测和修补

本节将讨论夹层结构复合材料制造期间和在使用中的维护、测试和修补相关的主要方面。目视、超声波、X 射线、背光和湿度探测器是一些被视为常规用于检测夹层结构复合材料构件中的损伤的主要方法，这些夹层结构复合材料构件被应用于航空航天（《航空维修技术手册》2012）。

主要的制造损伤和缺陷通常包括分层、贫树脂和富树脂区域、裂纹、水泡和气泡、起皱、空隙和热分解，本节总结了复合材料夹层结构制造期间和使用环境中质量控制检查中用于检测此类缺陷的最常见无损检测技术（NDTs）。

5.4.1　无损检测

夹层结构复合材料构件能够承受不同的冲击载荷，这些冲击载荷可能造成分层和脱粘损伤，这需要通过可靠、有效、易于使用的 NDT 方法进行评估。根据复合材料部件的性质、成分和密度，损伤会有所不同。应用于航空航天的夹层结构复合材料构件损伤检测的最常用的无损检测方法如下（《航空维修技术手册》，2012）：

1）目视检查：这是夹层结构复合材料构件在役检查的主要方法，它速度快，视野大，适用于检测大于 0.5 mm 的冲击损伤，不能检测分层或脱粘，也不适合于缺陷尺寸和缺陷深度的评价。

2）可听声波测试（硬币敲击）和自动敲击测试：这是检测分层或脱粘最常见的技术。它是用一个圆盘或一个轻锤敲击，然后倾听夹层结构对锤子声音的响应。清晰、尖锐、响亮的声音表示粘接良好的实体结构，而沉闷或砰砰的声音则表明是存在差异的区域，该检查必须由有经验的人员完成。自动敲击测试与手动敲击测试相似，只是使用电磁线圈传感器代替锤子。传感器和记录系统可以保存冲击器的力-时间信号，冲击力的持续时间与结构的刚度有关，通过这种持续时间的变化可以预知分层和脱粘损伤。

3）超声波检测：这项技术使用的声波频率高于听得见的频率。超声波被引入到一种材料中，在那里它们以直线和恒定的速度传播，直到遇到界面（比如分层），在界面表面，波能的一部分被反射，另一部分被传导。反射或透射的能量可以被检测出来，并提供有关损伤区域的信息。脉冲回波和穿透透射（与使用反射或透射能量有关）、法向波束和斜射波束（与声能进入测试夹层结构的角度有关）以及接触和浸入（涉及换能器与测试夹层结构的耦合方法）是最常用的超声波技术。超声波检测的信息可以用三种形式显示：A 型扫描（显示接收到的作为时间函数的超声波能量）、B 型扫描（显示测试试样的横截面）和 C 型扫描（显示测试试样和不连续性的平面型视图）。使用这种技术，可以检测出气孔、夹杂物、分层和脱粘。

4）射线照相法：射线照相法包括将 X 射线辐射穿过一个复合材料零部件，并通过差分吸收现象在另一侧捕获成像。密度和吸收程度不同的区域在吸收辐射方面表现出不同的行为，可用于识别制造过程期间的空隙、水、冲击分层、芯材裂纹损伤、胶粘剂不足和外来材料夹杂。

5）热成像：热成像的原理是在一段时间内，在受检夹层结构复合材料零部件的表面发送一个热流，然后捕捉因而产生的热响应，所有的技术都利用了正常区域和缺陷区域在导热性能方面的不同行为。通常，使用一个热源来提高受检复合材料结构件的温度，同时观察受损区域热导率下降引起的热效应，可以识别诸如脱粘、分层、裂纹和水的存在等缺陷。

6）湿度检测器：使用射频功率损耗来检测夹层结构复合材料构件中的水分。

5.4.2　修补夹层结构复合材料构件

夹层结构复合材料构件是用通常可以通过粘接修补的薄面板蒙皮粘接的结构，这类结构件的修补使用最常规类型的面板材料的类似技术，比如玻璃纤维或碳纤维复合材料壳。修补必须满足强度要求，且可被分为临时性修补（受时间限制；必须拆除和更换）、过渡性修补（不恢复部件所需的耐久性，因此具有不同的检查间隔和/或方法）和永久性修补（强度和耐久性均恢复）。芯材损伤较小的夹层结构复合材料构件可采用罐装材料进行修补，芯材可以留在原位，也可以去除，然后用罐装化合物（通常填充环氧树脂）进行填充，以恢复相当的强度，这种技术有时也用于蒙皮壁板的外观修复。结构性的修补通常包括在损坏的部件上采用以下步骤（《航空维修技术手册》，2012）：

1）检查受损区域：使用 NDT 方法评估受损面积。

2）清除受损区域的水：可使用透气布和真空袋方法执行此任务。

3）清除损伤：必须修整受损区域，通常修整为圆形或椭圆形。如果受损区域包括芯材，则必须清除芯材。

4）受损区域准备：应使用砂纸、压缩空气和认可的溶剂清洁受损区域及其周围。

5）蜂窝芯材安装（湿法铺层）：受损的芯材必须用相同类型和形状的芯材块更换，并用胶粘剂层或树脂粘接，真空袋技术可用于芯材的复位固化。

6）修补层准备和安装：浸渍或去除修补层的背衬材料，这些修补层应具有正确的尺寸和铺层方向（见图 5-21）。

7）真空袋修补：真空袋技术通常被用于排除空气，并对修补层进行加压固化（见图 5-22）。

8）修补区域固化和检查：修补区域应使用适当的固化周期进行固化，修补区域应无凹坑、水泡、富树脂和贫树脂区域。通常，在外表面涂一层面漆。最后，使用无损检测技术检查修补区域，并确认修补是否无缺陷。

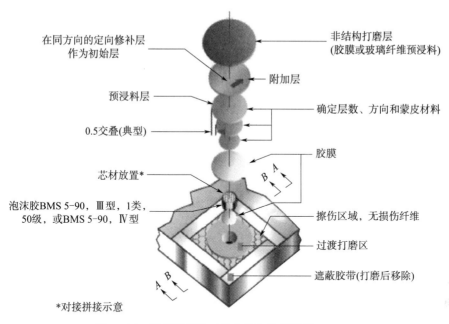

图 5-21　修理层安装（航空维修技师手册，2012）

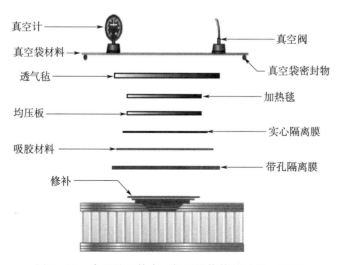

图 5-22　真空处理技术（航空维修技师手册，2012）

5.5　结语

　　夹层结构复合材料因其非常适合于发展具有高面内刚度和弯曲刚度的轻量化结构而备受关注和广泛应用。近年来，它们的应用已经在汽车和海洋工业，甚至在商用飞机（机身）的主要结构中有了很大的增长，预计未来几年这些材料在航空航天工业中的结构性应用将有很大增长。

　　本章中，简要介绍了夹层结构复合材料在航空航天结构体中应用的主要原材料、制造工艺和设计方法。

　　本章可以被视为一个导言，它并没有忽视关于这方面的进一步的基本读物和关于每一个具体应用案例的更具体的知识。

参 考 文 献

[1]　Advanced Composite Manufacturing Centre. <http：//www. tech. plym. ac. uk http：//www. tech. plym. ac. uk/sme/acmc/cpd/rtm. htm> （visited 03. 06. 15.）.

[2]　Aluminium Honeycombs，Alcore Inc.—A Gill Company，http：//www. thegillcorp. com （visiton 28. 04. 28.）.

[3]　Aviation Maintenance Technician Handbook—Airframe. Chapter 7：Advanced Composite Materials，vol. 1，2012. Federal Aviation Administration US Department of Transportation—Flight Standards Service.

[4]　Balsa Wood Core，Airex AG Industrie，http：//www. 3accorematerials. com （visit on 28. 04. 15.）.

[5]　Beckwith，S. W.，July/August 2008. Sandwich core materials & technologies—Part I. SAMPE Journal 44 （4）.

[6]　Bitzer，T.，1997. Honeycomb Technology—Materials，Design，Manufacturing Applications and Testing. Chapman & Hall.

[7]　Broughton，W. R.，Crocker，L. E.，Gower，M. R. L.，January 2002. Design Requirements for Bonded and Bolted Composite Structures. NPL Report MATC （A） 65. NPL Materials Centre—National Physical Laboratory，Middlesex，UK.

[8]　Doorway，M. C. G.，1997. Simplified Sandwich Panel Design，vol. 34 （3）. M. C. Gill Corp.

[9]　Hexply-prepreg Technology，Hexcel.

[10]　HexWeb[TM] Honeycomb Sandwich Design Technology. Hexcel® Technology Manuals. <http：//www. hexcel. com/resources/technology-manuals> （visit on 19. 03. 15.）. <http：//www. nuplex. com/composites/processes/filament-winding> （visited on 03. 06. 15.）.

[11]　Marasco，A. I.，2005. Analysis and Evaluation of Mechanical Performance of Reinforced Sandwich Structures：X-cor[TM] and K-cor[TM]. PhD thesis. Cranfield University.

[12]　Mazumdar，S. K.，2001. Composites Manufacturing：Materials，Product and Process Engineering. CRC Press.

[13]　Muzzy，J. D.，2000. Thermoplastics-properties. In：Kelly，A.，Zweben，C. （Eds.），Comprehensive Composite Materials，vol. 2. Elsevier Ltd，pp. 57-76 （Chapter2）. 01.

[14]　Noor，A. K. （Ed.），2000. Structures Technology for Future Aerospace Systems. Progress in Astronautics and Aeronautics，vol. 188. American Institute of Aeronautics and Astronautics.

[15]　Peters，S. T. （Ed.），1998. Handbook of Composites，second ed. Chapman & Hall.

[16]　Sezgin，F. E.，2011. Mechanical Behavior and Modeling of Honeycomb Cored Laminated Fiber/Polymer Sandwich Structures. Master Thesis. Izmir Institute of Technology，Turkey.

[17]　van Paepegem，W. Home Made Composites. <http：//www. composites. ugent. be/home _ made _ composites/organizing _ your _ composite _ workshop. html> （visited on 27. 05. 15.）.

[18]　Zenkert，D.，1995. An Introduction to Sandwich Construction. EMAS Publishing.

第6章 航空航天工程编织复合材料

J. P. Carey, G. W. Melenka, A. Hunt, B. Cheung, M. Ivey, C. Ayranci

（艾伯塔大学，加拿大艾伯塔省埃德蒙顿市）

6.1 绪论

发辫和绳索是编织物的两个最古老的例子，而且今天仍然在广泛使用。尽管编织织物是最古老的纺织品技术之一，但是，在先进领域编织的使用范围很小，在诸如航空航天、结构增强体和医学新领域中编织织物和编织复合材料的使用仅仅是最近才开始出现的。

编织复合材料，与由其他技术制造的复合材料一样，由增强材料（纤维）和粘接材料（基体）制成。与复合材料一样，编织织物提供较高的可用性、所要求的和可定制的刚度和强度，以及其他性能［例如高比刚度和比强度（Ayranci 和 Carey，2008）］。

编织织物和编织复合材料由于其制造工艺的多功能性和它们的结构式样，是非常有用的结构填充物。编织织物是相当独特的，且易于区别其他线型排列与结构轴呈对角的其他复合材料。编织织物根据它们的结构被定义为二维（2D）、三维（3D）或多维，且以平面的、管状的或3D结构形式被生产（Carey 和 Ayranci，2012），所有的这些结构都有截然不同的优点。

复合材料正在被用于飞机中，但是，由于其与铝合金相比的成本和制造及模拟挑战导致它们的使用未达到预期水平（Baker 等），传统的手工铺层已经被广泛用于构建航空航天构件，从小型客机到波音-787。编织复合材料的常规应用是全编织油管、编织气管、风机叶片、增强的汽车轴、体育器材以及各种生物医学应用，并且编织复合材料已经被考虑用于整形外科治疗（Evans 和 Carey，2013）。近十年，编织复合材料在航空航天领域虽没有广泛使用，但一些形状的编织复合材料结构件已经在航空航天领域得到应用（Stover 等，1971；Perez 等，2000）。正如本章将要讨论的，生产和机械性能重复性的挑战以及设备创办资本成本是编织复合材料在航空航天工业中使用不普通的主要原因，这很大程度上是由于航空航天工业的严格的设计标准。

随着空客 A350-1000 飞机的发展，在航空航天领域几乎不使用编织复合材料的情况发生了变化，并且少数公司愿意来面对发展高端编织基构件的挑战。在美国（德雷克塞尔大学和阿克伦大学）、欧洲（特温特大学和下莱茵高等专业学院）和加拿大（艾伯特大学和不列颠哥伦比亚大学）的许多研究团队也已经开展关于改进编织复合材料以促进它们在航空航天和其他重要工业和生物医学领域的应用。

本章首先会介绍编织复合材料的基本概念和优点，随后讨论用于制造航空航天用编织复合材料的常规基础材料，同时继续介绍一些常规制造方法。然后会介绍如何用实验方法确定编织复合材料的行为和模压成型的方法，这些章节将为一些剩余的挑战提供较大的视野来获得编织复合材料在航空航天领域和其他应用中的更多使用情况。最后将讨论空客公司在 A350－1000 飞机发展上早期做过的工作，以及其他当前可用到的航空航天构件。

6.2　定义和概念

编织织物有独特的几何特性，这个特性使得它们与其他纺织品体系结构相区分。编织织物有一个角度层纤维交织样式，这里纤维方向与主结构轴是斜的，编织角（θ）是线方向和主结构轴之间的特征角，编织几何学通过它们的单个单元（单胞）而被定义，这是纺织品体系结构的一个小重复样式特征。编织角、所有单胞几何学和样式以及基础材料是编织复合材料的主要行为变量。2D 编织体系结构和一个单独的单胞示意图如图 6－1 所示。

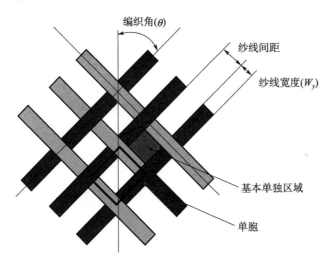

编织角(θ)

纱线间距

纱线宽度(W_y)

基本单独区域

单胞

图 6－1　编织几何学定义显示编织角、纱线间距和纱线宽度

2D 编织物被定义为"一个最好的用于净成形连续纤维复合材料构件产品的容易自动化的、通用的和高沉积速率的工艺"（Munro 和 Fahim，1995）。2D 编织织物通过单、双或三重叠线构型分别形成明显的菱形、规则或 Hercules 构型（Brunschweiler，1953；Head 等，1989），如图 6－2 所示。轴向的刚度可以通过增加沿轴向重叠的线来提高，形成三轴编织织物（见图 6－3）。2D 编织机可以生产管状、平面状或更复杂的预制体，其形状由心轴的几何外形决定。

增加结构多功能性，单胞（见图 6－4 和图 6－5）可以是开放啮合的或闭合啮合的，开放啮合的编织复合材料将有净树脂（纯树脂）区域，并且它们的性能更多依赖于树脂性能，开放啮合编织复合材料的结构性纤维体积分数低于 35％；从而，开放啮合编织复合材料典型的刚度性能（Carey 等，2005；Ayranci 和 Carey，2008）比闭合啮合编织复合材料

菱形编织　　　　　　　　　规则编织　　　　　　　　Hercules编织

图 6 - 2　编织样式类型：菱形编织（单交叠）、规则编织（双交叠）和 Hercules 编织（三交叠）

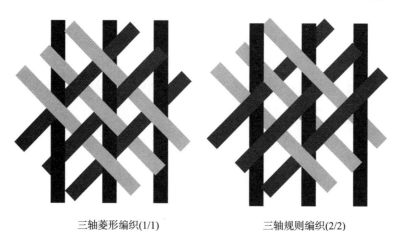

三轴菱形编织(1/1)　　　　　　　　　三轴规则编织(2/2)

图 6 - 3　三轴编织样式例子

低。所以，开放啮合结构被用于柔顺性结构的应用，比如增强聚合物软管或导管，这里增强体防止过多的塌陷且增加轴向和扭转刚度，但不能防止弯曲。

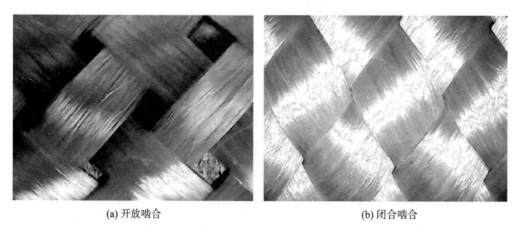

(a) 开放啮合　　　　　　　　　　　　(b) 闭合啮合

图 6 - 4　开放和闭合啮合编织复合材料预制体例子。预制体固化期间，
开放啮合编织的纱线内间隙被树脂填充，导致高的树脂体积分数

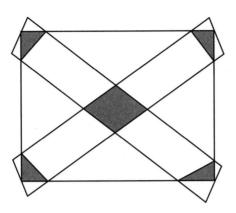

图 6-5　菱形编织单胞。深色区域是交叉区域；顶部、底部、侧边三角形范围是纯树脂；偏菱形是波动区域

闭合啮合编织复合材料行为通过复合材料性能被表现出来，换句话说，通过纤维和基体的结合表现出来，闭合啮合编织复合材料的结构性纤维体积分数高于 50%，它们是用于航空航天和其他高性能应用的结构材料。开放啮合和闭合啮合编织织物例子如图 6-4 所示。在 Carey 等（2005）、Ayranci 和 Carey（2011）的研究中，波动区域长度的影响和啮合开放程度是详细的，它显示古典模型不能被用于精确预测开放啮合编织复合材料的弹性性能，但是，给出了闭合啮合和开放啮合复合材料的结构性纤维体积比之间关系的极好结果。

2D 编织织物是一个比机织织物结构更常规的体系结构（Carey 等，2003）。图 6-6 展示了 0°/90°正交与±θ 角铺层在纤维排布中的体系结构差异。2D 机织纺织品和复合材料通过它们的 0°/90°正交间隔来体现，见图 6-6（a）。相反地，编织织物 ［见图 6-6（b）］有一个交错的角铺层体系结构作为线与结构轴对角排布的结果。机织织物结构在本书的第 2 章中有过讨论并且比较了针织结构和编织结构。在这里比较编织织物和机织织物，因为许多现有的测试方法是为机织织物结构而发展的。此外，为编织织物发展的模拟工作，由于与机织织物的类似性，机织织物发展的最初模拟工作经常被修正或扩充，例如，Raju 和 Wang（1994）为平纹织物和五绳缎纹及八绳缎纹织物结构模型发展了经典层压板塔板基理论；由 Carey 等人（Carey 等，2003，2004；Ayranci 和 Carey，2010；Swanek 等，2007）对机织织物的早期工作演化发展了 2D 菱形编织单胞复合材料模型，除了角铺层结构被改进之外，在可评估的体系结构中允许更大的可变性。机织纺织品由于它们的正交固定体系结构模拟是比较简单的，这个比较经常在两种纺织品之间进行，特别是在那种机织织物旋转 45°的±45°编织情况中。

Malkan 和 Ko（1989）定义 3D 编织为"一项通过三个或更多纱线系统连续缠绕获得 3D 无缝合线模范的技术，纱线以每一根线通过 X、Y 和 Z 位面的形式穿过彼此从而形成一个穿过整体厚度的增强体"，这个整体厚度的增强体看不出 2D 编织。3D 编织织物被作为净外形或近净外形整体结构件而被生产，例如，它们已经被作为正方形或矩形横截面生产，并且作为 I 型梁或 C 型梁。3D 编织机被分成笛卡儿（两步或四步）或旋转（多步）

(a) 机织纺织品　　　　　　　　　　　　　　(b) 编织纺织品

图 6 - 6　机织纺织品和编织纺织品

机（Chou，1992；Kamiya 等，2000），3D 编织物的几何形状如图 6 - 7（a）所示，轮廓显示笛卡儿 3D 编织物伸长形成一个正方形横截面，产品样式交叉线如图 6 - 7（b）所示。为了形成复合材料，预制体需要是紧密的并且用树脂充满。

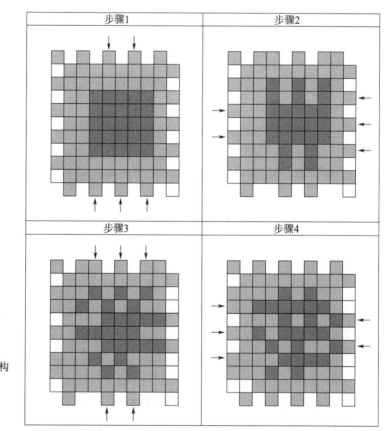

(a) 3D笛卡儿编织结构

(b) 3D笛卡儿编织产品样式

图 6 - 7　3D 笛卡儿编织结构和 3D 笛卡儿编织产品样式

与机织织物和其他复合材料一样，编织复合材料将有潜力对复合材料在航空航天领域的应用做出重大贡献，编织的独特的体系结构提供了优异的多功能性，能适应简单和复杂形状及材料性能的需求。

6.3　优点

按照 Carey 和 Ayranci（2012）的规定，编织工艺的最大优点是设计的多功能性、制造以及弹性和机械性能。2D 和 3D 编织织物相对于类似的 2D 体系结构层压板有许多优点（Munro 和 Fahim，1995；Carey 等，2003；Yang，1990；Mouritz 等，1999）。相较于纤维缠绕成型，编织常常是一个快速的工艺；相较于缠绕成型复合材料，编织织物的交织结构提供增强了的韧性（Munro 和 Fahim，1995）。多功能性来源于能改进纱线方向，同时不妨碍预制体结构轴、单胞构型及单胞开放性。三轴纱线可以被包含在 2D 编织单胞中来增加轴向刚度、弯曲刚度和面外性能。近来集中在 2D 编织的工作已经超过了将碳纤维和玻璃纤维芯作为结构加强筋的工作（Rana 等，2014；Ivey 等，2014），编织物可以生产近净外形构件。3D 编织结构件可制造出更硬、刚性更好、强度更强的构件，它们增强面外性能并且提供更好的耐分层性能。编织物可以提供能适应大多数应用的全套性能，这是毋庸置疑的。2D 和 3D 编织复合材料由于纱线交错可提供更好的耐缺口性。编织结构件提供了出众的抗冲击性能和韧性。五维编织物可以生产近等向性性能（Yang，1987），微小尺寸的编织织物已经被生产来满足大的工业应用。以上所有的工作对航空航天和弹道学应用都是有价值的。

3D 的局限性（Mouritz 等，1999）包括以下内容：编织设备发展情况、有限的几何学、设备配置时间和成本、短的生产运转、由于制造工艺可重复性导致的众所周知的性能不是很好和较大的离散性、层压板刚性更好和强度更高、边缘效应、需要更多的模拟、环境和耐久性研究的缺乏，但是，最近的研究进展正在解决这些问题并且增加在各类应用中使用编织复合材料的机会。

读者将在本章发现许多编织复合材料的特点，一些已经在上边列出了。直到最近，读者可能注意到一个可能导致航空航天应用中不使用编织复合材料的强烈争论。但是，最近的发展显示编织物在航空航天和其他高端应用中有辉煌的前景，这同样又被许多人注意到。

6.4　纤维和基体类型

对用于航空航天的典型基础材料要求是刚性的、强的和轻质的，这使得复合材料成为吸引人的选择；组成材料的选择依赖于构件的使用要求。复合材料基础材料更广泛地使用的限制是其成本，满足工业需求规格的纤维相比于金属是非常昂贵的。编织复合材料可以像其他复合材料一样用相同基础材料制造；这种结构块是积木式的纤维-基体单向层压板堆叠而成。在这部分，提供了已经或可能被用于制造层压板基编织复合材料航空航天构件的纤维清单（见表 6-1）和树脂清单（见表 6-2）。任何一个设计者首先要确定需要的材料规格，然后通过适当的计算确定哪种材料可以满足他们的需求，这通常是一个最优化问题，在后边的部分，提供了一些基本方程来确定刚度和强度性能。

表 6-1　用在航空航天应用编织复合材料中的纤维典型性能

（注意，设计者必须确定他们选择的材料的实际值）

纤维	弹性模量/GPa	拉伸强度/GPa	失效应变/(%)	密度/(g/cm³)	泊松比
E-玻璃纤维(Matweb,2015a)	72	3.5	4.4~4.8	2.54~2.60	
S-玻璃纤维(Matweb,2015b)	85	4.6~4.8	5.3~5.7	2.48	
凯夫拉 29(Matweb,2015c)	70.3	3.6	3.6	1.44	
凯夫拉 49(Matweb,2015d)	112~138	3.6	2.4	1.44	
凯夫拉 149(Matweb,2015e)	179	3.5	1.9	1.47	0.35
碳纤维 T300(Barbaro,1999)	230	3.5	1.5	1.75	
碳纤维 T600 (Toray Carbon Fibres America,2008)	230	4.14	1.8	1.79	
碳纤维 AS4(Matweb,2015f)	231	4.5	1.8	1.79	

表 6-2　树脂的典型性能（注意，设计者必须确定他们选择的材料的实际值）

	树脂	弹性模量/GPa	拉伸强度/MPa	失效应变/(%)	密度/(g/cm³)	T_g/℃	泊松比
热固性树脂	环氧(Barbaro,1999; Jones,1998)	2.6~3.5	60~75	3.1~5.2	1.2	170~240	0.35~0.38
	聚酯(Barbaro,1999; Jones,1998)	2.8~3.4	21~76	1.4~3.3	1.3	75~100	0.38
热塑性树脂	聚丙烯 (British Plastics Federation,2015)	1.4	34	200	0.9	-20	—
	尼龙 6,6 (Gutowski,1997)	2.8	76+	100	1.2	57	0.41
	聚醚醚酮 (PEEK) (Matweb,2015g)	3.5	100	>60	1.3	143	0.4

这里，焦点被集中在三个主要纤维类型上：玻璃纤维、芳纶和碳纤维。玻璃纤维复合材料有高比强度和良好的耐环境性能（湿气、热、冷和腐蚀），是良好的电绝缘体，具有良好的尺寸稳定性，易于制造，成本小于其他纤维。芳纶在失效期间具有卓越的能量吸收能力、低密度、高比刚度和强度，对吸湿性和 UV 敏感，具有温度依赖性和蠕变性。碳纤维是航空航天结构部件应用最典型的纤维，因为这些应用是以重量评判的，它们是异常轻、硬和强的材料，且具有范围宽的性能能力，高强度和高刚度碳纤维之间有明显的区别，但是这两者有用的结合似乎对应用来说有巨大潜力。纤维可以在非常高的温度下起作

用并且作为电导体，但操作使用受到基体性能的限制。

　　为了实现功能性，纤维必须通过基体被加固，比如聚合物、金属或陶瓷。基体是关键性的，因为它们使纤维结合在一起，并将载荷分散到整个复合材料上，并且保护纤维免于环境影响和损伤，聚合物基体不管是热固性树脂（永久固化后固化）还是热塑性树脂（可熔融的和重复使用的）都可使用，航空航天领域结构件应用通常需要的是热固性树脂基体。

　　设计者使用 ASTM 或国际标准组织（ISO）标准通过实验的方法评定他们设计中纤维和基体的选择是更可取的。此外，需要检测单向复合材料性能，其次，ASTM 标准可以继续被用来作评定，例如 ASTM D3039——聚合物基复合材料拉伸性能标准测试方法。可是，执行这些测试之前，如果材料非常符合他们的设计标准，设计者可以用细观力学模型评估。

6.5　生产方法

　　2D 编织是一个可以生产近净外形连续纤维复合材料构件的生产方法（Munro 和 Fahim，2000），2D 和 3D 编织复合材料产品通常通过两步完成。第一步，预制体被制造然后浸渍，有序的纱线浸渍方法使用得更普遍（Ahmadi 等，2009）。另外的浸渍方法是在加工期间使用粉末涂覆纱和/或混合纱（Miller 等，1998；Alagirusamy 等，2006）。常见的五月柱编织机可以被定制用于微尺寸到工业尺寸的应用，一个典型的 2D 五月柱编织机由中心牵引设备（或心轴）和一个水平（或垂直）的有大量纤维的输送机组成［见图 6 - 8（a）］。一种编织机可以生产多种编织体系结构，喇叭形齿轮的数量和类型、输送机数量和机器类型将决定哪种编织预制体体系结构（见图 6 - 2）被生产（Kyosev，2015）。设计者可以调查编织样式规格，从而建立他们的编织机所有者指南。

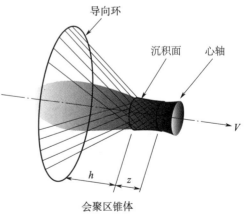

(a) 五月柱编织展示编织纱和线轴　　　　　　(b) 2D五月柱编织工艺关键变量和结构示意图

图 6 - 8　五月柱编织工艺

在一个标准编织机中，一半输送机沿着顺时针方向运动，同时另一半沿着逆时针方向运动，在交叉面蜿蜒的路径都形成一个互锁结构，如图 6-8（b）所示，输送机以角速度（ω）运动，同时心轴以速度 v 被用力拉，首先在导向面纱线会聚，一些编织系统圆形导向面用来缩短纱线会聚距离，然而其他的使会聚区从输送机就开始，纱线被沉积在沉积面上，也被称之为落点，这出现在从导向面开始的会聚区长度距离 h 处。心轴几何学主要直接影响会聚区和编织角及单胞体系结构。

基于产品参数和心轴几何外形生产特殊编织单胞几何外形的运动学模型由 Du 和 Popper（1994）提出，Van Ravenhorst 和 Akkerman（2014）以及 Kessels 和 Akkerman（2002）最近的工作已经提高了制造参数预测水平并且通向了下游的有限元分析，在 2D 编织产品方面，这些工作为设计师和制造工程师提供了有效的工具。许多假设被用在这些模型中，纱线被假设成直的，且纱线间摩擦力被忽略，然而，生产动力学观测资料清楚地显示纱线相互作用和惯性力应该被考虑。纱线路径从输送器到落点不是直的（见图 6-9），并且当纱线交叉穿过彼此时，在落点附近有基于相互作用的纱线摩擦力（Zhang 等，1999）。

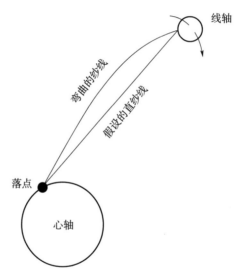

图 6-9　编织产品模型示意性显示纱线的弯曲

编织角是编织纱线与主轴的夹角（见图 6-1），很大程度上是一个变量，它允许一组纤维基体组合的特性多功能化，并且是纱线尺寸、输送机数量、心轴直径和生产变量的函数。预制体可以在简单的管状或复杂形状的心轴上生产，也可以使用提花编织机在平板上生产（Brunschweiler，1953）。

纤维体积分数 V_f 是一个所有编织复合材料结构件机械性能的标准参数，是结构中相对于整个体积纤维含量的度量标准。纤维体积分数依赖于编织角、纤维束堆积要素和纤维堆积分数。拉伸和压缩中限制的编织角被称作干扰角（Ayranci 和 Carey，2008），干扰的状态是一个几何学状态，在此状态临近的纱线会防止任何更多的动作。（在纱线拉伸或压缩中）（见图 6-10）。2D 编织预制体例子的示意图如图 6-2～图 6-4 所示。

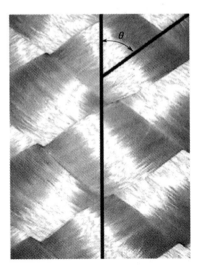

图 6-10　干扰状态中编织预制体例子，编织角通过编织纱线与纵向轴的角度给出

其中，3D 编织产品包括笛卡儿、旋转、三轴、多重互锁和五维编织织物。每一种构型使用不同的生产工艺生产，然后致密化将孔隙减到最小。每一种构型都有不同的单元格和不同的厚度增强，致使其具有不同但可定制的机械性能。编织生产工艺已经被用于生产诸如 I 型和 C 型横截面梁和开放式矩形外壳许多构型，许多作者（Yang，1990；Brown 和 Crow，1992）详细描述了早期 3D 编织产品。

在所有的编织产品加工中，获得均匀的和完全浸透的编织预制体是必要的，因为这将影响材料性能。编织织物是典型的有序浸渍或加速预成型产品，有序浸渍通常包含浸渍环或树脂槽。浸渍环经常扮演导向环的角色，需要一个蠕动泵强迫热的树脂通过环，树脂到达环的边缘，在制造加工期间纱线在其上摩擦，在环上的纱线接触使纤维分开，并且允许树脂密切地包覆每一个单独纤维。相反地，树脂槽浸渍纱线的过程在前期。

后浸渍通常包括切割预制体编织织物到要求的尺寸，以及当预制体还在心轴上时按压树脂进入纤维，这个技术考虑用真空系统排除过量树脂并且改进编织织物外形。

编织也要长期经受几何学生产的限制，这些就是为什么编织复合材料在航空航天和其他高端应用领域中还没有较多采用的最重要的原因。幸运的是，新的生产和模拟技术（Van Ravenhorst 和 Akkerman，2014）已经被许多公司在与先进研究中心的协作中发展起来了。

2D 产品，甚至更多的如 3D 产品，编织机器都是昂贵的并且非常耗时。许多选项可被用来创建不同的预制体（见表 6-3）。初始资本投资是重大的，计划安排在生产运行之前很大程度上依赖于被填充线轴的数量和要求的纤维长度。此外，在 3D 编织物中，除非大型机器被使用，否则每一个线轴上的纤维数量必须小，因为整个线轴必须在狭小的空间中被传送。

表 6 - 3　常规编织预制体外形和生产方法

（Carey and Ayranci，2012；Tolosana et al.，2007；Ko，1987）

编织预制体外形	生产工艺
管状体	• 有心轴 2D 五月柱双轴 • 有心轴 2D 五月柱三轴 • 有心轴 3D 管状体
平面体	• 2D 五月柱双轴（除去一个角齿轮）
实心管状体	• 有捆扎纱线内芯的 2D 五月柱双轴 • 有捆扎纱线内芯心轴的 2D 五月柱三轴
H 梁	• 3D 回转编织机 • 轨迹 3D 编织机
I 梁	• 3D 回转编织机 • 轨迹 3D 编织机
三角形梁	• 有心轴 2D 五月柱双轴 • 有心轴 2D 五月柱三轴 • 3D 管状体
槽梁	• 2D 五月柱双轴 • 2D 五月柱三轴 • 3D 管状体
角梁	• 3D 回转编织机
正方形编织物和实心体	• 3D 笛卡儿 • 轨迹 3D 编织机

　　与所有的复合材料一样，设计师用已经建立的 ASTM 或 ISO 标准通过实验方法评估他们已生产的编织复合材料性能，并且通过分解在所处的环境中进一步测试它们是必要的。在真实的组合载荷条件和疲劳寿命试验下测试以确保构件满足需要的规格，并且遵循标准中指定的安全因素严格使用要求。

6.6　性能

　　编织复合材料是非常通用的，因为它们的性能可以用不同的单胞结构来实现。Ayranci 和 Carey（2008）介绍了一个编织复合材料性能知名的技术发展水平研究评估。这里仅仅是一个概要（Ayranci 和 Carey，2008），并且提供了更多的近来的文献补充资料。

　　编织复合材料的性能难以被复制，生产的不一致性导致生产之间获得的性能范围很宽，并且需要有意义的测试来确定性能，即使在相同的生产线内，性能也可能有很大差异性。编织复合材料性能依赖于单胞构型和几何学，在开口啮合和闭合啮合构型中，2D 编织复合材料的弹性性能已经与其他有相同角铺设方向的 2D 层压板进行了比较（Carey 等，2003）。在图 6-11 中，提供了三个构型的纵向（E_x）、横向（E_y）弹性模量和剪切（G_{xy}）模量比较图。当它们不是通过编织织物的拉伸干扰角（θ_{j1}）和压缩干扰角（θ_{j2}）被约束时，层压板性能横跨全部 0°～90°角铺设范围。因为几何学原因，纵向［图 6-11（a）］和横向［图 6-11（b）］弹性图是镜像的，并且剪切模量图［图 6-11（c）］是呈约 45°对称的。层压板性能横跨拉伸层压板弹性模量（E_{11}）到横向层压板弹性模量（E_{22}），层压板弹性常数将在 6.7 节细观力学部分中被定义，层压复合材料性能总是比编织复合材料的那些性能大，这是由于编织织物中隔行引起的轴外弯曲纱线所致。闭合啮合编织复合材料比那些开口啮合编织复合材料的弹性性能大，因为富树脂区域支配开口啮合结构件性能。2D 和 3D 编织复合材料之间的比较以及与 2D 层压板的比较已经被很多作者研究过了（Carey 和 Ayranci，2012；Yang，1990；Mouritz 等，1999）。

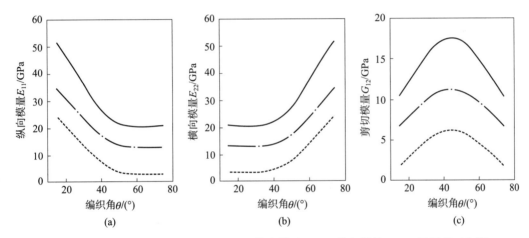

图 6-11　不同复合材料的纵向模量（a）、横向模量（b）、剪切模量（c），层压板（实线）、
闭合啮合编织复合材料（点线）和开口啮合编织复合材料（虚线）

　　所有编织复合材料（2D 和 3D），不得不有一些角度在厚度方向隔行增强，以提高层间弹性性能和强度。此外，编织复合材料的厚度方向隔行增强提高了抗分层性能、材料韧性和耐冲击性能（Munro 和 Fahim，1995）。

　　编织复合材料的强度依赖于材料、浸渍水平、纤维体积分数和构造，提供所有结合体强度行为的全评估是不可能的。早期的工作发现 3D 编织复合材料相比于 2D 编织织物提供了一些诸如增加耐损伤和韧性的有价值的优点（Ko，1985），另一些研究工作评估了边缘效应（Crane 和 Camponeschi，1986；Macander 等，1986）。Wang 和 Zhao（2006）调研了不同体系结构的失效模型，并且推断机械性能很大程度上依赖于所选择的构型，相对于它们的层压板相似零部件，3D 编织复合材料的耐损伤性是较大的，但是强度和弹性行为实质上在构型之间是不变化的（Gause 和 Alper，1987）。然而，当在 2D 编织织物情况下，3D 编织复合材料机械性能比那些有类似纤维体积分数和铺层层压板的低，这主要是由于纱线波动或卷边产生的轴外载荷所致。本书中，波动角和卷曲角术语被交替使用。

　　Srikanth 和 Rao（2014）最近的一项研究比较了 2D 编织和长丝缠绕玻璃纤维增强复合材料在不同角度层角下的强度和纵向弹性模量行为。如果这个发现忽略超出可行编织范围（即超出拉伸干扰角和压缩干扰角）的结果，则表明编织复合材料在所有角度下都具有更大的纵向弹性模量。然而，虽然在小角度（小于 30°）下，缠绕复合材料具有更大的强度，但编织复合材料在大于 30° 的角度下更坚固。对于航空航天工业，几乎无限的心轴尺寸和长度性能，以及厚度方向的增强体和强度、弹性性能，使得编织复合材料是一个比缠绕复合材料更能引起兴趣的选择。

　　在压缩方面，2D 编织复合材料失效出现在菱形锁扣处和微纤维锁扣处。在扭转、组合压缩和扭转，微纤维锁扣是主要失效机理（Harte 和 Fleck，2000a）。在拉伸中，当编织角超过 45°时，失效模式从纤维断裂转化为纤维头部脱粘（Harte 和 Fleck，2000b）。

　　2D 和 3D 编织复合材料的横向层和层间剪切强度已经与其他层压复合材料进行了比较，2D 编织复合材料比 3D 编织复合材料的低，这是由于缺少厚度方向的增强体和编织层之间不均匀的富树脂区域所致（Knoche 等，2006）。

　　2D 编织复合材料的疲劳行为作为编织角的函数进行了测试（Tate 等，2006），编织复合材料行为显著地不同于角铺设层压复合材料。发现 2D 编织复合材料发生灾难性地破坏时伴随有少许非典型的警报信号，例如在第一个 90% 寿命时基体出现裂纹或分层。2D 编织复合材料也被发现在拉伸-拉伸载荷下有一个耐久性界限，当载荷水平允许试样幸免于 1 百万次循环时，这个耐久性强度被确定，编织角对疲劳行为有很小的影响。

　　Huang 等人（2005）研究了多层编织复合材料层压板的疲劳行为，并且发现了依赖于铺层构型的不同失效模型。他们发现一个 [28°/28°/28°/28°] 层压板在单轴拉伸或高水平疲劳载荷下的灾难性失效，其是试样纤维断裂的结果，在这个构型中，仅仅在低水平疲劳载荷下分层就发生了。[10°/10°/10°/10°] 层压板的主要失效模型是无分层的纵向爆裂。最后，混合 [28°/10°/10°/28°] 层压板发生了在所有应用载荷下明显的分层以及横截面和纵向的爆裂。关于三轴编织复合材料的实验工作显示，虽然在早期循环阶段提高温度减轻了微小的纱线损伤，但是热试样裂纹密度超过室温试样，导致疲劳寿命降低了（Montesano 等，2014）。

　　Gause 和 Alper（1987）测试研究了 3D 编织石墨环氧树脂复合材料的疲劳行为，并将其与层压板进行了比较。在跨越多个应力比的测试中，层压复合材料表现出比编织复合材料更长的寿命和循环强度。这是预期的，因为波动的纱线会承受轴向和弯曲载荷，这将导致更高的应力和早期失效。

　　回顾本节内容，突出显示的研究结果表明，编织复合材料的行为通常仍然不可预测，因此还不能广泛用于高端航空航天应用。然而，与其他复合材料的生产方法相比，编织复合材料的性能非常好（见表 6-4）。之前在航空航天领域的实施中，需要对生产的编织复合材料进行彻底的实验工作，开发和使用经过充分验证的预测模型将大大有助于增加编织复合材料在航空航天领域的使用。

表 6 - 4　复合材料制造方法比较和考虑相同基础材料和纱线纤维体积分数的分级性能[a]

(Ayranci and Carey，2008；Carey and Ayranci，2012；Munro and Fahim，1995；Yang，1990；Mouritz et al.，1999；Ko，1985；Crane and Camponeschi，1986；Macander et al.，1986；Wang and Zhao，2006；Gause and Alper，1987；Srikanth and Rao，2014；Harte and Fleck，2000a；Knoche et al.，2006；Tate et al.，2006；Huang et al.，2005；Montesano et al.，2014；Kaynak and Mat，2001)

制造方法		模量[b]	拉伸强度[b]	韧性	疲劳行为[c]	耐层间性
2D复合材料结构件	编织物	2	2	良	良	单层良，层之间差
	纤维缠绕	4	3	低	—	低
	层压板	1	1	低	很好	低
	机织物	4	4	良	良	单层良，层之间差
3D复合材料结构件	3D编织物	类似层压板	类似层压板	良	良	高

注：[a]1 等级表示最好的性能；

　　[b]编织或缠绕角的影响，所提供的结果适用于相似和常用的角度；

　　[c]应力水平和测试频率以及层、编织层和缠绕角布置对疲劳行为影响较大。

6.7　模拟

　　模拟编织复合材料性能需要确定的单胞几何特征、确定的基础材料性能和所做的一些正确假设，本节提供了一个用来模拟编织结构件性能的路线图。

　　许多所选纤维复合材料的弹性常数作为编织复合材料预测模型的输入是必需的，弹性常数是纤维（见表 6-1）和基体（见表 6-2）性能以及纤维体积分数的函数，弹性常数可以用实验的方法确定，但是，细观力学模型可以通过参考纤维和基体被用来进行初步评估。

　　一个交织纱线编织组合体如图 6-12 所示，基体被加上后形成复合材料。每一种纤维-基体纱线是一种纤维复合材料，在这个复合材料中纤维首先被排布，沿着纱线理想化长度方向平行地和定向地排布，作为单向层压板，另外的与层压板有关的概念将根据 6.7.1 节中的细观力学模型进行讨论。

　　层压板是编织结构和其他复合结构件的基础。一个层压板由硬度较低、强度较弱的基体材料内的坚硬、坚固、平行的纤维组成。由于基体和纤维性能的差异以及均一的纤维方向性，复合材料层压板表现出正交各向异性行为（Agarwal 等，2006）。虽然影响层压板弹性常数大小的因素很多，但最重要的是纤维与基体的相对比例，简称体积分数。对于本节的其余部分，下标 f、m 和 c 将分别表示纤维、基体和复合材料。以下是常用的细观力学模型，但是，存在许多不同的模型且提供类似的结果。

　　纤维体积分数 （V_f） 和基体体积分数 （V_m） 一般被定义如下

$$V_i = \frac{v_i}{v_c}, i = f, m \qquad (6-1)$$

式中，v 表示为组分的体积（单位为 m³），并且 $V_m = 1 - V_f$，假设在层压板中没有空隙。

图 6 - 12　正在被生产的单交叠（菱形）型编织样式

6.7.1　单向层压板材料性能

在一个层压板坐标系统中，方向 1 是与纤维轴向相同的，方向 2 和 3 垂直于纤维轴向并且彼此垂直。评估编织复合材料弹性常数时，所需的层压板弹性常数有纵向拉伸（E_{11T}）模量和压缩（E_{11C}）模量、横向拉伸（E_{22T}）模量和压缩（E_{22C}）模量、面内（G_{12}）剪切模量和横向（面外）剪切（G_{23}）模量及主泊松比（ν_{12}）和面外泊松比（ν_{23}）。

纵向弹性模量 E_{11} 用混合准则方法（ROM）计算出

$$E_{11T,C} = E_f V_f + E_m V_m \tag{6-2}$$

相比较于纯树脂，纤维和基体之间的载荷分担可提高纵向性能，从这个方程进行预测是相当精确的，并且是一般公认的细观力学模型。

主泊松比一般也是通过 ROM 方程近似的，并且可以被写作

$$\nu_{12} = \nu_f V_f + \nu_m V_m \tag{6-3}$$

式中，ν_f、ν_m 和 ν_{12} 分别是纤维、树脂和层压板的主泊松比。横向相对纵向的泊松比可以采用以下方程建立

$$\nu_{21} = \nu_{12} E_{22}/E_{11} \tag{6-4}$$

单向复合材料横向模量 E_{22} 经常近似采用由 Halpin 和 Tsai 给出的如下方程（Halpin，1969）

$$\frac{E_{22}}{E_m} = \frac{1 + \xi \eta V_f}{1 - \eta V_f} \tag{6-5}$$

式中，

$$\eta = \frac{(E_f / E_m) - 1}{(E_f / E_m) + \xi} \qquad (6-6)$$

式中，ξ 作为依赖于纤维和堆积几何学及载荷条件的增强体尺寸而被定义，当 ξ 为 2 时适合于圆的或方的纤维，当为 $2a/b$ 时适合于矩形横截面纤维，其中 a 和 b 是矩形横截面的尺寸。

面内剪切模量（G_{12}）由以下方程被建立（Agarwal 等，2006）

$$\frac{G_{12}}{G_m} = \frac{1 + \eta \xi V_f}{1 - \eta V_f} \qquad (6-7)$$

式中，

$$\eta = \frac{(G_{f12} / G_m) - 1}{(G_{f12} / G_m) + \xi} \qquad (6-8)$$

式中，G_{f12}、G_m 和 G_{12} 分别是纤维、基体和层压板的纵向剪切模量。

横向剪切性能使用应力分离参数技术被解决（Barbaro，1999），如下

$$G_{23} = G_m \frac{V_f + \eta_{23}(1 - V_f)}{\eta_{23}(1 - V_f) + V_f G_m / G_{f12}}$$

$$\eta_{23} = \frac{3 - 4\nu_m + G_m / G_{f12}}{4(1 - \nu_m)} \qquad (6-9)$$

面外泊松比（ν_{23}）被定义（Yang，1990）为

$$\nu_{23} = V_f \nu_{f23} + V_m (2\nu_m - \nu_{21}) \qquad (6-10)$$

式中，ν_{f23} 是纤维的面外泊松比。

许多性能难以测量，并且面外性能常常是假设性的。出于严格的设计考虑，设计师必须按照既定的方法生产和测试样品薄片并进行现场情况下的最终产品测试。

6.7.2 层结构和宏观力学

编织复合材料模拟的讨论如果没有论及其他基础概念则是不完全的，例如，层结构和宏观力学，这些在许多文章（Agarwal 等，2006）和《航空航天工程》这本书中的"纤维增强层压板"章节中都被定义了，因此在这里不再赘述。层结构的重要性在于评估形成编织复合材料单胞层压板轴外载荷的影响，编织织物中纱线的路径不像大多数工作主体呈现的那么简单。由显微计算机断层扫描（微型 CT）重建的管状复合材料编织物着色图像（见图 6-13），可清楚地显示出纱线内部的纤维。并且，与模拟假设相反，纱线没有确定地形成一个平滑的简单横截面，为了模拟的目的在生产或重复生产期间复制。此外，纱线横截面是典型的扁豆形的（见图 6-14），简单而言，虽然大多数模型（Mouritz 等，1999；Pickett 等，2009；Naik 和 Shembekar，1992）已经假设当纱线解开时是矩形的或椭圆形的，并且在波动区域遵循一个简单的正弦曲线路径，近来的工作已经确定了这样的几何学假设结果（Cheung 和 Carey，2015）。采用展开技术也可以清楚地看到，在编织管中纱线路径不是统一或不变的。层结构和宏观力学加工说明了纱线路径，适当的纱线路径和纱线横截面对于适当的简化 2D 管状编织复合材料模型（见图 6-13）或更复杂的 3D 结构件是重要的。

| (a) | (b) |

图 6-13 (a) 从微 CT 图像重构的管状编织物透视图；(b) 跟踪纱线路径的展开图

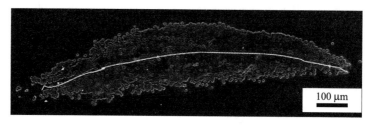

图 6-14 编织管 SEM 显示了一个单独的重叠区域，白线为显示纱线上部和底部的手工组合线。
每一个纱线横截面是近扁豆形的（20.0 kV，40 倍放大）

宏观力学允许发展由单胞或多层结构组成的层压板的结构方程，例如，图 6-14 中的扫描电镜（SEM）显示了编织物中的重叠纱线，这些重叠区域必须用宏观力学来处理。

6.7.3 编织复合材料弹性性能

在 Ayranci 和 Carey（2008）的论文中，回顾了许多不断发展的用来确定编织复合材料弹性性能的模型，此外，原来很多用于机织织物复合材料的模型，都针对编织复合材料进行了改进。对于 2D 和 3D 编织复合材料有很多分析和数值预测模型，其中数值模型（Pickett 等，2009；Tang 等，2003；Goyal 等，2005；Potluri 和 Manan，2007；Lomov 等，2007；Tsai 等，2008）计算量是繁重的，反之分析模型可提供正确的结果，并且是较快的解决办法。有限元模型在二维或三维方面分析纺织品材料是最有力的方法，但更适合强度预测方法。（Falzon 等，1993）。然而，它们的复杂性经常限制它们的适用性，每一个应用都要求一个新模型，而新模型都需要花费多年来发展完善。

分析模型专注于确定单个单胞性能，单个单胞被假设代表了由大量这些单胞组成的宏观结构的行为（Ayranci 和 Carey，2008），例如有限单胞模型（FCM）等模型（Head 等，1989；Nakai 等，1995）经常简化结构直到最简单的单元为止。如一个纤维束，可以作为一个纵向纤维和斜纹树脂桁架杆件组成的 3D 结构进行模拟。

　　Ko 等人（Ko 等，1986；Pastore 等，1986）提出的先进织物几何学模型（FGM）是一个基本的有限元模型方法，类似于 FCM 的基础结构，定义了刚度。总的来看，FGM 基模型预测弹性常数似乎具有正确性，但是，这个方法不能精确模拟波形纱线。

　　Ishikawa 和 Chou（1983，1982）修改了经典层压板理论（CLPT），用于预测平面层压复合材料的平面性能，以预测编织复合材料的刚度和强度行为。相比于规则的层压板，机织织物结构有波动，这个波动问题在 CLPT 中没有被解决，于是他们开发了两个相关模型来解决此问题：嵌入式模型，一种通过组装不对称交错层压板来模拟波动的最简化方法；以及纤维波动模型，这个模型改进了有限元分析（FEA）的单角度方法，且通过使用正弦函数来模拟纱线波形来解决连续性和波动性问题。Naik 和 Shembekar（Naik 和 Shembekar，1992a，b；Shembekar 和 Naik，1992）按照这项工作解决了 Ishikawae Chou 模型的缺点，将一维分析扩展到二维。Naik 和 Ganesh（1995）发现用正弦曲线方法模拟波动路径更好。Naik（1996）是最早在一个名为 TEXCAD 的程序中实施此类分析的人之一，该程序使用 CLPT 预测 2D 三轴编织复合材料的 3D 刚度。Carey 等人（Carey 等，2003；Ayranci 和 Carey，2010；Swanek 和 Carey，2006）开发了基于 CLPT 的模型来计算菱形编织复合材料的弹性性能。

　　Redman 和 Douglas（1993）发展了一个基于"CLT/混合原则"的模型，每一根偏移纤维刚度被独立分析，然后组合获得结构的整体刚度。Redman 模型假设了一个单独的波动角度和开口啮合。表 6 - 5 提供了过去多年来评估过的方法信息，但这里绝不意味着反映了所有模型或提供了所有信息，仅仅适合作为快速指导。

　　在本节中，会重点讲解一个为菱形编织单胞单元复合材料设计使用的分析模型路线图，这个分析模型提供了十分正确的结果（Carey 等，2003）。这个模型能适合其他相同工艺的单胞构型，同时该模型是非常充分的，且主要依赖于精确的单胞几何外形、纤维体积分数、纤维纵向弹性模量 E_{f11}、树脂纵向弹性模量 E_m 和剪切模量 G_m。所有其他的组成属性对预测的影响很小，这个模型的详细情况和发展在早期的工作中可以找到（Carey 等，2003，2004）。

　　在后续这些通用模型的开发中使用了以下简化方法（Carey 等，2004）。第一，实际纱线横截面形状随着制造方法而变化，对这项工作，假设纱线具有由纱线宽度 W_y 和湿纱线厚度 h_c 描述的不变矩形横截面，在单胞单元内，更进一步假设纱线是平行的。第二，纱线波动几何学被定义如下：纤维方向被假设倾向于与水平轴夹角 β 有关，并且纱线路径被假设遵循余弦函数，单向纱线的矩形横截面倾向于并且一直垂直于纤维，纱线外缘波动呈正弦函数。第三，矩形横截面倾向于与基础面夹角 ϕ（扭转角）有关，扭转角 ϕ 在这个方法中是被忽略的。

　　对于一个传统的多层层压板，纵向弹性模量和剪切模量用下列方式确定。假设中段面膜的应变为 ε^0 和曲率为 k^0，层压板应力-应变关系如下

表6-5 编织物模型的核心模拟方法比较 (Falzon et al., 1993; Ko et al., 1986; Pastore et al., 1986; Ishikawa and Chou, 1983, 1982; Nakai et al., 1996)

方法	织物类型	模型基础	分析结果和试验结果比较	优点	缺点
有限单元模型(FCM)和有限元铺设方法	• 3D或2D • 任何织物类型	• 必须计算均一性能，用细观力学或层压板理论 • 多级模拟 • 基于织物单胞概念和结构构架分析 • 作为3D空间构架构处理 • 虚拟工作原理 • 节转换 • 应变量考虑	• 对织物，Nastran软件：上界对纵向和横向模量显示出良好的一致性 • 低估平面内剪切模量 • 主泊松比50%差异 • 编织管体扭转结果差	• 最适用于强度分析 • 所有载荷类型	• 长度加工 • 复杂的设计 • 存储量大
织物几何模型(FGM)和角铺设波动模型	• 3D • 编织物 • 机织物	• 用Hooke法则和转换成常规坐标计算每一根纱线的刚度 • 纱线体积分数决定每一根纱线的影响水平 • 整体结构刚度是所有体积加权刚度分量的总和	对机织物： • 纵向和横向模量结果良好 • 平面内剪切模量良好 • 主泊松比50%差异 • 提供其他性能值，但不进行比较	• 简单的分析 • 对刚度预测相当精确 • 适合于复杂体系结构	• 不能提供模拟单胞的可能性 • 不适合强度分析
经典层压板理论(CLPT)		• CLPT假设在单胞中段平面有一致的膜应变和一致的曲率 • 层之间完美胶接		• 简单 • 提供要求的E和G	• 没有穿过厚度的性能
Mosaic模型	2b-双轴机织织物	通过层压板正交方向忽略连续变形的截面理想化纤维纤维波形(Munro and Fahim,1995；Yang,1990)	• 对机织织物，上界对机织织物的纵向和横向模量显示出良好的一致性 • 低估平面内剪切模量 • 低估泊松比 • 不能预测其他性能	• 简单	• 仅仅提供面内性能，没有穿过厚度的性能，有单胞代表性差 • 单胞松比 • 对所有载荷类型计算大简单
纤维波动模型	• 3D • 机织物 • 编织物	• 考虑波动区域影响的CLPT		• 清楚地定义单胞	• 仅仅提供面内性能 • 没有穿过厚度性能 • 不能预测失效

$$\left\{ \begin{matrix} N \\ M \end{matrix} \right\} = [S] \cdot \left\{ \begin{matrix} \varepsilon^0 \\ \kappa^0 \end{matrix} \right\} \qquad (6-11)$$

式中

$$[S] = \begin{bmatrix} A & B \\ B & D \end{bmatrix} \qquad (6-12)$$

式中的 N 和 M 分别是应力和力矩的结果，单位分别用 GPa·m 和 GPa·m^2。A、B 和 D 是平面应力 3×3 矩阵，分别称作单胞单元构型的外延刚度矩阵、耦合刚度矩阵和弯曲刚度矩阵。简而言之，它们分别是：外延矩阵定义了轴向刚度，弯曲矩阵定义了主要弯曲和扭转效应，耦合矩阵定义了拉伸和弯曲效应对结构的曲率和结构的纵向变形的影响。

　　构建 A、B 和 D 矩阵是最耗时间的模拟过程任务，并且很大程度上依赖于创建适合的单胞几何学边界。一个简单的平的编织织物单胞方法在 Carey 等（2003）的文章中被详细描述；对编织管解决纱线弯曲和可变纱线厚度的一个类似的方法在 Ayranci 和 Carey（2010）的文章中也被描述。为了每一个单胞单元区域，发展了 A、B 和 D 矩阵。在 Carey 等（Carey 等，2003，2004，2005；Ayranci 和 Carey，2010，2011）的文章中，每个 2D 编织复合材料单胞单元有 13 个区域：5 个重叠或交叉纱线区域，4 个考虑开口啮合和闭合啮合构型情况的纯树脂区域，4 个波动纱线区域。[A]、[B] 和 [D] 是为了 13 个区域中的每一个建立的 3×3 矩阵，如下

$$[A] = \int_x \left(\int_y \left(\int_z [\bar{Q}] \, dz \right) dy \right) dx$$

$$[B] = \int_x \left(\int_y \left(\int_z [\bar{Q}] \cdot z \, dz \right) dy \right) dx$$

$$[D] = \int_x \left(\int_y \left([\bar{Q}] \cdot z^2 \, dz \right) dy \right) dx \qquad (6-13)$$

式中，$[\bar{Q}]$ 是单胞单元并列体系中的树脂层或纤维复合材料纱线的刚度矩阵，基于面积加权方案将矩阵相加。通过 13 个区域几何学 6～12 中的综合边界被定义，与 Carey 等（2003）文章中的一样。交叉区域用 CLPT 定义，纱线波动作为余弦函数详细定义，数字模型在数值积分每一个点用 CLPT 局部解被用来评价 A、B 和 D 超过波动长度的矩阵积分。

　　层压板的纵向弹性模量和剪切模量，在球形 x、y 和 z 坐标系统中建立如下关系式

$$E_x = \frac{1}{\alpha_{11} t}$$

$$G_{xy} = \frac{1}{\alpha_{66} t} \qquad (6-14)$$

式中，α_{11} 和 α_{66} 依从矩阵 $[C]$ 被建立，是刚度矩阵 $[S]$ 的逆矩阵；t 是编织复合材料的厚度。

　　在此类分析模型中，存在许多关于是否需要对纱线起伏路径（见图 6-15）进行适当建模的问题。图 6-16 显示出三个方法之间的不同：一般采用的正弦曲线模型，一个波动

角固定为 45°的模型和一个基于通过纱线高度和距离波动角是常数的模型。正弦曲线模型的结果比另外两个大。此外，实验结果显示与正弦曲线路径模型的结果匹配良好。图 6 - 11 显示了编织织物和层压板之间的不同。

图 6 - 15　沿着波动编织织物长度测量的编织物波动（卷曲）角 β

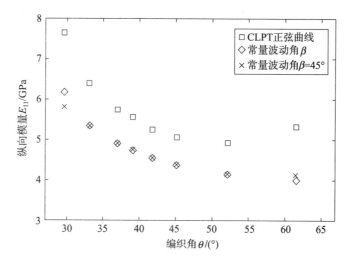

图 6 - 16　波动区域纱线路径三个模型的波动区域的纵向弹性模量比较

6.7.4　强度和失效

　　编织复合材料强度对航空航天工业和其他领域的构件的正确设计是至关重要的，与具有生产可变性和不一致的材料的所有设计方法一样，失效理论必须与严格的安全因素的选择相结合。由于编织复合材料结构件的复杂性，很少有工作研究它们的失效。对于分析模型，推荐使用保守方法，适度的保守方法由基于 CLPT 模型在该节中对于编织复合材料早期开发的模型组成，与第一层失效分析或 Tsai - Wu 分析相结合（Jones，1998）。

　　对于复合材料最常使用的失效准则中的一种是 Tsai - Wu 失效准则，假设一个层已经失效条件

$$F_1 \sigma_1 + F_2 \sigma_2 + F_6 \tau_{12} + F_{11} \sigma_1^2 + F_{22} \sigma_2^2 + F_{66} \tau_{12} + 2F_{12} \sigma_1 \sigma_2 < 1 \qquad (6-15)$$

被违反。该标准要求感兴趣区域在失效方面的压缩强度和拉伸强度，在这样的分析中，确定编织复合材料中首先发生失效的位置至关重要。例如，在 2D 编织复合材料情况下，波动区域处于临界状态，这部分地是由于它们的轴外几何外形，引起包括轴向、弯曲和剪切载荷 s 的组合载荷条件。此外，这些区域拥有较大的含有初始裂纹的纯树脂体积，从而使波动纱线变形和失效，然后在重叠纱线区域的纱线之间产生剪断效应。因此，为了确定 2D 编织复合材料的保守的失效行为，建议与失效准则相关的初始强度值是形成单胞和基

体起伏区域的倾斜层的强度值。

通过独立施加与各种材料强度相等的应力，可以通过对典型单向层压板的试验建立常量 F_1、F_2、F_6、F_{11}、F_{22} 和 F_{66}，通过波动角利用层结构被转换。给出每一个常量的表示式如下

$$F_1 = \frac{1}{\sigma_{1,\text{ult}}^T} + \frac{1}{\sigma_{1,\text{ult}}^C} \tag{6-16}$$

$$F_2 = \frac{1}{\sigma_{2,\text{ult}}^T} + \frac{1}{\sigma_{2,\text{ult}}^C} \tag{6-17}$$

$$F_6 = 0 \tag{6-18}$$

$$F_{11} = -\frac{1}{\sigma_{1,\text{ult}}^T \sigma_{1,\text{ult}}^C} \tag{6-19}$$

$$F_{22} = -\frac{1}{\sigma_{2,\text{ult}}^T \sigma_{2,\text{ult}}^C} \tag{6-20}$$

$$F_{66} = \frac{1}{\tau_{12,\text{ult}}^2} \tag{6-21}$$

其中，强度是由起皱纱线组成的层压板的极限纵向拉伸强度（$\sigma_{1,\text{ult}}^T$）、极限纵向压缩强度（$\sigma_{1,\text{ult}}^C$）、极限横向拉伸强度（$\sigma_{2,\text{ult}}^T$）、极限横向压缩强度（$\sigma_{2,\text{ult}}^C$）和极限面内剪切强度（$\tau_{12,\text{ult}}$）。极限压缩强度包含了作为负值的压缩强度，要在各种失效准则中使用这些强度值，必须首先将施加到层的应力转换为它们在局部坐标系中的相应分量。

F_{12} 常量需要一个设置条件 $\sigma_1 = \sigma_2 = \sigma_3$ 的二轴测试，尽管其他应力设置为 0，但可以通过如下方程被确定

$$F_{12} = \frac{1}{2\sigma^2}\left[1 - \left(\frac{1}{\sigma_{1,\text{ult}}^T} + \frac{1}{\sigma_{1,\text{ult}}^C} + \frac{1}{\sigma_{2,\text{ult}}^T} + \frac{1}{\sigma_{2,\text{ult}}^C}\right)\sigma + \left(\frac{1}{\sigma_{1,\text{ult}}^T \sigma_{1,\text{ult}}^C} + \frac{1}{\sigma_{2,\text{ult}}^T \sigma_{2,\text{ult}}^C}\right)\sigma^2\right]$$

$$\tag{6-22}$$

Tsai - Wu 和其他方法在许多文章中已经被详细介绍。在开口啮合编织物情况中，失效机理似乎大多数受基体开裂支配，同样地，简单的 Mises 失效准则或 Mohr Ⅱ 失效准则可能是足够的（Hu 等，2000），在文献中没被发表的工作已经被发现可以确证或推翻这个假设，然而，关于开口啮合编织复合材料弹性性能的工作证实了基体支配的行为（Carey 等，2005）。

有限元方法也已经用于模拟编织复合材料构件的强度，一篇综述（Fang 和 Liang，2011）报道了关于 3D 编织纺织品复合材料的分析模型，强调了细观结构对于分析 3D 编织复合材料力学行为的重要性。Zhang 等人（2014）开发了一个对于单层三轴编织复合材料的中间尺度失效模型；Jiang 等人（2014）开发了一个对于 3D 编织复合材料的热机械有限元模型；Lu 等人（2014）开发了一个对于 3D 全五向编织复合材料中间结构的非线性有限元模型。尽管试验结果通常准确，但是这些模型需要大量的计算，且经常仅仅可应用于单一结构件或工况（Zhou 和 Zhuang，2013）。

6.7.5　疲劳行为

在评估编织复合材料的疲劳行为方面做得很少，这是一个需要高度关注的新兴领域。循环加载会降低所有编织复合材料体系结构的性能，高应力集中区域，也就是那些有大波动角的区域，主要影响编织复合材料的疲劳行为（Wu 等，2014）。

从程序上来说，疲劳行为最好用数字模型来评估，这需要精确的宏观、中观和微观几何学的发展对过程进行评定。Fang 和 Liang（2011）评论强调在分析 3D 编织复合材料疲劳行为中中观结构的重要性，这样的发现也适用于 2D 编织复合材料，每一股纱或单向层压板中的应力在整体结构中必须用数字模型评估。临界应力状态的纱线被比喻为疲劳失效准则，例如由 Petermann 和 Plumtree（2001）提出的基于能量的准则或其他标准。

与本章中描述的一样，2D 编织复合材料的疲劳行为不同于角铺设层压复合材料（Tate 等，2006）的疲劳行为。它是由 Tate 等人（2006）建立的，在 AS4 -环氧树脂 2D 编织复合材料的情况下，疲劳寿命可以利用 S 形曲线模拟，这个发现是重要的，并且提出了一个简单的方法来确定编织复合材料的疲劳行为，他们提出疲劳与极限强度比与循环次数的关系曲线（ S - N 曲线）如下所示

$$\frac{S_f}{S_u} = \frac{A_1 - A_2}{1 + \mathrm{e}^{(\log_{10} N) - \frac{x_0}{\mathrm{d}x}}} + A_2 \qquad (6-23)$$

式中，S_f 是编织复合材料的疲劳强度；S_u 是编织复合材料的极限强度；N 是循环数；

A_1，A_2，x_0 和 $\mathrm{d}x$ 是在方程中的曲线拟合参数：A_1 和 A_2 提供可应用的强度比范围，A_1 为 1，因为它是一个周期的强度，A_2 是通过实验方法确定的耐久强度对极限强度比，x_0 是在 S_f/S_u 比是 A_1 和 A_2 的平均情况下的 x 值，S_f/S_u 比，$\mathrm{d}x$ 描绘 S 形曲线的斜率。后续同样开展了对于编织和其他纺织品复合材料的类似工作（Kelkar 等，2006），结果发现编织角是非常易受影响的。

Goyal 和 Whitcomb（2008）使用基于 Hill 屈服函数的正交各向异性材料的两尺度建模方法来评估不同的双轴编织组合。他们的研究结果表明，玻璃纤维编织织物丝束可能比几何相似编织物的碳编织物丝束更容易引发疲劳损伤。

一些工作已经使用数值方法来改进在各种载荷条件下（Wu 等，2014；Wu 和 Gu，2014）3D 编织结构设计的疲劳性能，这些工作显示了一系列结果，突出了对特定案例建模的需求。

本节中一个至关重要的教训是当利用基于模拟的工作确定满足设计规范的编织复合材料结构时，必须进行实验工作来校验。在本节中按照规定，如果编织制造工艺没有被仔细开发，并且，如果质量控制没有用在每一个步骤，编织制造工艺可能是不准确的。因此，在航空航天或其他结构件中采用任何构件之前，编织构件必须经受严格的和标准的实验测试。

6.8　连接技术

直接从编织织物大量生产大型构件是不切合实际的，并且将是非常昂贵的。为了在实际应用中有用，编织复合材料必须与其他构件连接。由于单胞单元交错构型配置，编织织物对连接各种构件是有明确的价值的。在生产过程中，通过适当的设计和规划，可以创建铆钉或连接孔。关于编织复合材料开槽的工作显示应力分布和失效响应，这具有宝贵的优势。Gause 和 Alper（1987）的文章显示在结构中拉伸强度不随着开孔而降低，发现剪切强度和横向强度以及横向刚度性能比传统的层压板复合材料低。编织复合材料拉伸疲劳性能类似于层压板的，但是压缩疲劳性能较低。一项研究检查了编织物复合材料中的集成孔（即，在制造过程中形成的孔周围有纱线）与加工到编织物样品中的孔之间的差异，发现在集成孔的情况下有较高的静态强度和疲劳强度（Ohki 等，2000）。这些发现在预期范围内，因为机加工孔会引起局部损伤，当加载时局部损伤会对结构发生影响。因而，在实际条件中，当设计中包括编织复合材料时，无论是用于航空航天还是其他用途，都需要将孔作为设计和制造加工零部件的一部分。

6.9　应用

2D 和 3D 编织材料和工艺已经被广泛用在航空航天工业中（Baker 等）。2D 编织物可以用于增强许多零部件，如飞机输送管、机身 J 梁和直升机旋翼（Baker 等）；一个用碳纤维编织复合材料包裹增强的 3D 互锁臂（Staff，2012）；编织碳纤维结构件正在被考虑用于飞机内饰（Calvert，2009）。然而，3D 编织零部件在一些领域中的应用没有任何报道，但是为了实证的意义，C-、J-和 T-部件蒙皮和其他构件已经被成功制造并被记录在案（Baker 等）。基于这样成功的概念性构件，航空航天中编织物的缓慢起步是令人困惑的。近来工业性的焦点工作对 2D 和三轴编织复合材料（Kelkar 和 Whitcomb，2009）使用提供了有价值的观点，这种复合材料用树脂传递模塑（RTM）和真空辅助 RTM 浸渍，用于小型商务喷气机工业和其他应用（Roberts 等，2009）。通用电气飞机发动机公司的工程师探索了飞机开发中大规模使用的大型编织机（Braley 和 Dingeldin，未出版）。

航空航天领域编织技术最前沿的公司是 A&P 技术公司，许多飞机零部件使用编织复合材料重新进行了设计（见图 6-17），霍尼韦尔（Honeywell）喷气机发动机定子叶片由 A&P 技术公司生产，使用了被碳纤维编织物覆盖的芳纶编织层（A&P Technology，2014a）。A&P 技术公司也为 Bombardier 生产编织织物增强的机翼副翼（A&P Technology，2014b）。为了波音-787 和波音-747-8 的燃油效率、安静性和低发射喷气发动机，GENx 的风机机匣正在被开发，由 A&P 技术公司使用各向同性的编织织物样式来生产，这提供了"比其他材料更好的冲击和更好的疲劳性能，同时缩短了制造时间"（A&P Technology，2014c）。

(a) Bombardier机翼副翼

(b) 喷气发动机定子叶片

(c) Genx涡轮机风机机匣

图 6-17 在航空航天工业中 A&P 技术公司编织复合材料的使用（图像由 A&P 技术公司提供）

　　空客在飞机产品中近来的发展已经聚焦于利用编织碳纤维增强聚合物的 A350-1000 桁架上（Gardiner，2012），预计在 2017 年服役（Airbus，2015）。最初选择这个工艺是因为它的低风险和高自动化水平，以及在欧洲航空防御和航天公司创新工作室（European Aeronautic Defence & Space Co. Innovation Works，EADS IW，Ottobrunn，Germany）开发的单轴编织方法（Stover 等，1971）。然而，在后续的发展中，空客决定在 A350-1000 中不包括编织框架，原因是尽可能在方法和零部件上与 A350-900 通用化（Galicia-Roquero，2015）。编织织物也已经在水泥增强体中看到了新的用途（Hajihosseini 等，2014），并且水泥被约束在一定范围（Dagher 等，2012）。这些在航空航天和工程结构件中令人兴奋的考虑和发展证明对编织复合材料有一个辉煌的未来。

补充材料来源和建议

　　编织复合材料已经开始在航空航天工业中有一定应用，然而，它们的使用仍然处于初期。编织复合材料已经被用在结构增强和生物医学工程应用中。一些公司，例如 A&P 技术公司和空客公司，已经使得这类材料的高价值贡献于这个领域，这些创新者将在航空航天领域示范更大的发现和技术进步。

　　在更多的编织复合材料使用可能发生之前，编织复合材料技术中更多数量的研究必须被投入。编织复合材料仍然是难以重复性生产的，制造技术和在线质量控制是需要的。在线预制体浸渍和固化必须被明显改进，以便编织物更好地与其他复合材料生产方法相竞争。

　　一旦制造完成，必须更好地了解编织复合结构的特性，并且必须更好地了解负载和变形以及短期和长期行为。各种编织结构单胞的材料性能必须被进一步评估，需要建立巨大的材料性能数据库。从简单的 2D 到更复杂的 3D 编织复合材料，需要发展改进的分析模型和数字模型以预测不同编织复合材料单胞的性能。改进的模型将降低航空航天领域中使用任何材料大规模测试的成本需求。尽管这些被要求的测试是明确的，基于充分的模拟能力的适当的设计方法学将减少早期测试的需要，允许改进零件设计并专注于末端产品的测试。文献中关于编织复合材料的疲劳行为和失效理论的模型很少。在这些问题得到解决之前，编织在航空航天领域的使用不太可能显著增加并挑战其他用途较少的复合材料。令人鼓舞的是，许多小组正在研究这些问题。

　　在下面列出了许多对于更详细编织复合材料和它们在航空航天应用的使用研究有兴趣的启蒙性工作。Dr Frank Ko 是这个领域的先驱之一，他的书与 Dr C. Pastore 和 Head（Head 等，1989）是这个领域中被引用最多的。由 Sohel Rana 和 Raul Fangueiro（CRC Press，2015，8 月）撰写的书《编织结构件和复合材料：生产、性能、力学和技术应用》，是一个关于这个主题的优秀信息资源。在一本复合材料百科全书（Carey 和 Ayranci，2012）中的两章，与早期由 Yang（1990）撰写的版本一样，简明地提供给读者许多关于编织复合材料的基础信息。最后，下面这本书将是一个启蒙性的编织复合材料手册：Carey JP（作者，编辑）等，《先进 2D 和 3D 编织复合材料手册：理论、生产、测试和应用》，Woodhead 出版社，Elsevier，2016。

参 考 文 献

[1] Ayranci, C., Carey, J., 2008. 2D braided composites: a review for stiffness critical applications. Composite Structures 85 (1), 43–58. http://dx.doi.org/10.1016/j.compstruct.2007.10.004.

[2] Ayranci, C., Carey, J. P., 2011. Experimental validation of a regression–based predictive model for elastic constants of open mesh tubular diamond–braid composites. Polymer Composites 32 (2), 243–251.

[3] Ayranci, C., Carey, J. P., 2010. Predicting the longitudinal elastic modulus of braided tubular composites using a curved unit–cell geometry. Composites Part B: Engineering 41 (3), 229–235.

[4] Ahmadi, M. S., Johari, M. S., Sadighi, M., Esfandeh, M., 2009. An experimental study on mechanical properties of GFRP braid–pultruded composite rods. Express Polymer Letters 3 (9), 560–568.

[5] Alagirusamy, R., Fangueiro, R., Ogale, V., Padaki, N., 2006. Hybrid yarns and textile preforming for thermoplastic composites. Textile Progress 38 (4), 1–68.

[6] Agarwal, B. D., Broutman, L. J., Chandrashekhara, K., 2006. Analysis and Performance of Fiber Composites.

[7] A&P Technology, 2014a. Honeywell Jet Engine Stator Vane. Available: http://www.braider.com/Case–Studies/Jet–Engine–Stator–Vane.aspx.

[8] A&P Technology, 2014b. Bombardier Wing Flap. Available: http://www.braider.com/Case–Studies/Bombardier–Wing–Flap.aspx.

[9] A&P Technology, 2014c. GEnx Engine. Available: http://www.braider.com/Case–Studies/GEnx–Engine.aspx.

[10] Airbus, 2015. Airbus A350–1000. Available: http://www.airbus.com/aircraftfamilies/passengeraircraft/a350xwbfamily/a350–1000/.

[11] Baker, A., Dutton, S., Kelly, D., Composite Materials for Aircraft Structures (second ed.). Available: http://app.knovel.com/hotlink/toc/id:kpCMASE001/composite–materials–aircraft/composite–materials–aircraft.

[12] Brunschweiler, D., 1953. Braids and braiding. Journal of the Textile Institute Proceedings 44, 666–686.

[13] Barbaro, E. J., 1999. Introduction of Composite Materials Design. Taylor and Francis, Philadelphia, PA.

[14] British Plastics Federation, 2015. Polypropylene (PP). Available: http://www.bpf.co.uk/plastipedia/polymers/PP.aspx.

[15] Brown, R. T., Crow Jr., E. C., 1992. Automatic through–the–thickness braiding. In: Presented at International SAMPE Symposium and Exhibition.

[16] Braley, M., Dingeldin, M. Advancements in Braided Materials Technology. Unpublished.

[17] Calvert, T., June 22, 2009. Braided fabrics for aircraft interiors use carbon reinforced PPS tapes.

Available：http：//www. reinforcedplastics. com/view/2263/braided – fabrics – for – aircraft – interiors – use – carbon – reinforced – pps – tapes/.

[18]　Carey，J.，Ayranci，C.，2012. Processing and performance of braided composites. In：Nicolais，L.，Borzacchiello，A.（Eds.），Wiley Encyclopedia of Composites. John Wiley & Sons，New Jersey，pp. 2427 – 2437.

[19]　Carey，J.，Munro，M.，Fahim，A.，2005. Regression – based model for elastic constants of 2D braided/woven open mesh angle – ply composites. Polymer Composites 26，152 – 164.

[20]　Carey，J.，Munro，M.，Fahim，A.，2003. Longitudinal elastic modulus prediction of a 2 – D braided fiber composite. Journal of Reinforced Plastics and Composites 22（9），813 – 831.

[21]　Carey，J.，Fahim，A.，Munro，M.，2004. Predicting elastic constants of 2D – braided fiber rigid and elastomeric – polymeric matrix composites. Journal of Reinforced Plastics and Composites 23（17），1845 – 1857.

[22]　Chou，T. W.，1992. Microstructural Design of Fiber Composites. Cambridge University Press，Cambridge.

[23]　Crane，R. M.，Camponeschi Jr.，E. T.，1986. Experimental and analytical characterization of multidimensionally braided graphite/epoxy composites. Experimental Mechanics 26（3），259 – 266.

[24]　Cheung，B. K. O.，Carey，J.，2015. Measurement and validation of yarn geometry assumptions through digital image correlation. In：TEXCOMP – 12 Conference，26 – 29 May 2015，Raleigh，NS，USA.

[25]　Dagher，H. J.，Bannon，D. J.，Davids，W. G.，Lopez – Anido，R. A.，Nagy，E.，Goslin，K.，2012. Bending behavior of concrete – filled tubular FRP arches for bridge structures. Construction and Building Materials 37，432 – 439.

[26]　Du，G. W.，Popper，P.，1994. Analysis of a circular braiding process for complex shapes. Journal of the Textile Institute 85（3），316 – 337.

[27]　Evans，K. R.，Carey，J. P.，2013. Feasibility of a braided composite for orthotropic bone cast. The Open Biomedical Engineering Journal 7，9.

[28]　Falzon，P. J.，Herszberg，I.，Baker，A. A.，1993. Stiffness analysis of textile composites. In：Presented at National Conference Publication – Institution of Engineers，Australia.

[29]　Fang，G.，Liang，J.，2011. A review of numerical modeling of three – dimensional braided textile composites. Journal of Composite Materials 45（23），2415 – 2436.

[30]　Gutowski，T. G.，1997. Advanced Composites Manufacturing. John Wiley & Sons，Inc.

[31]　Gause，L. W.，Alper，J. M.，1987. Structural properties of braided graphite/epoxy composites. Journal of Composites Technology and Research 9（4），141 – 150.

[32]　Goyal，D.，Tang，X.，Whitcomb，J. D.，Kelkar，A. D.，2005. Effect of various parameters on effective engineering properties of 2 × 2 braided composites. Mechanics of Advanced Materials and Structures 12（2），113 – 128.

[33]　Goyal，D.，Whitcomb，J. D.，2008. Effect of fiber properties on plastic behavior of 2 × 2 biaxial braided composites. Composites Science and Technology 68（3 – 4），969 – 977.

[34]　Gardiner，G.，2012. Airbus A350 UpdateL BRaF & FPP. Available：http：//www. compositesworld. com/articles/airbus – a350 – update – braf – fpp.

［35］ Galicia - Roquero，E.，February 6，2015. Personal Email，Airbus Media Relations.

［36］ Head，A. A.，Ko，F. K.，Pastore，C. M.，1989. Handbook of Industrial Braiding. Atkins and Pearce.

［37］ Harte，A. M.，Fleck，N. A.，2000a. Deformation and failure mechanisms of braided composite tubes in compression and torsion. Acta Materialia 48 (6)，1259 - 1271.

［38］ Harte，A.，Fleck，N. A.，2000b. On the mechanics of braided composites in tension. European Journal of Mechanics - A/Solids 19 (2)，259 - 275. http：//dx. doi. org/10. 1016/S0997 - 7538 (99) 00164 - 3.

［39］ Huang，Z. M.，Teng，X. C.，Ramakrishna，S.，2005. Fatigue behaviour of multilayer braided fabric reinforced laminates. Polymers and Polymer Composites 13 (1)，73 - 81.

［40］ Halpin，J.，1969. Effects of Environmental Factors on Composite Materials. Tech. Rep. AFML - TR - 67 - 423.

［41］ Hu，Y.，Xia，Z.，Ellyin，F.，2000. Mechanical behaviour of an epoxy resin under multiaxial loadings. Part I：experimental study. Polymers and Polymer Composites 8 (1)，11 - 18.

［42］ Hajihosseini，A.，Ayranci，C.，Carey，J. P. R.，2014. Simulation of the rapid curing process for braid reinforced FRP rebar in braidtrusion process using a finite element analysis. In：Presented at International SAMPE Technical Conference.

［43］ Ivey，M. A.，Carey，J. P. R.，Ayranci，C.，2014. Braid reinforced polymeric rebar production and characterization. In：Presented at International SAMPE Technical Conference.

［44］ Ishikawa，T.，Chou，T. W.，1983. One - dimensional micromechanical analysis of woven fabric composites. AIAA Journal 21 (12)，1714 - 1721.

［45］ Ishikawa，T.，Chou，T. W.，1982. Stiffness and strength behaviour of woven fabric composites. Journal of Materials Science 17 (11)，3211 - 3220.

［46］ Jones，R. M.，1998. Mechanics of Composite Materials. CRC Press.

［47］ Jiang，L. L.，Xu，G. D.，Cheng，S.，Lu，X. M.，Zeng，T.，2014. Finite element analysis of thermo - mechanical properties of 3D braided composites. Applied Composite Materials 21 (2)，325 - 340.

［48］ Kamiya，R.，Cheeseman，B. A.，Popper，P.，Chou，T.，2000. Some recent advances in the fabrication and design of three - dimensional textile preforms：a review. Composites Science and Technology 60 (1)，33 - 47.

［49］ Kyosev，Y.，2015. 2 - patterning of braided products. In：Kyosev，Y. (Ed.)，Braiding Technology for Textiles. http：//dx. doi. org/10. 1533/9780857099211. 1. 29.

［50］ Kessels，J. F. A.，Akkerman，R.，2002. Prediction of the yarn trajectories on complex braided preforms. Composites Part A：Applied Science and Manufacturing 33 (8)，1073 - 1081.

［51］ Ko，F. K.，1987. Braiding. In：Engineered Materials Handbook Anonymous. ASM International，Metals Park，OH，pp. 519 - 528.

［52］ Ko，F. K.，1985. Developments of High Damage Tolerant，Net Shape Composites through Textile Structural Design.

［53］ Knoche，R.，Koch，D.，Tushtev，K.，Horvath，J.，Grathwohl，G.，Schmidt，S.，Beyer，S.，2006. Interlaminar properties of 2D and 3D C - C composites obtained via rapid - cvi for propulsion systems. In: Presented at European Space Agency, (Special Publication) ESA SP.

[54]　Kaynak, C. , Mat, O. , 2001. Uniaxial fatigue behavior of filament – wound glass – fiber/epoxy composite tubes. Composites Science and Technology 61 (13), 1833 – 1840.

[55]　Ko, F. K. , Yang, C. M. , Chou, T. , 1986. Structure and properties of multilayer multidirectional warp knit fabric reinforced composites. In: Composites' 86: Recent Advances in Japan and the United States, pp. 21 – 28.

[56]　Kelkar, A. D. , Tate, J. S. , Bolick, R. , 2006. Structural integrity of aerospace textile composites under fatigue loading. Materials Science and Engineering B: Solid – State Materials for Advanced Technology 132 (1 – 2), 79 – 84.

[57]　Kelkar, A. , Whitcomb, J. D. , 2009. Characterization and Structural Behavior of Braided Composites. US Department of Transportation. Tech. Rep. DOT/FAA/AR – 08/52.

[58]　Lomov, S. V. , Ivanov, D. S. , Verpoest, I. , Zako, M. , Kurashiki, T. , Nakai, H. , Hirosawa, S. , 2007. Meso – FE modelling of textile composites: road map, data flow and algorithms. Composites Science and Technology 67 (9), 1870 – 1891.

[59]　Lu, Z. , Wang, C. , Xia, B. , 2014. Failure mechanisms analysis and simulation to tensile mechanical behaviors of 3D full five – directional braided composites with interface phase. Fuhe Cailiao Xuebao/Acta Materiae Compositae Sinica 31 (1), 179 – 186.

[60]　Munro, M. , Fahim, A. , 1995. Comparison of helical filament winding and 2D braiding of fiber reinforced polymeric components. Materials and Manufacturing Processes 10 (1), 37 – 46.

[61]　Malkan, S. R. , Ko, F. K. , 1989. Effect of fiber reinforcement geometry on single – shear and fracture behavior of three – dimensionally. Journal of Composite Materials 23, 798 – 818.

[62]　Mouritz, A. P. , Bannister, M. K. , Falzon, P. J. , Leong, K. H. , 1999. Review of applications for advanced three – dimensional fibre textile composites. Composites Part A: Applied Science and Manufacturing 30 (12), 1445 – 1461.

[63]　Matweb, 2015a. E – GlassFiber, Generic. Available: http: //www. matweb. com/search/DataSheet. aspx? MatGUID=4d9c18047c49147a2a7c0b0bb1743e812.

[64]　Matweb, 2015b. S – Glass Fiber, Generic. Available: http: //www. matweb. com/search/DataSheet. aspx? MatGUID=6eb41a1324834878a1524129d915ca09.

[65]　Matweb, 2015c. DuPont Kevlar 29 Amarid Fiber. Available: http: //www. matweb. com/search/DataSheet. aspx? MatGUID=7323d8a43cce4fe795d772b67207eac8.

[66]　Matweb, 2015d. DuPont Kevlar 49 Aramid Fiber. Available: http: //www. matweb. com/search/DataSheet. aspx? MatGUID=77b5205f0dcc43bb8cbe6fee7d36cbb5.

[67]　Matweb, 2015e. DuPont Kevlar 149 Fiber. Available: http: //www. matweb. com/search/DataSheet. aspx? MatGUID=706f16a3a8be468284571dd36bbdea35.

[68]　Matweb, 2015f. Hexcel HexTow AS4 Carbon Fiber. Available: http: //www. matweb. com/search/DataSheet. aspx? MatGUID=d875685373f14f79b6ed7bf0d9adcab6.

[69]　Matweb, 2015g. Victrex PEEK 450G General Purpose. Available: http: //www. matweb. com/search/datasheet. aspx? MatGUID=ffc10b084c4e4dd6975438d9968e1292.

[70]　Munro, M. , Fahim, A. , 2000. Braiding of Fiber Composite Components (Course Notes for MCG 5180). Department of Mechanical Engineering, University of Ottawa.

[71]　Miller, A. H., Dodds, N., Hale, J. M., Gibson, A. G., 1998. High speed pultrusion of thermoplastic matrix composites. Composites Part A: Applied Science and Manufacturing 29 (7), 773 – 782.

[72]　Macander, A. B., Crane, R. M., Camponeschi Jr., E. T., 1986. Fabrication and mechanical properteis of multidimensionally (X – D) braided composite materials. In: Presented at ASTM Special Technical Publication.

[73]　Montesano, J., Fawaz, Z., Poon, C., Behdinan, K., 2014. A microscopic investigation of failure mechanisms in a triaxially braided polyimide composite at room and elevated temperatures. Materials and Design 53, 1026 – 1036.

[74]　Naik, N. K., Shembekar, P. S., 1992a. Elastic behavior of woven fabric composites: I – lamina analysis. Journal of Composite Materials 26 (15), 2196 – 2225.

[75]　Nakai, A., Fujita, A., Yokoyama, A., Hamada, H., 1995. Design methodology for a braided cylinder. Composite Structures 32 (1 – 4), 501 – 509.

[76]　Naik, N. K., Shembekar, P. S., 1992b. Elastic behavior of woven fabric composites: III – laminate design. Journal of Composite Materials 26 (17), 2522 – 2541.

[77]　Naik, N. K., Ganesh, V. K., 1995. An analytical method for plain weave fabric composites. Composites 26 (4), 281 – 289.

[78]　Naik, R. A., 1996. Analysis of woven and braided fabric – reinforced composites. ASTM Special Technical Publication 1274, 239 – 263.

[79]　Nakai, H., Hamada, Hoa, S. V., 1996. Influence of braiding structure on torsional properties of braided composite tube. American Society of Mechanical Engineers, Pressure Vessels and Piping Division. PVP 326, 125 – 130.

[80]　Ohki, T., Ikegaki, S., Kurasiki, K., Hamada, H., Iwamoto, M., 2000. Mechanical properties of flat braided composites with a circular hole. Journal of Engineering Materials and Technology: ASME 122 (4), 420 – 424.

[81]　Perez, J. G., Boitnott, R. L., Johnson, E. R., 2000. Tests of braided composite fuselage frames under radial inward load. In: Presented at Collection of Technical Papers—AIAA/ASME/ASCE/AHS/ASC Structures, Structural Dynamics and Materials Conference.

[82]　Pickett, A. K., Sirtautas, J., Erber, A., 2009. Braiding simulation and prediction of mechanical properties. Applied Composite Materials 16 (6), 345 – 364.

[83]　Potluri, P., Manan, A., 2007. Mechanics of non – orthogonally interlaced textile composites. Composites Part A: Applied Science and Manufacturing 38 (4), 1216 – 1226.

[84]　Pastore, C. M., Whyte, D. W., Soebruto, H., Ko, F. K., 1986. Design and Analysis of Multiaxial Warp Knit Fabrics for Composites.

[85]　Petermann, J., Plumtree, A., 2001. Unified fatigue failure criterion for unidirectional laminates. Composites Part A: Applied Science and Manufacturing 32 (1), 107 – 118.

[86]　Raju, I. S., Wang, J. T., 1994. Classical laminate theory models for woven fabric composites. Journal of Composites Technology and Research 16 (4), 289 – 303.

[87]　Rana, S., Zdraveva, E., Pereira, C., Fangueiro, R., Correia, A. G., 2014. Development of hybrid braided composite rods for reinforcement and health monitoring of structures. The Scientific

World Journal 2014. http：//dx. doi. org/10. 1155/2014/170187.

[88] Van Ravenhorst，J. H. ，Akkerman，R. ，2014. Circular braiding take - up speed generation using inverse kinematics. Composites Part a：Applied Science and Manufacturing 64，147 - 158.

[89] Redman，C. J. ，Douglas，C. D. ，1993. Theoretical prediction of the tensile elastic properties of braided composites. Presented at 38th International SAMPE Symposium.

[90] Roberts，G. ，Goldberg，R. ，Binienda，W. ，Arnold，W. ，Littell，J. ，Kohlman，L. ，2009. Characterization of Triaxial Braided Composite Material Properties for Impact Simulation. Tech. Rep. NASA/TM - 2009 - 215660.

[91] Stover，E. ，Mark，W. ，Marfowitz，I. ，Mueller，W. ，1971. Preparation of an Omniweave Reinforced Carbon - carbon Cylinder as a Candidate for Evaluation in the Advanced Heat Shield Screening Program. Tech. Rep. TR - 70 - 283.

[92] Swanek，D. ，Steven，S. ，Carey，J. ，2007. Braided composite materials for the production of lightweight，high rigidity golf shafts. Sports Engineering 10，195 - 208.

[93] Srikanth，L. ，Rao，R. M. V. G. K. ，2014. Strength and stiffness behaviour of braided and filament wound glass epoxy composites - simultaneous studies and comparison. Journal of Composite Materials 48（4），407 - 414.

[94] Shembekar，P. S. ，Naik，N. K. ，1992. Elastic behavior of woven fabric composites：II - laminate analysis. Journal of Composite Materials 26（15），2226 - 2246.

[95] Swanek，D. ，Carey，J. ，2006. Predicting the Elastic Properties of a 2D Conical Braided Composite. May 21 - 24. Canadian Society for Mechanical Engineering，Kananaskis.

[96] Staff，2012. JEC Europe 2012 Paris. Available：http：//www. compositesworld. com/articles/jec - europe - 2012 - paris.

[97] Toray Carbon Fibers America，2008. "T600S Data Sheet," Technical data sheet CFA - 004.

[98] Tolosana，N. ，Lomov，S. V. ，Miravete，A. ，2007. Development of a geometrical model for a 3D braiding unit cell based on braiding machine emulation. In：Finite Element Modelling of Textiles and Textile Composites，St - Petersburg，pp. 26 - 28，2007.

[99] Tate，J. S. ，Kelkar，A. D. ，Whitcomb，J. D. ，2006. Effect of braid angle on fatigue performance of biaxial braided composites. International Journal of Fatigue 28（10），1239 - 1247.

[100] Tang，X. ，Whitcomb，J. D. ，Goyal，D. ，Kelkar，A. D. ，2003. Effect of braid angle and waviness ratio on effective moduli of 2×2 biaxial braided composites. In：Presented at Collection of Technical Papers - AIAA/ASME/ASCE/AHS/ASC Structures，Structural Dynamics and Materials Conference.

[101] Tsai，K. H. ，Hwan，C. L. ，Chen，W. L. ，Chiu，C. H. ，2008. A parallelogram spring model for predicting the effective elastic properties of 2D braided composites. Composite Structures 83（3），273 - 283.

[102] Wang，Y. ，Zhao，D. ，2006. Effect of fabric structures on the mechanical properties of 3 - D textile composites. Journal of Industrial Textiles 35（3），239 - 256. http：//dx. doi. org/10. 1177/1528083706057595.

[103] Wu，L. ，Zhang，F. ，Sun，B. ，Gu，B. ，2014. Finite element analyses on three - point low - cyclic bending fatigue of 3 - D braided composite materials at microstructure level. International

Journal of Mechanical Sciences 84，41 - 53.

[104] Wu，L.，Gu，B.，2014. Fatigue behaviors of four - step three - dimensional braided composite material: a meso - scale approach computation. Textile Research Journal 84（18），1915 - 1930.

[105] Yang，J. M.，1990. Processing and performance of 3 - D composites. In: International Encyclopedia of Composites，4. Anonymous VCH Publishers，pp. 449 - 463.

[106] Yang，J. M.，1987. Analysis and Design of Three - dimensional Composites，EM87 - 832. Society of Manufacturing Engineers.

[107] Zhang，Q.，Beale，D.，Broughton，R. M.，1999. Analysis of circular braiding process，Part 1: theoretical investigation of kinematics of the circular braiding process. Journal of Manufacturing Science and Engineering: ASME 121（3），345 - 350.

[108] Zhang，C.，Binienda，W. K.，Goldberg，R. K.，Kohlman，L. W.，2014. Meso - scale failure modeling of single layer triaxial braided composite using finite element method. Composites Part A: Applied Science and Manufacturing 58，36 - 46.

[109] Zhou，L. D.，Zhuang，Z.，2013. Strength analysis of three - dimensional braided T - shaped composite structures. Composite Structures 104，162 - 168.

第7章　航空航天工程拉胀复合材料

Z. Wang，A. Zulifqar，H. Hu

（香港理工大学，香港九龙）

7.1　绪论

众所周知，大多数材料在纵向拉伸时会在横向收缩，在纵向压缩时会在横向膨胀，即具有正泊松比（PR），以常见的橡胶为例，拉伸时它会变薄。相反，有些特殊材料具有负PR（即在纵向拉伸时在横向膨胀，在纵向压缩时在横向收缩），这些材料具有负PR，也被称为"拉胀"（Evans等，1991），这个词源自希腊语auxetos，意为"那是可以增加的"。拉胀材料在岩石、矿物、皮肤等天然材料中可以找到，也可以被合成生产，迄今为止，已经制造了很多拉胀材料，包括如聚氨酯（Lakes，1987）、聚四氟乙烯（PTFE）（Caddock和Evans，1989）和超高分子量聚乙烯（Alderson和Evans，1992）等拉胀泡沫，如纤维（Ravirala等，2006，2005；Alderson等，2002）、纱线（Sloan等，2011）和织物（Wang和Hu，2014；Liu等，2010；Ge和Hu，2013；Ugbolue等，2011；Hu等，2011）等拉胀纺织品，拉胀复合材料等。

与传统材料相比，拉胀材料许多性能得到了提高。拉胀材料有较高的剪切模量，这使其具有较好的抗剪切性能。拉胀材料具有双曲度（同向）特性，也就是说，当固定一个曲面时，拉胀材料会形成圆顶形，而不是像传统材料那样形成马鞍形（反向）。拉胀材料提高了材料耐缺口性能和能量吸收性能，当传统材料受到冲击力时，材料从冲击力点流出，而拉胀材料受到冲击力时，则流向冲击力点，这使得拉胀材料更不易呈锯齿状开裂。拉胀材料还具有其他优点，如断裂韧性提高、抗裂纹扩展能力提高等。

由于拉胀材料具有改进的性能，拉胀复合材料比常规复合材料有更好的性能且有一些特殊的应用。在本章中将详细讨论拉胀复合材料及其应用，特别是在航空航天工程中的应用。

7.2　定义和概念

拉胀复合材料是一种具有负PR的特殊复合材料，在纵向拉伸时在横向膨胀，在纵向压缩时在横向收缩，它们可以由常规材料制成，如通过使用层压角铺设方法，在这种方法中，各层按特殊顺序铺叠，从而形成负PR。拉胀复合材料还可以由拉胀材料制成，例如通过使用具有不同几何形状、比例和性能的拉胀夹杂物使最终的复合材料具有拉胀特性。

7.3　优点和缺点

拉胀材料由于其具有拉胀行为因而具有许多优点。作为一种特殊的复合材料，它具有与其他复合材料相同的共同优点，如高比刚度、高比强度和轻质。同时，它们还具有 7.1 节和 7.2 节所述的拉胀材料的优点。与常规复合材料相比，拉胀复合材料具有较高的剪切模量、更强的抗缺口性能、同向曲率、更好的抗龟裂性能和更高的阻尼性能等。由于这些优点，拉胀复合材料非常适合应用于高端领域，如汽车和航空航天工程；高剪切模量使拉胀复合材料非常适用于航空航天工程，因为飞机的大部分零部件都要承受高剪切力，比如机翼；同向曲率的特性使拉胀复合材料比常规复合材料具有更好的成型性，这使得它们在复杂形状成型中显得特别有用。拉胀复合材料具有较高的比强度，我们知道，减重对于飞机来说是极其重要的，减轻飞机重量能使得能源消耗和污染都降低，性能和安全性也可以得到改善。拉胀复合材料的另一个优点是，它可以通过改变组成部分的比例来定制材料的拉胀性能和强度。用不同的组分和制造方法，可以根据期望的用途制成特定的拉胀复合材料。拉胀复合材料的缺点是难以大规模制造，因此，大多数拉胀复合材料仍处于理论和实验室阶段。

7.4　拉胀复合材料的种类

用于航空航天、汽车运动和休闲设备的高性能材料的发展已对拉胀材料提出了需求，这类材料中就有拉胀复合材料，Milton（1992）曾经讨论了具有负 PR 复合材料的发展。拉胀复合材料既可以由常规材料组成成分经过特殊设计排列后生产，也可以由拉胀材料组分生产，在这两种情况下，材料的断裂韧性、机械性能很大程度上取决于 PR 的性能，据报道，在 PR 接近 -1 时使材料的断裂韧性、机械性能增强，断裂韧性对航空航天应用具有重要意义。在本节中，讨论基于常规组分和拉胀组分的拉胀复合材料的类型。

7.4.1　角铺设层压拉胀复合材料

该想法是转变非拉胀材料来形成拉胀材料。角铺设层压拉胀复合材料的常规制造路线是使用预浸料和像真空袋模压这样的常规制造技术。为了实现拉胀效应，对单层的不同铺叠顺序进行了模拟，并选择了最合适的铺叠顺序。单层材料的最基本要求之一是单层材料应该具有高度的各向异性，因此，碳纤维比凯夫拉纤维或玻璃纤维更适合作为增强体的选择。大多数研究工作推荐使用碳纤维来生产拉胀复合材料（Alderson 和 Alderson，2007）。角铺设拉胀复合材料的制造的第一阶段是设计一个合适的单层材料的铺叠顺序，使其在面内及面外都能产生拉胀效果，这通过使用专业的设计软件可以实现。该软件可以预测特定铺叠顺序的性能，包括面内载荷、最大刚度、弯曲强度和稳定性。到目前为止，已经建立了几种不同的优化方法来设计不同刚度和强度约束下的合适铺叠顺序。Wenchao 和 Evans（1992）提出了一种更通用的铺叠顺序优化方法，只要单层板的性能是已知的，他们已开发的 FORTRAN 程序使设计师能够优化各铺叠顺序的力学特性。该程序还能够生成优化的堆叠顺序，使从例如经典层压理论计算的特性与设计者所需的特性之间的差异最小（Alderson 等，2005）。

7.4.2　有拉胀夹杂物的复合材料

拉胀复合材料也可以通过在基体中植入具有拉胀行为的不同形状材料（称为夹杂物）来制造拉胀复合材料，这里必须强调的是，夹杂物的材料是具有正 PR 的，拉胀行为是由夹杂物的形状引起的。首先，利用有限元方法完成夹杂物形状的变形机理分析，然后将夹杂物植入基体中以产生一个复合结构。Wei 和 Edwards（1998）对含有拉胀夹杂物的圆片状、球体、叶片、针状和圆盘状等各种形状的拉胀复合材料进行了分析和数值研究，研究发现，夹杂物体积、面积分数、基体和夹杂物的 PRs 及杨氏模量等性能对含拉胀夹杂物的复合材料有效 PR 有影响，圆盘状夹杂物生成了具有最高负 PR 值的复合材料。Stavroulakis（2005）已研究了另一种形状（即非凸夹杂物），如图 7-1 所示的例子，利用有限元方法对具有适当对称边界条件的 1/4 非凸夹杂物周期胞元进行了详细研究，为了使分析简单，假设基体很弱，且在分析中予以忽略，结果证明，边界条件左侧的载荷产生了一个完整的拉胀行为，这可以通过载荷被加在边界条件左侧时上边界的变形而被观察到。

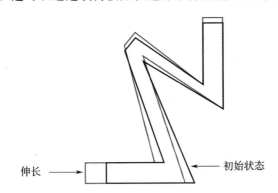

伸长　　　　　　　　　　初始状态

图 7-1　周期性胞元和非凸夹杂物复合材料 1/4 模型

Hou 等人（2012）已报道了一种生产新型复合体结构的方法，该复合体结构含有随机拉胀夹杂物，并显示出各向同性的拉胀效应。通过有限元方法对内凹正方形和内凹三角形进行了分析，观察其变形机理，结果证明，作为随机夹杂物内凹三角形是最佳选择，它们可以被植入基体形成如图 7-2 所示的二维复合体结构。通过参数化模型用不同数量（20、40、60 和 80）的夹杂物构建不同的复合体结构，对这些结构的机械行为和拉胀效应采用有限元方法进行了研究。

结果表明，通过增加复合体结构中内凹夹杂物的数量，各向同性拉胀效应大大增强，因此，选择合适的内凹结构作为基体中的夹杂物可以带来具有各向同性拉胀效应复合体结

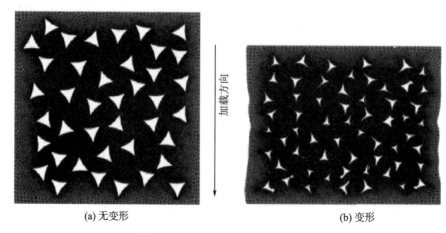

(a) 无变形　　　　　　　　　　　　　　　　(b) 变形

图 7-2　带有夹杂物的有限元模型

（摘自：Hou, X., Hu, H., Silberschmidt, V., 2012. A novel concept to develop composite structures with isotropic negative Poisson's ratio：effects of random inclusions. Composites Science and Technology 72 (15), 1848-1854.）

构的发展。一些具有正交几何形状的内凹结构只能在某些方向上表现出拉胀行为。举个例子，当载荷沿某个对称轴被加载时，内凹正方形表现出正 PR 行为，另一方面，带有非正交对称形状的内凹结构，如内凹等边三角形，则表现出负 PR 行为，拉胀效应也可以通过结构的内凹程度被调整。如果夹杂物有拉胀效果，即使有少量夹杂物的复合体结构的 PR 也可能是正的。然而，如果随机夹杂物数量达到一定水平，则可以获得复合体结构的各向同性拉胀效应。观察发现，当夹杂物数量超过 60 时，复合体结构的各向同性拉胀效应可以从施加压缩力开始即被实现。

7.4.3　基于拉胀纺织品结构预制体制造的拉胀复合材料

7.4.3.1　什么是预制体？

预制体是一个被液体树脂浸湿的纤维集合体，它具有所需零部件的形状（Hoa, 2009），在树脂固化后，得到复合材料零部件。在把增强体放进模具之前做成预制体有几个优点：预成型加速了制造过程，也可以提高质量、减小部件之间的差异。热塑性树脂和热固性树脂粉末都可以作成预成型剂（粘接剂）。理想的带有预成型剂的预制体应该是硬的，所以它可以在生产模中进行自定位，另外，预成型剂应该不降低预制体的渗透性、润湿性或最终零部件的机械性能，但仍然可以使预制体达到足够的硬度以至于可以被后续处理加工。同样重要的是，考虑到机械性能可能通过预成型操作后被无意间降低，但如果预成型剂被进行了仔细选择的话，它们也可以与没有使用预成型剂前的机械性能值接近。因此，对于给定的树脂系统，应该一直使用供应商建议的粘接剂或增强体预处理方法。应该注意的是，预制体中树脂的渗透性在很大程度上取决于纤维体积分数，由于压缩压力对纤维体积分数有很大的影响，因此这个压力对树脂通过预制体的流动也有重要影响。诸如机织、编织、缝纫、针织等不同的技术可以被用来制造预制体。

拉胀复合材料的预制体可分为两大类：

1）平面型拉胀预制体；

2）3D 型拉胀预制体。

平面型拉胀预制体

平面型预制体包括了二维平面织物，拉胀纱线可以是机织或针织的，或它们可以以纱束或带的形式在无机织或针织加工下按 0°/90°层层排布。Miller 等人（2009）报道了可以通过使用由拉胀纱线制成的机织拉胀织物来生产拉胀复合材料。拉胀复合材料预制体可以使用双螺旋纱线（DHY）来制造，该纱线由两个组分组成：一个相对细的但较硬的纤维螺旋缠绕在一根柔软的、较粗的初始状态为直线的弹性芯纤维上，如图 7 - 3（a）所示。纱线被纵向拉伸时，两个组分都被拉长，较硬的缠绕纤维横向取代较粗的芯纤维，带来整个纱线沿宽度方向的横向膨胀。最初，较粗的芯纤维是一个零螺距的螺旋线，较硬的缠绕纤维是一个螺旋内直径等于较粗芯纤维外径的螺旋线。纱线被纵向拉伸时，较硬的缠绕纤维变成一个零螺距的螺旋线，而较粗的芯纤维变成内径等于较硬缠绕纤维外直径的螺旋线，如图 7 - 3（b）所示。较粗的芯纤维起两个作用：当施加拉伸时使横向变形产生，当拉伸去除后，它作为回复弹簧又重新恢复到原来的缠绕螺旋状。如果织物中相邻纱线之间的螺距和材料性能是被优化过的，则 DHY 纱线的拉胀行为在机织织物预制体中也可以被保留。因此，DHY 纱线应该采用不对齐编织方式（即，在编织不同层期间经纱和纬纱放置在交替的位置）来最大化拉胀行为。此外，如果选择了有合适匹配模量的基体，拉胀复合材料也可能通过使用由 DHY 纱线制成的机织织物而被工程化。这三个组分两两之间的刚度应有显著差异，即，缠绕纱的刚度比纱线强一个数量级，而纱线的刚度又比基体的刚度大一个数量级，依次比基体的刚度强一个数量级。重要的是要考虑到单层复合材料不是

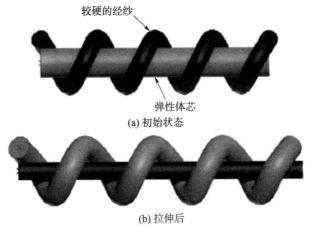

较硬的经纱

弹性体芯

(a) 初始状态

(b) 拉伸后

图 7 - 3　DHY 结构

（摘自：Miller, W., Hook, P., Smith, C. W., Wang, X., Evans, K. E., 2009. The manufacture and characterisation of a novel, low modulus, negative Poisson's ratio composite. Composites Science and Technology 69 (5), 651 - 655.）

拉胀材料，最可能的情况是，通过基体施加的约束不能有效阻止纤维在平面外的搭接。复合材料中的拉胀效应可能是由于由 DHY 织物网络附加层提供的额外约束，复合材料通常是多层的，一个 PR 约为 -0.1 的双层拉胀复合材料可以使用由 DHY 纱线制造的机织织物增强体制得，所使用的 DHY 纱线的性能见表 7 - 1。值得注意的是，由于生产商业纤维惯常使用拉伸工艺，芯材的材料性能类似于各向异性，并且所使用的缠绕角为 70°。

表 7 - 1　用于制造拉胀复合材料的 DHY 纱线性能（Miller 等，2009）

组成	材料	线密度（dtex）	直径/mm	杨氏模量	泊松比
缠绕纤维	上捻的 UHMWPE	220	0.32	6 GPa	0.5
芯纤维	聚氨酯	—	0.64	53 MPa	0.48

注：UHMWPE，超高分子量聚乙烯

　　DHY 纱线的 PR 值约为 -2.1，增强体是一种平纹织物，DHY 纱线被用作纬纱，经纱采用线密度约为 475 dtex 的间位-芳纶纱，复合材料试样的基体材料选用硅橡胶凝胶体（道康宁 3 - 6512，双组分弹性体）。

　　Sloan 等人（2011）也建议在一种简单的机织织物模式中使用螺旋拉胀纱线（HAYs）来生产一种拉胀纺织品预制体，并且他们用这种预制体来制造低模量复合材料，他们建议使用聚氨酯作为芯纤维和聚酰胺作为缠绕纤维，所用的芯纤维和缠绕纤维的性能见表 7 - 2。

表 7 - 2　芯纤维和缠绕纤维的性能（Sloan 等，2011）

	聚氨酯芯纤维	聚酰胺经纱	螺旋拉胀纱线 13°
杨氏模量/MPa	30	3 400	76
极限拉伸强度/MPa	51	789	56
断裂应变/(%)	95	17	34

　　相比于其他拉胀复合材料，当纤维体积分数为 30% 时，拉胀 DHY 也可以被用于生产有相对高刚度（4 GPa）和负 PR（6.8）的单向纤维复合材料，（Miller 等，2012）。

　　然而，到目前为止，许多拉胀针织织物已通过使用非拉胀纱线生产，但基于拉胀针织织物预制体制造拉胀复合材料还无相关报道。

7.4.3.2　3D 型拉胀集合体

　　Ge 和 Hu（2013）将非机织和缝纫技术结合在一起生产出一种新型的 3D 织物结构，这个新型结构可作为生产拉胀复合材料的预制体。图 7 - 4（a）所示的新型 3D 拉胀织物结构由三种纱线组成（即纬纱、经纱和缝合纱）。纬纱和经纱不交织（在机织织物预制体中是交织的），因此纱线不褶皱，取而代之的是，它们成 90°角放置在彼此之上，并通过第三根纱线被固定在位置上。经纱一进一出放置，且相邻两层中所有经纱的位置以半纱间距交替放置，第三根纱线穿过厚度方向放置，且作为缝合线，如图 7 - 4（a）所示。当结构在厚度方向被压缩时，纬纱将起皱，导致结构在纬纱方向收缩。由于纬纱排列充分，在压缩下经纱形状保持不变，如图 7-4（b）所示，且结构尺寸在经纱方向上不发生变化，因此，在压缩情况下，该结构将在纬纱方向表现出拉胀行为，且在经纱方向的 PR 是零。

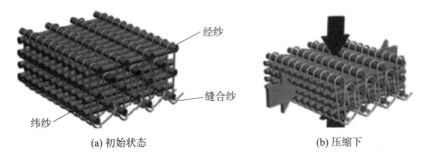

(a) 初始状态　　　　　　　　　　　　　(b) 压缩下

图 7-4　三维负泊松比纺织品结构

（摘自：Ge，Z.，Hu，H.，2013. Innovative three-dimensional fabric structure with negative Poisson's ratiofor composite reinforcement. Textile Research Journal 83（5），543-550. Copyright © 2013 by SAGE Publications. Reprinted by permission of SAGE.）

图 7-5 有助于更好地示范纬纱方向中的压缩和收缩现象，图 7-5（a）显示了一个通过横截面表示的结构重复单元，图 7-5（b）示范了压缩下的状态。产生拉胀效果主要是由于经线和纬线之间的间距，这种间距可能会导致结构的稳定性降低。由于这种 3D 拉胀结构是作为复合材料增强体而被开发的，可压缩性基体将被填充进这些结构间距内来制造复合材料，因此，复合材料结构的稳定性将得到保证。为了制造这种 3D 结构 NPR 织物，已提出一种缝合和非机织技术两者相结合的特殊纺织品制造工艺。值得注意的是，如果相同类型的纱线均被用于纬纱和经纱，结构的拉胀效果就不会很明显。纬纱应该有弹性，且经纱应该有刚性，为了良好的结合作用，比经纱和纬纱直径小的弹性纱线可以被用作缝合线。缝合纱线的弹性可以采用这样的方法选择，整个结构可以通过在初始状态不会引起纬纱的明显变形的缝合被固定。同样重要的是，在缝合纱线张力的作用下，纬纱在初始状态下不能保持完全是直的，因而，这个初始效应在结构分析期间应该被考虑。

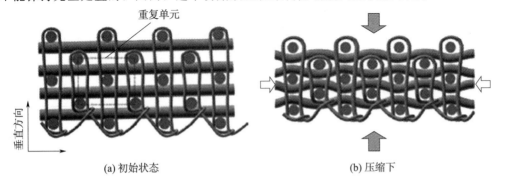

(a) 初始状态　　　　　　　　　　　　　(b) 压缩下

图 7-5　三维拉胀结构的横截面

（摘自：Ge，Z.，Hu，H.，2013. Innovative three-dimensional fabric structure with negative Poisson's ratiofor composite reinforcement. Textile Research Journal 83（5），543-550. Copyright © 2013 by SAGE Publications. Reprinted by permission of SAGE.）

7.4.4 拉胀复合材料的纤维和基体系统

具有负 PR 的纤维增强复合材料的最初研究是由 Alkhalil（1990）进行的，他使用 Kevlar-环氧纤维基体系统来生产负 PR 复合材料。Evans 等人（1992）首先对在传统基体材料中植入拉胀网络的拉胀复合材料制造进行了数值模拟。Clarke 等人（1994）已经报道了为了提高材料的 ν 值，对单层材料的基本要求是其必须具有高度的各向异性，这使得碳纤维-环氧树脂系统成为拉胀复合材料更适合的选择。Clarke 等人也已经讨论了增加 ν 值的方法，包括使用增加各向异性的预浸料（即，使用更硬的纤维或更高的体积分数）。此外，也有报道称拉胀复合材料可以通过使用连续碳纤维增强的环氧树脂单向预浸带和层压法来制造，铺层角在 15°至 30°之间时，观察到了这种复合材料的拉胀行为，这与标准层合理论一致。在作为基体的环氧树脂中的玻璃纤维或高模量碳纤维单向层已被用于生产角铺设复合材料。理论和实验研究表明，如果在基准方向角度的层数相同，可以得到一个大的正的面内 PR 和一个大的负的面外 PR（Hine 等，1997），结果表明，倘若增强体模量高，且基体材料的模量足够低，则复合材料具有拉胀性。在他们的研究中，Evans 等人提出，由于玻璃纤维模量太低，玻璃纤维复合材料中不太可能出现负 PR，但在碳纤维复合材料中会出现负 PR。后来，Zhang 等人（1998）使用玻璃纤维作为增强材料，环氧树脂作为基体材料来生产拉胀复合材料。假设纤维体积分数和各向异性是足够高的，为了获得面内或面外负 PR，Evans 等人（2004）建议使用连续碳纤维-环氧树脂系统通过选择合适的铺叠顺序来制造拉胀复合材料。大部分研究工作都是关于碳纤维复合材料的，并且现在集中在测定层压板的性能是如何被影响的（Alderson 等，2005）。Hadi Harkati 等人（2007）对于 Kevlar 和碳纤维在某个定位角度上已经生产了负 PR 值 $\nu=-0.746$ 的增强体。Alderson 和 Coenen（2008）使用了单向碳纤维-环氧预浸料生产拉胀复合材料。Donoghue 等人（2009）用碳纤维-环氧预浸料 AS4/3501-6 制造了拉胀层压板。Bezazi 等人（2009）选择了 Hexcel 预浸料 T300/914 碳纤维-环氧材料制造拉胀复合材料，这是由于该材料广泛应用于航空航天和其整体上具有良好的机械性能（见表 7-3）。Coenen 和 Alderson（2011）使用了 M7/5882 单向碳纤维-环氧预浸料来生产整个厚度具有负泊松比的复合材料。

表 7-3 T300/914 复合材料机械性能（Bezazi 等，2009）

模量			剪切模量			泊松比		
E_1/GPa	E_2/GPa	E_3/GPa	G_{12}/GPa	G_{13}/GPa	G_{23}/GPa	ν_{12}	ν_{13}	ν_{23}
131.9	9.51	9.43	5.27	7.03	3.39	0.326	0.341	0.485

迄今为止，对三种材料的联合进行了研究（Herakovich，1984；Clarke 等，1994；Zhang 等，1998；Donoghue 等，2009）。虽然 Miki 和 Murotsu（1989）已获得了 PR 值 $\nu=-0.37$ 的不均衡双向层压板，但在许多情况下，通过这条路线获得的负 PRs 直到

今天仍然是小的（例如，$\nu \approx -0.17$）。Stagni（2001）已经研究了薄薄涂覆的中空芯纤维和类骨骼纤维增强复合材料的泊松比，当超过某个孔隙率水平后则变为负值。拉胀纤维增强复合材料也可以由组成的拉胀组分制造，例如拉胀基体、拉胀增强体或两个均用，这点在之前使用拉胀泡沫的情况下已经被认识到了（Chen 和 Lakes，1993）。Choi和 Lakes（1991）已经开发并测试了一种基于拉胀泡沫铜的简单压配合紧固件，理论和实验研究都表明，它比传统的铜泡沫紧固件更难移除。尽管这类拉胀纤维增强复合材料的研究工作近期已经在拉胀纤维和拉胀聚合物的先进制造方面开始，但 Hook 等人在其拉胀复合材料的纤维基体系统相关专利中声称，增强体可以是纤维、棒材或中空管，特别是相对高模量的材料（天然或人造的、无机或有机的、可以是拉胀材料也可以不是拉胀材料）。他们声称，碳纤维、玻璃纤维、聚芳酰胺（如 Kevlar）、聚酰胺（如尼龙）、聚酯、聚烯烃、聚对苯二甲酸乙二醇酯（PET）、金属线、棉花或其他材料可以被作为制造拉胀复合材料的增强体。此外，如果增强体是一种中空管，这种管材可能包含有添加的具有中低弹性模量、能变形而不断裂的硅氧烷、液体硅橡胶、天然橡胶、丁腈橡胶或任何其他弹性材料（天然的或人造的、可以是拉胀材料也可以不是拉胀材料）。另外，他们也报道了额外添加的材料可以与管材的性能不同，第一个组分（管材）的模量比第二个组分（额外添加的材料）的模量高，第一个组分的直径可以是第二个组分的0.01～1 倍，第一个组分的横截面积可以是第二个组分的 0.001～1 倍。他们声称，拉胀复合材料硅氧烷泡沫、聚氨酯泡沫、液体硅橡胶、天然橡胶和其他低弹性模量材料（人造的或天然的）这类基体系统可以被用来形成基体或作为孔隙填充物。Alderson 等人（2005）使用拉胀聚丙烯纤维来生产一种单一纤维复合材料，并对其进行了测试以评估其从特殊设计的基体材料中的拔出性能，结果表明，拉胀纤维比类似的常规纤维更难拔出，难度几乎达到了 4 倍。Miller 等人（2009）建议 DHY 和硅橡胶凝胶（道康宁 3－6512，双组分弹性体）一起作为基体材料使用来制造拉胀复合材料，他们使用的 DHY纱线的性能见表 7－1。Miller 等人（2012）在另一项研究中发现，小丝束碳纤维（东丽T300－1K）和拉伸单丝尼龙纤维的性能与制造拉胀复合材料的 DHY 纱线性能相当，纱线的缠绕角度由一个螺旋纤维导向器（纱包）控制。直径为0.2 mm、杨氏模量为143 GPa 的高模量碳纤维缠绕在直径为 0.7 mm、杨氏模量为1.6 GPa 的较低模量尼龙"芯"上缠绕成螺旋状，他们已经生产了 10°、20°、30°缠绕角的 DHY 材料，并使用模量为 2.1 GPa、泊松比为 0.3 的不饱和聚酯树脂（英国 CFS 玻璃纤维供应公司，CFSFiberglass Supplies，UK）作为基体来生产拉胀复合材料。

7.4.5　拉胀复合材料制造技术

拉胀纤维增强复合材料的制备方法有许多，到目前为止，大多数研究人员制造拉胀复合材料所采取的方法是使用现成的制造纤维增强复合材料的预浸料和常规真空袋模压成型技术（Alderson 和 Alderson，2007；Alderson 和 Coenen，2008）。

7.4.5.1　真空袋模压技术

真空袋模压技术是湿法铺层工艺的延伸，在该技术中，在铺层完成后，在铺层预制体上覆盖一层聚乙烯醇或尼龙不粘膜在模具法兰处密封，然后通过真空泵在由薄膜形成袋子上抽真空，为了使层压板坚固，施加的真空压力达到 1 atm，该层压复合材料可在室温或高温下固化。与常规手工铺层技术相比，真空袋提供了更好的密实度、更好的层间粘接，以及更好的纤维基体的比率控制。这种技术主要使用环氧树脂和酚醛树脂，因为聚酯和乙烯酯可能会因为真空泵从树脂中过多地抽取苯乙烯而产生问题。各种各样的厚织物都可以被浸润，真空袋技术相比标准的湿法铺层技术可获得更高的纤维含量层压板。与湿法铺层相比，真空袋的空隙含量更低，而且由于压力和树脂在结构纤维中的流动，纤维浸润更好。在固化过程中散发出的挥发成份的量也比其他技术要低得多。另一方面，额外的过程增加了人工成本和可随意使用的真空袋材料成本。此外，混合和控制树脂含量要求较高的技能水平。先进复合材料制造，包括航空航天构件、巡逻船、赛车构件等，将这种方法用于预浸渍织物，而不是需要烘箱或高压釜固化的湿法铺层材料（Rosato，D. V.，1997）。

Alderson 等人（2005）、Coenen 和 Alderson（2011）使用标准的真空袋成型技术制造拉胀复合材料，这种技术的原理如图 7-6 所示（Rosato，D. v.，1997）。

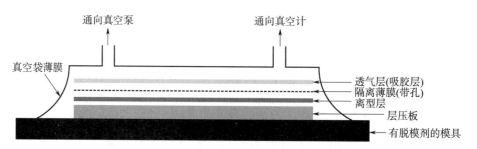

图 7-6　标准真空袋模压技术

按照所要求的铺叠顺序制备层压板，预浸料每一个连续层在平滑的基板上按预先设计的角度放置在另一层上，基板应被 PTFE 隔离材料包覆，以便于固化后试样脱模。在层压板铺层完成后，一个包覆有 PTFE 隔离材料的金属上板被放置在铺叠层上。在中心位置固定有真空阀的一层透气织物放在顶部，以方便空气可以有效地流通。所有的组装好后，使用高温尼龙袋薄膜和真空密封胶使其密封。通过施加 0.8 bar 的真空压力来定型层压板，然后将铺层预制体放置在带风扇的烘箱中，以 2～3 ℃/min 的升温速度直到温度达到180 ℃，在这个温度下保温 130 min，然后烘箱和试样慢慢冷却到室温，去除真空压力，打开袋子，取出试样，利用视频引伸计技术测量穿过厚度的 PR 值。Donoghue 等人（2009）报道了一种几乎类似的通过使用标准真空袋技术制造拉胀层压板复合材料的方法，据报道，为了生产基于负面内 PR 的构型，层压板为 16 层厚，总厚度为 2.5 mm；基于负穿过厚度 PR 构型，层压板为 24 层厚，总厚度为 4 mm。在加热前，1 bar 的真空压力加载在每一种层压板上 1 h 以使层压板定型，然后将其放置在一个带风扇的烘箱中，以

2.5 K/min 的升温速率升温，温度达到 180 ℃，然后保持这一温度和压力 2 h，直到固化
阶段完成。然后，以 1.5 K/min 的速度缓慢冷却层压板，并在冷却 90 min 后去除真空压
力，取出复合材料试样进行测试。也可以通过使用 DHYs 生产拉胀复合材料，该过程包括
以下步骤：首先，为了保持 DHY 纱线平行，将 DHY 纤维临时单向粘接在矩形框架内。
然后将铺满 DHY 纤维的矩形框架放入模具中，这就决定了没有简单的方法可以有效控制
DHY 纤维之间的移位，因此，相邻 DHY 纤维之间的移位控制是不可能的。最后，将两
种聚酯树脂混合并且注入模后放置在真空箱中 6 min，或者直到没有更多的气泡形成，
然后在 60 ℃ 的烘箱中固化 30 min（Miller 等，2012）。

7.4.6　拉胀复合材料制造过程中需要考虑的因素

为了实现有效的面内或面外负 PR，对于连续的碳纤维-环氧树脂复合材料，纤维体
积分数和各向异性应足够高，并选择合适的铺叠顺序（Evans 等，2004）。负面内 PR 也
可以通过组合具有不同纤维取向的层压板中的两层来实现，当力被施加时，它们将遭受
同样的变形，且内部剪切也将在层中扩展来控制变形。当内部剪切应力施加于轴外层压
板时，由于剪切扩展耦合特性将导致试件发生延伸，并由于这个发生的延伸试样将加宽
而产生负面内 PR。因此，单独层中的纤维方向在设计和拉胀复合材料优化期间是一个
重要的考虑因素（Yeh 等，1999）。在以 DHY 增强体为基础的拉胀复合材料情况下，在
缠绕过程中应保持一个持续的张力，以防止缠绕层和芯之间失去接触，并防止碳纤维可
能被卡住而引起个别碳纤维丝束破裂（Miller 等，2012）。基于 DHY 增强体的拉胀复合
材料的所有三种组分刚度是要有差异的。缠绕材料应比纱线更硬，同时纱线应比基体更
硬（Miller 等，2009）。在以如球形、椭圆形、椭球形或盘状、刃状、球状和针状拉胀
夹杂物为基础的拉胀复合材料情况下，当夹杂物的杨氏模量与基体的杨氏模量比在一定
范围内时，通过将夹杂物的体积分数提高到超过临界值的方法可以提高拉胀性（Wei 和
Edwards，1998）。

7.5　性能

7.5.1　拉胀性和模量的关系

由具有不同性能的两种材料组成的拉胀体系，如果其中一种材料为负 PR，则可以提
高杨氏模量，这不仅对杨氏模量是如此，对强度、阻尼、抗缺口性和剪切模量也是如此。
当结构受到弯曲载荷时，可通过在两层蒙皮之间加入一种拉胀芯材形成夹层结构来提高其
抗弯刚度，对芯材的关键要求通常是剪切模量、强度和压缩模量，往往通过拉胀芯材的增
加而带来轻质、隔音和隔热的结果。两个组分中其中一个的刚度必须至少比另一个大 25
倍，从而得到比 0 小的 PR（Munteanu 等，2008）。

由面内性能各向同性层组成的复合材料层压板，当单独层的 PRs 不同时，其模量超

过各层模量。对于组成材料体积分数固定的情况，当两组分的 PR 均为零时，面内模量变为最小。然而，对于交替顺序排列的由相反 PR 层组成的层压板，面内杨氏模量增加的影响是显著的，因此，在工程设计中必须加以考虑（Lim，2010）。在用 HAYs 纤维制造复合材料的情况下，小缠绕角纱线在较小应变下活动，较大的缠绕角能使对于较大应变的静力学性能得到优化。为了优化拉胀行为，理想情况下的缠绕纱的直径应该是无限小的，同时保持相对高的刚度。缠绕纱的拉伸模量应高于芯材的拉伸模量，此外，在选择芯材和缠绕材料时，设计师必须考虑这些结构的刚度（即直径和模量的组合）。芯材和缠绕材料直径比约为 5：1、拉伸模量比约为 1：60 的 HAYs 适用于复合材料制造（Wright 等，2010）。

在含有拉胀夹杂物的复合材料的情况下，如果夹杂物材料具有足够的硬度（即杨氏模量比基体相大两个数量级），整体复合材料可能出现面内拉胀响应，随着杨氏模量不匹配度的增加拉胀性增加。复合材料经受变形时，弹性模量变化明显。当复合材料进行单轴拉伸时，夹杂物发生旋转且与加载方向相同，不再发生进一步的旋转。复合材料在其变形中经受转变，这引起拉胀和非拉胀行为的转变，这为创建具有可控拉胀性的复合材料提供了一种简单的方法（Kochmann 和 Venturini，2013）。在具有大拉胀性的复合材料中，相当程度的横向模量增加可以在不改变纵向模量的情况下获得，例如，改变基体 PR 从 0.3～0.9 并保持所有其他组成性能不变，复合材料的横向模量差不多增加了 4 倍。也有人建议，因为拉胀材料的低体积模量使得它们对静水压力更敏感，拉胀材料可以被用于水听器和其他传感器的设计。

7.5.2　断裂韧性和能量吸收

当复合材料断裂时，纤维被拔出基体，这导致纤维与基体之间的粘接失效，从而增强效应消失。有人建议（Evans 和 Alderson，2000），复合材料中的拉胀纤维可以抵抗纤维的拔出，当纤维被拉时，它会膨胀并有效地锁定在基体中，而不是像常规纤维那样易于收缩和拔出（见图 7 - 7），因此，复合材料断裂韧性可以通过使用拉胀增强体而被提高。随着拉胀聚丙烯（PP）纤维的发明（Alderson 等，2002），在柔性环氧树脂中植入拉胀纤维的概念被用于生产单一纤维复合材料（Alderson 等，2005），纤维的拔出阻力和能量吸收性能被进行了测试。在与含有正 PR 纤维的试件的对比测试中，拉胀纤维锁定机理显示能够使试样承受超过两倍的最大载荷；且在能量吸收方面，拉胀纤维较难超过相同正 PR 纤维的三倍。Donoghue 等人（2009）已报道了对于拉胀纤维，因为纤维的膨胀变形方向垂直于拔出力的力方向，拔出受阻，这将有助于抵抗复合材料中的潜在失效机制，如裂纹增长。对于负面内 PR，当对双边缺口（DEN）试样进行拉伸测试时，发现拉胀层压板比常规层压板有更多的能量来使裂纹增长，此外，拉胀层压板对缺口敏感性比常规层压板更低。对于厚度方向为负 PR 的拉胀层压板，当用柔度法测试时，发现其具有更高的应变能释放速率和平面应变断裂韧性。

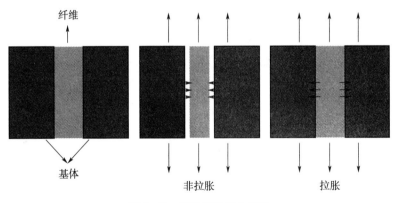

图 7 - 7　纤维增强复合材料

7.5.3　静态耐缺口冲击性和耐低速冲击性

在研究拉胀层压板静态耐缺口冲击性和耐低速冲击性时也发现了一些非常有趣的效应，这些性能通过与具有接近零 PR 值和大的正 PR 值的具有相称厚度方向模量的层压板的比较而进行了评估。拉胀层压板在两种情况中均表现出了首次失效时有较高的载荷和增强的能量吸收。静态测试试件可以承受较高的载荷，且吸收更多的能量，从而避免突变性失效。静态和耐低速冲击试验中，初始损伤高度局部化，明显没有大的分层缺陷，这意味着试样仅需要修补较小的面积。当冲击问题被考虑是一个复合材料在航空航天应用中使用受限的因素时，拉胀复合材料超过常规铺叠顺序层压板的这个明显优点就体现出来了（2005，Alderson 和 Coenen 2008）。

Bezazi 等人（2009）已经报道了较高的负 PR 材料是由强的面内各向异性和高的面内正 PR 相伴的，使得损伤的深度和位置更集中。然而，损伤的高局部化也伴随着复合材料较大的局部分层。层间剪切常被作为三点弯曲下复合材料失效的关键来考虑，拉胀复合材料高的膜剪切耦合可能是冲击失效的主要源头。

7.5.4　同向变形

航空航天应用通常要求由碳纤维或玻璃纤维刚性复合材料层压板和轻质、多孔夹层芯材组成的夹层结构壁板，这种材料的性能非常轻且坚固。然而，这些材料的问题是由于芯材正 PR 导致它们不能弯曲，因此，为了形成一个弯曲的壁板，就需要对所需的形状进行必要的加工，这会导致材料浪费，或者加力使芯材成型，这会导致芯材有较大的损伤。相反地，当弯矩作用于拉胀复合材料板的两个相反面时，拉胀复合材料板发生的是同向变形而不是异向变形，这在图 7 - 8（a）中进行了说明，这证明具有正 PR 的芯材在弯曲下会形成马鞍形弯曲。然而，图 7 - 8（b）显示，拉胀材料很容易获得双曲率，实际上形成了一个圆顶，这在克服诸如飞机机翼和其他弯曲零部件的弯曲壁板所述的以上问题有明显的应用。因此，对于弯曲的飞机构件夹层结构壁板芯材中使用拉胀材料是有利的（Evans 和 Alderson，2000）。

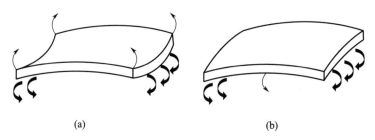

图 7-8 （a）常规复合材料板的互反行为；（b）拉胀复合材料板的同向行为

7.6 模拟

7.6.1 角铺设层压板

J. F. Clarke 等人（1994）使用标准层压板理论预测了碳纤维增强环氧树脂角铺设层压板的性能，层按照基准方向的不同角度铺设。

层压板的轴向定义如图 7-9 所示，ε_i 和 σ_j 的关系定义如下

$$\begin{bmatrix} \sigma_1 \\ \sigma_2 \\ \sigma_3 \\ \sigma_4 \\ \sigma_5 \\ \sigma_6 \end{bmatrix} = \begin{bmatrix} C_{11} & C_{12} & C_{13} & 0 & 0 & 0 \\ C_{12} & C_{22} & C_{23} & 0 & 0 & 0 \\ C_{13} & C_{23} & C_{33} & 0 & 0 & 0 \\ 0 & 0 & 0 & C_{44} & 0 & 0 \\ 0 & 0 & 0 & 0 & C_{55} & 0 \\ 0 & 0 & 0 & 0 & 0 & C_{66} \end{bmatrix} \begin{bmatrix} \varepsilon_1 \\ \varepsilon_2 \\ \varepsilon_3 \\ \varepsilon_4 \\ \varepsilon_5 \\ \varepsilon_6 \end{bmatrix} \qquad (7-1)$$

式中，C_{ij} 是单个层的刚度常数。

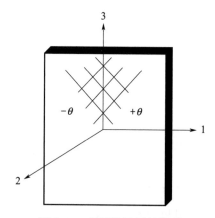

图 7-9 角铺设层压板模型

（摘自：Clarke, J., Duckett, R., Hine, P., Hutchinson, I., Ward, I., 1994. Negative Poisson's ratios inangle-ply laminates：theory and experiment. Composites 25 (9)，863-868.）

C'_{ij} 被定义为整个层压板的刚度常数，于是层压板常数（C'_{ij}）可以通过层压板理论方程（Hahn 和 Tsai，1980；Lee 和 Calgote，1969）从层常数（C_{ij}）获得。

$$C'_{11} = C_{33} s^4 + C_{11} c^4 + 2(C_{13} + 2 C_{55}) s^2 c^2$$

$$C'_{22} = C_{22}$$

$$C'_{33} = C_{11} s^4 + C_{33} c^4 + 2(C_{13} + 2 C_{55}) s^2 c^2$$

$$C'_{12} = C_{12} c^2 + C_{23} s^2$$

$$C'_{13} = C_{13}(s^4 + c^4) + (C_{11} + C_{33} - 4 C_{55}) s^2 c^2 \qquad (7-2)$$

$$C'_{23} = C_{12} s^2 + C_{23} c^2$$

$$C'_{44} = C_{44} c^2 + C_{66} s^2$$

$$C'_{55} = (C_{33} + C_{11} - 2 C_{13} - 2 C_{55}) s^2 c^2 + C_{55}(s^4 + c^4)$$

$$C'_{66} = C_{66} c^2 + C_{44} s^2$$

式中，$c = \cos\theta$，$s = \sin\theta$。

层压板柔顺常数（S'_{ij}）可以通过刚度矩阵被确定，然后各层和整个层压板的 PR 可以通过以下方程获得

$$\nu_{12} = -\left(\frac{S_{12}}{S_{22}}\right) \quad \nu_{13} = -\left(\frac{S_{13}}{S_{33}}\right) \quad \nu_{23} = -\left(\frac{S_{23}}{S_{33}}\right)$$

$$\nu_{21} = -\left(\frac{S_{21}}{S_{11}}\right) \quad \nu_{31} = -\left(\frac{S_{31}}{S_{11}}\right) \quad \nu_{12} = -\left(\frac{S_{32}}{S_{22}}\right)$$

$$\nu'_{12} = \left(\frac{C'_{12} C'_{33} - C'_{23} C'_{13}}{C'_{11} C'_{33} - C'_{13} C'_{13}}\right) \quad \nu'_{13} = \left(\frac{C'_{12} C'_{23} - C'_{22} C'_{13}}{C'_{11} C'_{22} - C'_{12} C'_{12}}\right) \qquad (7-3)$$

$$\nu'_{23} = \left(\frac{C'_{11} C'_{23} - C'_{12} C'_{13}}{C'_{11} C'_{22} - C'_{12} C'_{12}}\right) \quad \nu'_{21} = \left(\frac{C'_{12} C'_{33} - C'_{23} C'_{13}}{C'_{22} C'_{33} - C'_{23} C'_{23}}\right)$$

$$\nu'_{31} = \left(\frac{C'_{12} C'_{23} - C'_{22} C'_{13}}{C'_{22} C'_{33} - C'_{23} C'_{23}}\right) \quad \nu'_{32} = \left(\frac{C'_{11} C'_{23} - C'_{12} C'_{13}}{C'_{11} C'_{33} - C'_{13} C'_{13}}\right)$$

作者使用了超声速技术测量角铺设层压板的弹性性能，并且为了计算层压板的 PR 使用了以上提及的理论，结果显示理论精确地预测了复合材料性能，并且对于角度 θ 在 $15°$ 至 $30°$ 范围之间的层压板显示出了 NPR。

7.6.2　Wei 和 Edwards（1998）球形拉胀夹杂物模型

Wei 和 Edwards（1998）发现带有球形拉胀夹杂物的复合材料当夹杂物达到临界体积分数 $\phi = 1 - \phi_m$ 和夹杂物对基体杨氏模量 $\delta = E/E_m$ 的比率落在一定的范围时将表现出拉胀性。

平均场理论及 2－和 3－体相互作用的形式被用来计算复合材料有效模量，计算时假设夹杂物和基体都是各向同性的，并且球形夹杂物被自由分散在基体中，夹杂物和基体的体积、剪切模量分别为 κ、μ 和 κ_m、μ_m。复合材料有效模量可以通过以下方程获得

$$\kappa_e = \frac{(\phi_m \kappa_m + \phi \kappa P_1)}{(\phi_m + \phi P_2)} \qquad (7-4)$$

$$\mu_e = \frac{(\phi_m \mu_m + \phi \mu Q_1)}{(\phi_m + \phi Q_2)}$$

式中，P_i 和 Q_i 是平均场近似值中 PR σ、σ_m 和 δ 的函数，并且（$P_1 = P_2 \geqslant 0$，$Q_1 = Q_2 \geqslant 0$）。

对于宏观各向同性复合材料，有效杨氏模量和 PR 可以通过以下方程获得

$$\sigma_e = \frac{(\alpha - \beta)}{(2\alpha + \beta)} \text{ 和 } \delta_e = \frac{\beta(1 + \sigma_e)}{(1 + \sigma_m)} \tag{7-5}$$

式中，$\alpha = 3\kappa_e/(2\mu_m)$；$\beta = \mu_e/\mu_m$。

从 PR 方程可知，当 $0 \leqslant \alpha < \beta$ 时，复合材料将显示拉胀性。通过使用这个模型，可以确定对于制造负 PR 复合材料的夹杂物合适的体积分数和杨氏模量比率。

7.6.3　Strek 和 Jopek（2012）同心复合材料模型

Sterk 和 Jopek 建立了同轴层复合材料模型，这种复合材料被定义为由两种不同材料形成，并且其中一个是拉胀材料，其模型如图 7 - 10 所示。

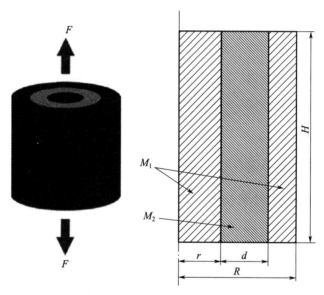

图 7 - 10　同心复合材料模型

（摘自：Strek，T.，Jopek，H.，2012. Effective mechanical properties of concentric cylindrical composites with auxetic phase. Physica Status Solidi（B）249（7），1359 - 1365.）

复合材料的有效 PR 被定义为：$\nu_{eff} = -\dfrac{\bar{\varepsilon}_{transverse}}{\bar{\varepsilon}_{longitudinal}}$，式中，$\bar{\varepsilon}_{transverse}$ 和 $\bar{\varepsilon}_{longitudinal}$ 是横向和纵向的平均应变。

复合材料的有效杨氏模量被定义为：$E_{eff} = -\dfrac{\bar{\delta}_{longitudinal}}{\bar{\varepsilon}_{longitudinal}}$，式中，$\bar{\delta}_{longitudinal}$ 是纵向平均应力。

平均应力和应变被定义为

$$\bar{\delta} = \frac{1}{S}\int_S \delta \, \mathrm{d}s \ , \ \bar{\varepsilon} = \frac{1}{S}\int_S \varepsilon \, \mathrm{d}s \tag{7-6}$$

式中，S 是复合材料的体积。

当沿着 Z 向加载力时，在这个方向的有效 PR 和杨氏模量为

$$\nu_{\text{eff}} = -\frac{\overline{\varepsilon}_x}{\overline{\varepsilon}_z} , \quad E_{\text{eff}} = -\frac{\overline{\delta}_z}{\overline{\varepsilon}_z} \tag{7-7}$$

通过使用 Navier 方程计算应变和应力：

$$\rho_s \frac{\partial^2 u}{\partial t^2} - \nabla \sigma = 0 \tag{7-8}$$

式中，u 是位移，为在 x，y，z 方向的位移 $u = [u, v, w]$；ρ_s 是密度。

物体上的力被忽略。

线性条件下的应力和应变关系是

$$\sigma = D\varepsilon \tag{7-9}$$

式中，σ 是应力张量；D 是弹性矩阵；ε 是小应变张量 $\varepsilon = 1/2(\nabla u + (\nabla u)^{\text{T}})$。

σ 和 ε 的矢量形式是

$$\sigma = [\sigma_x \quad \sigma_y \quad \sigma_z \quad \tau_{xy} \quad \tau_{yz} \quad \tau_{xz}]^{\text{T}}$$

$$\varepsilon = [\varepsilon_x \quad \varepsilon_y \quad \varepsilon_z \quad \gamma_{xy} \quad \gamma_{yz} \quad \gamma_{xz}]^{\text{T}} \tag{7-10}$$

$$\lambda = \frac{E\nu}{(1+\nu)(1-2\nu)} , \quad \mu = \frac{E}{2(1+\nu)}$$

式中，λ 和 μ 是拉姆常数。

稳定的 Navier 方程最终形式是：$\nabla(c \nabla u) = 0$，其中 c 是通量矩阵。

有限元方法也被用于计算复合材料常数，结果显示几何外形、杨氏模量和 PR 是影响复合材料最终性能的主要因素，并且整个复合材料通过选择合适的材料性能和几何外形可以被工程化来获得拉胀效应。

7.6.4　拉胀球形和立方体夹杂物模型

Shufrin 等人（2015）对由各向同性常规基体和带有球形和立方体外形各向同性夹杂物制造的复合材料分别建立两种模型。对于球形夹杂物模型，如图 7-11 所示，夹杂物被假设成多尺度的并且自由分布在基体中，复合材料性能的关系可以通过以下方程表示（McLaughlin，1977）

$$\begin{cases} \dfrac{\text{d}K}{\text{d}c_{\text{NPR}}} = \dfrac{(K_{\text{NPR}} - K)(3K + 4G)}{(1 - c_{\text{NPR}})(3K_{\text{NPR}} + 4G)} \\[3mm] \dfrac{\text{d}G}{\text{d}c_{\text{NPR}}} = \dfrac{(G_{\text{NPR}} - G)(6G(K + 2G) + G(9K + 8G))}{(1 - c_{\text{NPR}})(6G_{\text{NPR}}(K + 2G) + G(9K + 8G))} \end{cases} \tag{7-11}$$

$$K \mid_{C_{\text{NPR}=0}} = K_{\text{NPR}} , \quad G \mid_{C_{\text{NPR}=0}} = G_{\text{NPR}}$$

$$E = \frac{9KG}{3K + G}$$

$$\nu = \frac{3K - 2G}{2(3K + G)}$$

式中，C_{NPR} 是拉胀夹杂物的体积分数；K 和 G 分别是体积和剪切模量；E 是杨氏模量；ν 是 PR。

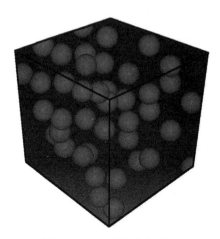

图 7-11　球形夹杂物模型

（摘自：Shufrin, I., Pasternak, E., Dyskin, A. V., 2015. Hybrid materials with negative Poisson's ratio inclusions. International Journal of Engineering Science 89, 100-120. ）

立方体夹杂物模型如图 7-12 所示，有限元软件 ABAQUS 被用于分析这个模型，立方体被假设成均匀的且自由分布在基体中，E，ν 和 G 用来代表复合材料的有效杨氏模量、泊松比和剪切模量。

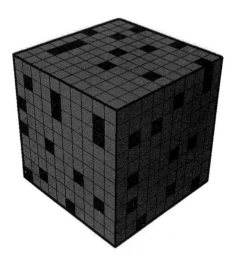

图 7-12　立方体夹杂物模型

（摘自：Shufrin, I., Pasternak, E., Dyskin, A. V., 2015. Hybrid materials with negative Poisson's ratio inclusions. International Journal of Engineering Science 89, 100-120. ）

复合材料被分成如图 7-12 所示的规则立方格，且每一个立方格位于不同的位置 (x, y, z)，每一个立方格都有网格，每个立方格有 1，2，3，4，8，9，12，18 和 27 个元素（见图 7-13）。

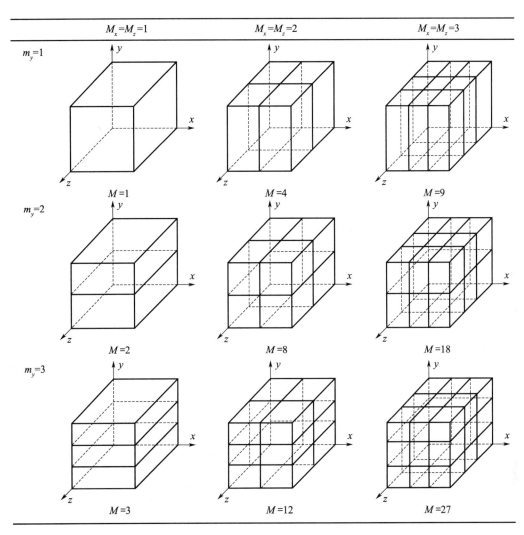

图 7 - 13　立方体网格划分

（摘自：Shufrin，I.，Pasternak，E.，Dyskin，A. V.，2015. Hybrid materials with negative
Poisson's ratio inclusions. International Journal of Engineering Science 89，100 - 120.）

有效杨氏模量和泊松比通过使用边界条件被模拟，如图 7 - 14 所示。在外部面上，面
$x = L/2$：$\sigma_{xx} = \tau_{xy} = \tau_{xz} = 0$；面 $y = L/2$：$\sigma_{yy} = \tau_{yx} = \tau_{yz} = 0$；面 $z = L/2$：$\sigma_{zz} = \tau_{zx} = \tau_{zy} = 0$，其中 σ_0 是均匀分布载荷。在内部面上（几何学位面），面 $x = 0$：$u_x = 0$，$\tau_{xy} = \tau_{xz} = 0$；面 $y = 0$：$u_y = 0$，$\tau_{yx} = \tau_{yz} = 0$；面 $z = 0$：$u_z = 0$，$\tau_{zx} = \tau_{zy} = 0$。通过使用从模拟中获得的位移和应变，有效杨氏模量和 PR 可以通过以下方程被计算

$$E = \frac{\sigma_0}{\varepsilon_{zz}}$$

$$\nu = -\frac{\varepsilon_{xx}}{\varepsilon_{zz}} = -\frac{\varepsilon_{yy}}{\varepsilon_{zz}}$$

$$(7 - 12)$$

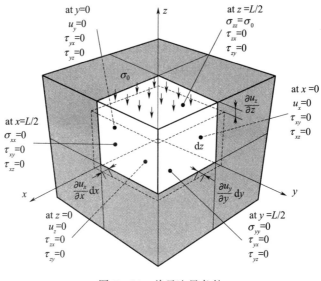

图 7 - 14　单元边界条件

（摘自：Shufrin，I.，Pasternak，E.，Dyskin，A. V.，2015. Hybrid materials with negative Poisson's ratio inclusions. International Journal of Engineering Science 89，100 - 120.）

结果显示当两种夹杂物的含量高于临界浓度时复合材料可以拉胀，并且，与两个相的模量相比复合材料的有效杨氏模量增加了。

7.7　应用

7.7.1　常规应用

拉胀材料在众多领域中都有很多潜在应用。拉胀材料许多高性能使其成为航空航天工程中的有益选择，并且一些拉胀材料已经被用于航空航天应用中。例如，负 PR 为 -0.21 的热解石墨被用在飞机的热保护系统上（Garber，1963）。负 PR 为 -0.18 的 Ni_3Al 大单晶被用在飞机发动机叶片上（Baughman 等，1998；Nakamura，1995）。随着拉胀材料的发展，它在航天工程中的应用会越来越多。

拉胀材料可以用于飞机上的安全带，当安全带被压缩时，安全带横向变窄，便于插入或拔出；当安全带系紧时，它承受拉力，安全带变宽，使安全带更紧，因此，这样的安全带将提供更高的安全性。

拉胀材料相比常规材料具有更好的能量吸收性能。因此，由拉胀材料带来的缓冲效应有助于吸收更多的能量，更有效地分散压力。这种材料的缓冲垫在飞机构件中是有用的，尤其是机翼，因为它们需要吸收在飞行期间的空气推力。

7.7.2　拉胀复合材料的应用

复合材料由于其高性能和相对而言的轻质和低成本的优点，在航空航天工程中正在被越来越多地使用，例如，美国波音 C-17 从 1999 年开始在尾部使用复合材料代替铝，这与它之前的状态相比节省了超过 40 000 个紧固件和 213 kg 的重量（Marsh，2004）。然而，常规复合材料有时仍不能满足航天工程的高要求，拉胀复合材料由于其优点，在航空航天领域，与传统复合材料相比是更好的候选者。

拉胀复合材料的一个重要性能是具有较高的剪切模量，飞机在飞行时承受很高的剪切力，具有高剪切强度的材料可以优化飞机的性能。早期的飞机大部分机身部件由相当重的金属材料制造，随着拉胀技术的发展，拉胀复合材料可以代替金属材料用于飞机构件制造，这是由于拉胀复合材料比金属材料具有更高的比强度。飞机在飞行中受到撞击是非常危险的，空中由一些如鸟的物体产生的冲击可能会造成悲惨的意外事故，因此，对飞机的机体来说，抗冲击性能是相当重要的。

拉胀复合材料可被用于降低飞机机身中的噪声（Liguore 和 Montgomery，2012）。商用飞机的翼吊式发动机会产生较大的噪声，并通过加强筋传递到机身上，影响机舱中乘客的舒适度。为了降低噪声，发明了一种用于加强筋的拉胀复合材料，该拉胀复合材料由拉胀芯、阻尼层和抑制层组成。拉胀芯需有一个面朝向结构件，且第二个面远离结构件；阻尼层可以被夹在拉胀芯的第二个面和抑制层之间。相比于通过在加强筋上使用厚的金属层的常规方法，拉胀复合材料可以减轻飞机的重量和降低能耗。

此外，拉胀复合材料良好的成形性使其更易于制作复杂形状和弯曲的壁板。因此，拉胀复合材料是替代常规复合材料被用于制造飞机构件的良好候选者。表 7-4 列出了在飞机不同零部件中拉胀复合材料的优势。

表 7-4　飞机不同零部件中拉胀复合材料的使用

飞机零部件	拉胀复合材料优点
机头	提高抗阻尼性
机翼	提高耐剪切性
机身	降低噪声
所有主要部分零部件	减重，良好的成形性

7.8　结语

本章主要讨论了在航空航天工程中拉胀复合材料的应用，拉胀复合材料由于其是一种优良的材料而被应用在飞机中，这些优点使得它们在飞机的每一个零部件上都非常有用，例如，提高的抗阻尼性可以用在飞机机头上增加阻尼性能。虽然这是复合材料新的种类，也仍然还不够成熟，但可以相信它们将会发展的足够好来替代常规复合材料用在航空航天工程中。

参 考 文 献

[1] Alderson, A., Alderson, K., 2007. Auxetic materials. Proceedings of the Institution of Mechanical Engineers, Part G: Journal of Aerospace Engineering 221 (4), 565 - 575.

[2] Alderson, K., Alderson, A., Smart, G., Simkins, V., Davies, P., 2002. Auxetic polypropylene fibres: Part 1 - Manufacture and characterisation. Plastics, Rubber and Composites 31 (8), 344 - 349.

[3] Alderson, K., Coenen, V., 2008. The low velocity impact response of auxetic carbon fibre laminates. Physica Status Solidi (B) 245 (3), 489 - 496.

[4] Alderson, K., Evans, K., 1992. The fabrication of microporous polyethylene having a negative Poisson's ratio. Polymer 33 (20), 4435 - 4438.

[5] Alderson, K., Simkins, V., Coenen, V., Davies, P., Alderson, A., Evans, K., 2005. How to make auxetic fibre reinforced composites. Physica Status Solidi (B) 242 (3), 509 - 518.

[6] Alkhalil, M., 1990. Strength of Filament Wound Structures Under Complex Stresses.

[7] Baughman, R. H., Shacklette, J. M., Zakhidov, A. A., Stafström, S., 1998. Negative Poisson's ratios as a common feature of cubic metals. Nature 392 (6674), 362 - 365.

[7] Bezazi, A., Boukharouba, W., Scarpa, F., 2009. Mechanical properties of auxetic carbon/epoxy composites: static and cyclic fatigue behaviour. Physica Status Solidi (B) 246 (9), 2102 - 2110.

[8] Caddock, B., Evans, K., 1989. Microporous materials with negative Poisson's ratios. I. Microstructure and mechanical properties. Journal of Physics D: Applied Physics 22 (12), 1877.

[9] Chen, C., Lakes, R., 1993. Viscoelastic behaviour of composite materials with conventional - or negative - Poisson's - ratio foam as one phase. Journal of Materials Science 28 (16), 4288 - 4298.

[10] Choi, J., Lakes, R., 1991. Design of a fastener based on negative Poisson's ratio foam. Cellular Polymers 10 (3), 205 - 212.

[11] Clarke, J., Duckett, R., Hine, P., Hutchinson, I., Ward, I., 1994. Negative Poisson's ratios in angle - ply laminates: theory and experiment. Composites 25 (9), 863 - 868.

[12] Coenen, V., Alderson, K., 2011. Mechanisms of failure in the static indentation resistance of auxetic carbon fibre laminates. Physica Status Solidi (b) 248 (1), 66 - 72.

[13] Donoghue, J., Alderson, K., Evans, K., 2009. The fracture toughness of composite laminates with a negative Poisson's ratio. Physica Status Solidi (B) 246 (9), 2011 - 2017.

[14] Evans, K., Alderson, K., 2000. Auxetic materials: the positive side of being negative. Engineering Science and Education Journal 9 (4), 148 - 154.

[15] Evans, K., Donoghue, J., Alderson, K., 2004. The design, matching and manufacture of auxetic carbon fibre laminates. Journal of Composite Materials 38 (2), 95 - 106.

[16] Evans, K., Nkansah, M., Hutchinson, I., 1992. Modelling negative Poisson ratio effects in network - embedded composites. Acta Metallurgica et Materialia 40 (9), 2463 - 2469.

[17]　Evans, K., Nkansah, M., Hutchinson, I., Rogers, S., 1991. Molecular network design. Nature 353 (6340), 124.

[18]　Garber, A., 1963. Pyrolytic materials for thermal protection systems. Aerospace Engineering 22 (1), 126 – 137.

[19]　Ge, Z., Hu, H., 2013. Innovative three – dimensional fabric structure with negative Poisson's ratio for composite reinforcement. Textile Research Journal 83 (5), 543 – 550.

[20]　Hadi Harkati, E., Bezazi, A., Scarpa, F., Alderson, K., Alderson, A., 2007. Modelling the influence of the orientation and fibre reinforcement on the negative Poisson's ratio in composite laminates. Physica Status Solidi (B) 244 (3), 883 – 892.

[21]　Hahn, H. T., Tsai, S. W., 1980. Introduction to Composite Materials. CRC Press.

[22]　Herakovich, C. T., 1984. Composite laminates with negative through – the – thickness Poisson's ratios. Journal of Composite Materials 18 (5), 447 – 455.

[23]　Hine, P., Duckett, R., Ward, I., 1997. Negative Poisson's ratios in angle – ply laminates. Journal of Materials Science Letters 16 (7), 541 – 544.

[24]　Hu, H., Wang, Z., Liu, S., 2011. Development of auxetic fabrics using flat knitting technology. Textile Research Journal 81 (14), 1493 – 1502.

[25]　Hoa, S. V., 2009. Principles of the Manufacturing of Composite Materials. DEStech Publications, Inc.

[26]　Hook, P., Evans, K., Hannington, J., Hartmann – Thompson, C., Bunce, T., 2004. Composite Materials and Structures. US patent 20070031667 A1.

[27]　Hou, X., Hu, H., Silberschmidt, V., 2012. A novel concept to develop composite structures with isotropic negative Poisson's ratio: effects of random inclusions. Composites Science and Technology 72 (15), 1848 – 1854.

[28]　Kochmann, D. M., Venturini, G. N., 2013. Homogenized mechanical properties of auxetic composite materials in finite – strain elasticity. Smart Materials and Structures 22 (8), 084004.

[29]　Lakes, R. S., 1987. Foam structures with a negative Poisson's ratio. Science 235, 1038 – 1040.

[30]　Lee, R. C., Calgote, L., 1969. The Analysis of Laminated Composite Structures.

[31]　Liguore, S. L., Montgomery, J. M., 2012. Systems and Methods for Reducing Noise in Aircraft Fuselages and Other Structures. US Patent 8297555.

[32]　Lim, T., 2010. In – plane stiffness of semiauxetic laminates. Journal of Engineering Mechanics 136 (9), 1176 – 1180.

[33]　Liu, Y., Hu, H., Lam, J. K., Liu, S., 2010. Negative Poisson's ratio weft – knitted fabrics. Textile Research Journal 80 (9), 856 – 863.

[34]　Marsh, G., 2004. Farnborough 2004 – good prospects for aerospace composites. Reinforced Plastics 48 (8), 42 – 46.

[35]　McLaughlin, R., 1977. A study of the differential scheme in composite materials. International Journal of Engineering Science 15, 237 – 244.

[36]　Miki, M., Murotsu, Y., 1989. The peculiar behavior of the Poisson's ratio of laminated fibrous composites. JSME International Journal. Ser. 1, Solid Mechanics, Strength of Materials 32 (1), 67 – 72.

[37]　Miller, W., Hook, P., Smith, C. W., Wang, X., Evans, K. E., 2009. The manufacture and

characterization of a novel, low modulus, negative Poisson's ratio composite. Composites Science and Technology 69 (5), 651 – 655.

[38] Miller, W., Ren, Z., Smith, C., Evans, K., 2012. A negative Poisson's ratio carbon fibre composite using a negative Poisson's ratio yarn reinforcement. Composites Science and Technology 72 (7), 761 – 766.

[39] Milton, G. W., 1992. Composite materials with Poisson's ratios close to—1. Journal of the Mechanics and Physics of Solids 40 (5), 1105 – 1137.

[40] Munteanu, L., Chiroiu, V., Dumitriu, D., Beldiman, M., 2008. On the characterization of auxetic composites. Proceedings of the Romanian Academy, Series A: Mathematics, Physics, Technical Sciences, Information Science 9 (1), 33 – 40.

[41] Nakamura, M., 1995. Fundamental properties of intermetallic compounds. MRS Bulletin 20 (8), 33 – 39.

[42] Ravirala, N., Alderson, A., Alderson, K., Davies, P., 2005. Expanding the range of auxetic polymeric products using a novel melt – spinning route. Physica Status Solidi (B) 242 (3), 653 – 664.

[43] Ravirala, N., Alderson, K. L., Davies, P. J., Simkins, V. R., Alderson, A., 2006. Negative Poisson's ratio polyester fibers. Textile Research Journal 76 (7), 540 – 546.

[44] Rosato, D. V., 1997. Designing with reinforced composites. Hanser Gardner Publications 132 – 133.

[45] Shufrin, I., Pasternak, E., Dyskin, A. V., 2015. Hybrid materials with negative Poisson's ratio inclusions. International Journal of Engineering Science 89, 100 – 120.

[46] Sloan, M., Wright, J., Evans, K., 2011. The helical auxetic yarn—a novel structure for composites and textiles: geometry, manufacture and mechanical properties. Mechanics of Materials 43 (9), 476 – 486.

[47] Stagni, L., 2001. Effective transverse elastic moduli of a composite reinforced with multilayered hollow - cored fibers. Composites Science and Technology 61 (12), 1729 – 1734.

[48] Stavroulakis, G., 2005. Auxetic behaviour: appearance and engineering applications. Physica Status Solidi (B) 242 (3), 710 – 720.

[49] Strek, T., Jopek, H., 2012. Effective mechanical properties of concentric cylindrical composites with auxetic phase. Physica Status Solidi (B) 249 (7), 1359 – 1365.

[50] Ugbolue, S. C., Kim, Y. K., Warner, S. B., Fan, Q., Yang, C., Kyzymchuk, O., Feng, Y., Lord, J., 2011. The formation and performance of auxetic textiles. Part Ⅱ: geometry and structural properties. The Journal of the Textile Institute 102 (5), 424 – 433.

[51] Wang, Z., Hu, H., 2014. 3D auxetic warp - knitted spacer fabrics. Physica Status Solidi (B) 251 (2), 281 – 288.

[52] Wei, G., Edwards, S., 1998. Auxeticity windows for composites. Physica A: Statistical Mechanics and Its Applications 258 (1), 5 – 10.

[53] Wenchao, Z., Evans, K., 1992. A fortran program for the design of laminates with required mechanical properties. Computers & Structures 45 (5), 919 – 939.

[54] Wright, J., Sloan, M., Evans, K., 2010. Tensile properties of helical auxetic structures: a numerical study. Journal of Applied Physics 108 (4), 044905.

[55] Yeh，H. ，Yeh，H. ，Zhang，R. ，1999. A study of negative Poisson's ratio in randomly oriented quasi – isotropic composite laminates. Journal of Composite Materials 33 （19），1843 – 1857.

[56] Zhang，R. ，Yeh，H. ，Yeh，H. ，1998. A preliminary study of negative Poisson's ratio of laminated fiber reinforced composites. Journal of Reinforced Plastics and Composites 17 （18），1651 – 1664.

第 8 章　聚合物纳米复合材料：一种航空航天应用的先进材料

M. Joshi，U. Chatterjee

（印度理工学院，印度新德里）

8.1　绪　论

　　发射重型运载系统进入低地轨道和地球同步轨道的成本通常分别为€ 5 000～15 000/kg 和€ 28 000/kg，由于石油和天然气价格的上升，航空航天行业轻质材料的需求是巨大的，这也同样适用于燃料成本占运营成本约 50% 的通用航空。因此，在过去的 30 年里，飞机设计师开始用纤维增强聚合物（FRP）复合材料代替金属零部件，FRP 复合材料被发现对于航空航天应用是一种具有创新和吸引力的材料，与各种金属材料相比，FRP 复合材料是一种具有高比强度和高比模量的工程材料，设计上的改变有助于减小飞机重量超过 30%，从而显著提高燃油效率。除了较小的重量之外，与金属相比，这些复合材料具有耐腐蚀性和抗疲劳性，这对于工程师是有吸引力的。

　　用玻璃纤维增强的聚合物复合材料，是一种玻璃纤维基树脂，自 20 世纪 50 年代起就已被用于普通客机。到了 20 世纪 60 年代，高刚度的硼纤维和石墨纤维植入环氧树脂中成为了可利用的材料，美国军方将这些材料用在方向舵、副翼和其他控制飞机动作的活动零部件上。此后不久，硼纤维被广泛应用于 F - 14 山猫战斗机的水平尾翼，以及今天的 F - 22 战斗机，碳纤维复合材料和相关材料占飞机结构的近三分之一。现代军用飞机的一些尖端能力没有今天的先进复合材料是不可能实现的，例如，V - 22（鱼鹰）倾斜旋翼飞行器能够像直升机一样起飞、降落和悬停，它还能在半空中调整旋翼方向，像涡轮螺旋桨飞机一样飞行。这样的航空学能力部分归因于转子系统中的石墨纤维玻璃钢转子和其他轻型复合材料基结构件足够坚固来承受高的离心力，并且保持流畅的灵活性。同样的，F - 18 战斗机的极端空中机动性也部分得益于飞机机翼、副翼、垂直和水平安定面以及其他关键部件中使用复合材料。

　　然而，在这些常规结构材料中，纤维的取向通常是面内（x 方向和 y 方向）的，导致在这些方向材料性能受纤维控制，而在 z 向受基体性能控制。因此，FRPs 对如分层（特别地）、基体开裂和疲劳损伤等固有损伤非常敏感。这些材料也缺乏其他必需的功能特性，如用于静电消除和雷电防护的高导电性和高导热性。由分散在聚合物基体中的纳米材料组成的聚合物纳米复合材料（PNCs）在这个领域已经得到了很多关注。

　　在过去的 20 年里，聚合物纳米复合材料的发展已经得到了很大的重视，对于聚合物纳米复合材料，至少填充材料的一个维度是纳米量级的。目前正在研究的典型纳米材料包括纳米颗粒、纳米管、纳米片层、纳米纤维、富勒烯和纳米线。通常，纳米材料由于其高长径比而提供增强效率（Mc Crum 等，1996；Thostenson 等，2005）。纳米复合材料的性能在很大程度上受其组成相的尺寸尺度和两相之间的混合程度的影响。复合材料性能的显著差异取决于所使用的组分的本性和制备方法。纳米材料提供了一个显著的与基体接触的大的界面面积，因此在相当低的浓度下也可以提高复合材料的性能，这意味着产品的重量进一步降低。此外，纳米材料也可以提供多功能特点。许多研究已经报道了几种无机纳米颗粒的力学、传导率、光学、磁学、生物学和电子学性能会随着它们的尺寸从宏观减小到微米级和纳米级而发生显著变化。在纳米复合材料领域，研究的重点已经集中在各种性能特点上，包括复合增强、阻隔性能、阻燃性能、光电性能、抗冲击性能和能量吸收应用等。

近年来的研究表明，加入诸如无机层状粘土、单壁和多壁碳纳米管（分别是SWCNTs 和 MWCNTs）、石墨烯、金属纳米颗粒及其他合成纳米颗粒在增强聚合物基材料的特性和性能方面有潜在的改进。本章将介绍近来世界范围内对航空航天应用有潜在功能用途的不同纳米材料基聚合物复合材料的相关研究。

8.2 航空航天工程中的聚合物零部件：当前技术发展水平

航空航天是一个需要最优性能的领域，特别是使性能组合最优化，这是由于它可以实质性地节省重量（这直接转化为降低燃料消耗的成本效益）。聚合物具有使其作为航空航天材料使用的几个有用特性，包括低密度（$1.2 \sim 1.4 \text{ g/cm}^3$）、低成本、优异的耐腐蚀性和高延展性（热固性聚合物除外）。一些聚合物是坚韧和透明的，这使得它们适合于飞机窗户和顶棚应用；一些聚合物的低渗透特性已经在充气轻于空气系统的涂层和叠层结构中建立应用。然而，聚合物因为它们的低刚度、强度、蠕变特性和工作温度不能独自作为结构材料被使用，因此，聚合物通常以复合材料形式在航空航天材料中使用，图 8-1 列出了一些用作航空航天复合材料基体的常规聚合物。

在过去的 30 年里，FRP 复合材料已经被发现在航空航天应用中是一种创新和有吸引力的材料，并且设计师开始用聚合物复合材料替代航空航天金属零部件。目前，复合材料用于现代化的军用和民用飞机的机身和发动机构件，聚合物占材料总量的 $40\% \sim 45\%$，模塑料和纤维聚合物复合材料被广泛应用于客机的内饰件和家具，聚合物复合材料的应用形式多种多样，包括夹层结构、模塑件、泡沫、层压板、雷达、卫星、传感器和涂层，用于航空航天结构件的特殊零部件，如飞机机翼、副翼、垂直和水平安定面等。

聚合物的另一个重要应用是作为连接飞机构件的胶粘剂，使用聚合物胶粘剂无需诸如铆钉和螺栓等紧固件便能形成高强度、持久的连接，胶粘剂常用于连接金属和金属、复合材料和复合材料以及金属和复合材料构件，例如，胶粘剂用于粘接肋、杆、桁条和在整个机身使用的结构壁板蒙皮，胶粘剂也常用于粘接夹层结构复合材料的面板和芯材，以及复合材料和金属零部件在使用期间损伤的粘接修补。一层薄薄的胶粘剂被用来粘接铝合金和

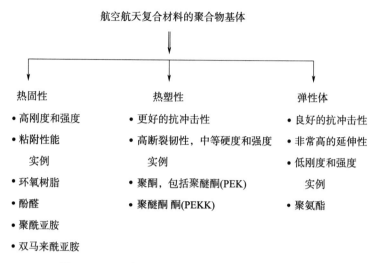

图 8-1　用于航空航天复合材料的常规聚合物基体

聚合物复合材料薄片，形成的纤维-金属层压板称为 GLARE（玻璃纤维增强铝合金层压板），这种纤维层压板被用于空客 A380 飞机机身。弹性体的使用通常局限于要求高挠性和弹性的非结构飞机零部件，如密封件和垫圈。

　　然而，采用金属或纤维增强体的聚合物往往具有高粘度、高加工温度和压力、抗蠕变性差等缺点，它们还面临着重量偏高、团聚、应力分布不均和其他问题。在常规的 FRP 复合材料中，纤维取向通常是在面内（x 方向和 y 方向），这导致材料性能在该方向受纤维控制，而在 z 方向受基体控制。因此，FRPs 对诸如分层、基体裂纹和疲劳损伤等固有损伤是非常敏感的。

8.3　聚合物纳米复合材料：前沿材料

8.3.1　什么是纳米复合材料？

　　在过去的 10 年中，PNCs 在航空航天应用中受到了很大的关注。PNCs 由填料分散在其中的聚合物基体组成，纳米填料可以是不同的形状（如片层、纤维和/或微球），并且至少有一个维度的尺寸必须在 1~50 nm 范围内，纳米填料为与聚合物基体良好粘接提供了非常高的界面面积，这最终导致产品优异的性能改进，一系列不同形状的纳米增强体材料被用于制造 PNCs，表征增强效果的一个重要参数是增强体的表面积与体积的比值（McCrum 等，1996）。图 8-2 所示为与增强体的表面积与体积比相对于长径比（定义为长度与直径的比率）的曲线图。

　　与传统的填充聚合物系统不同，纳米复合材料需要相对低的分散剂填充来实现显著的性能改进，这使得它们成为航空航天应用的关键候选材料。此外，纳米材料基复合材料还能提供各种多功能性能，如热稳定性、阻燃性、电子学性能、场发射、光学性能，以及改进的材料耐久性、高抗冲击性和能量吸收等，这对航空航天应用尤为重要（Thostenson

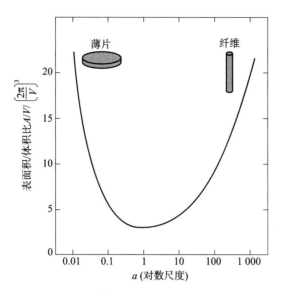

图 8-2　给定体积的圆柱形颗粒的表面积-体积比（A/V）相对于长径比（$a=$ 长度/直径）的曲线图

（摘自：Mc Crum，N.G.，Buckley，C.P.，Bucknall，C.B.，1996.Principles of
Polymer Engineering. Oxford Science，New York.）

等，2005；Luo 和 Daniel，2003），图 8-3 描述了用于航空航天结构件的材料的演变。

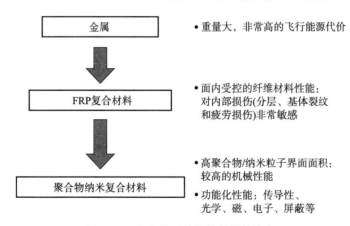

图 8-3　航空航天结构件材料的演变

8.3.2　PNCs 的合成路线

　　制备纳米复合材料的方法主要有三种：溶剂浇铸、熔融共混和原位聚合（见图 8-4）。在溶剂浇铸中，聚合物和纳米增强体被混合到溶剂中并彻底混合（如通过超声波），然后让溶剂蒸发，留下的纳米复合材料通常是一层薄膜，所选的溶剂应能完全溶解聚合物，并分散纳米增强体，所使用的溶剂将有助于聚合物链的活动性，这反过来又有助于层状纳米增强体插入聚合物链。在熔融共混的情况下，使用挤出机或内部混合器，聚合物和纳米增强体添加到挤出机中，经过一定时间的强烈混合，然后将纳米复合材料从硬模中挤出，在这种方法中，聚合物的活动性仅仅来自于热能。在原位聚合的情况下，初始单体和纳米增强体混合，然后该单体被插入到硅酸盐层之间，一旦单体被插入，聚合就开始了，聚合可能是由于硅酸盐表面的某些表面改性或由于任何催化反应功能的存在（Alexandre 和 Dubois，2000）。现在已经有许多关于导电 PNC 合成的报告（Fang 等，2008；Gangopadhyay 和 De，2000）。

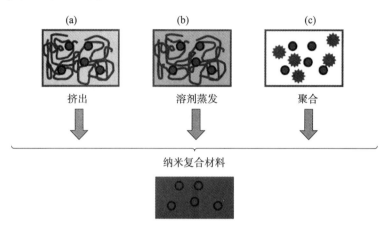

图 8 - 4　纳米复合材料合成示意图，纳米颗粒分散在（a）聚合物熔体、（b）聚合物溶液、（c）单体中

8.3.3　纳米复合材料模拟

纳米填料与聚合物基体之间的相互作用对纳米复合材料的性能有显著影响（Ajayan 等，2003），人们考虑了不同的理论模型来模拟这些材料。分子动力学（MD）是纳米复合材料模拟最常用的数值方法，一些典型模型的例子有宏观力学模型、微观力学模型和多尺度模型，MD 方法考虑原子尺度上的相互作用，并适用量子力学和 MD 的原理，这些方法允许通过求解原子间势能下相互作用原子的运动方程来确定纳米尺度上的机械特性（Rapaport，2004），MD 仿真已经成功地应用于单个单壁碳纳米管和多壁碳纳米管的裂纹扩展和断裂研究（Belytschko 等，2002；Namilae，2005）以及预测碳纳米管弹性性能（Cornwell 和 Wille，1997）。然而，这些技术在计算上是昂贵的，在这里将讨论与这些技术相关的简要概述和主要挑战。

8.3.3.1　宏观模型

宏观模型是一种简化了的方法，在这个方法中忽略了基体与增强体之间的微观或纳观级的相互作用，复合材料的性能在分析前被均质化，生成了各向同性和均匀连续性的材料（Aboudi，1990）。于是通过力学试验得到应力-应变曲线和屈服点等有效性能，在考虑使用复合材料时，多轴载荷下的屈服和失效模拟是一个很大的挑战。

8.3.3.2　微观模型

在微观模型中，复合材料中的每个相都被单独考虑，载荷和边界条件同时被应用于基体和增强体中，然后，采用均质化方法或代表体积元（RVE）的直接有限元，材料的全部宏观性能于是被平均并作为组分性能的函数进行计算。与宏观方法相比，这种方法的一个重要缺点是计算时间更长（Aboudi，1988）。微观力学模型已被应用于几项研究来预测纳米复合材料的弹性性能（Luo 和 Daniel，2003；Fornes 和 Paul，2003；Wu 等，2004；Wilkinson 等，2007；Chavarria 和 Paul，2004）以及损伤和失效（Fornes 和 Paul，2003；Chen 等，2003a，2007；Boutaleb 等，2009）。

Boutaleb 等人（2009）提出了一种微观力学分析模型，以解决由含有硅石纳米颗粒聚合物基体组成的纳米复合材料的刚度和屈服应力预测问题，一种相间厚度积分方法被用作特征长度尺度衡量。为了更好地理解纳米尺度上的机理，还进行了有限元模拟。

8.3.3.3 多尺度模型

为了预测复合材料结构的响应，考虑其微观结构，可以采用多尺度分析方法。这种方法在宏观和微观两个水平都进行了计算。在微观水平上，定义了有限数量的要素，并且每个要素由其自身的本构模型和材料特性来描述。与宏观方法相比，多尺度模型能够提供关于相中应力的信息，并且承认每相失效的定义。此外，有了这个模型，无须对每种构型进行昂贵的材料测试，填料的含量对复合材料性能的影响可以被预测和研究。

Luo 和 Daniel（2003）研究了硅酸盐粘土颗粒增强环氧树脂基体的性能改进情况。包含环氧树脂基体、片状粘土纳米层和纳米簇的三相模型被发展来解释纳米层的局部脱落问题。应用 Morie - Tanaka 方法来预测材料的弹性性能，包括剥落比、粘土层和簇的长径比、内部模量、基体模量和基体泊松比参数均被考虑到了。通过透射电镜研究了表皮脱落率，并在模型中包含了这个预估值（10%），弹性性能预测值与试验结果接近一致。

8.4 纳米复合材料性能

对纳米填料的大量研究表明，纳米填料可以提供不同的功能特性，表 8 - 1 列出了一些对航空航天应用有潜在功能特性的纳米材料。本节讨论纳米材料和纳米复合材料的最新研究，这些材料具有一些典型的特别是与航空航天应用相关的特点。

表 8 - 1 与航空航天应用相关的一些纳米材料及其功能特点

功能特点	纳米材料
机械、抗划伤性	Al_2O_3，SiO_2，ZrO_2
抗菌性	CuO，TiO_2，ZnO
气体阻隔性	纳米粘土，石墨烯
腐蚀性	纳米粘土
导电性	CNFs，石墨烯，SnO_2
防火性	纳米粘土
热稳定性	纳米粘土，CNFs，ZrO_2
紫外线稳定性	TiO_2，ZnO，$BaSO_4$，CeO_2，石墨烯
耐冲击性	SiO_2，TiO_2，$CaSiO_3$，Al_2O_3，CNTs，粘土

8.4.1 减重

飞行器重量是航空航天应用中的一个主要关注点，飞行器重量的降低能够增加有效载荷能力，即可携带更多的仪器、补给和/或动力系统。对于航空学来说，飞行器重量的降低能减少燃料消耗和排放。航空航天界目前的趋势是在飞机和航天器上均最大限度地使用轻质复合材料。波音-787 中复合材料的使用为 50%，而波音-777 中仅为 7%。NASA 正在积极追求使复合材料能够在运载火箭净结构件和低温推进剂贮箱中更为广泛应用的技术。

在常规复合材料中，理想的是有一个完全致密的基体，因为孔隙可以作为导致过早失效的机械缺陷，并且也可以作为复合材料环境退化的点。然而，通过受控的方式在基体中引入纳米尺度的孔隙或空隙，可能使基体能够承受与常规完全致密聚合物基体相同的机械载荷并具有相同的耐久性。NASA 格兰研究中心的研究人员已经持续致力于多功能绝热材料使用的结构聚合物气凝胶工作，这些纳米孔聚合物的密度为 $0.2 \ g/cm^3$，大约是完全致密聚合物的 1/5，这类材料的机械性能的改进可以通过添加纳米级填料（CNTs、纳米粘土或石墨烯）来增强这些材料的纳米孔壁而获得。用具有更高拉伸性能的 CNT 衍生纤维替代常规碳纤维，也能显著降低复合材料壁板重量，并最终降低构件重量。系统分析表明，利用一种抗拉强度为 10 GPa 的 CNT 纤维，这个强度是常规中模量纤维的两倍，将减少高达 25% 的运载火箭净重。

8.4.2 强度和刚度

尽管有机聚合物纳米复合材料比未填充的聚合物有明显高的模量和强度，但报道的结果仍远低于从常规碳纤维中获得的结果。然而，最近的研究带来了希望，例如，对体积含量 10% 的多壁碳纳米管（MWCNT）-氧化铝复合材料断裂韧性（见图 8-5）进行了测量，其断裂韧性从 $3.4 \ MPa/m^2$ 到 $4.2 \ MPa/m^2$ 增加了大约 24%（Siegel 等，2001）。对于仅添加 1% 重量含量纳米管（约 0.5% 体积含量）的 CNT-聚苯乙烯复合材料（Poulin 等，2002）的表征，作者获得了 36%～42% 的弹性刚度增加和 25% 的抗拉强度增加。他们也使用短纤维复合理论来证明在不同的工作（Tibbetts 和 McHugh，1999）中获得的 10% 重量含量碳纤维（约 5% 体积含量）将达到与 1% 重量含量 CNTs 弹性模量相同的增加程度。

8.4.3 热稳定性和阻燃性

对于一些典型的产品，热管理的改进对于满足市场驱动的性能、寿命和成本要求至关重要。在某些情况下，热量的管理也起着至关重要的作用，这对于有增强功能性和提高可靠性需求的下一代航空航天材料的设计尤为重要。在许多情况下，如全电动飞机、军事应用和许多传感系统，增强材料的热稳定性和阻燃性是基本要求，潜在的应用包括军事设备中的微处理器和电力电子设备。

在这点上，纳米粘土被作为一种潜力材料来考虑，在这一领域正在进行全球范围的研

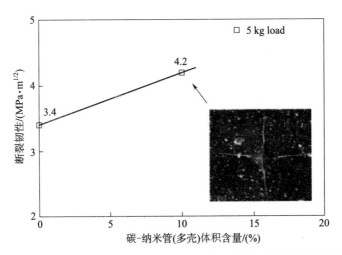

图 8-5 10 ％ MWCNT-氧化铝纳米复合材料与未填充纳米相铝的断裂韧性比较，插入的
图片显示出锯齿状和因此产生的裂纹

（摘自：Siegel，R. W.，Chang，S. K.，Ash，B. J.，Stone，J.，Ajayan，P. M，Doremus，R. W.，Schadler，
L. S.，2001. Mechanical behavior of polymer and ceramic matrix nanocomposites. Scripta Mateialia 44 (8)，2061-2064. ）

究 [Leszczyńska 等，2007；Hwu 等，2002；DTI 全球关注任务报告 (UK)，2006]。添
加的粘土作为分解期间产生的挥发物的优良绝缘体和传递屏障从而提高其性能，粘土作为
一种热屏障，可以提高系统的整体热稳定性，并在热分解过程中有助于焦炭的形成。在纳
米复合材料中，挥发份产生的温度比微米级复合材料高。此外，带有焦炭产物的纳米复合
材料中聚合物的热氧化急剧减缓，通过物理隔离效应和化学催化作用，硅酸盐的烧蚀重组
性能得到改进，这应归因于硅酸盐和通过质子化氨硅酸盐改性剂热分解产生的强酸点。最
近，Leszczyńska 等人 (2007) 详细评述了通过蒙脱土改进不同聚合物基体的稳定性及其
影响因素。

层状硅酸盐的主要机理是形成阻碍火焰扩散的屏障，然而，添加纳米粘土对如可燃性
或火灾负荷的重要火灾特性几乎没有影响，因此，对氢氧化铝和有机磷阻燃剂的组合进行
了评价 (Liang 等，2013)。在纳米复合材料的构成中存在明显的分子间作用，从而使聚合
物具有良好的阻燃性能，这种分子间作用包含链间氨解或酸解、自由基再结合和氢提取反
应等。对于通过自由基途径降解的聚合物，在预测纳米复合材料的形成对降低峰值放热速率
影响中自由基的相对稳定性是最重要的因素。由聚合物产生的自由基越稳定，其阻燃性能就
越好，这可以通过聚合物-粘土纳米复合材料峰值放热速率的降低来衡量 (Liang 等，2013)。

尽管纳米粘土对热管理和阻燃性是一种非常流行的添加剂，但是其他纳米材料在这一
领域也被进行了探索。有趣的是，最近的一项研究表明，CNTs 甚至可以胜过纳米粘土，
碳基纳米颗粒 [单壁纳米管和多壁纳米管以及碳纳米纤维 (CNFs)] 在聚合物基体中形
成致密网络结构像有限的阻燃添加剂似的，所以整个材料的流变行为像一个凝胶体
(Kashiwagi 等，2005)。CNTs 作为热管理材料其应用正在增加 (Zhao 等，2006；
Johnson，2006；Hu 等，2006)。在聚合物基体中添加 CNTs 可以提高玻璃化转变、熔融

和热分解温度，这是由于CNTs对聚合物链段的约束作用，这对于提高聚合物复合材料的热耐久性是重要的。

　　然而，CNTs使用的一个限制因素是从一个纳米管到另一个纳米管的热流传递有效方式。CNTs可以被编织成垫子，从而形成一个低密度、高导热性材料。这种材料可以通过压力或模压铸造的方式置入金属复合材料中，环氧树脂也可以作为填料加入从而得到刚性垫。无论如何，这些方法仍处于早期阶段。尽管对复合材料中CNTs的使用的期望很高，但人们对其与聚合物混合时产生的成果有一些质疑，例如，CNTs本身是优良的导体，但是当它们与其他材料结合时，它们可能不会表现出相同水平的传导率，问题在于，CNTs的振动频率比周围材料中的原子要高得多，这导致其阻抗增加从而导致热导率是有限的。一种CNT干燥胶粘剂新概念对于高导热界面的潜力方面是非常有吸引力的，Zhao等人（2006）最近报道了一种用于热界面材料的新型CNT技术"干燥胶粘剂-维可牢"的开发，利用化学气相沉积，在固体表面（如硅）上合成了垂直于MWCNTs排列的密集阵列（见图8-6），并且使阵列的高度在微米量级，这种MWCNT干燥胶粘剂被发现具有导电性和导热性（可与商用热胶相媲美）。

　　热管理在航空航天和国防应用中都是日益增长的需求，随着设备越来越小，功能越来越强大，热量的管理已经成为一个严重的问题。然而，纳米结构中的热传递需要对热传递的理解超过在连续介质水平上的理解，并且在测量方法上的先进性也是必需的。

8.4.4　电子特性

　　纳米复合材料的研究涉及电子和计算、数据存储和通信等领域，在这点上，碳基纳米材料正变得越来越重要。CNTs是一种具有非常小的尺寸和高的长径比的导电添加剂，由此产生的形态使纳米管能够在低填充百分比下在聚合物基体中形成导电网络，典型的大约为1.5%～4.5%重量比，并且填充较为顺畅。纳米管是高度各向同性的，并且在整个成型零部件上具有均匀的导电性，且翘曲最小（Star等，2003）。纳米机电系统无摩擦，MWCNTs不会出现磨损，因此可以作为坚固的轴承来使用，因为不同碳纳米管之间的距离属于纳米级的，所以污染物不可能进入轴承。然而，纳米材料的性能取决于多种因素，如纳米材料的合成方法、长径比、基体中的分散度、基体中纳米材料的网络结构等。

　　尽管CNTs和CNFs具有优良的分散性，但在不同的体系中，其渗滤阈值完全不同。在0.0021%～0.0039%重量含量范围内的超低渗滤阈值，相比之下，在3%～5%重量含量范围内的高渗滤阈值（Bryning等，2005），主要的不确定性与纳米管的种类和质量有关，这是由于多种合成方法已经用于获得不同尺寸、长径比、晶体取向、纯度、缠结度和直线度的纳米管。据报道，在环氧-CNT纳米复合材料中，当CNTs的长径比从411减小到83再到8.3时，相应的渗滤阈值分别从0.5%增大到1.5%再到＞4%重量含量，这表明长径比是一个主导因素（Bryning等，2005）；相反，长径比为300时，环氧-CNT纳米复合材料的渗滤阈值为0.011%～0.011%体积含量（Kim等，2005）。即使长径比为1000，Allaoui等人（Allaoui等，2002）也获得了0.6%体积含量的渗滤阈值。此外，有趣的是，即使是使用相同种类的纳米管，渗滤阈值也会因基体材料的不同而不同（从 0.0225% 到 10% 重量含量）。虽然可以从基体树脂的类型和性质以及交联密度来定性地解释这种差异，但仍然缺乏具体的知识。实际上，控制局部交联密度非常困难，因为它反过来又取决于填料的性质、它们的解缠和取向（Shaffer 和 Windle，1999；Sandler 等，1992）。

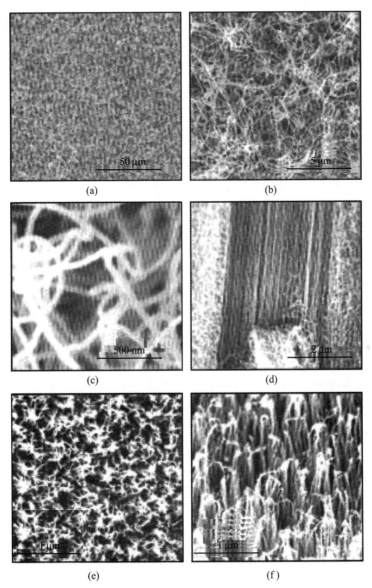

图 8-6　MWNCT 阵列扫描电镜（SEM）图，（a）～（c）MWNCT 阵列顶视图，随着放大倍率的增加显示表面纳米管的缠结，直径范围从 20nm 到 30 nm；（d）外表面的一个碎片正在剥落 MWCNT 阵列侧视图，显示纳米管垂直排列；（e）、（f）氧等离子腐蚀后另一个约 40 μm 阵列高度的 MWNCT 阵列顶视图和侧视图，腐蚀取消了纠缠的表面层，MWCNTs 显示出良好的垂直排列

（摘自：Zhao，Y.，Tong，T.，Delzeit，L.，Kashani，A.，Meyyappan，M.，Majumdar，A.，2006. Interfacial energy and strength of multiwalled-carbon-nanotube-based dry adhesive. Journal of Vacuum Science & Technology B：Microelectronics and Nanometer Structures 24（1），331-335.）

8.4.5　场发射和光学特性

由于可扩展性和低功耗，场发射器是各种航空航天应用有吸引力的候选者，特别在预算是一个主要考虑因素的情况下。使用 CNTs 的场发射（FE）已经被证明是高电压、低电流电力应用的理想选择，如场发射电推进（FEEP）、胶体、微离子推进器甚至小型电动（ED）系绳系统。基于 CNT 的 FE 非常符合对微小卫星的要求，微小卫星被认为是各种应用和微技术的有效选择，因为这有助于显著降低微小卫星和卫星子系统的质量、体积和功率需求（Kim 等，2006；Krishnamoorti 和 Vaia，2001；Mirfakhrai 等，2007；Li 和 Xia，2004；Xu 和 Huq，2005a，b；Chen 等，2003b）。

关于电子器件的研究主要集中在 SWCNTs 和 MWCNTs 作为场发射电子源，用于平板显示器、照明灯、提供浪涌保护的气体放电管和 X 射线、微波发射器。由于纳米纤维尖端的小半径和纳米纤维长度，施加在纳米管涂层表面和阳极之间的电势会产生高电场。局部电场导致电子从纳米管尖端隧穿到隧道，这种纳米管尖端电子发射过程不同于块状金属的发射过程，因为它产生于离散的能态而不是连续的电子能带，其行为取决于纳米管尖端的结构，无论是 SWCNTs 还是 MWCNTs。

由于封装的高灵敏度电子设备的广泛使用，在电子和通信工业中，特别是在空间和军用工业中，电磁干扰（EMI）防护的重要性在增加。Kim 等人（2006）设计了一种在 X 波段具有承载能力的雷达波吸收结构件（RASs），制备了具有优异比刚度和比强度的玻璃纤维-环氧树脂平纹织物复合材料，其中含有 MWCNTs 来诱导介电损耗。玻璃纤维-环氧树脂平纹织物复合材料的制造涉及通过混合基体和 MWCNTs 浸渍玻璃纤维-环氧树脂平纹复合材料，随着预混料的粘度在 3.0％重量含量以上迅速增加，研究人员报道说，他们发现难以保持 MWCNTs 在基体中的均匀性。通过复合材料微观结构的观察显示，MWCNTs 的不均匀分布会导致高介电损耗，这通过介电常数的测量被证实了。

8.4.6　老化和耐久性能

任何有机材料长期暴露于侵蚀性环境［例如，紫外线（UV）辐照、热曝晒、氧化和臭氧气氛］会引起其物理、化学和机械特性发生变化，甚至丧失使用价值。广义上的聚合物降解包括生物降解、高温分解、氧化和机械降解、光解和催化降解（Pielichowski 和 Njuguna，2005）。由于聚合物的化学结构，它们很容易受到环境中的有害影响，尽管实际上有机 UV 吸收剂具有广泛的适用性，但由于其是纯的有机复合体而存在挥发和迁移的缺点，这不仅影响其持久性，而且会造成环境污染。无机 UV 吸收剂，如纳米-ZnO、纳米-CeO_2 等，具有良好的化学稳定性、热稳定性、无毒无臭、UV 屏蔽波长范围宽等优点（Wang 等，2014）。探索自硬化和自钝化纳米复合材料可用于构建既具有高的耐星载粒子和耐电磁辐照降解的设备构件，同时又可以减小空间飞行器的总重量。

8.4.7　抗冲击和能量吸收性能

由于持续地使用载荷，低速和高速冲击事件造成的损伤使复合材料的结构变弱。此外，在完全穿孔之前，冲击可能会产生不同类型的缺陷［即表面下的分层、基体裂纹、纤维脱粘或断裂、压痕和几乎不可见的冲击损伤（BVID）］。随着时间的推移，这些影响可能会导致复合材料结构件的机械性能发生变化（分层的主要影响是改变这个位置的弯曲刚度和横向剪切刚度值），从而导致可能的灾难性故障。据报道，可以通过添加纳米尺度的填料来设计聚合物基体的能量吸收性能和相关性能，诸如 SiO_2、TiO_2、$CaSiO_3$、Al_2O_3 粉末、CNTs 和粘土纳米片等刚性纳米尺寸的粒子已被使用了，并在本节中总结了一些重要的发现。

用于增强聚合物基体的典型填料有粒子（如硅石或铝氧化物粒子）、管（如纳米纤维或纳米管）和片（如纳米粘土片）。通过添加氨基官能化的 MWCNTs 或少量的 SWCNTs，可以明显改进聚合物纳米复合材料的冲击强度。FRPs 对固有损伤（分层、基体开裂和疲劳）的敏感性及其最小的多功能性需要付出巨大努力，以满足空间飞行器应用的标准。然而，目前在 FRPs 中围绕纳米粒子的结合如 CNTs 和 CNFs，关于制造方法和结构完整性方面有许多问题。对于任何类型的添加粒子，粒子改性半结晶聚合物的增韧与粒子间距离 s 有关，距离 s 取决于粒子的浓度 u 和平均尺寸 d。

大量的实验表明，当粘土纳米片没有完全剥落并且存在插入的粘土纳米片时，在环氧树脂中添加粘土纳米片改进了断裂韧性，这种非常高的改进，对于用常规微米级粒子增强的复合材料通常不能实现。Subramaniyan 和 Sun（2007）报道了具有软橡胶核和玻璃外壳的核-壳橡胶（CSR）纳米粒子改进了环氧乙烯基酯树脂断裂韧性，这个改进明显高于相同重量分数的蒙脱土（MMT）纳米粒子。然而，发现 CSR 和纳米粘土的混合物可提供韧性、模量和强度的最佳平衡。同样的研究人员强调，当纳米粘土粒子在常规玻璃纤维增强复合材料中被用来增强聚合物基体时，复合材料的层间断裂韧性小于未增强复合材料。有人认为，这一结果的可能原因是纳米粘土粒子沿着纤维的轴排列。

有两个因素影响刚性粒子在高加载速率下的能量耗散能力：

1）弥散的粒子从基体中分离并在空洞附近引发局部剪切的能力；

2）孔洞的大小。

因此，对于聚合物增韧的最佳刚性粒子尺寸应满足两个主要要求：小于聚合物断裂的临界尺寸，以及与聚合物基体屈服应力相比具有较小的脱粘应力。

大多数研究指出，在聚合物（热固性树脂和热塑性树脂）中通过加入 CNTs 增加韧性，主要是由于纳米管的拔出机制和基体中的裂纹桥接作用。纳米管拔出机理受到传统的聚合物纤维复合材料的启发，纤维基体脱粘和纤维拔出（包括拔出纤维时抗滑动摩擦所做的功）支配能量吸收的程度，因此，预计聚合物纳米管复合材料中非常高的界面面积将显著改善由于纳米管拉出而导致断裂所需做的功。为了解释和证实这种拔出机制，Barber 等人（2006）通过将它们放在扫描探针显微镜（SPM）针尖上研究了单个纳米管的拉出，方法是：将单个纳米管推入液态环氧树脂聚合物（或聚乙烯-丁烯共聚物熔融物）中，聚合物凝固后，将纳米管拔出，从 SPM 针尖悬臂的偏转来记录力。虽然这种方法提供了单个纳米管界面强度的评估，但是它并不是直接的纳米管拔出韧性的度量，韧性取决于诸如纳米管的排列取向和弹性缠结本性等许多因素。即使通过增加纳米管在树脂中的嵌入长度，纳米管也会断裂，而不是从聚合物中被拔出。

纳米管增强结构具有高达 8 倍的拉伸强度和先进的能量耗散机制，所以可以用更小、更轻的结构设计来实现更好的阻尼。CNT 壁的数量和尺寸影响复合材料中的应力集中，因此短而均匀的圆形粒子（如钻石等）是最强的，然而，较长的纤维容易弯曲，并可能对于阻尼来说更好。CNT 在复合材料中可以作为纳米弹簧和裂纹诱捕材料，当 CNTs 分散良好时，这些阻尼现象可以成倍增加，CNT 粒子的取向和几何形状（波纹形）可能影响能量耗散机制和断裂力学，当 CNTs 的纵向方向为 90°时，可以获得最大的刚度。值得注意的是，开口 CNTs 不会因为较高的应力集中而坍塌、破坏或弯曲，许多研究者已经使用了封口 CNT -增强复合材料，因此，单独的 SWCNTs 对于阻尼应用可能是更好的，这是由于 CNT -基体的相互作用带来它们的承载能力显著增加。

Kireitseu 等人（2008）所写的关于涡轮发动机旋转风扇叶片的论文描绘了另一种可行的航空航天或国防应用，作者考虑了一种大型的旋转民用发动机叶片，该叶片为典型的空腔结构，并且通常有类似于肋的金属结构件，这是为了提高刚度和保持叶片横截面外形，他们建议用一种泡沫填充的风扇，在这里 CNT -增强复合泡沫替代了金属结构件或传统的填充物，并在顶部有一个 CNT -增强的复合材料层，复合材料夹层结构的阻尼行为和冲击韧性结果表明，在较宽的温度范围内 CNT -增强的试样具有较好的冲击强度和振动阻尼特性。采用带复合材料层的振动夹紧梁进行试验，结果表明，复合材料的固有阻尼水平提高了 200%，刚度提高了 30%，密度降低了 20%～30%。纳米管和复合材料层之间的交联也有助于改善网络内的载荷传递，从而改进刚度特性。所考虑的关键问题包括：为了振动阻尼纳米管及相关基体材料的选择；定制基体和取向相关的纳米管-基体界面。这种方法可以达到重量、厚度和制造成本显著降低的预期。

8.4.8　摩擦和防腐蚀涂层

飞机用材料的另一个主要趋势是通过纳米涂层提高金属的耐久性，尤其是比钢或铝轻得多的镁合金更容易腐蚀，这是由于其中镁的活性高，涂层虽有助于防止腐蚀，但通常使用的涂层含有高毒性污染物铬络合物。新型抗腐蚀纳米涂层使用的材料包括硅、硼氧化物和钴-磷氧化物纳米晶体（Voevodin 等，1999），纳米涂层现在也被用在必须承受高温的涡轮发动机叶片和其他摩擦磨损机械构件上。摩擦涂层可以显著降低摩擦系数，提高耐磨性，从而大大提高发动机效率。许多纳米结构和纳米尺度的涂层材料已经被建议可能作为摩擦改进剂，如碳化物、氮化物、金属和各种陶瓷。

8.5　案例研究

带着为了提供最新研究概况和范围并讨论在航空航天应用中纳米复合材料探索背后的一些技术和科学方法的观点，由印度德里的印度理工学院并被 Mangala Joshi 教授管理的纳米技术研究小组进行了一些案例研究，在本节中已被说明。

8.5.1　微波吸收应用的聚氨酯-复合纳米石墨纳米复合材料

常规雷达波吸收材料（RAMs），如铁球（羰基铁）和炭黑，被证明对现代的自导引装置，特别是那些在低频微波下工作的装置，效果较差，基于铁氧体的杂化纳米粒子被发现更适合于这种应用，铁（Fe）-涂覆的碳纳米粒子也可以被成功地用于导电、传感和电磁屏蔽或雷达波吸收中。在多种碳纳米粒子中，因为纳米石墨的导电性、纳米磁性和层理结构，它对这样的应用具有潜力。因此，包覆有铁、镍（Ni）或铬的纳米石墨对于微波吸收材料可能是有吸引力的选择。

印度德里的印度理工学院纳米技术研究组最近进行了一项研究（Bhattacharyya 和 Joshi，2011，2012），在这项研究中，通过一种简单而新颖的流化床电镀工艺，Fe 涂层被用来覆盖酸功能化纳米石墨（见图 8-7），纳米粒子被进一步分散在聚氨酯基体中，并浇铸成纳米复合材料膜。观察到了这个材料在 300 MHz～1.5 GHz 频率范围内的微波吸收特性，结果显示纳米石墨上有一层非常薄的 Fe-Ni 涂层纳米石墨有助于非常有效地吸收微波，因此，通过这种方法合成的 Fe-Ni-包覆功能化纳米石墨是一种有效的微波吸收材料，并且可以作为战斗机和雷达罩、伪装盖、网和其他用于空中监视织物的涂覆及其他产品上的特殊涂层，这在国防领域有潜在的应用。

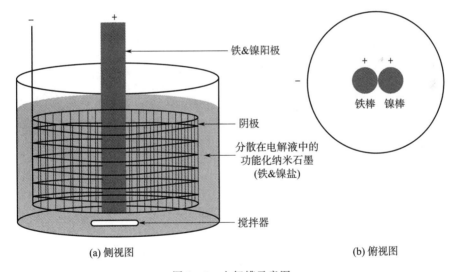

(a) 侧视图　　　　　　　　　　　　　　　　(b) 俯视图

图 8-7　电解槽示意图

（摘自：Bhattacharyya, A., Joshi, M., 2011. Co-deposition of Iron and Nickel on Nanographite for Microwave Absorption through Fluidized Bed Electrolysis. International Journal of Nanoscience, 10 (4), 1125-1130.）

8.5.2　CNF 组成的具有改进机械、电和热性能的三相碳-环氧树脂复合材料

碳-环氧树脂复合材料的高强度、高韧性和轻质重要特性使其在航空航天领域应用成为理想的材料。机织纤维形式的增强体易于操作，并提供较好的韧性和抗冲击性。碳布-

环氧树脂复合材料的性能不仅依赖于织物的性能和结构，而且依赖于基体的性能。因此，人们做了许多尝试来提高环氧树脂的韧性和其他性能来开发高性能碳-环氧树脂复合材料。环氧树脂的韧性通过加入橡胶或硬质填料粒子得到了显著提高，但以损伤其模量、强度和热力学性能为代价。在这方面，碳纳米粒子因为提供了巨大的界面面积，对于改进基体性能是较好的候选者。

　　M. Joshi 等人在印度德里印度理工学院（Rana 等，2010，2011）在碳-环氧树脂复合材料领域进行了一项新的研究，在这项研究中，开发了一种三相复合材料，其中碳纤维和纳米填料被联合用于增强环氧树脂基体，该研究的目的在于获得将气相生长 CNFs 均匀分散在环氧树脂中的方法（见图 8-8），以最大限度地改进碳-环氧树脂三相复合材料的性能，基于该研究，选择了一个适合的分散路线来制备三相复合材料。采用超声辅助高速机械搅拌方法将气相生长 CNFs 均匀地分散在碳-环氧树脂复合材料基体中，在所有分散路线中，这种分散技术使环氧树脂的杨氏模量得到显著提高，且拉伸强度和断裂韧性的提高也是最高的。在基体中仅分散 0.5% 的 CNFs，可使碳-环氧树脂复合材料的杨氏模量和拉伸强度分别提高 37% 和 18%，同样，抗压模量和强度分别提高了 50% 和 18%。因为在 CNFs 周围碳纤维与环氧基体之间形成了强的界面，促使三相复合材料力学性能的改进。由于气相生长 CNFs 较好的电和热传导性，即使在非常低的 CNF 浓度下（等于 1.0%），碳-环氧树脂复合材料基体中它们的结合也可带来电和热传导性能的改进。

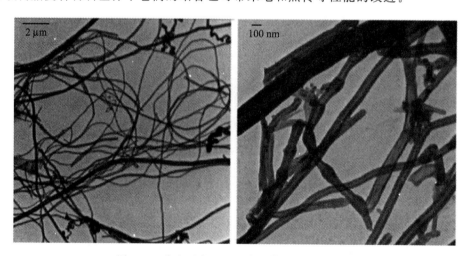

图 8-8　气相生长 CNFs 在透射电镜下的形态

（摘自：Rana，S.，Alagirusamy，R.，Joshi，M.，2011. Development of carbon nanofibre incorporated three phase carbon/epoxy composites with enhanced mechanical，electrical and thermal properties. Composites Part A：Applied Science and Manufacturing 42（5），439 - 445.）

8.5.3　耐候性浮空器用多功能多层纳米复合涂层和层压板

　　浮空器是一种先进的充气涂层或层压织物结构，其形状像飞机，漂浮在海拔约 3000 英尺的高空。这些浮空器被用作各种电子有效载荷的上升平台，这些电子载荷的范围从复杂的机载预警雷达系统到极低频和低频通信系统、主动或被动电子战装备、公共应急广播系统、通信中继系统等，这些结构被暴露在恶劣的大气中很长时间，不像固定翼飞机或直升机，这种浮空器是"比空气轻（LTA）"的，通常使用氦气来滞留在空中，并通过在固定位置使用一个停泊系统而被系留。典型的可膨胀浮空器结构一般包括由机织织物制造的为结构提供强度基础的强度层和作为气体阻隔层的保护层，以长时间保持结构的膨胀状态。在这种情况下，最终充气结构的寿命主要由涂层的防护性能决定。但在这些应用中，常规聚合物涂层［聚氯乙烯（PVC）、丙烯酸等］的使用非常有限，这是由于其耐候性差、弯曲疲劳度低、与基体附着力差、对空气或气体的渗透性强。作为这种浮空器的可选择材料，热塑性聚氨酯（TPU）近年来越来越受到关注（Chattopadhyay 和 Raju，2007）。然而，类似于其他聚合物材料，TPU 长时间暴露于腐蚀性环境（如 UV 辐照、热曝晒和氧化气氛）中会导致其物理、化学和机械特性发生变化，甚至失去使用价值（Boubakri 等，2010）。通常，诸如 UV 吸收剂、受阻胺光稳定剂（HALS）的 UV 稳定剂和抗氧化剂被联合用于涂料配方中以避免涂层降解。但常规添加剂需要经受来自于迁移、析出、结霜等过程中高的有形损失，在这点上，纳米材料的联合将是一种新方法，纳米材料似乎不仅提供最小的有形损失，而且可能提供如抗气体渗透性的功能特性。

在这方面，我们的研究团队在印度德里的印度理工学院中正在进行一项新的研究，开发一种多层涂层和层压板系统，该系统联合先进的纳米材料来实现多功能性（Chatterjee 等，2013，2014，2015）。

8.6　一些商业应用

纳米复合材料代表了高性能材料的前沿，高性能军用航空航天系统不断增长的需求和政府基金国防项目不断增长的需求扮演了纳米复合材料商业应用理想的领跑者。

美国全球化航空航天和国防公司洛克希德·马丁公司最近宣布，F-35 闪电 II 战斗机在翼尖整流罩中使用了 CNTs，F-35 是一款秘密行动能力的军用攻击机，诞生于由美国国防部建立的联合攻击战斗机（JSF）项目［http：//blog.luxresearchinc.com（2015 年 9 月）］。位于墨西哥北部蒙特雷研究和技术创新园（PIIT）的先进材料研究中心（CIMAV）已经开发了用石墨纳米片增强的特别为工业应用的太阳能电池材料［http：//www.nanowerk.com（2015 年 9 月）］，然而，将任何实验室级技术转移到大量应用中仍然是一个巨大的挑战。纳米材料大规模合成的研究进展及其与聚合物的结合为纳米复合材料的大量应用铺平了道路，这不仅体现在航空航天领域中，而且也体现在汽车、石油和天然气、海洋、建筑和风电行业中。

8.7　结语

用作航空航天材料的常规纤维增强复合材料与一些金属材料相比具有高比强度、比模量。然而，在过去的 20 年里，重点已经转向了纳米基复合材料，因为它们已经显示出其潜在的性能改进能力，并可以提供多功能性。目前世界范围内关于航空航天应用纳米尺度粒子增强复合材料的研究可以被分为无机层状粘土技术、碳材料基（SWCNT、MWCNT 和 CNF）技术和金属纳米粒子技术。迄今为止，纤维增强复合材料的纳米粒子增强体或三相复合材料也已被证明是一种具有很大可能性的材料，为了进一步了解纳米增强体如何引起材料性能的主要变化仍有很多工作要做。

纳米尺度填料与微米尺度填料相比的优点是其巨大的表面积，这可以作为更有效的应力传递界面。这个技术的缺陷之一是通过将纳米粒子作为聚合物中的结构元素进行机械增强，这通常与其在基体中的分散程度、浸渍程度和界面粘附程度有关，实现难度较大且仍是一项具有挑战性的任务。对这些现象的理解有助于将它们扩展到开发用于高端航空航天应用的更先进聚合物纳米复合材料系统。

参 考 文 献

[1]　Aboudi, J. , 1988. Micromechanical analysis of the strength of unidirectional fiber composites. Composites Science and Technology 33 (2), 79 - 96.

[2]　Aboudi, J. , 1990. The nonlinear behavior of unidirectional and laminated composites - A micromechanical approach. Journal of Reinforced Plastics and Composites 9 (1), 13 - 32.

[3]　Ajayan, P. M. , Schadler, L. S. , Braun, P. V. , Picu, C. , Keblinski, P. , 2003. Nanocomposite Science and Technology. Wiley Online Library.

[4]　Alexandre, M. , Dubois, P. , 2000. Polymer - layered silicate nanocomposites: preparation, properties and uses of a new class of materials. Materials Science and Engineering 28, 1 - 63.

[5]　Allaoui, A. , Bai, S. , Cheng, H. M. , Bai, J. B. , 2002. Mechanical and electrical properties of a MWNT/epoxy composite. Composites Science and Technology 62 (15), 1993 - 1998.

[6]　Barber, A. H. , Cohen, S. R. , Eitan, A. , Schadler, L. S. , Wagner, H. D. , 2006. Fracture transitions at a carbon - nanotube/polymer interface. Advanced Materials 18 (1), 83 - 87.

[7]　Belytschko, T. , Xiao, S. , Schatz, G. , Ruoff, R. , 2002. Atomistic simulations of nanotube fracture. Physical Review B 65 (23), 235 - 247.

[8]　Bhattacharyya, A. , Joshi, M. , 2011. Co - deposition of iron and nickel on nanographite for microwave absorption through fluidized bed electrolysis. International Journal of Nanoscience 10 (4), 1125 - 1130.

[9]　Bhattacharyya, A. , Joshi, M. , 2012. Functional properties of microwave - absorbent nanocomposite coatings based on thermoplastic polyurethane - based and hybrid carbon - based nanofillers. Polymers for Advanced Technologies 23 (6), 975 - 983.

[10]　Boubakri, A. , Guermazi, N. , Elleuch, K. , Ayedi, H. , 2010. Study of UV - aging of thermoplastic polyurethane material. Materials Science and Engineering: A 527 (7), 1649 - 1654.

[11]　Boutaleb, S. , Zaïri, F. , Mesbah, A. , Naït - Abdelaziz, M. , Gloaguen, J. , Boukharouba, T. , Lefebvre, J. , 2009. Micromechanics - based modelling of stiffness and yield stress for silica/ polymer nanocomposites. International Journal of Solids and Structure 46 (7), 1716 - 1726.

[12]　Bryning, M. B. , Islam, M. F. , Kikkawa, J. M. , Yodh, A. G. , 2005. Very low conductivity threshold in bulk isotropic single - walled carbon nanotube - epoxy composites. Advanced Materials 17 (9), 1186 - 1191.

[13]　Chatterjee, U. , Joshi, M. , Butola, B. S. , 2013. Predicting changes in TPU coating properties with weathering. In: Polymer Processing Society Asia/Australia Conference, Mumbai, India.

[14]　Chatterjee, U. , Joshi, M. , Butola, B. S. , 2014. Weathering performance of polyurethane coatings for aerostat applications. In: International Conference on Technical Textiles and Nonwovens, New Delhi, India.

[15]　Chatterjee, U. , Joshi, M. , Butola, B. S. , Thakre, V. , Singh, G. , Verma, M. K. , 2015.

Thermoplastic polyurethane coatings for aerostat: influence of polyurethane chemistry and additives on weathering properties. In: International Symposium on Polymer Science and Technology: Macro 2015, Kolkata, India.

[16]　Chattopadhyay, D., Raju, K., 2007. Structural engineering of polyurethane coatings for high performance applications. Progress in Polymer Science 32 (3), 352 – 418.

[17]　Chavarria, F., Paul, D., 2004. Comparison of nanocomposites based on nylon 6 and nylon 66. Polymer 45 (25), 8501 – 8515.

[18]　Chen, J., Huang, Z., Mai, Y. W., 2003a. Constitutive relation of particulate – reinforced viscoelastic composite materials with debonded microvoids. Acta Materialia 51 (12), 3375 – 3384.

[19]　Chen, J., Ren, H., Ma, R., Li, X., Yang, H., Gong, Q., 2003b. Field – induced ionization and Coulomb explosion of CO_2 by intense fem to second laser pulses. International Journal of Mass Spectrometry 228 (1), 81 – 89.

[20]　Chen, J., Huang, Z., Zhu, J., 2007. Size effect of particles on the damage dissipation in nanocomposites. Composites Science and Technology 67 (14), 2990 – 2996.

[21]　Cornwell, C., Wille, L., 1997. Elastic properties of single – walled carbon nanotubes in compression. Solid State Communications 101 (8), 555 – 558.

[22]　Fang, F. F., Choi, H. J., Joo, J. J., 2008. Conducting polymer/clay nanocomposites and their applications. Nanoscience and Nanotechnology 8 (4), 1559 – 1581.

[23]　Fornes, T., Paul, D., 2003. Modelling properties of nylon 6/clay nanocomposites using composite theories. Polymer 44 (17), 4993 – 5013.

[24]　Gangopadhyay, R., De, A., 2000. Conducting polymer nanocomposites: a brief overview. Chemistry of Material 12 (3), 608 – 622.

[25]　Hu, X. J., Padilla, A. A., Xu, J., Fisher, T. S., Goodson, K. E., 2006. 3 – Omega measurements of vertically oriented carbon nanotubes on silicon. Journal of Heat Transfer 28, 1109.

[26]　Hwu, J. M., Jiang, G. J., Gao, Z. M., Xie, W., Pan, W. P., 2002. The characterization of organic modified clay and clay – filled PMMA nanocomposite. Journal of Applied Polymer Science 83 (8), 1702 – 1710.

[27]　Johnson, R. C., 2006. Carbon – nanotube arrays take heat off chips. Electronic Engineering Times 1423, 38.

[28]　Kashiwagi, T., Du, F., Douglas, J. F., Winey, K. I., Harris Jr., R. H., Shields, J. R., 2005. Nanoparticle networks reduce the flammability of polymer nanocomposites. Nature Materials 4 (12), 928 – 933.

[29]　Kim, Y. J., Shin, T. S., Choi, H. D., Kwon, J. H., Chung, Y. C., Yoon, H. G., 2005. Electrical conductivity of chemically modified multiwalled carbon nanotube/epoxy composites. Carbon 43 (1), 23 – 30.

[30]　Kim, C. – G., Lee, S. – E., Kang, J. – H., 2006. Fabrication and design of multi – layered radar absorbing structures of MWNT – filled glass/epoxy plain – weave composites. Composite Structures 76 (4), 397 – 405.

[31]　Kireitseu, M., Hui, D., Tomlinson, G., 2008. Advanced shock – resistant and vibration damping of nanoparticle – reinforced composite material. Composites Part B: Engineering 39 (1),

128 - 138.

[32] Krishnamoorti, R., Vaia, R. A., 2001. Polymer nanocomposites (synthesis, characterization, and modeling). In: A. C. S. Series, vol. 804, pp. 15 - 25.

[33] Leszczynska, A., Njuguna, J., Pielichowski, K., Banerjee, J. R., 2007. Polymer/montmorillonite nanocomposites with improved thermal properties: part I. Factors influencing thermal stability and mechanisms of thermal stability improvement. Thermochimica Acta 453 (2), 75 - 96.

[34] Li, D., Xia, Y., 2004. Welding and patterning in a flash. Nature Materials 3 (11), 753 - 754.

[35] Liang, S., Neisius, N. M., Gaan, S., 2013. Recent developments in flame retardant polymeric coatings. Progress in Organic Coatings 76 (2), 1642 - 1665.

[36] Luo, J. J., Daniel, I. M., 2003. Characterization and modelling of mechanical behavior of polymer/clay nanocomposites. Composites Science and Technology 63 (11), 1607 - 1616.

[37] Mc Crum, N. G., Buckley, C. P., Bucknall, C. B., 1996. Principles of Polymer Engineering. Oxford Science, New York.

[38] Mirfakhrai, T., Madden, J. D. W., Baughman, R. H., 2007. Polymer artificial muscles. Materials Today 10 (4), 30 - 38.

[39] Namilae, S., 2005. Multiscale model to study the effect of interfaces in carbon nanotube based composites. Journal of Engineering Materials and Technology 127, 222 - 232.

[40] Pielichowski, K., Njuguna, J., 2005. Thermal Degradation of Polymeric Materials. RAPRA Technologies Limited, Shawbury, Surrey, UK.

[41] Poulin, P., Vigolo, B., Launois, P., 2002. Films and fibers of oriented single wall nanotubes. Carbon 40 (10), 1741 - 1749.

[42] Rana, S., Alagirusamy, R., Joshi, M., 2010. Mechanical behavior of carbon nanofibre - reinforced epoxy composites. Journal of Applied Polymer Science 118 (4), 2276 - 2283.

[43] Rana, S., Alagirusamy, R., Joshi, M., 2011. Development of carbon nanofibre incorporated three phase carbon/epoxy composites with enhanced mechanical, electrical and thermal properties. Composites Part A: Applied Science and Manufacturing 42 (5), 439 - 445.

[44] Rapaport, D. C., 2004. The Art of Molecular Dynamics Simulation. Cambridge University Press, UK.

[45] Report of a DTI global watch mission (UK), December 2006. Developments and Trends in Thermal Management Technologies—a Mission to the USA.

[46] Sandler, J., Shaffer, M. S. P., Prasse, T., Bauhofer, W., Schulte, K., Windle, A. H., 1992. Development of a dispersion process for carbon nanotubes in an epoxy matrix and the resulting electrical properties. Polymer 40 (21), 5967 - 5971.

[47] Shaffer, M. S. P., Windle, A. H., 1999. Fabrication and characterization of carbon nanotube/poly (vinyl alcohol) composites. Advanced Materials 11 (11), 937 - 941.

[48] Siegel, R. W., Chang, S. K., Ash, B. J., Stone, J., Ajayan, P. M., Doremus, R. W., Schadler, L. S., 2001. Mechanical behavior of polymer and ceramic matrix nanocomposites. Scripta Mateialia 44 (8), 2061 - 2064.

[49] Star, A., Liu, Y., Grant, K., Ridvan, L., Stoddart, J. F., SteuermanD. W., Diehl, M. R., Boukai, A., Heath, J. R., 2003. Noncovalent side wall functionalization of single - walled

carbon nanotubes. Macromolecules 36 (3), 553 – 560.

[50]　Subramaniyan, A. K., Sun, C. T., 2007. Toughening polymeric composites using nanoclay: crack tip scale effects on fracture toughness. Composites Part A: Applied Science and Manufacturing 38 (1), 34 – 43.

[51]　Thostenson, E., Li, C., Chou, T., 2005. Review nanocomposites in context. Journal of Composites Science & Technology 65, 491 – 516.

[52]　Tibbetts, G. G., McHugh, J., 1999. Mechanical properties of vapor – grown carbon fiber composites with thermoplastic matrices. Journal of Material Research 14 (7), 2871 – 2880.

[53]　Voevodin, A. A., ONeill, J. P., Zabinski, J. S., 1999. Nanocomposite tribological coatings for aerospace applications. Surface and Coatings Technology 116 (119), 36 – 45.

[54]　Wang, H., Wang, Y., Liu, D., Sun, Z., Wang, H., 2014. Effects of additives on weather – resistance properties of polyurethane films exposed to ultraviolet radiation and ozone atmosphere. Journal of Nanomaterials 2014, 1 – 8.

[55]　Wilkinson, A., Man, Z., Stanford, J., Matikainen, P., Clemens, M., Lees, G., Liauw, C., 2007. Tensile properties of melt intercalated polyamide 6 – Montmorillonite nanocomposites. Composites Science and Technology 67 (15), 3360 – 3368.

[56]　Wu, Y. P., Jia, Q. X., Yu, D. S., Zhang, L. Q., 2004. Modelling Young's modulus of rubber – clay nanocomposites using composite theories. Polymer Testing 23 (8), 903 – 909.

[57]　Xu, N. S., Huq, S. E., 2005a. Novel cold cathode materials and applications. Materials Science and Engineering R: Reports 48 (2), 143.

[58]　Xu, N. S., Huq, S. E., 2005b. Novel cold cathode materials and applications. Materials Science and Engineering R: Reports 48 (2 – 5), 47 – 189.

[59]　Zhao, Y., Tong, T., Delzeit, L., Kashani, A., Meyyappan, M., Majumdar, A., 2006. Interfacial energy and strength of multiwalled – carbon – nanotube – based dry adhesive. Journal of Vacuum Science & Technology B: Microelectronics and Nanometer Structures 24 (1), 331 – 335.

第9章　航空航天工程多尺度复合材料

S. Rana，S. Parveen，R. Fangueiro

（米尼奥大学工程学院，葡萄牙吉马良斯）

9.1　绪论

　　航空航天工程是期待创新和高性能材料的先进技术部门之一，使用新材料的目的是提高性能和安全性以及降低燃料消耗和成本。材料科学和工程领域的多学科研究和创新使得开发非凡的多功能材料成为可能，这些材料在高端工业部门正在获得巨大的关注，包括航空航天工程。先进复合材料是一种带有巨大应用潜力的革新性材料，结合不同材料的可能性和调整结构的简易性使研究者能够设计出具有几乎任何一组性能的复合材料。另外，纳米技术的进步为开发具有非凡性能的复合材料开辟了新途径。不同的纳米材料（例如，粒子、纤维和管状物）正在被广泛地用于复合材料中，以获得增强的机械性能、轻质和很多其他基本功能，例如导电和导热性能、电磁屏蔽、气体阻隔性能、自感应能力、自愈合性能等。这些坚固、轻质和多功能的复合材料可能是未来航空航天结构的理想材料。

　　通过在不同的基体系统中结合各种纳米材料而开发的纳米复合材料正在用于不同的工业部门，例如医学、汽车、电子、食品包装等。然而，这些纳米复合材料不能满足主要航空航天结构件的强度需求。尽管与碳纤维等传统增强材料相比，碳纳米管（CNTs）和碳纳米纤维（CNFs）等一些纳米材料具有明显的更高的机械性能，但是复合材料中获得高体积分数纳米材料的限制不允许它们获得类似于那些常规的纤维增强复合材料的高机械性能。在高体积分数下，纳米材料很难分散在基体中，并且纳米材料将设法团聚，并在复合材料中形成空隙和缺陷。因此，获得高机械性能和多功能性的最简单方法是开发结合常规增强体和纳米增强体的混杂复合材料。除了它们单独的贡献之外，这些来自于不同长度尺度的（例如，微米级、宏观级或纳米级）增强体也可以产生一些协同效应，这带来了新型先进复合材料的发展，就是通常所说的多尺度复合材料（Rana 等，2009，2012a，2015；Wang 等，2011；Khan 和 Kim，2011；Díez - Pascual 等，2014；Rana 和 Fangueiro，2015）。适当设计的多尺度复合材料可以提供比常规复合材料好很多的机械性能及其他重要性能，例如电和热传导性、电磁屏蔽、损伤感应能力等（见图 9 - 1），这对于航空航天结构件至关重要。

9.2　定义和概念

　　多尺度复合材料可以定义为含有不同长度尺度（例如，宏观级、微米级和/或纳米级）

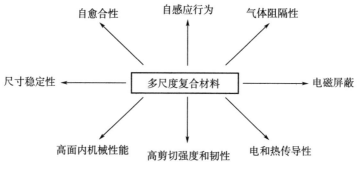

图 9 - 1　多尺度复合材料性能

增强元素的复合材料（Rana 等，2009，2012a，2015；Wang 等，2011，Khan 和 Kim，2011；Díez - Pascual 等，2014；Rana 和 Fangueiro，2015），因此，从原理上，它们是用基体体系充满不同类型增强体所组成的混杂复合材料。对于先进技术的应用，更常见的是多尺度复合材料，其中包含玻璃纤维、碳纤维等常规增强体和例如 CNTs、CNFs、纳米粘土或者类似的纳米增强体。多尺度复合材料通常通过在聚合物（或水泥，在结构应用的情况下）基体中分散纳米材料和后来的用纳米分散的树脂系统浸渍常规纤维而被开发，然而，许多研究者尝试了另一种通过纯树脂浸渍纳米材料和纤维联合体的路线，这两种制造多尺度复合材料的方法如图 9 - 2 所示。

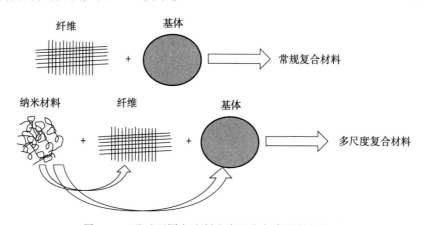

图 9 - 2　通过不同方法制造多尺度复合材料的概念

　　在纤维体系中结合不同纳米材料可以通过不同的方法来实现，像 CNTs 和 CNFs 纳米材料可以直接在它们的生产期间生长成纤维，另外，纳米材料也可以通过接枝、喷涂、胶接和涂层方法被结合到纤维体系中，多尺度复合材料中纳米材料结合的方法如下：

　　1）基体内分散；

　　2）纤维上纳米材料生长；

　　3）转印；

　　4）纤维接枝；

　　5）纤维上喷涂；

6）包覆纤维；

7）胶接纤维；

8）电泳沉积。

这些方法中的每一种都有它们自己的优点和缺点，表 9 - 1 列出了各种方法制造多尺度复合材料的优点和缺点。

表 9 - 1　开发多尺度复合材料不同方法的优点和缺点

方法	优点和缺点
基体内分散	适用于任何类型的基体和纤维体系，但是，主要挑战是消除纳米材料团聚
纤维上纳米材料生长	在基体内无纳米材料团聚，但是，仅仅用于可以用化学气相沉积（CVD）技术生长的纳米材料和耐 CVD 温度的纤维
转印	两步工艺应该在通过 CVD 纳米材料生长后执行，也能应用于有低热导的聚合物纤维
纤维上喷涂	简单工艺，喷涂期间纳米材料可以凝聚
包覆和胶接	简单工艺，纳米材料团聚是可能的
电泳沉积	仅仅适用于功能化纳米材料和碳纤维
纤维接枝	纳米材料可以通过化学方式粘接到纤维体系（例如，可以实现强纤维纳米材料粘接），长工艺和纤维表面应该在接枝加工前被功能化

9.3　纳米材料类型

迄今为止，已经使用不同类型的纳米材料开发了多尺度复合材料。其中的一些是纳米粒子，但是最常见的是具有大长径比的纳米材料，例如纳米纤维和纳米管。用来制造多尺度复合材料的各种纳米材料如下（Rana 等，2009，2012a，2015；Wang 等，2011；Khan 和 Kim，2011；Rana 和 Fangueiro，2015；Díez - Pascual 等，2014；Hussain 等，1996；Shahid 等，2005；Siddiqui 等，2007；Chowdhury 等，2006；Chisholm 等，2005；Parveen 等，2013），其中一些纳米材料如图 9 - 3 所示。

1）纳米- Al_2O_3；

2）纳米- SiC；

3）纳米石墨；

4）纳米粘土；

5）纳米纤维（更常规的是 CNFs）；

6）纳米管（更常规的是 CNTs）。

在这些纳米材料中，发现具有大长径比的纳米材料，例如 CNFs 和 CNTs 被发现对于开发具有优秀性能的多尺度复合材料非常有用，表 9 - 2 列出了各种纳米材料在多尺度复合材料中的使用和性能改进情况。

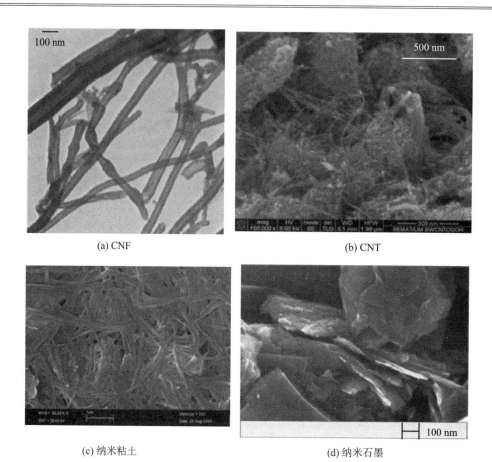

(a) CNF　　　　　　　　　　　　　　　(b) CNT

(c) 纳米粘土　　　　　　　　　　　　(d) 纳米石墨

图 9-3　不同纳米材料开发的多尺度复合材料

〔（a）摘自：Rana，S.，Alagirusamy，R.，Joshi，M.，2011b. Development of carbon nanofibre incorporated three phase carbon/epoxy composites with enhanced mechanical，electrical and thermal properties. Composites Part A：Applied Science and Manufacturing 42（5），439-445）；

（b）摘自：Parveen，S.，Rana，S.，Fangueiro，R.，Paiva，M.C.，2015. Microstructure and mechanical properties of carbon nanotube reinforced cementitious composites developed using a novel dispersion technique. Cement and Concrete Research，73，215-227；

（c）摘自：Ho，M.-W.，Lam，C.-K.，Lau，K.-T.，Ng，D.H.L.，Hui，D.，2006. Mechanical properties of epoxy-based composites using nanoclays. Composite Structures 75（1）415-421；

（d）摘自：Cho，J.，Chen，J.Y.，Daniel，I.M.，2007. Mechanical enhancement of carbon fiber/epoxy composites by graphite nanoplatelet reinforcement. Scripta Materialia 56（8），685-688.〕

表 9-2　用各种纳米材料结合形成的不同功能

纳米材料类型	功　能
纳米-Al_2O_3	增强机械性能
纳米-TiO_2	增强机械性能
纳米粘土	增强机械性能和气体阻隔性能
纳米石墨	增强机械性能

续表

纳米材料类型	功　能
碳纳米纤维	增强机械性能、导电和导热性能、电磁屏蔽性能、自感性能等等
碳纳米管	增强机械性能、导电和导热性能、电磁屏蔽性能、自感性能等等

9.4　多尺度复合材料制造

多尺度复合材料通过以下两个步骤来制造：

1）纳米材料结合（基体或纤维内）；

2）纤维浸渍并固化。

9.4.1　纳米材料与基体结合方法

多尺度复合材料中纳米材料分散是最常用的结合纳米材料的方法，纳米材料（特别是 CNFs 和 CNTs）常常保持非常密集的团聚，分散工艺的目标是破坏团聚，分离纳米材料并均匀将它们分散在基体中（Rana 等，2010a，b，2011c）。例如，CNTs 大长径比纳米材料的分散是非常难的，因为纳米材料之间存在非常强的范德华力，通常，在聚合物基体中使用各种机械处理方法来分散 CNFs 和 CNTs（Fiedler 等，2006）：

1）超声；

2）高速机械搅拌；

3）碾压；

4）球磨；

5）双螺杆挤出。

超声波降解法是制造聚合物基多尺度复合材料最常用的技术（Rana 等，2011a，b，2013；Bhattacharyya 等，2013），超声波处理过程中产生的冲击波将纳米材料从团块中分离出来，并将它们分散在溶液中，超声可以在水浴中实现（水浴超声波降解法），或通过使用一个可以直接引进纳米材料溶液中的探针（轻击超声波降解法）产生局部剧烈的超声波。根据所提出的 CNT 在水溶液中的分散机理，超声波降解法中波在末端开始分离纳米管，并且推动表面分子进入（Vaisman 等，2006）CNTs，CNTs 沿着长度被进一步分散并且分散到溶液中，这是由于表面分子运动（空间位的或静电稳定性）的原因所致，这个机理见示意图 9-4。因此，化学分散剂常常连同超声波降解法工艺一起使用来达到更好的分散结果，图 9-5（a）和（b）显示表面活性剂在环氧树脂中分散 CNFs 时的正面影响。

此外，纳米材料表面官能团的存在也有助于被分散纳米材料的稳定性，氨基和硅烷基官能团是两类用于开发 CNT 基多尺度复合材料的常用官能团（Fiedler 等，2006；Sharma 和 Shukla，2014），CNTs 氨基官能团示意图如图 9-6 所示。除分散稳定性之外，官能团也使得纳米材料和基体之间通过共价键形成强的界面（Rana 等，2012b），强的界面有助于限制纳米材料在裂纹生长期间拔出，并提供强的裂纹桥接效应。

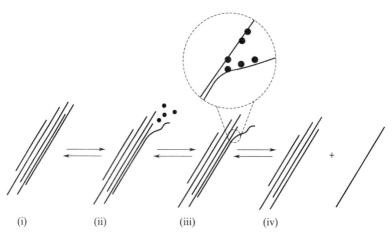

(i)　　　　　　(ii)　　　　　　(iii)　　　　　　(iv)

图 9 - 4　通过超声波降解法辅助表面活性剂的 CNT 分散机理

（摘自：Vaisman，L.，Daniel Wagner，H.，Marom，G.，2006. The role of surfactants in dispersion of carbon nanotubes. Advances in Colloid and Interface Science 128，37 - 46.）

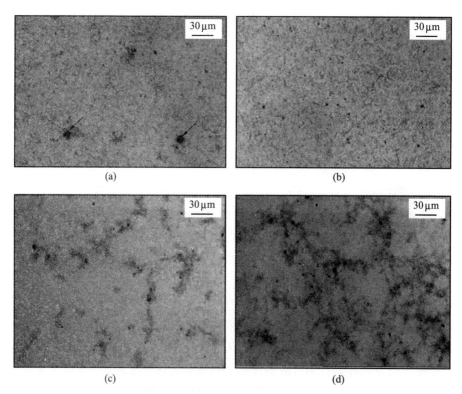

图 9 - 5　不同纳米材料采用超声波降解法工艺分散：(a) CNFs 使用超声波降解法 2 h；
(b) CNFs 使用超声波降解法 2 h 和表面活性剂；
(c) CNFs 使用超声波降解法 10 h；(d) CNTs 使用超声波降解法 2 h 活化

（摘自：Rana，S.，Alagirusamy，R.，Joshi，M.，2011b. Development of carbon nanofibre incorporated three phase carbon/epoxy composites with enhanced mechanical，electrical and thermal properties. Composites Part A：Applied Science and Manufacturing 42（5），439 - 445.）

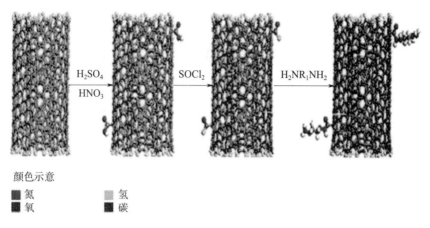

颜色示意
■ 氮　　　　■ 氢
■ 氧　　　　■ 碳

图 9 - 6　纳米材料改进分散行为的官能团（见彩插）

（摘自：Sharma，K.，Shukla，M.，2014. Three - phase carbon fiber amine functionalized carbon nanotubes epoxy composite：processing，characterisation，and multiscale modeling. Journal of Nanomaterials 2014，1 - 10.）

通过超声波降解法工艺分散纳米材料着重依赖于几个参数，纳米材料分散质量通常用超声波降解法的时间和能量来改进，但是这又以损失纳米材料的品质（表面比、电性能等）、加工时间和成本为代价。一些加工参数，例如树脂粘度和溶解温度，也影响分散工艺，并且这些参数的正确控制和最优化对于帮助无二次团聚的纳米材料分散又是最根本的。因为超声波降解法处理有一些缺点，这个方法也可以与其他机械技术联合以降低处理的时间，并解决相关问题，一个用超声波降解与球磨联合工艺在环氧树脂中分散 CNTs 的路线图如图 9 - 7 所示。

混合MWCNTs与
环氧树脂，并用
超声波降解　　　250 rpm下球磨3 h　　　加入硬化剂
HY5200　　　球磨0.5 h　　　60℃真空脱气1 h

图 9 - 7　采用高速搅拌和碾压工艺分散纳米复合材料

（摘自：Sharma，K.，Shukla，M.，2014. Three - phase carbon fiber amine functionalized carbon nanotubes epoxy composite：processing，characterisation，and multiscale modeling. Journal of Nanomaterials 2014，1 - 10.）

搅拌是另一种在各种基体中分散纳米材料的机械技术，也已经被用于制造多尺度复合材料。搅拌过程中的分散质量高度依赖于搅拌桨的尺寸和形状以及搅拌速度，已经发现采用高速搅拌方法（～4 000 rpm）在热固性树脂基体中分散 CNTs 和 CNFs 研制多尺寸复合材料是很有效的方法（Rana 等，2011a，b）；机械搅拌与超声波降解法相结合已经被成功开发，用来缩短超声波降解法的时间并且确保分散质量是非常好的；碾压是另一种机械技术，可以与超声波降解法和其他机械处理方法联合或单独被用于在不同基体中分散纳米材料，这是一个生产较大数量的纳米复合材料的有效技术（Fiedler 等，2006）。

　　在热塑性塑料基体的情况下，在基体中分散纳米材料的常规方法是挤出工艺（Díez‐Pascual 等，2014），双螺杆挤出机常被用来在热塑性塑料基体内分散各种纳米材料，类似于超声波降解法工艺，有许多加工参数，例如转动速度、外形、温度等，并且这些加工参数决定了纳米材料分散在基体中的质量。

9.4.2　通过纤维表面上结合纳米材料制造多尺度复合材料

　　为了避免纳米材料在基体中分散的问题，多尺度复合材料也可以通过纤维表面直接结合纳米材料的方法来制造（Wicks 等，2010；Bekyarova 等，2007；Jiang 等，2007；Enrique 等，2008；He 等，2007；Veedu 等，2006），图 9‐8 展示了制造多尺度复合材料时在一些纤维体系上结合纳米填料的技术。研究中使用的一种方法是使用 CVD 技术直接

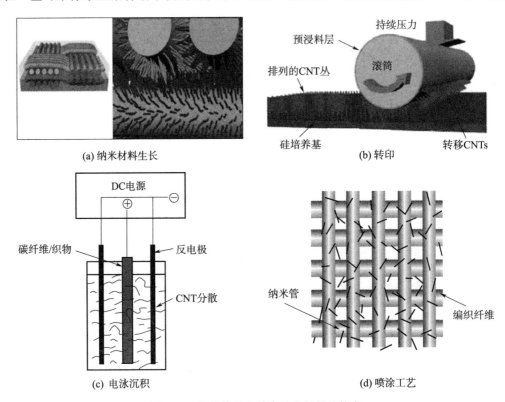

(a) 纳米材料生长　　　　　　　　(b) 转印

(c) 电泳沉积　　　　　　　　(d) 喷涂工艺

图 9‐8　纤维体系上结合纳米材料的技术

　　〔（a）摘自：Wicks，S. S.，de Villoria，R. G.，Wardle，B. L.，2010. Interlaminar and intralaminar reinforcement of composite laminates with aligned carbon nanotubes. Composites Science and Technology 70（1），20‐28；

　　（b）摘自：Enrique，G. J.，Wardle，B. L.，Hart A. J.，2008. Joining prepreg composite interfaces with aligned carbon nanotubes. Composites Part A：Applied Science and Manufacturing，39（6），1065‐1070；

　　（c）摘自：Bekyarova，E.，Thostenson，E. T.，Yu，A.，Kim，H.，Gao，J.，Tang，J.，Hahn，H. T.，Chou，T. W.，Itkis，M. E.，Haddon，R. C.，2007. Multiscale carbon nanotube‐carbon fiber reinforcement for advanced epoxy composites. Langmuir 23（7），3970‐3974；

　　（d）摘自：Jiang，Z.，Imam，A.，Crane，R.，Lozano，K.，Khabashesku，V. N.，Barrera，E. V.，2007. Processing a glass fiber reinforced vinyl ester composite with nanotube enhancement of interlaminar shear strength. Composites Science and Technology 67（7‐8），1509‐1517.〕

在纤维体系上生长如 CNFs 和 CNTs 纳米材料 [见图 9-8 (a)]，在这个方法中，纤维体系（以织物的形式）首先被植入作为培养基的催化剂中，碳源气体（碳氢化合物）在反应器非常高的温度（~1 000 ℃）下分解，并且在织物上观察到纳米管的生长。这个方法的主要问题是要使用非常高的温度，这个温度可以降解聚合物纤维甚至碳纤维，这导致开发了一种稍微改进的方法，在这个改进方法中，纳米材料首先生长在耐热金属织物上，例如铝，第二步，纳米材料通过被称作转印的工艺被转移到有些粘的纤维预浸料上（Enrique 等，2008），如图 9-8 (b) 所示，然后将预浸料包在滚筒上并且压铝织物的反面，使生长的 CNTs 转移到纤维预浸料上。

将纳米材料结合到纤维表面的另一个简单的方法是在复合材料制备前在纤维上喷涂纳米材料溶液（Jiang 等，2007）。尽管这个工艺使纤维表面均匀地涂覆有纳米材料，但当纳米材料在压力下从喷嘴中喷出来时，可能会发生相当大的纳米材料团聚。类似于喷涂，另一个开发纤维上结合纳米材料的简单方法是在纳米材料溶液中浸蘸包覆纤维，这个工艺已经被利用来开发天然（黄麻）纤维基多尺度复合材料（Zhuang 等，2011）。如图 9-8 (c)，也可以通过电泳技术将纳米材料 CNTs 沉积在纤维表面（Bekyarova 等，2007），阴极功能的 CNTs 吸引正极碳纤维（织物）并且均匀沉积在纤维表面上。

这里所说到的所有方法都仅仅可以使纳米材料沉积在纤维的表面，但是这些方法不能形成纳米材料与纤维间的强连接，化学接枝是一种纳米材料可以被强连接在纤维表面的工艺方法（He 等，2007）。然而，化学接枝通常要涉及一个较长的反应方案，在这个反应中首先活化纤维表面形成可与官能化纳米材料反应的活性位点，碳纤维表面上化学接枝 CNTs 的一个例子如图 9-9 所示。纤维表面结合纳米材料的方法不同导致沉积纳米材料的

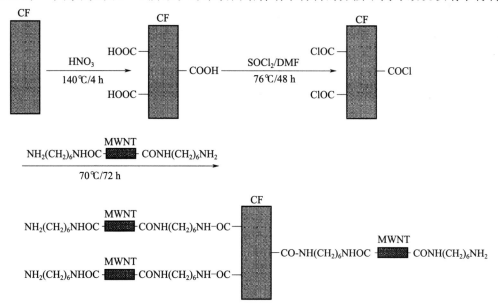

图 9-9 碳纤维表面 CNTs 化学接枝

（摘自：He，X.，Zhang，F.，Wang，R.，Liu，W.，2007. Preparation of a carbon nanotube/carbon fiber multi-scale reinforcement by grafting multi-walled carbon nanotubes onto the fibers. Carbon，45（13），2559-2563.）

形貌不同，如图 9-10 所示。纳米材料可以沉积在单一纤维或织物表面上，并且它们可以定向或自由沉积，沉积纳米材料的取向和形貌可以较大地影响多尺度复合材料内部的界面间性能和导电网络。

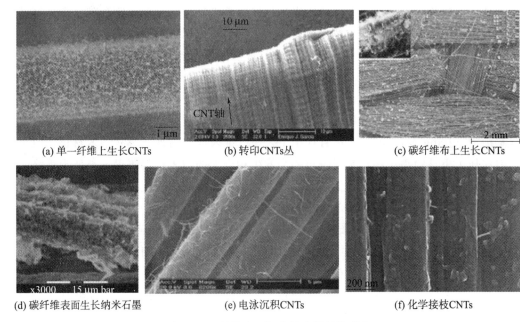

(a) 单一纤维上生长CNTs　　　　(b) 转印CNTs丛　　　　(c) 碳纤维布上生长CNTs

(d) 碳纤维表面生长纳米石墨　　　　(e) 电泳沉积CNTs　　　　(f) 化学接枝CNTs

图 9-10　纤维表面沉降纳米材料的形貌

〔（a）摘自：Thostenson，E. T.，Li，W. Z.，Wang，D. Z.，Ren，Z. F.，Chou，T. W.，2002. Carbon nanotube/carbon fiber hybrid multiscale composites. Journal of Applied Physics 91（9），6034-6037；

（b）摘自：Enrique，G. J.，Wardle，B. L.，Hart，A. J.，2008. Joining prepreg composite interfaces with aligned carbon nanotubes. Composites Part A：Applied Science and Manufacturing 39（6），1065-1070；

（c）摘自：Mathur，R. B.，Chatterjee，S.，Singh，B. P.，2008. Growth of carbon nanotubes on carbon fibre substrates to produce hybrid/phenolic composites with improved mechanical properties. Composites Science and Technology 68（7），1608-1615；

（d）摘自：Park，J. K.，Do，I. - H.，Askeland，P.，Drzal，L. T.，2008. Electrodeposition of exfoliated graphite nanoplatelets onto carbon fibers and properties of their epoxy composites. Composites Science and Technology 68（7），1734-1741；

（e）摘自：Bekyarova，E.，Thostenson，E. T.，Yu，A.，Kim，H.，Gao，J.，Tang，J.，Hahn，H. T.，Chou，T. W.，Itkis，M. E.，Haddon，R. C.，2007. Multiscale carbon nanotube - carbon fiber reinforcement for advanced epoxy composites. Langmuir 23（7），3970-3974；

（f）摘自：He，X.，Zhang，F.，Wang，R.，Liu，W.，2007. Preparation of a carbon nanotube/carbon fiber multi - scale reinforcement by grafting multi - walled carbon nanotubes onto the fibers. Carbon 45（13），2559-2563.〕

9.5　多尺度复合材料制造

如本章所讨论的一样，制造多尺度复合材料的两个基本步骤是：1）纤维或基体中任何一个结合纳米材料；2）用纳米材料结合的纤维或基体体系制造复合材料。在前面第一步已经被详细讨论了，第二步（例如复合材料制造技术）取决于基体类型。在热塑性树脂基体的情况下，制造多尺度复合材料的最常规方法是真空辅助模压（VARTM）技术（Kim 等，2009），如图 9 - 11（a）所示，这是由它的众多优点所决定的，例如低孔隙率下高纤维体积分数的能力、制造复杂外形的能力、高生产速度和工人暴露在有害化学制品和气体中较少等，一旦纳米材料被结合完成后，则其余过程类似于常规复合材料的制造过程，这个工艺的一个缺点是树脂在真空下流动期间，纤维体系（纳米材料过滤）内部拖曳区域中纳米材料形成团聚，为了避免这个问题，可以使用模压工艺［见图 9 - 11（b）］（Díez - Pascual 等，2014），该工艺也可以制造基于热塑性塑料基体的多尺度复合材料，为了达到制造热塑性塑料基体多尺度复合材料的目的，第一步可以用热压或其他技术制备分散纳米材料的聚合物薄膜，然后，薄膜可以同常规纤维层一样被铺叠在一起，并且在热和压力下固化。热塑性塑料聚合物基多尺度复合材料也可以用其他通常用于生产常规纤维增强热塑性树脂复合材料的技术制造（Díez - Pascual 等，2014）。

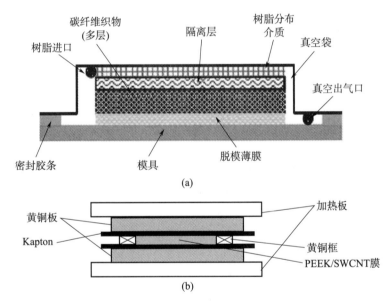

图 9 - 11　（a）使用 VARTM 制造多尺度复合材料（Kim et al.，2009）；

（b）模压成型（Díez - Pascual et al.，2014）

9.6　多尺度复合材料机械性能

基体中纳米材料的结合改进了基体材料的机械性能，这是由于纳米材料具有高机械性能的原因。添加纳米材料还可以通过改变交联密度（热固性基体）或结晶度（热塑性基体）来改变聚合物基体的形态，从而提高聚合物的机械性能。纳米材料由于其小尺寸性是优秀的增强材料，这个小尺寸性提供了非常高的表面积和与基体的牢固界面以及减小的缺陷尺寸。图 9 - 12 显示了增强材料的表面-体积比如何随着其直径的减小而增加，以及 CNTs［尤其是单壁 CNTs（SWCNTs）］如何由于其极小的尺寸而拥有最高的表面积

（Fiedler 等，2006）。因此，由于其高表面积和长径比以及非凡的机械性能，CNTs 被认为是复合材料最好的增强材料，并且它们已经被广泛地用于多尺度复合材料。

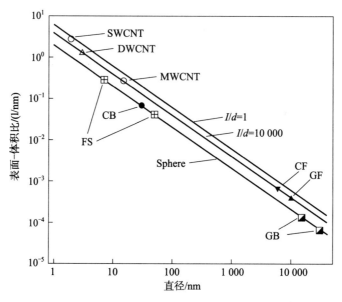

图 9 - 12　不同纳米材料表面-体积比

（摘自：Fiedler，B.，Gojny，F. H.，Wichmann，M. H. G.，Nolte，M. C. M.，Schulte，K.，2006.
Fundamental aspec st of nano - reinforced composites. Composites Science and Technology 66（16），3115 - 3125）

在各种基体中，利用细观力学方程已经预测了纳米材料的增强效果（Kim 等，2009）。就增强的目的来说，CNTs 已经被广泛使用，已经用 Halpin - Tsai 方程预测了 CNT 纳米复合材料拉伸模量，方程如下

$$E_{NC} = \left[\frac{3}{8} \frac{1 + 2\left(\dfrac{l_{NT}}{d_{NT}}\right) \eta_L V_{NT}}{1 - \eta_L V_{NT}} \frac{5}{8} \frac{1 + 2 \eta_D V_{NT}}{1 - \eta_D V_{NT}} \right] E_{epoxy} \tag{9-1}$$

$$\eta_L = \left(\frac{\left(\dfrac{E_{NT}}{E_{epoxy}}\right) - \left(\dfrac{d_{NT}}{4t}\right)}{\left(\dfrac{E_{NT}}{E_{epoxy}}\right) + \left(\dfrac{l_{NT}}{2t}\right)} \right) \tag{9-2}$$

$$\eta_D = \left(\frac{\left(\dfrac{E_{NT}}{E_{epoxy}}\right) - \left(\dfrac{d_{NT}}{4t}\right)}{\left(\dfrac{E_{NT}}{E_{epoxy}}\right) + \left(\dfrac{d_{NT}}{2t}\right)} \right) \tag{9-3}$$

式中，E，l_{NT}，d_{NT}，V_{NT} 和 t 分别代表纳米管的拉伸模量、长度、外直径、纳米管体积分数、石墨层厚度（0.34 nm）。

假设各向同性，CNT 复合材料的剪切模量用下列方程可以从拉伸模量来计算出

$$G_{NC} = \frac{E_{NC}}{2(1 + \nu)} \tag{9-4}$$

式中，G_{NC} 是 CNT 复合材料的剪切模量，ν 是泊松比。

　　使用纤维增强复合材料的细观力学可以预测多尺度复合材料的机械性能。多尺度复合材料模型概念如图 9-13 所示。纳米材料增强基体的机械性能可以首先用方程（9-1）～（9-3）来计算，并且多尺度复合材料的机械性能可以根据复合材料结构（机织或编织、方向取向）的纤维和纳米增强基体系统的机械性能进一步模拟。

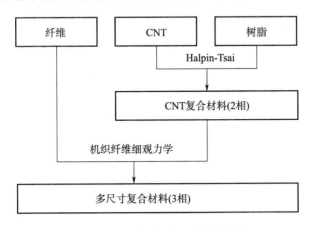

图 9-13　多尺度复合材料模型概念

（摘自：Kim，M.，Park，Y. B.，Okoli，O. I.，Zhang，C.，2009. Processing，characterization，and modeling of carbon nanotube-reinforced multiscale composites. Composites Science and Technology 69（3），335-342.）

9.6.1　纳米材料添加剂为什么导致常规复合材料有更好的机械性能？

　　众所周知，为了避免团聚和长时间的分散处理，纳米填料用在多尺度复合材料中的浓度较低，在这样低的浓度下，纳米粒子贡献整个多尺度复合材料的强度和刚度应该也是低的。然而，对于 CNF 基碳-环氧多尺度复合材料，预测的（基于细观力学方程）和实际的弹性模量之间的比较显示，实际的弹性模量比预测值高很多（Rana 等，2011b），这意味着多尺度复合材料中纳米增强体的加入除了直接增强效果外还有其他的影响效果。多尺度复合材料中，已经被观察到纤维与基体的界面比初始复合材料的界面更强，如图 9-14 所示，这归因于在纳米材料结合后，纤维表面热固性树脂基体残余应力或界面压力增加。带有纳米材料添加剂的基体界面间压力变化可以用如下方程计算（Hussain 等，1996）。

　　残余应力或界面压力

$$P = \frac{(\alpha_m - \alpha_f)\nabla T E_m}{(1 + \nu_m) + (1 - \nu_f) E_m / E_f} \tag{9-5}$$

式中，P 是残余应力或界面压力；α_m 是基体的热胀系数；α_f 是纤维的热胀系数；∇T 是 T_g 和室温之间的温度差；ν_m 是基体的泊松比；ν_f 是纤维的泊松比；E_m 是基体的弹性模量；E_f 是纤维的弹性模量。

　　用这个方程计算的界面压力显示，在多尺度复合材料的情况下界面压力明显增加，导致界面非常强。表 9-3 中列出了多尺度复合材料机械性能的改进情况。

图 9-14　常规复合材料（a）和多尺度复合材料（b）纤维基体界面

（摘自：Rana, S., Alagirusamy, R., Joshi, M., 2011b. Development of carbon nanofibre incorporated three phase carbon/epoxy composites with enhanced mechanical，electrical and thermal properties. Composites Part A：Applied Science and Manufacturing 42（5），439-445）

表 9-3　纳米材料结合的复合材料机械性能改进情况

CNT 类型和浓度	纤维-基体	性能改进情况
氨基功能化 DWCNT,0.1％和 0.3％重量含量,分散在树脂中(Gojny 等,2005)	玻璃纤维-环氧树脂	杨氏模量和拉伸强度没有明显变化,层间剪切强度改进 20％
MWCNT、薄-MWCNT、氨基功能化 DWCNT,0.5％重量含量,分散在树脂中(Godara 等,2009)	碳纤维-环氧树脂	模量和强度没有大幅改进,MWCNTs 断裂韧性改进大约 80％,通过增容剂改进环氧树脂
MWCNT 功能化和非功能化,1％重量含量,分散在树脂中(Qiu 等,2007)	玻璃纤维-环氧树脂	拉伸强度改进 14％,杨氏模量改进 20％,剪切强度改进 5％
硅烷功能化 MWCNTs,1％重量含量,分散在树脂中(Kim 等,2012)	玄武岩纤维-环氧树脂	弯曲模量和强度分别增加大约 54％和 34％
硅烷和酸功能化 MWCNTs,1％重量含量(Kim 等,2012)	玄武岩纤维-环氧树脂	硅烷处理的 CNT 基复合材料的弯曲模量、强度和断裂韧性分别比酸处理的 CNT 基复合材料高 10％、14％和 40％
DWCNT-NH₂,0.025％~0.1％重量含量,分散在树脂中(Fawad 等,2010)	碳纤维-环氧树脂	弯曲模量增强大约 35％,弯曲强度改进 5％,冲击能吸收改进 6％,模式 I 层间韧性降低 23％
氨基功能化 MWCNTs,1％重量含量,分散在树脂中(Sharma and Shukla,2014)	碳纤维-环氧树脂	杨氏模量、层间剪切强度和弯曲模量分别增加约 51.46％、39.62％、38.04％
SWCNT,0.1％重量含量,在中间层喷涂到纤维上(Jiang 等,2007)	玻璃纤维-乙烯基酯树脂	剪切模量提高 45％,超过控制试样
预浸料表面垂直排列 CNT 应用于缝合,1％体积含量,转印方法(Enrique 等,2008)	碳纤维-环氧树脂	模式 I 断裂韧性增加大约 1.5~2.5 倍、模式 II 增加 3 倍
MWCNT,1％~2％体积含量,纤维表面生长(Wicks 等,2010)	铝纤维-环氧树脂	稳态韧性改进约 76％,面内拉伸刚度约 19％,临界强度约 9％,最终强度约 5％
CNT,1％~3％体积含量,纤维表面上生长(Garcia 等,2008)	铝纤维-环氧树脂	层间剪切强度提高 69％

续表

CNT 类型和浓度	纤维-基体	性能改进情况
MWCNTs,纤维表面上 0.25%重量含量,电泳沉积(Bekyarova 等,2007)	碳纤维-环氧树脂	层间剪切强度提高约 27%
VCNFs,0.5%(Rana 等,2011b)	碳纤维-环氧树脂	杨氏模量、拉伸强度、压缩模量和压缩强度分别改进约 37%、18%、50%和 18%
SWCNTs,0.1%(Rana 等,2011a)	碳纤维-环氧树脂	杨氏模量、拉伸强度、压缩模量和压缩强度分别改进约 95%、31%、76%和 41%
PEES 包装的激光 SWCNTs,1.0%(Ashrafi 等,2012)	玻璃纤维-PEEK	杨氏模量、拉伸强度、冲击强度、弯曲模量、弯曲强度和层间剪切强度分别增加约 16%、7.6%、10%、32.6%、17.9%和 64.4%
MWCNTs,0.5%(Meszaros 等,2011)	玄武岩纤维-PA-6	杨氏模量、拉伸强度、弯曲模量和弯曲强度分别增加约 12.2%、9%、35.4%和 41%
MWCNTs(Rahmanian 等,2013)	碳纤维-PP	杨氏模量、拉伸强度、冲击强度、弯曲模量和弯曲强度分别增加约 57%、37.3%、34%、51%和 35%
MWCNTs,15%(Zhang,2011)	碳纤维-PI	杨氏模量、拉伸强度、冲击强度、弯曲模量和弯曲强度分别改进约 33.5%、125%、75%、36%和 29.6%
短 MWCNTs(Qian 等,2010)	硅灰石-PMMA	界面剪切强度改进约 150%

注:DWCNT,双壁碳纳米管;MWCNT,多壁碳纳米管;PEES,聚醚醚砜;PMMA,聚甲基丙烯酸甲酯;SWCNT,单壁碳纳米管;VCNF,气相生长碳纳米管

9.6.2　基体主导的性能改进

与前面讨论的一样,纳米填料的结合可以大大提高纤维增强复合材料中纤维与基体的界面,这个事实的直接结果是改进了复合材料的层间剪切强度。用不同类型的 CNT 改进层间剪切强度的一个例子如图 9-15 所示,在层压复合材料的情况下,加载条件下的分层是主要的失效模式之一,已经报道了由复合材料制成的航空航天结构由于分层而造成的损坏。大多数现有的避免复合材料层分层的方法,例如具有全厚度增强的层缝合 3D 织物增强体,会导致面内机械性能的降低,同时也增加了制造成本。因此,多尺度复合材料可以是一种消除复合材料分层的新方法,且这种方法不降低机械性能或增加成本。

此外,多尺度复合材料可以用专门的方法设计来使得层间剪切强度明显提高,一个方法是垂直于层的表面生长纳米材料(通常是纳米管),所以纳米管可以穿过层间的区域并且缝合邻近层(Enrique 等,2008)。为了避免在 CVD 反应器中纳米管生长期间纤维损伤,纳米管可以先在热稳定性更好的材料上生长(例如,铝布),随后通过转印方法转移到纤维层上。

断裂韧性的改进是多尺度复合材料的另一个主要优点,纳米尺度分散的增强体已经被广泛用来改进断裂韧性和脆性基体的柔韧性,这个方法正在变得受欢迎,这是由于脆性基体增韧的常规方法(例如,用橡胶粒子、热塑性塑料等)会明显降低机械性能。另一方面,纳米尺度的填料改进了复合材料的韧性但不降低机械性能,这要归因于许多增

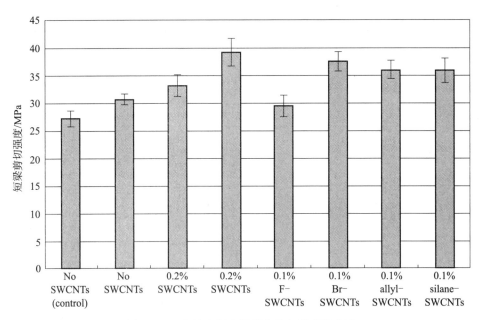

图 9 - 15　多尺度复合材料中剪切强度的改进

（摘自：Jiang，Z.，Imam，A.，Crane，R.，Lozano，K.，Khabashesku，V. N.，Barrera，E. V.，2007.

Processing a glass fiber reinforced vinyl ester composite with nanotube enhancement of interlaminar shear strength.

Composites Science and Technology 67（7 - 8），1509 - 1517.）

韧机理，例如裂纹销、裂纹尖端偏转、裂纹桥接等（Fiedler 等，2006），图 9 - 16 显示了 CNTs 通过裂纹桥接的增韧机理。从而，基体内分散纳米填料的多尺度复合材料相比于常规复合材料具有明显更高的断裂韧性，多尺度复合材料中断裂韧性的改进是明显的，见表 9 - 3。

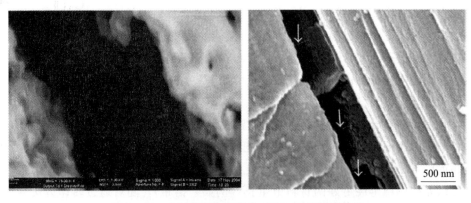

图 9 - 16　多尺度复合材料中 CNTs 裂纹桥接效果

（摘自：Fiedler，B.，Gojny，F. H.，Wichmann，M. H. G.，Nolte，M. C. M. Schulte，K.，2006. Fundamental

aspects of nano - reinforced composites. Composites Science and Technology 66（16），3115 - 3125；

Fawad，I.，Wong，D. W. Y.，Kuwata，M.，Peijs，T.，2010. Multiscale hybrid micro - nanocomposites

based on carbon nanotubes and carbon fibers. Journal of Nanomaterials 2010，12.）

9.6.3　多尺度复合材料的传导性

例如 CNTs、CNFs 等导电纳米填料被用于各种基体中以制造导电纳米复合材料，已经广泛证明这些纳米填料可以在基体内部形成传导（电或热）路径。像具有高电导率的 CNTs 纳米填料可以在非常低的填料浓度下在非导电基体中形成一个渗透网络，同样地，热传导性也可以通过高热传导性纳米填料的结合提高很多倍。因此，在有传导性纤维和基体的多尺度复合材料情况下，传导性提高主要归因于基体的传导性的改进。然而，在含有例如碳纤维传导性纤维的多尺度复合材料情况下，是可能形成三维（3D）传导网络（见图 9-17）的，因为传导性填料可以连接纤维，形成一个良好连接的传导复合材料（Kim 等，2007）。从而，在多尺度复合材料的情况下，观察到电导率和热导率增加了许多倍，含有不同类型纤维和基体的多尺度复合材料的传导性改进见表 9-4。

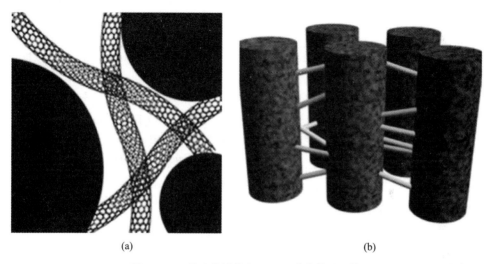

(a)　　　　　　　　　　　　　　(b)

图 9-17　通过碳纤维和 CNTs 形成传导网络

（摘自：Zimmer, M., Cheng, Q., Li, S., Brooks, J., Liang, R., Wang, B., Zhang, C., 2012. Comparative characterization of multiscale carbon fiber composite with long and short MWCNTs at higher weight fractions. Journal of Nanomaterials 2012, 6; Kim, Y. A., Kamio, S., Tajiri, T., Hayashi, T., Song, S. M., Endo, M., Terrones, M., Dresselhaus, M. S., 2007. Enhanced thermal conductivity of carbon fiber/phenolic resin composites by the introduction of carbon nanotubes. Applied Physics Letters 90 (9), 093125）

表 9-4　多尺度复合材料热和电传导性

CNT 类型和浓度	纤维-基体系统	传导性改进
晶体 MWCNTs,7%（Kim 等,2007）	碳纤维-酚醛树脂	热传导从 250 W/(m·K) 改进到 393 W/(m·K)
排列的 CNTs,1－3%（Enrique 等,2008）	铝纤维-环氧树脂	面内电阻 $10^7 \sim 10^8$ Ω·mm 和穿过厚度电阻 10^9 Ω·mm 降低到 $10^1 \sim 10^2$ Ω·mm

续表

CNT 类型和浓度	纤维-基体系统	传导性改进
SWCNTs 和 MWCNTs，0.25%（Bekyarova 等，2007）	碳纤维-环氧树脂	SWCNTs 面外电导率增加大约 2 倍，MWCNTs 面外电导率增加大约 30%
SWCNTs，0.1%（Rana 等，2011a）	碳纤维-环氧树脂	电导率和热导率分别从 0.034 S/m 和 0.193 W/(m·K)增加到 0.202 S/m 和 0.343 W/(m·K)
VCNFs，0.5%（Rana 等，2011b）	碳纤维-环氧树脂	电导率和热导率分别从 0.034 S/m 和 0.193 W/(m·K)增加到 0.68 S/m 和 0.205 W/(m·K)
PEES-包装的激光 SWCNTs，1.0%（Diez-Pascual 等，2011）	玻璃纤维-PEEK	热导性能增加约 93%
MWCNTs，1%（Shen 等，2009）	玻璃纤维-PA-6	热导性能增加约 90%

注：MWCNT，多壁碳纳米管；PEEK，聚醚醚酮；PEES，聚 1-4 醚醚砜；SWCNT，单壁碳纳米管；VCNF，气相生长碳纳米管。

　　类似于机械性能，多尺度复合材料热和电传导性都依赖于几个加工参数，分散又是影响多尺度复合材料体积传导性的大多数重要参数中的一个，当纳米填料在基体中良好分散时，促进了 3D 传导网络的形成。然而，即使在纤维表面沉积 CNTs 也显示出导电性的显著增强，因为纳米管在复合加工过程中转移到纤维表面附近的富树脂区域，并有助于形成导电网络。控制多尺度复合材料中纳米填料的排列是设计具有所需平面内或平面外电导率的多尺度复合材料的另一个重要参数。

9.7　多尺度复合材料电磁屏蔽性能

　　据报道，基于 CNTs 的多尺度复合材料是用于电磁屏蔽应用的优秀材料。通过采用在玻璃纤维-环氧树脂复合材料中分散 MWCNTs 开发的多尺度复合材料，在微波范围内屏蔽 90% 电磁能是可能的。观察到通过增加复合材料的厚度和提高纳米管的含量可以增加屏蔽效应，多尺度复合材料中电磁干扰（EMI）屏蔽效率的增加归因于 CNTs 添加后的导电性能改进。导电复合材料带来电磁波屏蔽，主要因为两个机理：1）来自物体电荷的电磁波反射，这些电荷被迫以与入射波相同的频率振荡；2）振荡电荷以热的形式损失电磁能而引起的吸收。吸收发生在导电复合材料内部，而反射主要发生在导电材料的表面。然而，来自于传导材料内层的内部反射也是可能的。因此，由于在低的纳米材料含量下获得高导电性能的可能性，多尺度复合材料在开发用于航空航天应用的 EMI 屏蔽材料方面具有很大的潜力，图 9-18 显示了玻璃纤维-环氧复合材料添加 MWCNT 的屏蔽效果（Park 等，2007）。

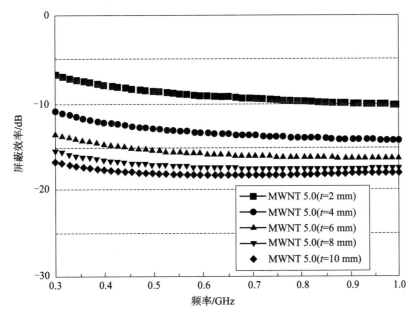

图 9 - 18　MWCNT 基多尺度复合材料电磁屏蔽效率

（摘自：Park，K. Y.，Lee，S. E.，Kim，C. G.，Han，J. H.，2007. Application of MWNT - added glass fabric/epoxy composites to electromagnetic wave shielding enclosures. Composite Structures，81（3）401 - 406.）

9.8　多尺度复合材料应变和损伤感应

考虑到安全方面的问题，损伤自感应对航空航天结构是非常重要的。由于复合材料的复杂结构，甚至在严格的质量检查后确保复合材料完全无缺陷都是不可能的。如果小裂纹和损伤早期没有检测到，则它们将随着时间和载荷而生长，并且它们可以导致突变失效和事故，这个问题最好的解决方案应该是当缺陷在纳米尺度（或微小尺寸）时就被检测到，并且限制其更多地生长。不同的传感器（例如光纤、压电体等）已经被开发用来检测复合材料中的应变和损伤，作为一种选择，不使用外部传感器的自感应复合材料已经被开发用来检测复合材料中的损伤（Rosado 等，2013；Rana 等，2014），不同的自愈合方法也已经被开发用来限制损伤更多地生长。尽管取得了这些进展，但直到今天开发的大多数自感应复合材料都无法检测到纳米尺度的损伤。

多尺度复合材料可以对纳米尺度的损伤检测提供巨大的机会，又可以有效限制纳米级裂纹的生长。像 CNTs 纳米填料可以形成良好连接的电传导网络，因此，当这个网络遭受外部载荷或当产生任何形式的损伤时，CNT 网络将在纳米尺度内有变化，结果，复合材料将显示电阻性能的变化，这个电阻性能的变化可以被处理用来检测应变或分析位置或损伤数量。多尺度复合材料微小尺寸损伤的检测能力如图 9 - 19 所示。此外，如本章所讨论的，有 CNTs 的多尺度复合材料可以通过裂纹桥接机理限制裂纹的生长，所以，如果

CNTs 在基体内被良好分散，并且确保有一个强的 CNT 基体界面（避免 CNT 拔出），CNTs 可以在裂纹通路和生长过程中有很强的阻碍作用。

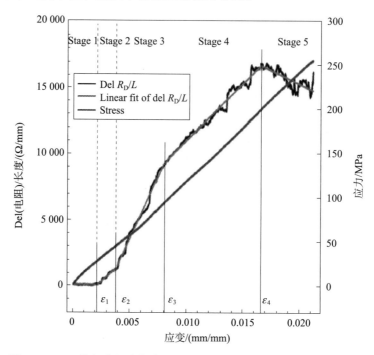

图 9 - 19　3D 编织多尺度复合材料中电阻随着拉伸应力变化（见彩插）

（摘自：Kim，K. J. ，Yu，W. R. ，Lee，J. S. ，Gao，L. ，Thostenson，E. T. ，Chou，T. W. ，Byun，J. Y. ，2010. Damage characterization of 3D braided composites using carbon nanotube - based in situ sensing. Composites Part A：Applied Science and Manufacturing 41 （10），1531 - 1537. ）

9.9　多尺度复合材料的尺寸稳定性

尺寸稳定性是复合材料应用在航空航天工程的另一个重要要求，由于温度变化复合材料层的膨胀或收缩导致复合材料结构中形成裂纹，这种应用的理想复合材料是零热胀系数（CTE）复合材料。一些纳米材料提供了制造可以忽略热膨胀或收缩的复合材料的机会，这是由于其负的 CTE 平衡了基体材料的正 CTE。图 9 - 20 显示了在多尺度复合材料的情况下 CET 的降低。

提高动态机械稳定性是多尺度复合材料的另一个特殊优点，在动载荷条件和宽温度范围内，多尺度复合材料与常规复合材料相比具有较高的机械稳定性。多尺度复合材料展示较高的储能模量，这是由于纳米材料与具有先相似尺寸的聚合物基体分子之间有较好的相互作用，由于这个事实，玻璃化转变温度（T_g）可以被提高。而且，多尺度复合材料也具有较高的损耗模量，这就改进了复合材料的阻尼性。

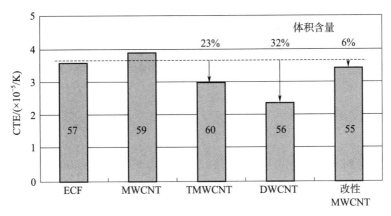

图 9 - 20　不同类型 CNTs 带来的 CTE 降低

（摘自：Godara，A.，Mezzo，L.，Luizi，F.，Warrier，A.，Lomov，S. V.，Van Vuure，A. W.，Gorbatikh，L.，Moldenaers，P.，Verpoest，I.，2009. Influence of carbon nanotube reinforcement on the processing and the mechanical behaviour of carbon fiber/epoxy composites. Carbon 47（12），2914 - 2923）

9.10　多尺度复合材料在航空航天工程中的应用

多尺度复合材料事实上可以满足航空航天材料上的所有要求（例如，轻质、高比强度和比刚度、韧性、低热膨胀系数和尺寸稳定性、电和热传导性等），任何性能目标设置通过多尺度复合材料结构和参数的适当控制都可以实现。

像早期提及的，复合材料主要问题之一是它们的复杂结构，复合材料制造期间产生的任何缺陷或瑕疵，通过有用的测试方法来检测都是相当困难的。尽管通过各种无损检验程序在常规检查期间，飞机结构件被完整地进行了检测，但是复合材料零部件内部一些不可检测的瑕疵被放行通过也完全是有可能的，这将导致瑕疵后来继续生长并且导致结构失效。美国定期航线航班 587 和空客 A300 27 在过去遭遇了这个问题。前后文中，基于 CNTs 的多尺度复合材料表现出一些明显的优点，多尺度复合材料中微小瑕疵生长可以被限制或非常慢，这主要是由于 CNTs 裂纹桥接的效果，避免了突变失效和意外事故，除此之外，CNTs 也可以预先检测这些微小瑕疵，因而可以采取及时的维修。如果在多尺度复合材料内部也结合愈合剂的话，则可以实现常规裂纹的自修复。因而，具有这些完整智能功能的多尺度复合材料可以开发出非常安全的系统，这对航空航天结构件是非常必要的。

尽管多尺度复合材料已经被广泛研究并且关于这个话题的研究成果是持续增加的，但是这项技术的商业应用还是非常少。一些报道的实际应用有坚固、轻质的风力发电机叶片和海上安全船的外壳，这由分散有 CNT 的树脂碳纤维复合材料制成（De Volder 等，2013）。在航空航天工业中，这项技术直到现在还没有被报道已使用。这些新材料实际执行中的主要问题是加工问题和高的制造成本。一些纳米材料像 SWCNTs 的高成本也是至关重要的因素，纳米材料的毒性和处理它们所需的相关特殊基础设施是另一个限制它们充分利用的因素。最后但并非最不重要的问题是缺乏适当的模型和模拟技术来预测多尺度复合材料的行为，多尺度复合材料各种性能的预测方法对于设计具有目标性能集的复合材料结构是非常有必要的，因此，多尺度复合材料涉及商业化和实际化应用的更多努力应该朝着解决以上问题。

9.11　结语

　　多尺度复合材料是大多数先进复合材料类型的一种，显示出卓越的多功能性。多尺度复合材料通过纤维体系或基体体系（并且，较少地，在复合材料层之间）内结合纳米材料而被制造。纳米材料上直接生长、转印、喷涂、涂层包覆、胶料、电泳沉积等的方法是纤维体系上结合纳米材料的不同方法，另一方面，纳米材料可以通过用各种机械方法分散在基体中而与基体结合，例如超声波降解法、高速搅拌、碾压、球磨等。纳米材料在基体内的分散可以辅助以化学分散剂而被提高，例如表面处理剂或纳米材料官能化。多尺度复合材料可以克服常规纤维增强复合材料曾经存在的问题，例如分层和弱的 Z 向机械性能。另外，它们也已提高了面内机械性能、断裂韧性、冲击性能、动态机械性能和热稳定性，高的热和电传导性、电磁屏蔽、气体阻隔性能、自感应行为等是多尺度复合材料优于常规FRPs的其他特殊优点。然而，多尺度复合材料仍然在研究阶段，并且很少报道它们的商业应用。纳米材料成本、分散和加工困难并且缺少仿真和模拟技术是一些挑战，各个工业部门为了这些优秀材料的商品化不得不克服这些挑战。不过，考虑到它们的性能和功能性，很明显，多尺度复合材料将成为未来航空航天工业的首选材料。

参 考 文 献

[1] Ashrafi, B. , Díez‒Pascual, A. M. , Johnson, L. , Genest, M. , Hind, S. , Martinez‒Rubi, Y. , et al. , 2012. Processing and properties of PEEK/glass fiber laminates: effect of addition of single‒walled carbon nanotubes. Composites Part A: Applied Science and Manufacturing 43, 1267‒1279.

[2] Bekyarova, E. , Thostenson, E. T. , Yu, A. , Kim, H. , Gao, J. , Tang, J. , Hahn, H. T. , Chou, T. W. , Itkis, M. E. , Haddon, R. C. , 2007. Multiscale carbon nanotube‒carbon fiber reinforcement for advanced epoxy composites. Langmuir 23 (7), 3970‒3974.

[3] Bhattacharyya, A. , Rana, S. , Parveen, S. , Fangueiro, R. , Alagirusamy, R. , Joshi, M. , 2013. Mechanical and thermal transmission properties of carbon nanofibre dispersed carbon/phenolic multi‒scale composites. Journal of Applied Polymer Science 129, 2383‒2392.

[4] Chisholm, N. , Mahfuz, H. , Rangari, V. K. , Ashfaq, A. , Jeelani, S. , 2005. Fabrication and mechanical characterization of carbon/SiC‒epoxy nanocomposites. Composite Structures 67 (1), 115‒124.

[5] Cho, J. , Chen, J. Y. , Daniel, I. M. , 2007. Mechanical enhancement of carbon fiber/epoxy composites by graphite nanoplatelet reinforcement. Scripta Materialia 56 (8), 685‒688.

[6] Chowdhury, F. H. , Hosur, M. V. , Jeelani, S. , 2006. Studies on the flexural and thermomechanical properties of woven carbon/nanoclay‒epoxy laminates. Materials Science and Engineering: A 421 (1‒2), 298‒306.

[7] De Volder, M. F. L. , et al. , 2013. Carbon nanotubes: present and future commercial applications. Science 339 (6119), 535‒539.

[8] Díez‒Pascual, A. M. , Ashrafi, B. , Naffakh, M. , González‒Domínguez, J. M. , Johnston, A. , Simard, B. , et al. , 2011. Influence of carbon nanotubes on the thermal, electrical and mechanical properties of poly (ether ether ketone) /glass fiber laminates. Carbon 49, 2817‒2833.

[9] Díez‒Pascual, A. M. , Naffakh, M. , Marco, C. , Gomez‒Fatou, M. A. , Ellis, G. J. , 2014. Multiscale fiber‒reinforced thermoplastic composites incorporating carbon nanotubes: a review. Current Opinion in Solid State and Materials Science 18 (2), 62‒80.

[10] Enrique, G. J. , Wardle, B. L. , Hart, A. J. , 2008. Joining prepreg composite interfaces with aligned carbon nanotubes. Composites Part A: Applied Science and Manufacturing 39 (6), 1065‒1070.

[11] Fawad, I. , Wong, D. W. Y. , Kuwata, M. , Peijs, T. , 2010. Multiscale hybrid micronanocomposites based on carbon nanotubes and carbon fibers. Journal of Nanomaterials 2010, 12.

[12] Fiedler, B. , Gojny, F. H. , Wichmann, M. H. G. , Nolte, M. C. M. , Schulte, K. , 2006. Fundamental aspects of nano‒reinforced composites. Composites Science and Technology 66 (16), 3115‒3125.

[13]　Garcia, E. J., Wardle, B. L., Hart, A. J., Yamamoto, N., 2008. Fabrication and multifunctional properties of a hybrid laminate with aligned carbon nanotubes grown in situ. Composites Science and Technology 68 (9), 2034 - 2041.

[14]　Godara, A., Mezzo, L., Luizi, F., Warrier, A., Lomov, S. V., Van Vuure, A. W., Gorbatikh, L., Moldenaers, P., Verpoest, I., 2009. Influence of carbon nanotube reinforcement on the processing and the mechanical behaviour of carbon fiber/epoxy composites. Carbon 47 (12), 2914 - 2923.

[15]　Gojny, F. H., Wichmann, M. H. G., Fiedler, B., Bauhofer, W., Schulte, K., 2005. Influence of nano - modification on the mechanical and electrical properties of conventional fibrer - inforced composites. Composite Part A 36 (11), 1525 - 1535.

[16]　He, X., Zhang, F., Wang, R., Liu, W., 2007. Preparation of a carbon nanotube/carbon fiber multi - scale reinforcement by grafting multi - walled carbon nanotubes onto the fibers. Carbon 45 (13), 2559 - 2563.

[17]　Ho, M. - W., Lam, C. - K., Lau, K. - T., Ng, D. H. L., Hui, D., 2006. Mechanical properties of epoxy - based composites using nanoclays. Composite Structures 75 (1), 415 - 421.

[18]　Hussain, M., Nakahira, A., Niihara, K., 1996. Mechanical property improvement of carbon fiber reinforced epoxy composites by Al_2O_3 filler dispersion. Materials Letters 26 (3), 185 - 191.

[19]　Jiang, Z., Imam, A., Crane, R., Lozano, K., Khabashesku, V. N., Barrera, E. V., 2007. Processing a glass fiber reinforced vinyl ester composite with nanotube enhancement of interlaminar shear strength. Composites Science and Technology 67 (7 - 8), 1509 - 1517.

[20]　Khan, S., Kim, J. K., 2011. Impact and delamination failure of multiscale carbon nanotube - fiber reinforced polymer composites: a review. International Journal of Space Science 12 (2), 115 - 133.

[21]　Kim, K. J., Yu, W. R., Lee, J. S., Gao, L., Thostenson, E. T., Chou, T. W., Byun, J. Y., 2010. Damage characterization of 3D braided composites using carbon nanotube - based in situ sensing. Composites Part A: Applied Science and Manufacturing 41 (10), 1531 - 1537.

[22]　Kim, M. T., Rhee, K. Y., Park, S. J., Hui, D., 2012. Effects of silane - modified carbon nanotubes on flexural and fracture behaviors of carbon nanotube - modified epoxy/basalt composites. Composites Part B: Engineering 43 (5), 2298 - 2302.

[23]　Kim, M., Park, Y. B., Okoli, O. I., Zhang, C., 2009. Processing, characterization, and modeling of carbon nanotube - reinforced multiscale composites. Composites Science and Technology 69 (3), 335 - 342.

[24]　Kim, Y. A., Kamio, S., Tajiri, T., Hayashi, T., Song, S. M., Endo, M., Terrones, M., Dresselhaus, M. S., 2007. Enhanced thermal conductivity of carbon fiber/phenolic resin composites by the introduction of carbon nanotubes. Applied Physics Letters 90 (9), 093125.

[25]　Mathur, R. B., Chatterjee, S., Singh, B. P., 2008. Growth of carbon nanotubes on carbon fibre substrates to produce hybrid/phenolic composites with improved mechanical properties. Composites Science and Technology 68 (7), 1608 - 1615.

[26]　Meszaros, L., Gali, I. M., Czigany, T., Czvikovszky, T., 2011. Effect of nanotube content on mechanical properties of basalt fibre reinforced polyamide 6. Plastics, Rubber and Composites 40, 289 - 293.

[27]　Park，J. K.，Do，I.－H.，Askeland，P.，Drzal，L. T.，2008. Electrodeposition of exfoliated graphite nanoplatelets onto carbon fibers and properties of their epoxy composites. Composites Science and Technology 68 (7)，1734－1741.

[28]　Park，K. Y.，Lee，S. E.，Kim，C. G.，Han，J. H.，2007. Application of MWNT－added glass fabric/epoxy composites to electromagnetic wave shielding enclosures. Composite Structures 81 (3)，401－406.

[29]　Parveen，S.，Rana，S.，Fangueiro，R.，2013. A review on nanomaterial dispersion，microstructure and mechanical properties of carbon nanotube and nanofiber based cement composites. Journal of Nanomaterials 2013 (2013)，1－19.

[30]　Parveen，S.，Rana，S.，Fangueiro，R.，Paiva，M. C.，2015. Microstructure and mechanical properties of carbon nanotube reinforced cementitious composites developed using a novel dispersion technique. Cement and Concrete Research 73，215－227.

[31]　Qian，H.，Bismarck，A.，Greenhalgh，E. S.，Shaffer，M. S. P.，2010. Carbon nanotube grafted silica fibres：characterising the interface at the single fibre level. Composites Science and Technology 70，393－399.

[32]　Qiu，J.，Zhang，C.，Wang，B.，Liang，R.，2007. Carbon nanotube integrated multifunctional multiscale composites. Nanotechnology 18 (27)，5708.

[33]　Rahmanian，S.，Thean，K. S.，Suraya，A. R.，Shazed，M. A.，Salleh，M. A. M.，Yusoff，H. M.，2013. Carbon and glass hierarchical fibers：influence of carbon nanotubes on tensile，flexural and impact properties of short fiber reinforced composites. Materials & Design 43，10－16.

[34]　Rana，S.，Alagirusamy，R.，Joshi，M.，2009. A review on carbon epoxy nanocomposites. Journal of Reinforced Plastics Composites 28，461－487.

[35]　Rana，S.，Alagirusamy，R.，Joshi，M.，2010a. Mechanical behavior of carbon nanofibre－reinforced epoxy composites. Journal of Applied Polymer Science 118 (4)，2276－2283.

[36]　Rana，S.，Alagirusamy，R.，Joshi，M.，2010b. Mechanical properties of epoxy reinforced with homogeneously dispersed carbon nanofibre. International Journal of Plastics Technology 14 (2)，224－233.

[37]　Rana，S.，Alagirusamy，R.，Joshi，M.，2011a. Single－walled carbon nanotube incorporated novel three phase carbon/epoxy composite with enhanced properties. Journal of Nanoscience and Nanotechnology 11 (8)，7033－7036.

[38]　Rana，S.，Alagirusamy，R.，Joshi，M.，2011b. Development of carbon nanofibre incorporated three phase carbon/epoxy composites with enhanced mechanical，electrical and thermal properties. Composites Part A：Applied Science and Manufacturing 42 (5)，439－445.

[39]　Rana，S.，Alagirusamy，R.，Joshi，M.，2011c. Effect of carbon nanofibre dispersion on the tensile properties of epoxy nanocomposites. Journal of Composite Materials 45 (21)，2247－2256.

[40]　Rana，S.，Alagirusamy，R.，Joshi，M.，2012a. Carbon Nanomaterial Based Three Phase Multi－Functional Composites. Lap Lambert Academic Publishing GmbH & Co. KG，Germany.

[41]　Rana，S.，Alagirusamy，R.，Fangueiro，R.，Joshi，M.，2012b. Effect of carbon nanofiber functionalization on the in－plane mechanical properties of carbon/epoxy multiscale composites. Journal of Applied Polymer Science 125 (3)，1951－1958.

[42] Rana, S., Bhattacharyya, A., Parveen, S., Fangueiro, R., Alagirusamy, R., Joshi, M., 2013. Processing and performance of carbon/epoxy multi - scale composites containing carbon nanofibres and single walled carbon nanotubes. Journal of Polymer Research 20 (12), 1 - 11.

[43] Rana, S., Fangueiro, R., 2015. Braided Structures and Composites: Production, Properties, Mechanics and Technical Applications. CRC Press.

[44] Rana, S., Parveen, S., Fangueiro, R., 2015. Advanced carbon nanotube reinforced multi - scale composites. In: Bakerpur, E. (Ed.), Advanced Composite Materials: Manufacturing, Properties, and Applications. De Gruyter Open.

[45] Rana, S., Zdraveva, E., Pereira, C., Fangueiro, R., Correia, A. G., 2014. Development of hybrid braided composite rods for reinforcement and health monitoring of structures. The Scientific World Journal 2014, 1 - 9.

[46] Rosado, K. P., Rana, S., Pereira, C., Fangueiro, R., 2013. Self - sensing hybrid composite rod with braided reinforcement for structural health monitoring. Materials Science Forum 730 - 732, 379 - 384.

[47] Shahid, N., Villate, R. G., Barron, A. R., 2005. Chemically functionalized alumina nanoparticle effect on carbon fiber/epoxy composites. Composites Science and Technology 65 (14), 2250 - 2258.

[48] Sharma, K., Shukla, M., 2014. Three - phase carbon fiber amine functionalized carbon nanotubes epoxy composite: processing, characterisation, and multiscale modeling. Journal of Nanomaterials 2014, 1 - 10.

[49] Shen, Z., Bateman, S., Wu, D. Y., McMahon, P., Dell'Olio, M., Gotama, J., 2009. The effects of carbon nanotubes on mechanical and thermal properties of woven glass fibre reinforced polyamide - 6 nanocomposites. Composites Science and Technology 69, 239 - 244.

[50] Siddiqui, N. A., Woo, R. S. C., Kim, J. K., Leung, C. C. K., Munir, A., 2007. Mode I interlaminar fracture behaviour and mechanical properties of CFRPS with nanoclay - filled epoxy matrix. Composite Part A 38 (2), 449 - 460.

[51] Thostenson, E. T., Li, W. Z., Wang, D. Z., Ren, Z. F., Chou, T. W., 2002. Carbon nanotube/carbon fiber hybrid multiscale composites. Journal of Applied Physics 91 (9), 6034 - 6037.

[52] Vaisman, L., Daniel Wagner, H., Marom, G., 2006. The role of surfactants in dispersion of carbon nanotubes. Advances in Colloid and Interface Science 128, 37 - 46.

[53] Veedu, V. P., Cao, A., Li, X., Ma, K., Soldano, C., Kar, S., Ajayan, P. M., Nejhad, M. N. G., 2006. Multifunctional composites using reinforced laminate with carbon - nanotube forests. Nature Materials 5 (6), 457 - 462.

[54] Wang, Y., Xu, Z., Chen, L., Jiao, Y., Wu, X., 2011. Multi - scale hybrid composites - based carbon nanotubes. Polymer Composites 32 (2), 159 - 167.

[55] Wicks, S. S., de Villoria, R. G., Wardle, B. L., 2010. Interlaminar and intralaminar reinforcement of composite laminates with aligned carbon nanotubes. Composites Science and Technology 70 (1), 20 - 28.

[56] Zhang, J. G., 2011. The effect of carbon fibers and carbon nanotubes on the mechanical properties of polyimide composites. Mechanics Compos Mater 47, 447 - 450.

[57] Zhuang, R. - C., Doan, T. T. L., Liu, J. - W., Zhang, J., Gao, S. - L., Mader, E.,

2011. Multi‑functional multi‑walled carbon nanotube‑jute fibres and composites. Carbon 49 (8)，2683‑2692.

[58]　Zimmer, M. , Cheng, Q. , Li, S. , Brooks, J. , Liang, R. , Wang, B. , Zhang, C. , 2012. Comparative characterization of multiscale carbon fiber composite with long and short MWCNTs at higher weight fractions. Journal of Nanomaterials 2012，6.

第 10 章　航空航天工程自感应结构复合材料

D. D. L. Chung

（纽约州立大学，美国纽约州布法罗）

10.1　绪　论

传感器包括应力、应变、损伤、温度和化学过程（例如，树脂固化）等的传感器。本章介绍结构复合材料形式的传感器，因为有了传感功能，这些结构材料具有多种功能（Chung，2010a，b），它们是一类智能结构所需要的智能材料。多功能结构复合材料由于具有成本低、耐久性高、功能体积大，以及与具有相同结构和传感功能材料相比设计简单的特点，因此，多功能结构复合材料在传感器这个领域很具有吸引力。多功能结构复合材料的另一个吸引人的地方是它没有机械性能损失，但在采用植入传感器的多功能结构复合材料中，往往由于传感器的尺寸比碳纤维复合材料中碳纤维的直径大很多，植入式传感器会引起其附近的碳纤维发生弯曲，这对机械性能是有损伤的，附着式传感器的附着装置由于在使用过程中可能与复合材料分离而导致其耐久性明显较差，同时，植入式传感器很难（或者几乎不能）进行维修，植入式传感器的例子有光纤和压电传感器。

不管自感应传感器的优点如何，它都比植入式或附着式传感器的吸引力低，这是由于自感应结构材料开发中所面临的科学挑战，尽管已经对机械性能和耐久性给予了很多关注，但给予直接与电行为相关的传感行为的关注还是较少的。

另一个传感方法涉及检测损坏对结构振动行为的影响（Semperlotti 等，2011），这种方法涉及对结构施加载荷来测量振动响应，这种方法也可以作为损伤检测方法，但是振动分析需要相当高的精确模型，这取决于结构的形状和尺寸，而且，这种分析有可能不足以指示损伤的载荷和类型，另外，这种方法不能有效检测可逆应变。

自感应是通过利用结构材料的内在行为而获得的感应（Kemp，1994；Wang，2002），这种行为的一个例子就是损伤对碳纤维复合材料电阻的影响（Kemp，1994；Wang，2002；Baron 和 Schulte，1988；Schulte 和 Baron，1989），1988 年，这种影响第一次被 Baron 和 Schulte 报道。尽管在电阻测量中需要电触点和仪表，并且仪表需要在被测样品上输送一个小电流来测量电阻，但复合材料本身才是传感器，纤维和电触点都不是传感器。

自感应中的电阻变化方法包括同一复合材料中以相同方向组合的玻璃纤维（绝缘体）和碳纤维，碳纤维设计用于断裂，从而增加电阻，而玻璃纤维仍然可以承载（Nanni 等，2006；Yoshitake 等，2004）。通过使用本身是传感器的纤维（例如，作为光导的玻璃纤维），将电阻方法与自感应区别开来（Brooks 等，1997）。

10.2 电阻基自感应

电阻测量（Singh，2013）在中等电阻水平是高度可靠的，例如电阻在 0.1 Ω～1 MΩ 范围内，对于超过 1 MΩ 的大电阻测量则相对较为困难，这是因为需要较高的电压才能使电流通过大电阻。常规仪表由于电压有限而不能测量超过 1 MΩ 的电阻，与测试下的组分损伤导致的小电阻变化测量相比，低于 0.1 Ω 的小电阻测量则带来了挑战，被测电阻的下限取决于所使用仪表的精度。

金属往往是良导体，因此它们的电阻太低而无法进行有效传感，在金属基复合材料中也有同样的问题。另一方面，连续碳纤维树脂基复合材料的电阻范围较适合于通过电阻测量进行传感。对于给定的复合材料试样，面电阻高于体电阻，显然试样越大电阻越大；对于实验室碳纤维复合材料试样，面电阻往往比体电阻更适合于精确电阻测量。

实际上由于碳纤维的导电性能比树脂基体高得多，因此复合材料的电导率会受到损伤的影响（Kemp，1994；Wang，2002；Baron 和 Schulte，1988；Schulte 和 Baron，1989；Abry 等，2001；Ceysson 等，1996；Chung 和 Wang，2003；Wang 和 Chung，1999；Kaddour 等，1994；Kupke 等，2001；Mei 等，2002；Park 等，2014；Prabhakaran，1990；Sugita 等，1995）。纤维断裂形式的损伤导致复合材料沿纤维方向的电导率降低，另一方面，分层形式的损伤导致复合材料厚度方向的电导率降低，后文将进行说明。

尽管树脂基体是电绝缘体，但复合材料厚度方向的电导率不是零，这是由于复合材料制备过程中的树脂流动和纤维的波状纹，以及随之发生的邻近层间纤维的直接接触，这种接触出现在层间界面的某几个不确定的点上，发生分层时，在层间产生裂纹，裂纹使纤维与纤维间的接触减少，从而引起复合材料厚度方向电导率降低。

综上，电导率（电阻的倒数）为损伤提供了指示，通过选择电导率的测量方向，可以选择性监测损伤的类型。

与损伤相关的自感应方法包括测量复合材料厚度方向的电容（Abry 等，2001；Kupke 等，2001），当纤维和树脂基体界面出现脱粘形式的损伤时，电容降低。

10.3 自感应电构造

电阻测量通常需要电触点，射频无线方法的准确度往往较低。通过在结构中选定的区域布置电触点，可以测量该区域的电阻。通过在表面使用二维（2D）电压触点组，另外在表面再加上两个电流触点，还可以使用 X 射线进行断层扫描以获得电导率图，就可以给出有关裂纹位置的信息（Hou 和 Lynch，2009）。可选择的 X 射线断层摄影技术方法包括沿着监测面四边形区域布置 2D 电流触点组（Loyola 等，2013），这意味着损伤的空间分布信息可以通过测量电阻率分布而被获得。

一种相关的自感应方法包括测量 AC 电阻抗（Masson 和 Irving，2000）而不是 DC 电阻，测量阻抗是有利的，这是因为其测量不涉及电偏振（Angelidis 等，2005；Wang 和 Chung，1998），这种电偏振常发生在测量非良导体材料 DC 电阻的时候，例如电阻率超过 $10^2\,\Omega/m$ 的材料。

可以通过使用导电涂料、导电胶或焊料的方法来制作电触点（Wang 等，2007），或者，可以通过将固体导电片（例如，金属板）压紧在结构的表面制作电触点，在这种情况下，这个触点就是众所周知的压力触点（Leong 和 Chung，2004）。与使用导电涂料/粘合剂或焊料制成的触点相比，压力触点的可靠性较低，因为压力触点界面由接触点阵组成，这些接触点源于两个接触表面上的凹凸不平。因为接触点占触点界面几何面积的部分很小，所以与压力触点相关的电阻往往相对较高。另外，接触点的种类和数量取决于压力，因此，与压力触点相关的电阻也取决于压力。

一般，可以采用 4-探针法或者 2-探针法进行电阻测量。4-探针法使用四个沿着电阻测量方向整齐排列的电触点，外边的两个电触点用于电流的通过，里边的两个电触点用于电压的测量。相比之下，2-探针法使用两个电触点，每个电触点都用于电流的通过和电压的测量。2-探针法的缺点是电流通过电压测量引线，因此，测量的电压包括接触电位降，在这种情况下，试样的电阻比接触电阻低，使用 2-探针法获得的电阻是非常不准确的，因为它主要反映的是接触电阻，而不是要测量的量。4-探针法中，因为没有电流通过理想电压表，可以忽略通过电压触点的电流，因而，通过 4-探针法测得的电阻基本上排除了接触电阻，从而准确地反映了试样两个电压触点之间的电阻。对于碳纤维树脂基复合材料，用 2-探针法测的电阻可靠性还不够高（Wang 和 Chung，2000），因此推荐使用 4-探针法。

2-探针法的另一个问题是，当被测试样在测试过程中发生应变或损坏时，电触点可能会退化，触点的退化导致接触电阻增加，从而影响通过 2-探针法获得的电阻（Wang 等，2006a，2007）。在 4-探针法中，触点退化对测量电阻影响相对较小，除非退化很严重，通过 4-探针法测得的电阻往往比使用 2-探针法测得的电阻干扰少（Wang 等，2006a）。

电阻通常是指一个体积内的电阻，也就是体积电阻。体积电阻应当使用流经垂直于测量方向的整个横截面内的电流来进行测量，换句话说，也就是整个横截面内的电流密度是均匀的，为了获得均匀性，电流触点应该允许全部电流穿过，例如，考虑在复合材料层压板平面方向上测量电阻。允许全部电流穿过的电流触点可以采用导线穿过垂直于层压板平面上的通孔的方式来实现，导线必须与复合材料片形成电接触，因此应该采用导电胶或者其他导电介质将导线与通孔的壁形成电连接，银粉填充环氧树脂是一种电性能和机械性能都好的导电胶（Wang 等，2006a，2007），但是，这种类型的电连接需要考虑复合材料打孔时形成的局部损伤所带来的干扰。

面触点是一种与通孔触点相比干扰较少的电连接，因为通过它在复合材料表面提供了一种导电介质，例如银粉漆，这种导电介质适用于连接复合材料表面和与仪表相通的导线，为了增强表面电触点的机械完整性和湿热稳定性，应该在每一个触点（例如，用银粉漆制作的一个触点）上包覆一层非导电的环氧树脂（Wang 等，2007）。

通过使用表面上的电流触点，可以限制电流穿过，这些触点的电流穿过程度取决于两个电流触点之间的区域内这些触点的接近程度，在该区域内，两个电流触点之间的距离增加，电流穿过难度增加，因此，在电流触点相距足够远的情况下，在两个电流触点之间的区域内电流穿过完全隔离；电流穿过的程度也取决于电各向异性的程度、电阻测量区域的尺寸和接触电阻，复合材料的电各向异性就是厚度方向的电阻率比纤维方向的高几个数量级，这种各向异性增加了电流沿厚度方向穿过的难度。由于电流不完全穿过的可能性，通过使用同一表面上的电流触点获得的电阻称为表面电阻。

虽然复合材料可能是准各向同性的，但是纤维在层内是单向的，由于纤维在层内的单向性，采用复合材料表面上两点处的电流触点测量面电阻变得复杂。这种层压板表面上强的电各向异性导致电流从一个电流触点向另一个传播时是在纤维方向上传播的。如果电流触点用以在横向传递电流，因为纤维方向电阻率低，电流在纤维方向上的传播是很明显的；如果电流触点用以在纤维方向传递电流，因为横向电阻率高，电流在横向上的传播则很小。电流在纤维方向上的传播长度可以高达 500 mm（Wang 和 Chung，2006a；Wang 等，2005a）。电流传播允许感应来自于距离电触点一定距离处的损伤，这种类型的损伤例子有局部冲击损伤。因此，电流触点用以在横向传递电流和用以在纤维方向传递电流的情况相比，感应距离电触点一定距离处的损伤的能力更好（Wang 和 Chung，2006a）。

一般来说，复合材料在层压板平面方向、厚度方向和斜向（介于平面方向和厚度方向之间）的体积电阻都能被测量（Wang 等，2005b）。复合材料层压板平面内电阻对纤维断裂是敏感的，尤其是方向与纤维平行时；厚度方向的电阻对分层敏感；斜向电阻对两种类型的损伤都敏感。

斜向电阻对于损伤感应是特别有效的（Wang 等，2005b；Wang 和 Chung，2006b），它可以通过一个表面上的两个表面触点和背面上的另两个表面触点来测量。虽然这两个连接装置不是直接相对的，但这两个连接装置之间的距离是固定的，每组中的一个触点作为电流触点，同时，另一个触点作为电压触点。尽管，电流和电压触点不排成一列，但是，电流方向是接近于电阻测量方向的。

施加电流的方式通过电触点构型来决定，电触点包括以下构型（Wang 和 Chung，2006a）：

1）电流触点在层压板平面内的同一个表面上，因此电流仅仅在表面区域 [见图 10 - 1 (a)]；

2）电流触点在层压板相对的表面上，且它们不直接相对，因此提供一个斜电流 [见图 10 - 1 (b)]；

3）电流触点在层压板边缘的表面上（垂直于层压板平面的表面），因此电流在层压板平面内并且穿过了试样的整个横截面 [见图 10 - 1 (c)]；

4）电流触点在层压板厚度方向的通孔内，因此电流在层压板平面内并且穿过了试样的整个横截面 [见图 10 - 1 (d)]。

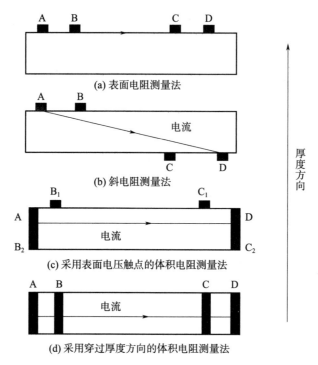

(a) 表面电阻测量法

(b) 斜电阻测量法

(c) 采用表面电压触点的体积电阻测量法

(d) 采用穿过厚度方向的体积电阻测量法

图 10 - 1　无空间分辨率传感器电触点构型 (Chung, 2007)

在圆柱体形式的复合材料情况下，电触点可以是圆周的或轴向的，并且可以位于圆柱体的内表面或外表面上 (Wang 等, 2006b)。可以在轴向、径向、倾斜或圆周方向测量阻力 (Wang 等, 2006b)，圆周阻力对损坏特别敏感。

除非复合材料表面 (由于复合材料的表面光洁度) 上的树脂基体层足够厚，否则在使用电触点前去除表面树脂层 (例如，机械打磨) 是没必要的，万一要进行机械打磨，应当注意练习，不能引起表面纤维的损伤。

10.4　空间分布感应

一维 (1D) 电阻分布确定，就损伤分布感应的需要来说，涉及 1D 电触点阵列，如图 10 - 2 (a) 所示，触点以条带的形式沿着整个试样宽度来延伸。在图 10 - 2 (a) 中，触点 1 和触点 5 用于电流通过，其余触点同时使用两个 (如，2+3 和 3+4) 分别用于 I 段和 II 段的电压测量 (Wang 和 Chung, 2006a)。

为了获得损伤位置的信息，必须确定 2D 电阻分布，这个确定的结果理想上涉及 2D 电触点阵列，如图 10 - 2 (b) 中是一个 5×5 的电触点阵列 (Wang 和 Chung, 2006a)。然而，实际上，电触点数量不多的话更适宜，此外，触点更适宜在试样的边缘附近，如图 10 - 2 (c) 所示，这样的话电触点不干扰结构部件的使用，所以，图 10 - 2 (c) 构型比图 10 - 2 (b) 构型更适合实际实施。

为了使用较少量的电触点获得较多的信息，可以针对多个电流施加方向中的每一个来

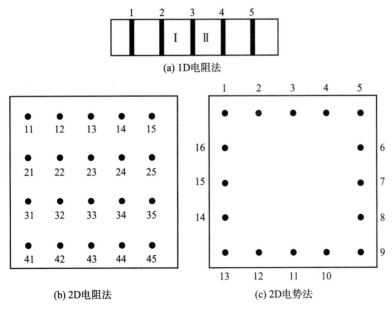

图 10 - 2　空间分布感应器电触点构型（Chung，2007）

测量每个触点处的电势（比方说，相对于地）。这是常规程序，但收集潜在信息的其他程序也是可能的，这个常规程序的一个例子描述如下（Wang 和 Chung，2006a）：从 1 到 9 加载电流［见图 10 - 2（c）］，测量除 14 触点之外的每一个触点的电势；此后，从 5 到 13 加载电流，测量除 14 触点之外的每一个触点的电势。由于电流路线和电势斜路线（例如，连接被测量电势两点的线路）不重叠，因此这种 2D 方法不对电阻测量。电阻法涉及电流路线和电势斜路线的重叠，这种 2D 法称为电势法。

对于 2D 感应电势法是有用的（Angelidis 等，2005；Angelidis 和 Irving，2007；Chu 和 Yum，2001；Chung，2007；Irving 和 Thiagarajan，1998；Masson 和 Irving，2000；Todoroki 等，2004；Wang 和 Chung，2006a；Wang 等，2006c，d），但是，由于电流路线和电势斜路线之间的距离，它的敏感度比电阻法低（Wang 等，2004，2006c，d）。在电阻法的情况下，这两条路线是重叠的。电流扩散使电势法进一步复杂化，这使得在表面接触情况下无法实现真正的 2D 感应（Wang 和 Chung，2006a）。

电阻率与层间界面（纤维层压板中的弱连接）相关，这个电阻率不是体积电阻率，而是接触电阻率［例如，与面积（一种界面）相关而不是与体积相关的电阻率］。接触电阻（R_c）与接触电阻率（ρ_c）相关，与几何形状无关，由下式表示

$$\rho_c = R_c / A \qquad (10 - 1)$$

式中，A 是相关的面积。

方程（10 - 1）的含义是面积越大，接触电阻越小，这表明接触电阻率的单位是 Ω/m^2。

可以通过使用 4 个电触点来测量接触电阻率，这样两个触点（一个用于电压，另一个用于电流）位于将层间界面夹在中间的两个薄片中的每一个上，从而做成层间界面夹心结

构的传感器（见图 10-3）（Wang 等，2004）。通过在交叉层配置中使用两个薄片（例如，纤维在两个薄片之间是垂直的），且通过纤维群将每一个薄片连接在一起，可用于形成 2D 空间感应的 2D 传感器阵列和 $x-y$ 电连接网格（见图 10-4）（Wang 等，2004）。尽管图 10-2 所示的为交叉层构型，但这个构型可能涉及以小于 90°角定向的薄层。

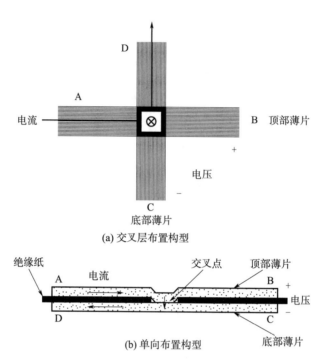

图 10-3　采用 4-探针法的连续碳纤维树脂基复合材料层间界面接触电阻率测量法，电触点 A 和 D 用于电流通过，电触点 B 和 C 用于电压测量。接触电阻率通过接触电阻和接触面积的乘积给出

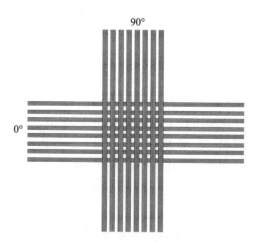

图 10-4　传感器的 2D 阵列，每个传感器以不同方向的纤维组之间的层间界面的形式出现。本图中，层板在纤维方向上相隔 90°

在利用连续碳纤维树脂基复合材料的损伤感应中，伴随着损伤的电阻增大可以通过 DC 电阻测量法（Chung，2007）、AC 阻抗测量法（1 kHz 频率）（Todoroki 等，2006）来测量，测量附着在复合材料上的振荡电路中的振荡频率增加（Matsuzaki 和 Todoroki，2006）或者测量作为天线的复合材料共振频率增加（Matsuzaki 等，2009）。频率测量法在无线方式操作中是有利的。

10.5　航空航天工程结构复合材料

复合材料是通过人工混合不同材料而获得的多相材料，由此获得单个组分所不能获得的性能。改进性能的概念很广泛，包括通过在一种材料中添加另一种材料提高强度或增强一种材料，也有提高韧性、降低热膨胀系数、提高热或电导率。

复合材料的一个例子是通过在树脂基体（胶粘剂）中植入单向或多向连续碳纤维（增强），从而获得轻量化的结构材料（用于飞行器），在这里纤维提供了强度和刚度，树脂则作为胶粘剂。虽然颗粒也可以作为增强材料，但它比纤维的增强效果差。连续纤维复合材料（更适宜排列而达到高体积分数）因其高模量和高强度特别具有吸引力。

一般情况下，基体可以是树脂（热固性或热塑性）、金属（如铝）、碳（如石墨）、陶瓷（如硅碳化合物）或混杂陶瓷（如碳和硅碳化合物）。树脂基体材料因其低密度、低成本而具有吸引力，常被用于轻量化结构（飞行器、体育用品、轮椅等），另外的应用还有振动阻尼器、电子栅栏、替代焊料等。

金属基体、碳基体和陶瓷基体复合材料在承受高温的能力方面具有出众的能力，也因为其热膨胀系数低而具有吸引力，但它们的制造成本高。另外，金属基复合材料尽管存在电偶腐蚀，但因其电和热导率高、抗蠕变性仍然具有吸引力。

连续碳纤维碳基体复合材料（C-C 复合材料）尽管在高温氧气份中有氧化倾向（C+$O_2 \rightarrow CO_2$），但在高温轻质结构（如再入空间飞行器和航空器刹车片）中仍然占有统治地位。连续陶瓷纤维陶瓷基体复合材料（陶瓷-陶瓷复合材料）在耐高温能力上比 C-C 复合材料更高，但是也更贵。本章的重点在于介绍连续纤维增强树脂基复合材料，因为它们广泛应用于航空和航天飞行器。

10.6　应变或应力感应

10.6.1　应用情况

应变或应力感应对结构振动抑制、载荷监测和运行监测是有价值的。结构振动抑制与其是相关的，因为振动涉及动态应变，所以振动感应可以通过应变感应来获得。

弹性变形状态与随着应力增加到超过弹性极限而可能跟随弹性变形状态的塑性变形状态不同，应变既可以发生在弹性变形区，也可以发生在塑性变形区。在弹性变形区应变是可逆的，无载荷时应变恢复到零；在塑性变形区应变不是完全可逆的。一般来说，可逆应变感应比不可逆应变感应更具挑战性，这是因为可逆应变感应要求传感器在加载过程中具有实时感应的能力，但是不可逆应变感应不要求具有实时感应的能力。

在弹性变形区，应变（它是尺寸的分数变化且描述变形程度）与应力（拉伸或者压缩应力情况下单位面积的力）是成比例的。因此，在这种情况下，如果比例常数［即弹性模量（弹性变形区应力与应变的比率）］已知，则应变传感器可以被用作应力传感器。在弹性变形区，应力传感器可以以应变传感器的形式实施，其中传感器输出（如电阻）的是应变而不是应力。然而，应力传感器可以是这样的，即应力是与传感器输出相关的量，例如在应力和应变之间的关系不清楚的情况下（Wang 和 Chung，2007a）。

10.6.2　概念

应变/应力传感器通常采用其特性随应变/应力而变化的材料形式。一种特别常见的应变/应力传感器是基于传感器的电阻随应变而变化的概念，从而允许测量的电阻指示应变。传感器可以附着或植入需要测量应变的结构中，在这种情况下，传感器经常称作应变计量器。计量器连接在结构表面上时必须足够强，以便传感器应变能正确显示结构中的应变，为了达到这个目的，连接传感器用的胶粘剂在厚度较小的情况下也必须有效，结构中传感器的无效连接可能导致结构中所测量的应变比实际的小。或者，结构本身就可以是传感器，当结构是传感器时，该结构就是自感应的，并且不需要将传感器附着或植入结构中，然而，为了电阻的测量，该结构中仍然需要用到电触点。

电阻率，也就是体积电阻率，是一种与几何形状无关的材料性能。电阻（R），也就是体积电阻，与电阻率（ρ）建立联系的方程式为

$$R = \rho l / A \qquad (10-2)$$

式中，l 是测量区域在电测量方向上的长度；A 是垂直于电阻测量方向的横截面积。

方程（10-2）的意思是电阻随着 l 的增加而增加，并且与 A 成反比例关系，这显示了电阻率的单位是 Ω / m。

10.6.3　方法

一种特别可靠的电阻测量方法涉及使用 4 个电触点（理想情况下是共线的），两个外边的触点用于电流的通过，同时两个里边的触点用于测量电压（Chung，2010a；Wang 和 Chung，2000；Wang 等，2006a；Wen 和 Chung，2005），这种测量方法就是众所周知的 4-探针法。它的优点是基本上没有电流穿过电压触点，因而允许测量电阻把接触电阻排除在外，因为与要测量的电阻相比，接触电阻可能很大，因此排除它对于准确测量电阻是很重要的。相比之下，2-探针法涉及仅使用两个电触点，每个触点都被用于电流的通过和电压的测量。因此，2-探针法涉及通过触点的电流，从而导致测量的电阻包含了接触电阻，即使当接触材料电导率很高时，由于电阻与接触材料和被评价材料表面之间的界面有关，这个接触电阻也可能是很大的。除非接触电阻与结构电阻相比可以忽略不计，否则 2-探针法是不可靠的（Wang 和 Chung，2000；Wang 等，2006a；Wen 和 Chung，2005）。

对于空间分辨感应，可以使用 1D（Wang 等，2006a）或 2D（Chung，2007；Wen 和 Chung，2006a；Wang 等，2006c，d）电触点阵列。在 1D 空间分辨感应的情况下，1D 电触点阵列能使最远的两个触点通过电流，但是，所有剩余触点中必须同时使用两个用于电压测量（Wen 和 Chung，2006a）。

10.6.4　基于压电效应的感应

基于应变/应力电阻变化的应变/应力传感器有两种，第一种是电阻传感器，其电阻率不随应变/应力的变化而变化，因此电阻仅仅是由于与应变相关的尺寸变化而变化；第二种是压电传感器，其电阻率随着应变/应力的变化而变化，因此电阻是由于电阻率和尺寸都有变化而变化的。电阻传感器最常用的是金属形式的，压阻传感器最常用的是复合材料形式的，复合材料的填料（例如：粒子和短纤维）比复合材料的基体（例如：树脂和水泥）更导电，压电复合材料的例子包括炭黑填充的树脂（Wang 和 Ding，2010；Aiyar 等，2009）、CNT（碳纳米管）填充的树脂（Ciselli 等，2010；Zhang 等，2006）、短碳纤维填充的水泥（Chung，2002；Wen 和 Chung，2000，2001a，b，2003，2006a，b，c，2007a；Zhu 和 Chung，2007a）、炭黑填充的水泥（Xiao 等，2010）、炭黑碳纤维填充的水泥（Han 等，2010a；Wen 和 Chung，2007b）、镍粒子填充的水泥（Han 等，2010b）和 CNT 填充的水泥（Li 等，2007；Han 等，2009；Yu 和 Kwon，2009）。

在导电增强体（无论是纤维还是粒子）和非导电基体组成的复合材料中，压电效应有不同程度的表现。复合材料变形后，微观结构发生变化，从而影响复合材料的电阻率，例如，这种微观结构的变化包括填料单元之间接触程度的变化，通常在拉伸变形中接触程度降低，从而引起电阻率增大；通常在压缩变形中接触程度增加，从而引起电阻率减小，这种机制往往发生在具有韧性基体（例如，树脂基体）的复合材料中（Aiyar 等，2009；Ciselli 等，2010；Wang 和 Ding，2010）。另一个例子，这种微观结构变化包括在发生应变后纤维-基体界面的脱粘，从而导致电阻率增大；例如，在受拉时发生脱粘（无论是单轴受拉还是受弯梁的受拉侧）且在拉伸应变方向上的电阻率增大，而在受压时发生收紧（无论是单轴受压还是受弯梁的受压侧）且在压缩应变方向上的电阻率减小，这种机制往往发生在脆性基体（例如，水泥基体）的复合材料中（Chung，2002；Wen 和 Chung，2000，2001a，b，2003，2006b，c，2007a；Zhu 和 Chung，2007a）。

然而在另外一个例子中，微观结构变化涉及在屈曲以后在连续碳纤维树脂基复合材料表面上穿过电流的程度，所以表面电阻也有变化；在压缩表面上，在屈曲以后电流穿过增加，从而表面电阻降低（见图 10-5）；在拉伸表面上，在屈曲以后电流穿过降低，从而表面电阻增加（见图 10-6）（Wang 和 Chung，2006b；Wang 等，1999；Zhu 和 Chung，2007b），弯曲应变也会引起斜向电阻可逆地增大（Wang 和 Chung，2006b；Zhu 和 Chung，2007b）。复合材料中纤维方向的拉伸应变引起厚度方向电阻率可逆地增大（Wang 和 Chung，1998，2007b），厚度方向的压缩应变引起纵向电阻率可逆地减小（Leong 等，2006；Wang 和 Chung，2007a，2013）。以上这些应变效应就是大家都知道的压电电阻效应，这个允许应变/应力感应（Angelidis 等，2004；Chung 和 Wang，2003；Wang 和 Chung，1999，2000，2006a）。对应变和损伤都有感应对确定损伤的原因是具有吸引力的，应变感应特性会受到损伤（Wang 和 Chung2002，2006b）和温度（Wang 等，2004）影响。

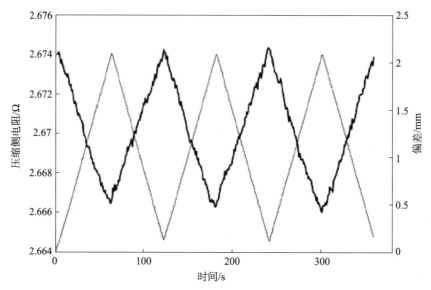

图 10-5　24 层准各向同性连续碳纤维环氧基复合材料在最大挠度 2.098 mm（应力幅值 392.3 MPa）下的挠度（细曲线）和循环过程中的压缩表面电阻（粗曲线）

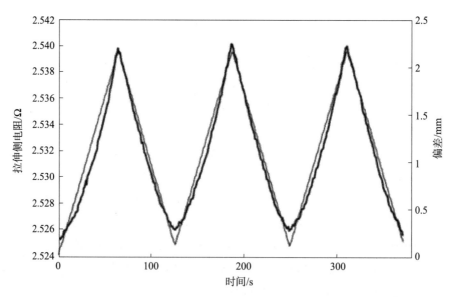

图 10-6　24 层准各向同性连续碳纤维环氧基复合材料在最大挠度 2.098 mm（应力幅值为 392.3 MPa）下的挠度（细曲线）和循环过程中的拉伸表面电阻（粗曲线）

在诸如颗粒或短纤维等不连续的增强材料（填料）情况下，当增强体的体积分数在浸透阈值附近时，应变感应灵敏度往往最高，在这个体积分数以上，增强体接触彼此并且形成连续的电传导路径。这是因为非连续增强复合材料压电电阻效应机理通常涉及相邻纤维或粒子之间距离的变化，当增强体体积分数在浸透阈值附近时，复合材料电阻率的变化随着距离的变化非常大。另外，增强体和基体之间的电阻率差异较大时，有助于提高灵敏度。

压电传感器往往比电阻传感器更灵敏，灵敏度通常通过应变系数来描述，它被定义为每单位应变的电阻分数变化。对于电阻应变传感器，应变系数通常大约是 2，具体值取决于泊松比；对于压电应变传感器，应变系数通常远远高于 2（高达 10^3）　（Han 等，2010b）。

由方程（10-1），给出电阻分数变化方程

$$\delta R/R = \delta\rho/\rho + (\delta l/l)(1 + \nu_{12} + \nu_{13}) \qquad (10-3)$$

式中，ν_{12} 和 ν_{13} 分别是横向和厚度方向的应变泊松比值。

正压电效应是指电阻率随着应变增加而增加的特性［例如，$(\delta\rho/\rho)/(\delta l/l) > 0$］；负压电效应是指电阻率随着应变增加而降低的特性［例如，$(\delta\rho/\rho)/(\delta l/l) < 0$］。压电效应通常是正的，因为伸长往往改变微观结构，使伸长方向的电阻率变大，例如，非导电树脂基体和导电粒子填料复合材料往往显示出正的压电效应，这是因为相邻粒子之间的距离随着复合材料的伸长而增大。然而，已经报道了连续碳纤维（Wang 和 Chung，2007b）和镍纳米纤维（起初是镍细丝）（Shui 和 Chung，1997）树脂基复合材料的负压电效应，负压电效应是因为在拉伸的时候纤维和纳米纤维定向排列所致。

为了实现感应有效应变的目的，需要较大的应变系数（每单位应变电阻变化分数），方程（10-2）显示应变系数取决于每单位应变电阻率分数的变化和泊松比。应变系数是正的不一定意味着压电效应是正的，但是应变系数如果是负的必定意味着压电效应是负的。

为了在特定应变下获得较大的电阻分数变化，在同样的电阻率分数变化中，正压电效应比负压电效应更理想。当应变较小的时候，如压阻材料是刚性结构材料时，电阻的分数变化基本上等于电阻率的分数变化，这时候，正压电效应和负压电效应对于提供较大幅度的电阻分数变化是同等水平的。

10.6.5　电触点布置

当结构是自感应结构时，可以通过布置在结构同一个表面上的电流和电压触点来测量电阻，在这种情况下，测得的电阻是表面电阻而不是体积电阻，表面电阻取决于电流从电流触点所在的表面穿过的程度。由于当电流穿过深度增加时电流密度（单位横截面积电流）减小，且电流密度剖面距表面的深度通常又不确定，所以通常从测得的表面电阻难以获得电阻率，不过，采用适当的校准方法，表面电阻也可提供应变和应力的指示（Wang 和 Chung，2006b；Wen 和 Chung，2006c）。

　　自感应的另一种方法涉及施加电流接触，使得电流密度在整个结构厚度上是均匀的，由于电流密度是均匀的，测得的电阻与电阻率有关。为了在整个厚度上获得均匀的电流密度，两个电流触点可以被应用在结构中两个相对端，每个末端的表面垂直于电阻测量方向并且完全被电触点覆盖。或者，电流触点（通常为导电网的形式）可以植入结构中，每个触点延伸穿过结构的整个横截面。在一种不太理想的方法中，电流触点在两个垂直于电阻测量方向的平面中围绕结构的整个周边来布置，电压触点构型不太重要。对于电流触点的任一构型，电压触点可以位于表面、植入内部，或在垂直于电阻测量方向的两个平面中围绕结构的整个周边布置。如前所述，采用 4 -探针法测电阻，电流触点为外边的触点，电压触点为里边的触点。在电流触点位于周边的情况下，电流触点与其相邻电压触点之间的距离必须足够大，以使电流密度在两个电压触点之间区域的整个横截面上保持均匀（见图 10 - 7）（Chung，2010a；Zhu 和 Chung，2007c）。

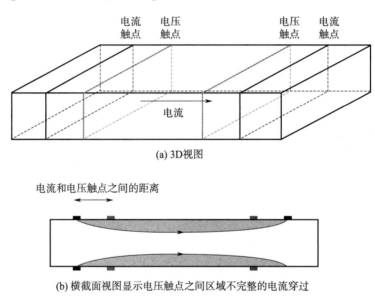

图 10 - 7　体积电阻率测量法涉及 4 -探针法，表面上所有的电触点总是围绕着试样周长（Chung，2010a）

　　在电阻测量方向结构尺寸太小，无法在垂直于电阻测量方向的 4 个平面上安装 4 个电触点的情况下，可以使用不太理想的构型来实现，这个构型如图 10 - 8 所示（Chung，2010a），这种构型包括一个空心回路形式的电流触点（图 10 - 8 中的大空心矩形）和一个实心点形式的电压触点（图 10 - 8 中小的实心矩形），这两种触点在垂直于电阻测量方向的两个相对表面上的每一个上都有。

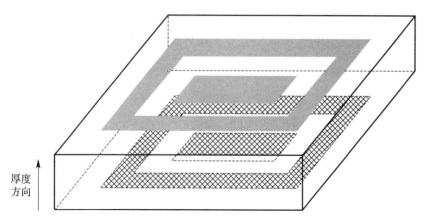

图 10 - 8　体积电阻率测量法涉及 4 -探针法，两个相对表面的每一个表面上带有一个电流触点和
一个电压触点。在垂直于两个相对表面的厚度方向上测量电阻（Chung，2010a）

10.6.6　接头监测

在复合板的紧固过程中会出现厚度方向的压缩，厚度方向的应力/应变监测与紧固接头情况监测有关，由于复合材料在厚度方向上的弱点，紧固接头的完整性受到实际关注，这种弱点与复合材料层间界面的弱连接相关。

经常会遇到复合材料构件紧固中厚度方向的压缩，压缩的影响不仅在接头界面，也在每个被连接的组件中。

接头界面通过测量这个界面的接触电阻率可以被有效监测（Luo 和 Chung，2000；Chung，2001）。接头界面监测背后的概念源于接头界面永远不会完全光滑的概念，因此，两个表面会存在点接触。对于垂直于连接界面方向的压缩，接触程度变化，从而影响连接界面的接触电阻率。任何一个连接界面中的一些点接触的断裂也会影响接触电阻率。

通过两个碳纤维树脂基复合材料板紧固接头已经说明了基于电阻接头监测的效果。接头界面的接触电阻率通过用每个都带有两个电触点的两个板（一个用于电流，另一个用于电压）的 4 -探针法来实现。由于两个板邻近表面接触增加，接触电阻率随着厚度方向的应力增加而降低（Luo 和 Chung，2000）。厚度方向的压缩应力仅为树脂基体强度 5% 的情况下，接头的微观结构所受的影响是不可逆的，这可以通过接头界面接触电阻率不可逆的降低来说明。

通过复合材料厚度或纵向电阻的测量可以监测复合材料内部厚度方向的应力或应变（Wang 和 Chung，2013），但由于厚度方向的电阻测量电触点（见图 10 - 8）与纵向电阻测量电触点相比更复杂，因此通过测量纵向电阻更易于实现监测。

如连续碳纤维聚合物基复合材料所示，在厚度方向压缩时，电阻率在厚度方向和纵向方向上均降低（Wang 和 Chung，2013）。图 10 - 9 显示在应力振幅逐渐增加期间，厚度方向的电阻随着整个厚度的应力而变化，这是因为厚度方向的压缩引起整个厚度方向上更多的纤维与纤维接触，并且增加的接触提高了厚度和纵向两个方向上的导电性。复合材料纵向体积电阻率通过厚度压缩而降低，这是由于厚度方向的体积电阻率降低所致（Wang 和 Chung，2013），厚度方向的体积电阻率降低部分原因是由于层间界面接触电阻率降低（Wang 等，2004）。

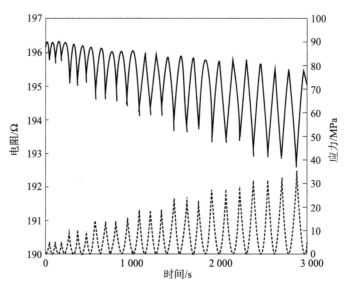

图 10 - 9　35 MPa 应力振幅时整个厚度上的应力（下部细线）对连续碳纤维环氧基复合材料整个厚度电阻（上部粗线）的影响（Wang 和 Chung，2013）

10.7　损伤感应

10.7.1　应用

损伤是指结构的损坏，这个结构可以是桥梁、码头、建筑物、机身、直升机旋翼、风力涡轮机、汽车、海上平台、头盔等。由于载荷、老化（例如，腐蚀和疲劳）、环境影响（例如，温度偏移、湿气、侵蚀、风和海浪波动）和极端事件（例如，地震）、结构退化，在损伤变成灾难之前感应结构的损伤对减小风险和及时维修很有价值，损伤传感器就是感应这种损伤的。

10.7.2　概念

损伤传感器可以是与被感应的结构材料成份类似的材料形式，这样的传感器被放置在与结构相同的环境中，因而，传感器材料的退化显示了结构的退化情况。然而，这种方法的可靠性有限，因为传感器和结构的尺寸差异很大，并且退化程度往往又取决于尺寸。那么一个更可靠的方法涉及结构自身就是一个损伤传感器，这个结构就是所说的自感应结构。但是，不是所有的结构材料都可以作为损伤传感器，只有电阻率随着损伤变化的结构材料才可以作为损伤传感器。电阻率通常随着损伤而增大，因为损伤通常包括破裂或某个要素的损坏，尽管这种损坏通常很小，但是电阻率也会在这种较小的损伤下降低。例如，早期疲劳损伤情况，由于基体损伤，在该邻近区域中，复合材料中的导电短纤维的接触增加（Wang 等，1998）。

10.7.3　方法

连续碳纤维树脂基复合材料可以感应自身的损伤，这是因为复合材料面内方向的电阻率随着纤维的断裂（Chung，2007）或者基体的开裂（Todoroki 等，2006）而增大，复合材料厚度方向电阻率（Wang 和 Chung，1998）或斜向电阻率（例如，厚度方向和面内方向之间的方向）（Wang 等，2005b）随着分层而增大。碳纤维单向、交叉、准各向同性（Chung，2007））或织物（Hirano 和 Todoroki，2007）构型对感应监测主要损伤是有效的，但是，通过拉拔工艺制造的碳纤维复合材料仅能感应在失效前不久生长的非常大的损伤（Nanni 等，2006）。

连续碳纤维和连续玻璃纤维作为增强体的混杂纤维树脂基复合材料也可感应自身的损伤（Muto 等，2001），在这种混杂纤维复合材料中，碳纤维负责感应能力。提供超级感应的混杂纤维复合材料是一种连续玻璃纤维（无碳纤维）复合材料，其中玻璃纤维丝束中的每一条都被包覆了碳粉（粒子尺寸 5μm），碳粉提供能够感应的导电性能（Muto 等，2001）。

基体中含有CNTs的一种连续玻璃纤维树脂复合材料（Gao 等，2010）也可以感应自身的损伤，CNTs赋予非导电复合材料良好的电导率，这种非导电复合材料通过电阻增加进行损伤指示，这里所说的损伤传感器是含有 CNT 丝束的玻璃纤维（或碳纤维）树脂基复合材料，CNT 丝束提供损伤感应的位置信息（Abot 等，2010）。

为了量化复合材料电阻率变化精确程度与损伤程度的符合性，应该通过另一种方法来评估损伤，如测量由结构材料制作的试样的残余弹性模量或残余强度（Chung，2007）。由于损伤通常是不可逆的，所以损伤的实时感应不是必需的，然而，损伤的实时感应对于即时检测损伤而达到及时维修目的是具有吸引力的。

电触点退化引起接触电阻增大（Wang 等，2007）。由于当结构退化时电触点可能退化，因此接触电阻会随着退化的发生而变化，从而使得从测量电阻中排除接触电阻的 4 -探针法对于检测结构的损伤非常必要。如果 2 -探针法被用来代替 4 -探针法，结构损伤和电触点损伤可同时被感应，但这两个类型的损伤不能被解耦。

10.7.4　碳纤维树脂基复合材料自感应特性

此处说明了通过电阻测量进行自感应的碳纤维环氧树脂基复合材料在弯曲（三点弯曲）下的情况（Wang 和 Chung，2006b）。试样拉伸侧和压缩侧的表面电阻通过在试样同一个表面上的四个触点获得［见图 10-1（a）］；斜电阻通过在两个相对表面中的每一个表面上的两个触点获得［见图 10-1（b）］。在层压板平面内，每个电触点呈条状，沿着垂直于试样长度的方向延伸［见图 10-2（a）］。在这项工作中，银粉漆被用于制作电触点，然而，需要明确的是，可以使用各种电触点材料（Wang 等，2007）。

在加载和卸载过程以逐渐增加的应力幅值分别连续测量表面电阻和斜电阻（Wang 和 Chung，2006b），卸载以后斜电阻随着最大预置挠度的增加而降低，前提是提供的最大预置挠度是足够的，这个效应主要是由于最小损伤，这种损伤引起一层中的更多纤维去接触临近层的纤维，在这附近电流穿过程度增加，因而，零载荷斜电阻可以作为损伤指示器，因为它的探针在试样内部，这是一个比拉伸/压缩表面电阻更好的指示器，但是表面电阻探针又仅在表面区域。通常，卸载后的电阻是一个具有吸引力的损伤指示器，因为它有时允许在损伤后进行状态监测，相反，加载过程中的电阻仅在损伤造成期间是一个损伤指示器。

在单轴拉伸下，碳纤维复合材料纤维方向（轴向）的体积电阻由于纤维断裂（Wang 和 Chung，1998；Park 等，2007）而不可逆地增加（见图 10-10）。可以通过使用 4 个沿着试样周长（Wang 和 Chung，1998）或在一个表面上（Park 等，2007）的电触点来测量电阻。这样，拉伸-拉伸疲劳过程中的损伤早在中间（50%）疲劳寿命期间就可被观察到（见图 10-10）（Wang 和 Chung，1998）。随着电阻增加（见图 10-10），观察到的割线模量（应力除以应变）（Wang 和 Chung，1998）的降低支持了电阻的增加确实意味着损伤，同时声发射观察也证实了损伤的发生（Prasse 等，2001）。

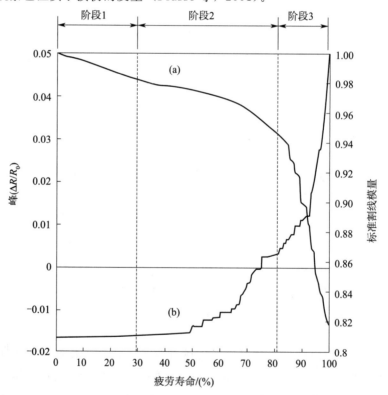

图 10-10　拉伸-拉伸疲劳期间纤维断裂损伤演变，用纵向体积电阻展示：（a）标准割线模量和（b）应力循环中电阻分数的变化（相对于初始电阻）峰值。在一个循环内电阻变化（未展示）应归于应变影响优于损伤（Wang 和 Chung，1998）

　　另一种方法是测量全厚度电阻而不是纵向电阻。厚度方向的电阻对分层是敏感的，但是纵向电阻对纤维断裂是敏感的。整个厚度方向的体积电阻在拉伸-拉伸疲劳上不可逆地增大，这主要是由于分层的原因，分层减小了在整个厚度方向上的电流路径横截面积，这样的损伤早在 1/3 （33%） 疲劳寿命时就可以被观察到（见图 10 - 11）（Wang 和 Chung，1998）。

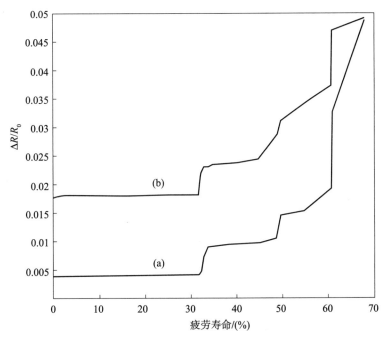

图 10 - 11　拉伸-拉伸疲劳期间分层形式的损伤演变，用通过厚度的体积电阻展示：（a）应力循环中体积电阻分数的变化最小值（相对于初始电阻）；（b）应力循环中电阻分数的变化最大值。在一个循环内电阻变化（未展示）应归于应变影响优于损伤（Wang 和 Chung，1998）

　　感知冲击造成的损伤实际上很重要。冲击可能是由于鸟类撞击飞机机翼、意外掉落的锤子等造成的。冲击损伤是局部的，而弯曲损伤和拉伸损伤是分散的。通过表面电阻测量来检测碳纤维复合材料中的冲击损伤应通过测量包含冲击点区域的电阻来进行，除非在选定方向上电流传播范围离冲击点很大。

　　在跌落冲击损伤中，电阻不可逆地增大，这种损伤中电阻随着冲击能量的增加而单调增大（Angelidis 和 Irving，2007；Angelidis 等，2005；Wang 等，2005b，2006b），从 0.73J 到 5.08J 的冲击如图 10 - 12 所示（Wang 等，2005b），这个趋势与斜电阻、厚度方向的电阻、受到冲击表面的电阻以及其相对面的电阻相同，电阻测量方向如图 10 - 1 所示，厚度方向的电阻和斜电阻比两个面电阻更敏感。

　　纤维体积分数增大使复合材料的电阻率减小，从而影响电阻测量的精度。在常规结构复合材料中，纤维体积分数保持较高，更重要的变量是纤维铺层构型和复合材料厚度（Wang 等，2005c）。

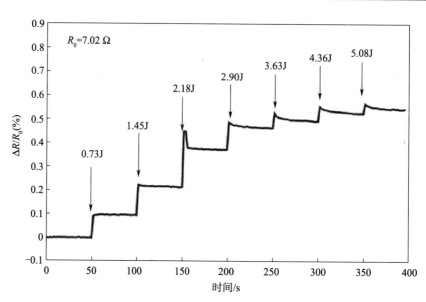

图 10-12　连续碳纤维环氧树脂基复合材料在冲击能量逐渐增加期间，斜向阻力（相对于初始电阻）随时间的变化关系，箭头表示冲击的时间（Wang 等，2005b）

受到冲击时，纵向试样段（包括冲击点）中承受冲击的表面的电阻不可逆地增加（Wang 等，2005b，2006a），但是，紧挨着含有冲击点的两部分中的每一个的表面电阻在冲击损伤时都会明显减小（Wang 等，2006a）。后一种现象较弱并且涉及电阻降低，在与包含冲击点的段不直接相邻的区域（例如，离冲击点超过 20 mm 的区域）可以忽略不计。

随着冲击能量增加而电阻增加的趋势主要是由于损伤（如分层和纤维断裂）的原因，这种情况一般在复合材料试样纵向部分含有冲击点的情况下会遇到。相反的趋势是，随着冲击能量的增加而电阻减小，这是相对较弱的，主要表现在与包含冲击点部分相邻的部分上，这可能是由于几个原因（Wang 等，2006a）：一个可能的原因与由于附近顶面的主要损伤而导致远离顶面的电流路径变形有关，由于层间界面的接触电阻率有限（Leong 等，2006），这种变形可能涉及电流从一个层流到相邻层，失真导致顶部表面的电流减小，因此顶部表面的测量电阻降低；另一个可能的原因涉及与包含冲击点的部分相邻的部分中的残余应力释放，这是由于包含冲击点的部分中的损伤；还有另一个原因涉及与跨层间界面的纤维-纤维接触程度的不可逆增加相关的微观结构变化。

准各向同性碳纤维树脂基复合材料冲击损伤感应 2D 电势法的效果取决于电气构型（例如，与表面纤维相关的电流方向和电触点布置）（Wang 和 Chung，2006a）。在各个方向中施加的斜电流提供有效的损伤感应，通过使用相对的面内表面上的电触点来表示；在各个方向上，通过施加在整个横截面的面内电流也可提供有效的损伤感应，通过使用在边缘面上的电触点或复合材料中通孔上的电触点来表示。当电流垂直于表面纤维时（由于纤维方向的电阻率低），加载面内表面电流是有效的，当电流平行于表面纤维时（由于垂直于纤维方向的电阻率高）则是无效的，在实际操作中推荐的是斜构型。通常，电势法是可靠的，当：1）电流线路和几乎平行电势的斜线之间的电阻十分低，当这些线十分靠近时可以获得这种情况；2）电流线路和损伤位置之间的电阻十分低，当这些线之间的距离十分小时可以获得这种情况。

10.7.5　层间界面作为传感器

层间界面是一个特别敏感的冲击传感器，因为这个界面的接触电阻率在冲击能量低至 0.8 mJ（1 mJ＝10^{-3} J）时是不可逆地减小的（见图 10‐13）（Wang 和 Chung，2005）。不可逆的电阻减小与在更高冲击能量观察到的体积电阻（例如斜电阻）不可逆的增加形成鲜明对比（见图 10‐12）。低能量冲击上，层间界面电阻率的不可逆的减小是由于层间界

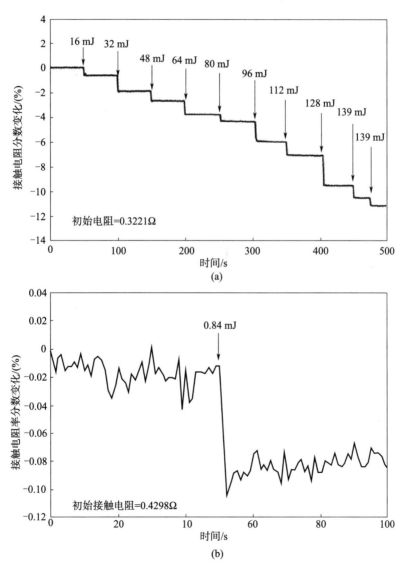

图 10‐13　连续碳纤维环氧基复合材料的层间界面作为冲击损伤传感器。（a）在能量从 16 mJ 到 139 mJ 逐渐增加的冲击过程中，层间界面的接触电阻率不可逆地降低。箭头表示撞击的时间。

（b）在 0.84 mJ 冲击期间

面纤维之间接触程度不可逆的增加，这个效应与厚度方向的单轴压缩层间界面电阻率部分不可逆的减小相一致，在环氧树脂基复合材料中可以观察到［见图 10－14（a）］（Wang等，2004），这是一种微观结构效应，而不是与明确的损伤（如分层或纤维断裂）相关的效应。然而，微观结构效应可以被认为是损伤的前兆。损伤（如果有的话）非常轻微的事实表明，在低能量撞击后甚至没有浅凹痕。层间界面的接触电阻率（Wang等，2004）比斜向、厚度方向或纵向的体积电阻对细微的微观结构变化更敏感（Wang等，2005b）。

尽管碳纤维环氧树脂基复合材料垂直于界面方向的单轴压缩上的层间界面接触电阻率降低部分可逆［见图 10－14（a）］，但是碳纤维尼龙基复合材料则完全是可逆的［见图 10－14（b）］，尼龙是一种热塑性树脂（相对柔顺），环氧树脂是热固性树脂（柔顺性

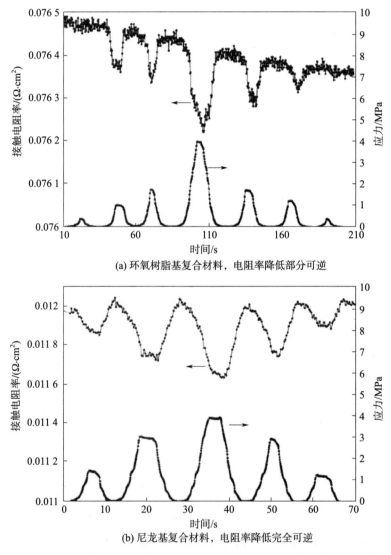

(a) 环氧树脂基复合材料，电阻率降低部分可逆

(b) 尼龙基复合材料，电阻率降低完全可逆

图 10－14　连续碳纤维环氧树脂基复合材料交叉层层间界面在压缩应力循环期间在最高达到 4 MPa 的不同应力振幅下接触电阻率随着时间和应力变化，在压缩上的接触电阻率降低（Wang 等，2004）

差）。因为紧固包括厚度方向的压缩，因此环氧树脂基体和尼龙基体复合材料之间的这种差异表明后者更能抵抗与紧固相关的损坏。

层间界面的接触电阻率敏感地表明了热循环所造成的损伤，该电阻率在热固性树脂基复合材料（例如，环氧树脂基复合材料）热损伤中突然增加，但是在热塑性树脂基复合材料热损伤中突然减小（Wang 等，2001）。热循环损伤电效应是由于热塑性树脂基复合材料中基体分子的运动，而热固性树脂基复合材料中基体分子运动缺失。

10.8　温度感应

10.8.1　应用

温度控制和运行控制需要温度感应，通常需要实时温度感应，温度传感器通常是热敏电阻和热电偶。

10.8.2　热敏电阻

热敏电阻是一种基于电阻率随温度变化概念的温度测量装置，热敏电阻通常是半导体或金属。对于金属，电阻率随着温度的升高而增大；对于半导体，电阻率随着温度的升高而减小。尽管很少用，但是热敏电阻也可以是复合材料，例如带导电填料和弱导电（或非导电）基体的复合材料。复合材料电阻率随着温度的变化而变化，这是由于随着温度的变化微观结构在变化。例如，复合材料形式的热敏电阻为炭黑填充的树脂（Dai 等，2008；Xu 等，2006），温度升高时，热胀产生（基体比填料的热膨胀系数高），从而引起填料单元之间的接触程度降低，因此复合材料电阻率增大；再例如，复合材料形式的热敏电阻为连续碳纤维树脂基复合材料层间界面（Wang 等，2004），温度升高时，从一层到临近一层的电子跃迁概率增加，从而层间界面电阻率减小（见图 10 - 15）。通过在交叉层构型中使用两个薄片（即，两个薄片中的纤维是垂直的）并且在每个薄片中将多组纤维电连接在一起，形成了一个 2D 热敏电阻阵列和一个 2D 电连接网格，用于空间分辨温度传感的目的。另一个例子是短碳纤维填充水泥（Wen 等，1999），其电阻率随着温度的升高而减小，这是因为随着温度的升高，复合材料中电子从一根纤维跃迁到相邻纤维的概率增加。

10.8.3　热电偶

热电偶是一种基于塞贝克效应的温度测量装置，这是与温度梯度相关的热电效应，导致温度梯度的热点和冷点之间产生电压差，这个效应的程度通过塞贝克系数（也叫做热电功率）描述，定义为每单位温度差下的电压差。热电偶是由两种塞贝克系数不同的材料连接制造的，在接头与远离接头的两种材料的末端之间存在温差的情况下，每种材料在其两端之间都有一个电压差。由于两种材料之间的塞贝克系数不同，两种材料之间的电压差也不同，这导致远离两种材料接头位置的末端之间的电压差，从而，通过测量远离两种材料

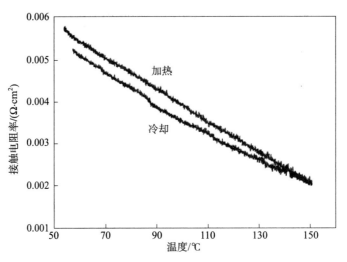

图 10-15　连续碳纤维环氧树脂基复合材料 0.15 ℃/min 下在加热和冷却期间交叉层层间界面接触电阻率
　　　　　随着温度的变化（Wang 等，2004）

接头位置的末端之间的电压差，可以感应接头的温度。两种材料塞贝克系数差异越大，热电偶越灵敏。热电偶材料通常是金属，虽然不太常见，但热电偶也可以由复合材料制成。例如，复合材料形式的热电偶接头是聚合物基复合材料中不同碳纤维层之间的接头（Guerrero 等，2002），使用具有不同塞贝克系数值的碳纤维。复合材料形式的热电偶接头的另一个例子是不同水泥基复合材料之间的接头，这类复合材料是通过并排浇注相应的不同水泥混合物而制造的（Guerrero 等，2002）。不同的水泥基复合材料可以通过使用不同的短导电纤维填料来获得，例如一种是混合碳纤维，另一种是混合金属纤维。

10.9　应变/应力和机械损伤双感应

应变/应力和机械损伤双感应可以实现，例如，电阻的可逆变化用于描述弹性变形区的应变/应力，反之，电阻的不可逆变化用于描述损伤，电阻部分地可逆变化描述应变和损伤都发生，这些例子包括纤维填充的水泥（Wen 和 Chung，2006a，c，2007a）和连续碳纤维树脂基复合材料（Wang 和 Chung，2006a）。

10.10　温度和热损伤双感应

温度和热损伤双感应可以同时实现，例如，电阻的可逆变化用于描述温度，反之，电阻的不可逆变化用于描述损伤，电阻部分地可逆变化描述温度偏移和热损伤都发生，这些例子包括连续碳纤维树脂基复合材料，当层间界面用作传感器时特别灵敏（见图 10-16）（Wang 等，2004）。

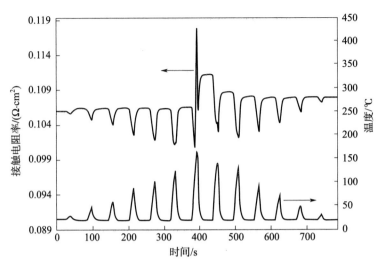

图 10 - 16　连续碳纤维环氧树脂基复合材料层间界面作为温度和热损伤双传感器。在每一个加热循环
加热期间，由于界面作为热敏电阻在使用，层间界面接触电阻率减小。在最热循环的最高温度，
由于热损伤接触电阻率向上跃迁（Wang 等，2004）

10.11　自感应模型

已经为连续碳纤维聚合物基复合材料在弯曲作用下的压电现象提供了解析模型（Zhu
和 Chung，2007b）。纤维断裂、纤维-基体脱粘或分层形式的损伤影响电阻，这可以通过
微观结构分析模型来描述（Chung 和 Wang，2003）；纤维断裂形式的损伤的电效应可以采
用等效电路来模拟（Park 等，2007；Schueler 等，2001；Xia 等，2003）；纤维断裂形式
的损伤的机械效应可以采用弹性单元机械网来模拟（Xia 等，2003）。这些电学和机械学模
型联合导出一个机电模型（Xia 等，2003），另一种方法包含有限元模型，这个模型被用于
计算与分层相关的电势分布（Angelidis 和 Irving，2007）或电阻的变化（Todoroki 等，
2005），另外，有限元模型可以被用于为人工神经网络学习提供诸元数据（Todoroki 和
Ueda，2006），一种也涉及有限元建模的相关方法是电阻抗 X 射线断层扫描摄影技术
（Schueler 等，2001）。

10.12　航空航天工程中自感应复合材料的应用

随着飞机的老化，对飞机结构健康监测的需求越来越大，及时发现缺陷是提高飞行安
全的关键。结构退化可能与疲劳、撞击（例如鸟类撞击）（Park 等，2012）、冰雹和沙子
的磨蚀（特别在翼或螺旋桨前缘）、悬挂式鹅卵石的凹痕（特别是机翼、机身、齿轮表面
上）等有关。监测不仅涉及机身，还涉及修补，例如粘接修补片（Baker 等，2009）和铆
接（Olsen 和 Rimnac，2007）。自感应复合材料不仅能有效检测轻微损伤，在检测重大损

伤方面也特别有效。竞争感应方法对于检测非常轻微的损伤往往无效。

　　结构健康监测属于损伤检测，弹性区无损伤时应变或应力检测也是重要的，因为它涉及载荷监测和常规结构工作监测，自感应复合材料对应变/应力检测非常有效。

10.13　结语

　　由于其电阻率对应变和损伤敏感而具有自感应的结构复合材料包括广泛用于飞机结构的连续碳纤维聚合物基复合材料。测量的电阻可以是体积电阻、表面电阻或层间界面的接触电阻率。电阻测量应使用 4-探针法而不是 2-探针法。

　　在纤维断裂时，纤维方向的体积电阻增加；在分层时，厚度方向的体积电阻增加；倾斜方向（纵向与厚度方向之间的方向）上的体积电阻对于描述这两种类型的损伤都是有效的。

　　表面电阻对描述由于屈曲产生的应变和损伤是非常有价值的，因为它可以在与屈曲相关的拉伸表面和压缩表面分别被测量得到。在屈曲时，拉伸表面的表面电阻增大，这是由于电流穿过的程度降低所致；在屈曲时，压缩表面的表面电阻降低，这是由于电流穿过的程度增加所致。

　　正如接触电阻率所描述的，层间界面是一种特别有效的穿过厚度应力、温度、热损伤和轻微机械损伤（如低能量冲击损伤）的传感器。为了空间分辨感应的目的，通过纤维在不同方向的两个复合材料薄片和每一层的纤维群（纤维末端形成电连接），可以得到一个 2D 层间界面传感器阵列（每一个传感器都由该层的纤维群和临近层的纤维群连接）。

　　通过在邻近层中使用电性能不同的纤维（例如 p-型和 n-型碳纤维），复合材料可以用作热电偶，热电偶的接头就是层间界面，2D 层间界面提供了空间分辨温度感应的能力。

　　可以通过在玻璃纤维树脂基复合材料基体中添加 CNTs 赋予其自感应能力，另外，含有玻璃纤维和碳纤维的混杂复合材料也可以实现自感应。

参 考 文 献

[1] Abot, J. L., Song, Y., Vatsavaya, M. S., Medikonda, S., Kier, Z., Jayasinghe, C., Rooy, N., Shanov, V. N., Schulz, M. J., 2010. Delamination detection with carbon nanotube thread in self – sensing composite materials. Composites Science and Technology 70, 1113 – 1119.

[2] Abry, J. C., Choi, Y. K., Chateauminois, A., Dalloz, B., Giraud, G., Salvia, M., 2001. In – situ monitoring of damage in CFRP laminates by means of AC and DC measurements. Composites Science and Technology 61 (6), 855 – 864.

[3] Aiyar, A. R., Song, C., Kim, S., Allen, M. G., 2009. An all – polymer airflow sensor using a piezoresistive composite elastomer. Smart Materials and Structures 18, 115002.

[4] Angelidis, N., Irving, P. E., 2007. Detection of impact damage in CFRP laminates by means of electrical potential techniques. Composites Science and Technology 67, 594 – 604.

[5] Angelidis, N., Khemiri, N., Irving, P. E., 2005. Experimental and finite element study of the electrical potential technique for damage detection in CFRP laminates. Smart Materials and Structures 14, 147 – 154.

[6] Angelidis, N., Wei, C. Y., Irving, P. E., 2004. The electrical resistance response of continuous carbon fibre composite laminates to mechanical strain. Composites Part A 35, 1135 – 1147.

[7] Baker, A., Rajic, N., Davis, C., 2009. Towards a practical structural health monitoring technology for patched cracks in aircraft structure. Composites Part A 40A (9), 1340 – 1352.

[8] Baron, C., Schulte, K., 1988. Determination of electric resistance for in – situ determination of fiber failure in carbon fiber – reinforced plastic composites. Materialpruefung 30 (11 – 12), 361 – 366.

[9] Brooks, D., Hayes, S., Khan, N., Zolfaghar, K., Fernando, G. F., 1997. Self – sensing E – glass fiber reinforced composites. Proceedings of SPIE – The International Society for Optical Engineering 3042, 111 – 119.

[10] Ceysson, O., Salvia, M., Vincent, L., 1996. Damage mechanisms characterisation of carbon fibre/epoxy composite laminates by both electrical resistance measurements and acoustic emission analysis. Scripta Materialia 34 (8), 1273 – 1280.

[11] Chu, Y. – W., Yum, Y. – J., 2001. Detection of delamination in graphite/epoxy composite by electric potential method. In: Proceedings – KORUS 2001, the 5th Korea – Russia International Symposium on Science and Technology, Section 5 – Mechanics and Automotive Engineering, pp. 240 – 242.

[12] Chung, D. D. L., 2001. Continuous carbon fiber polymer – matrix composites and their joints, studied by electrical measurements. Polymer Composites 22 (2), 250 – 270.

[13] Chung, D. D. L., 2002. Piezoresistive cement – based materials for strain sensing. Journal of Intelligent Material Systems and Structures 13 (9), 599 – 609.

[14] Chung, D. D. L., 2007. Damage detection using self – sensing concepts. Journal of Aerospace

Engineering（Proceedings of the Institution of Mechanical Engineers，Part G）221（G4），509 – 520.

[15]　Chung，D. D. L.，2010a. Functional Materials. World Scientific Pub.，Singapore.

[16]　Chung，D. D. L.，2010b. Composite Materials，second ed. Springer，London.

[17]　Chung，D. D. L.，Wang，S.，2003. Self – sensing of damage and strain in carbon fiber polymer – matrix structural composites by electrical resistance measurement. Polymers & Polymer Composites 11（7），515 – 525.

[18]　Ciselli，P.，Lu，L.，Busfield，J. J. C.，Peijs，T.，2010. Piezoresistive polymer composites based on EPDM and MWNTs for strain sensing applications. e – Polymers 10（1），125 – 137.

[19]　Dai，K.，Li，Z.，Xu，X.，2008. Electrically conductive in situ microfibrillar composite with a selective carbon black distribution：an unusual resistivity – temperature behavior upon cooling. Polymer 49（4），1037 – 1048.

[20]　Gao，L.，Chou，T.，Thostenson，E. T.，Zhang，Z.，2010. A comparative study of damage sensing in fiber composites using uniformly and non – uniformly dispersed carbon nanotubes. Carbon 48，3788 – 3794.

[21]　Guerrero，V. H.，Wang，S.，Wen，S.，Chung，D. D. L.，2002. Thermoelectric property tailoring by composite engineering. Journal of Materials Science 37（19），4127 – 4136.

[22]　Han，B.，Han，B.，Ou，J.，2010b. Novel piezoresistive composite with high sensitivity to stress/strain. Materials Science and Technology 26（7），865 – 870.

[23]　Han，B.，Yu，X.，Kwon，E.，2009. A self – sensing carbon nanotube/cement composite for traffic monitoring. Nanotechnology 20，445501.

[24]　Han，B.，Zhang，L.，Ou，J.，2010a. Influence of water content on conductivity and piezoresistivity of cement – based material with both carbon fiber and carbon black. Journal of Wuhan University of Technology – Materials Science Edition 25（1），147 – 151.

[25]　Hou，T. – C.，Lynch，J. P.，2009. Electrical impedance tomographic methods for sensing strain fields and crack damage in cementitious structures. Journal of Intelligent Material Systems and Structures 20，1363 – 1379.

[26]　Hirano，Y.，Todoroki，A.，2007. Damage identification of woven graphite/epoxy composite beams using the electrical resistance change method. Journal of Intelligent Material Systems and Structures 18，253 – 263.

[27]　Irving，P. E.，Thiagarajan，C.，1998. Fatigue damage characterization in carbon fibre composite materials using an electrical potential technique. Smart Materials and Structures 7，456 – 466.

[28]　Kaddour，A. S.，Al – Salehi，A. R.，Al – Hassani，S. T. S.，Hinton，M. J.，1994. Electrical resistance measurement technique for detecting failure in CFRP materials at high strain rates. Composites Science and Technology 51（3），377 – 385.

[29]　Kemp，M.，1994. Self – sensing composites for smart damage detection using electrical properties. Proceedings of SPIE – The International Society for Optical Engineering 2361，136 – 139.

[30]　Kupke，M.，Schulte，K.，Schüler，R.，2001. Non – destructive testing of FRP by D. C. and A. C. electrical methods. Composites Science and Technology 61，837 – 847.

[31]　Leong，C. – K.，Chung，D. D. L.，2004. Pressure electrical contact improved by carbon black

paste. Journal of Electronic Materials 33 (3), 203 – 206.

[32] Leong, C. - K., Wang, S., Chung, D. D. L., 2006. Effect of through - thickness compression on the microstructure of carbon fiber polymer - matrix composites, as studied by electrical resistance measurement. Journal of Materials Science 41 (10), 2877 – 2884.

[33] Li, G., Wang, P., Zhao, X., 2007. Pressure - sensitive properties and microstructure of carbon nanotube reinforced cement composites. Cement and Concrete Composites 29 (5), 377 – 382.

[34] Luo, X., Chung, D. D. L., 2000. Material contacts under cyclic compression, studied in real time by electrical resistance measurement. Journal of Materials Science 35 (19), 4795 – 4802.

[35] Loyola, B. R., La Saponara, V., Loh, K. J., Briggs, T. M., O'Bryan, G., Skinner, J. L., 2013. Spatial sensing using electrical impedance tomography. IEEE Sensors Journal 13 (6), 2357 – 2367.

[36] Masson, L. C., Irving, P. E., 2000. Comparison of experimental and simulation studies of location of impact damage in polymer composites using electrical potential techniques. In: François Gobin, P., Clifford, M. F. (Eds.), Proceedings of SPIE, Fifth European Conference on Smart Structures and Materials, vol. 4073, pp. 182 – 193.

[37] Matsuzaki, R., Melnykowycz, M., Todoroki, A., 2009. Antenna/sensor multifunctional composites for the wireless detection of damage. Composites Science and Technology 69, 2507 – 2513.

[38] Matsuzaki, R., Todoroki, A., 2006. Wireless detection of internal delamination cracks in CFRP laminates using oscillating frequency changes. Composites Science and Technology 66, 407 – 416.

[39] Mei, Z., Guerrero, V. H., Kowalik, D. P., Chung, D. D. L., 2002. Mechanical damage and strain in carbon fiber thermoplastic - matrix composite, sensed by electrical resistivity measurement. Polymer Composites 23 (3), 425 – 432.

[40] Muto, N., Arai, Y., Shin, S. G., Matsubara, H., Yanagida, H., Sugita, M., Nakatsuji, T., 2001. Hybrid composites with self - diagnosing function for preventing fatal fracture. Composites Science and Technology 61, 875 – 883.

[41] Nanni, F., Auricchio, F., Sarchi, F., Forte, G., Gusmano, G., 2006. Self - sensing CF - GFRP rods as mechanical reinforcement and sensors of concrete beams. Smart Materials and Structures 15, 182 – 186.

[42] Olsen, K. W., Rimnac, C. M., 2007. Fatigue crack growth analyses of aerospace threaded fasteners - part Ⅲ: experimental crack growth behavior. ASTM Special Technical Publication, STP 1487 (Structural Integrity of Fasteners) 17 – 28.

[43] Park, H., Kong, C., Lee, K., 2012. Investigation on damage tolerance of carbon/epoxy laminate for aircraft structural design. Key Engineering Materials 488 – 489, 460 – 463 (Advances in Fracture and Damage Mechanics X).

[44] Park, J. - M., Kwon, D. - J., Wang, Z. - J., DeVries, K. L., 2014. Review of self - sensing of damage and interfacial evaluation using electrical resistance measurements in nano/micro carbon materials - reinforced composites. Advanced Composite Materials. Pages Ahead of Print.

[45] Park, J. - M., Hwang, T. K., Kim, H. G., Doh, Y. D., 2007. Experimental and numerical study of the electrical anisotropy in unidirectional carbon - fiber - reinforced polymer composites. Smart Materials and Structures 16 (1), 57 – 66.

[46] Prabhakaran, R., 1990. Damage assessment through electrical resistance measurement in graphite fiber - reinforced composites. Experimental Techniques 14 (1), 16 - 20.

[47] Prasse, T., Michel, F., Mook, G., Schulte, K., Bauhofer, W., 2001. A comparative investigation of electrical resistance and acoustic emission during cyclic loading of CFRP laminates. Composites Science and Technology 61, 831 - 835.

[48] Schueler, R., Joshi, S. P., Schulte, K., 2001. Damage detection in CFRP by electrical conductivity mapping. Composites Science and Technology 61, 921 - 930.

[49] Schulte, Z., Baron, C., 1989. Load and failure analyses of CFRP laminates by means of electrical resistivity measurements. Composites Science and Technology 36 (1), 63 - 76.

[50] Semperlotti, F., Conlon, S. C., Barnard, A. R., 2011. Airframe structural damage detection: a non - linear structural surface intensity based technique. Journal of the Acoustical Society of America 129 (4), EL121 - EL127.

[51] Shui, X., Chung, D. D. L., 1997. A new electromechanical effect in discontinuous - filament elastomer - matrix composites. Smart Materials and Structures 6, 102 - 105.

[52] Singh, Y., 2013. Electrical resistivity measurements: a review. International Journal of Modern Physics: Conference Series 22, 745 - 756.

[53] Sugita, M., Yanagida, H., Muto, N., 1995. Materials design for self - diagnosis of fracture in CFGFRP composite reinforcement. Smart Materials and Structures 4 (1A), A52 - A57.

[54] Todoroki, A., Omagari, K., Shimamura, Y., Kobayashi, H., 2006. Matrix crack detection of CFRP using electrical resistance change with integrated surface probes. Composites Science and Technology 66, 1539 - 1545.

[55] Todoroki, A., Tanaka, Y., Shimamura, Y., 2004. Multi - prove electric potential change method for delamination monitoring of graphite/epoxy composite plates using normalized response surfaces. Composites Science and Technology 64 (5), 749 - 758.

[56] Todoroki, A., Tanaka, M., Shimamura, Y., 2005. Electrical resistance change method for monitoring delaminations of CFRP laminates: effect of spacing between electrodes. Composites Science and Technology 65, 37 - 46.

[57] Todoroki, A., Ueda, M., 2006. Low - cost delamination monitoring of CFRP beams using electrical resistance changes with neural networks. Smart Materials and Structures 15, N75 - N84.

[58] Wang, D., Chung, D. D. L., 2006a. Comparative evaluation of the electrical configurations for the two - dimensional electric potential method of damage monitoring in carbon fiber polymer - matrix composite. Smart Materials and Structures 15, 1332 - 1344.

[59] Wang, S., Chung, D. D. L., 2006b. Self - sensing of flexural strain and damage in carbon fiber polymer - matrix composite by electrical resistance measurement. Carbon 44 (13), 2739 - 2751.

[60] Wang, D., Chung, D. D. L., 2007a. Through - thickness stress sensing of carbon fiber polymer - matrix composite by electrical resistance measurement. Smart Materials and Structures 16, 1320 - 1330.

[61] Wang, S., Chung, D. D. L., 2007b. Negative piezoresistivity in continuous carbon fiber epoxy - matrix composite. Journal of Materials Science 42 (13), 4987 - 4995.

[62] Wang, D., Chung, D. D. L., 2013. Through - thickness piezoresistivity in a carbon fiber polymer -

matrix structural composite for electrical - resistance - based through - thickness strain sensing. Carbon 60 (1), 129 - 138.

[63] Wang, D., Wang, S., Chung, D. D. L., Chung, J. H., 2006c. Comparison of the electrical resistance and potential techniques for the self - sensing of damage in carbon fiber polymer - matrix composites. Journal of Intelligent Material Systems and Structures 17 (10), 853 - 861.

[64] Wang, D., Wang, S., Chung, D. D. L., Chung, J. H., 2006d. Sensitivity of the two - dimensional electric potential/resistance method for damage monitoring in carbon fiber polymer - matrix composite. Journal of Materials Science 41 (15), 4839 - 4846.

[65] Wang, P., Ding, T., 2010. Conductivity and piezoresistivity of conductive carbon black filled polymer composite. Journal of Applied Polymer Science 116 (4), 2035 - 2039.

[66] Wang, S., 2002. Self - sensing Structural Composite Materials (dissertation). State University of New York, Buffalo, NY, USA.

[67] Wang, S., Chung, D. D. L., 2000. Piezoresistivity in continuous carbon fiber polymer - matrix composite. Polymer Composites 21 (1), 13 - 19.

[68] Wang, S., Chung, D. D. L., 2002. Mechanical damage in carbon fiber polymer - matrix composite, studied by electrical resistance measurement. Composite Interfaces 9 (1), 51 - 60.

[69] Wang, S., Chung, D. D. L., 2005. The interlaminar interface of a carbon fiber epoxy - matrix composite as an impact sensor. Journal of Materials Science 40, 1863 - 1867.

[70] Wang, S., Shui, X., Fu, X., Chung, D. D. L., 1998. Early fatigue damage in carbon fiber composites, observed by electrical resistance measurement. Journal of Materials Science 33 (15), 3875 - 3884.

[71] Wang, X., Fu, X., Chung, D. D. L., 1999. Strain sensing using carbon fiber. Journal of Materials Research 14 (3), 790 - 802.

[72] Wang, S., Mei, Z., Chung, D. D. L., 2001. Interlaminar damage in carbon fiber polymer - matrix composites, studied by electrical resistance measurement. International Journal of Adhesion and Adhesives 21 (ER6), 465 - 471.

[73] Wang, S., Chung, D. D. L., Chung, J. H., 2005a. Self - sensing of damage in carbon fiber polymer - matrix composite by measurement of the electrical resistance or potential away from the damaged region. Journal of Materials Science 40, 6463 - 6472.

[74] Wang, S., Chung, D. D. L., Chung, J. H., 2005b. Impact damage of carbon fiber polymer - matrix composites, monitored by electrical resistance measurement. Composites Part A 36, 1707 - 1715.

[75] Wang, S., Chung, D. D. L., Chung, J. H., 2005c. Effects of composite lay - up configuration and thickness on the damage self - sensing behavior of carbon fiber polymer - matrix composite. Journal of Materials Science 40 (2), 561 - 568.

[76] Wang, S., Kowalik, D. P., Chung, D. D. L., 2004. Self - sensing attained in carbon fiber polymer - matrix structural composites by using the interlaminar interface as a sensor. Smart Materials and Structures 13 (3), 570 - 592.

[77] Wang, S., Wang, D., Chung, D. D. L., Chung, J. H., 2006a. Method of sensing impact damage in carbon fiber polymer - matrix composite by electrical resistance measurement. Journal of

Materials Science 41，2281 - 2289.

[78] Wang，S.，Chung，D. D. L.，Chung，J. H.，2006b. Self - sensing of damage in carbon fiber polymer - matrix composite cylinder by electrical resistance measurement. Journal of Intelligent Material Systems and Structures 17 (1)，57 - 62.

[79] Wang，S.，Pang，D. S.，Chung，D. D. L.，2007. Hygrothermal stability of electrical contacts made from silver and graphite electrically conductive pastes. Journal of Electronic Materials 36 (1)，65 - 74.

[80] Wang，X.，Chung，D. D. L.，1998. Self - monitoring of fatigue damage and dynamic strain in carbon fiber polymer - matrix composite. Composites Part B 29B (1)，63 - 73.

[81] Wang，X.，Chung，D. D. L.，1999. Fiber breakage in polymer - matrix composite during static and dynamic loading，studied by electrical resistance measurement. Journal of Materials Research 14 (11)，4224 - 4229.

[82] Wen，S.，Chung，D. D. L.，2000. Uniaxial tension in carbon fiber reinforced cement，sensed by electrical resistivity measurement in longitudinal and transverse directions. Cement and Concrete Research 30 (8)，1289 - 1294.

[83] Wen，S.，Chung，D. D. L.，2001a. Uniaxial compression in carbon fiber reinforced cement，sensed by electrical resistivity measurement in longitudinal and transverse directions. Cement and Concrete Research 31 (2)，297 - 301.

[84] Wen，S.，Chung，D. D. L.，2001b. Carbon fiber - reinforced cement as a strain - sensing coating. Cement and Concrete Research 31 (4)，665 - 667.

[85] Wen，S.，Chung，D. D. L.，2003. A comparative study of steel - and carbon - fibre cement as piezoresistive strain sensors. Advances in Cement Research 15 (3)，119 - 128.

[86] Wen，S.，Chung，D. D. L.，2005. Strain sensing characteristics of carbon fiber reinforced cement. ACI Materials Journal 102 (4)，244 - 248.

[87] Wen，S.，Chung，D. D. L.，2006a. Spatially resolved self - sensing of strain and damage in carbon fiber cement. Journal of Materials Science 41 (15)，4823 - 4831.

[88] Wen，S.，Chung，D. D. L.，2006b. Model of piezoresistivity in carbon fiber cement. Cement and Concrete Research 36 (10)，1879 - 1885.

[89] Wen，S.，Chung，D. D. L.，2006c. Self - sensing of flexural damage and strain in carbon fiber reinforced cement and effect of embedded steel reinforcing bars. Carbon 44 (8)，1496 - 1502.

[90] Wen，S.，Chung，D. D. L.，2007a. Piezoresistivity - based strain sensing in carbon fiber reinforced cement. ACI Materials Journal 104 (2)，171 - 179.

[91] Wen，S.，Chung，D. D. L.，2007b. Partial replacement of carbon fiber by carbon black in multifunctional cement - matrix composites. Carbon 45 (3)，505 - 513.

[92] Wen，S.，Wang，S.，Chung，D. D. L.，1999. Carbon fiber structural composites as thermistors. Sensors and Actuators A 78，180 - 188.

[93] Xia，Z.，Okabe，T.，Park，J. B.，Curtin，W. A.，Takeda，N.，2003. Quantitative damage detection in CFRP composites：coupled mechanical and electrical models. Composites Science and Technology 63，1411 - 1422.

[94] Xiao，H.，Li，H.，Ou，J.，2010. Modeling of piezoresistivity of carbon black filled cement -

based composites under multi – axial strain. Sensors and Actuators A 160，87 – 93.

[95]　Xu，X. ，Li，Z. ，Dai，K. ，Yang，M. ，2006. Anomalous attenuation of the positive temperature coefficient of resistivity in a carbon – black – filled polymer composite with electrically conductive in situ microfibrils. Applied Physics Letters 89，032105.

[96]　Yoshitake，K. ，Shiba，K. ，Suzuki，M. ，Sugita，M. ，Okuhara，Y. ，2004. Damage evaluation for concrete structures using fiber reinforced composites as self – diagnosis materials. In：Udd，E. ，Inaudi，D. （Eds. ），Smart Structures and Materials 2004：Smart Sensor Technology and Measurement Systems，Proceedings of SPIE （SPIE，Bellingham，WA），vol. 5384，pp. 89 – 97.

[97]　Yu，X. ，Kwon，E. ，2009. A carbon nanotube/cement composite with piezoresistive properties. Smart Materials and Structures 18，055010.

[98]　Zhang，W. ，Suhr，J. ，Koratkar，N. ，2006. Carbon nanotube/polycarbonate composites as multifunctional strain sensors. Journal for Nanoscience and Nanotechnology 6 （4），960 – 964.

[99]　Zhu，S. ，Chung，D. D. L. ，2007a. Theory of piezoresistivity for strain sensing in carbon fiber reinforced cement under flexure. Journal of Materials Science 42 （15），6222 – 6233.

[100]　Zhu，S. ，Chung，D. D. L. ，2007b. Analytical model of piezoresistivity for strain sensing in carbon fiber polymer – matrix structural composite under flexure. Carbon 45 （8），1606 – 1613.

[101]　Zhu，S. ，Chung，D. D. L. ，2007c. Numerical assessment of the methods of measurement of the electrical resistance in carbon fiber reinforced cement. Smart Materials and Structures 16，1164 – 1170.

第 11 章　航空航天应用自愈合复合材料

R. Das[1], C. Melchior[2], K. M. Karumbaiah[1]

([1]奥克兰大学，新西兰奥克兰；[2]国立化学工程技术学院（INP - ENSIACET），法国图卢兹)

11.1　绪论

由于复合材料轻质和高机械性能的原因，在航空航天、汽车、船舶和建筑部件等多种先进应用中，金属合金正在被复合材料替代，因此，有必要开发耐损伤和耐久性好的复合材料。的确，在复合材料应用中也不可避免地会遇到纤维-基体脱粘、基体微裂纹和冲击损伤等主要失效模式，而且，复合材料的使用和维护对关键结构部件（例如机翼和鳍片）提出了挑战，因此，先进材料和方法学对于解决这些问题至关重要。对于这些挑战，使用复合材料自愈合技术似乎是有希望的，因为这些复合材料被设计成可以愈合或者修补结构中裂纹和损伤的开始和/或扩展。自愈合复合材料可防止临界结构的失效并且延长寿命。由于这些自愈合复合材料的使用，结构的维护可以大大简化，其中一些几乎不需要任何外部干涉就可引发自修补开始愈合过程。

损伤引发自愈合复合材料的自修复能力。愈合能力早期发展概念依赖于模仿现存的生物体，例如树和动物，这激发了开发自愈材料的研究。在过去的几十年里，自愈合材料和复合材料已经得到了研究，特别是自愈合环氧树脂的发展推动了这一点（White 等，2002）。

自愈合机制可分为外在的和内在的愈合两类，外在愈合基于使用愈合剂作为添加剂，而内在愈合涉及材料结构中的可逆分子键合（超分子化学）。另外，基于愈合方法可以分为自主愈合和非自主愈合（即，有或没有外部激励）。一些开发自愈合复合材料的好的方法是含有愈合剂的微胶囊、中空纤维、毛细血管网络（Blaiszik 等，2008），自愈合也可以采用可逆相互作用或溶解的热塑性树脂进行热激活，形状记忆效应也已被用来证明具有自愈合特性。

自愈合复合材料包括树脂基复合材料、陶瓷基复合材料（CMCs）、金属基复合材料（MMCs）和水泥基复合材料。虽然对自愈合材料的研究相对较新，但一些商业自愈合材料，如 Reverlink™弹性体，已由 Arkem 制造（Cordier 等，2008），并且自愈合复合材料有很多潜在的应用，例如，耐磨织物、轮胎翻新和长寿命电池，腐蚀防护的自愈合涂料已经被发现初期的商业应用。

自愈合复合材料可能具有巨大的潜力，并且已经找到关键作用的一个主要领域是航空航天领域。在航空工业中，自愈合材料能够修复飞行期间产生的损伤，并且提高构件的寿命。自愈合复合材料的一个关键优势是修复动态损伤且保持耐冲击性，自愈合复合材料可以被应用于各种用途（例如，用于航空航天结构零部件防止损伤和延长使用寿命，也可用于防腐蚀和屏蔽涂层）。

在本章中，主要关注在航空航天中应用的自愈合复合材料。通常，不同的复合材料，它们的制造技术、自愈合概念类型、应用都有所不同，特别是在航空航天领域。自愈合复合材料可以是树脂、陶瓷或金属基复合材料，最初，解释了不同的自愈合概念，然后是自愈合复合材料的分类。描述了自愈合方法，例如微胶囊、中空纤维、毛细血管网络和内愈合；探讨了树脂基复合材料（E-玻璃纤维-环氧和碳纤维-环氧）、CMCs 和 MMCs 等不同类型的自愈合复合材料；简要介绍了受复合材料自愈合能力影响的各种性能，如机械性能、腐蚀性能和屏蔽防护性能；最后，探讨了自愈合复合材料的应用，特别是在航空航天工业中的应用。

11.2　自愈合概念

自愈合材料在使用中意外或老化期间发生破坏或损伤时，在这种"激励"下具有自修复的能力。自修复概念由生物系统或活的生命体受到启发，并且在过去十年间已经有了广泛的发展（White 等，2002），同时，少数的商业应用已经有一些时间了，如 Reverlink™ 自愈合弹性体（Cordier 等，2008）。

自愈合材料最常规的分类是基于外在或内在的愈合（Garcia 和 Fischer，2014），另一种是基于自主愈合和非自主愈合的分类（Blaiszik 等，2010）。自主自愈合材料不需要任何外触发去引发自愈合过程，然而非自主自愈合材料需要诸如热或压力的外触发来引发自愈合过程。通常，自愈合方法包括含有愈合剂的微胶囊（White 等，2002）、中空纤维（Pang 和 Bond，2005）、毛细血管网络（Hamilton 等，2010）或溶解的热塑性塑料，在下文中讨论内在自愈合和外在自愈合方法之间的不同。

11.2.1　外在愈合

外在愈合过程基于包含在基体中的愈合剂作为独立相（White 等，2002），愈合剂通常是液态的，以微胶囊或中空纤维的形式被置入基体中。最常用的方法是愈合剂和催化剂一起使用，也可以将催化剂置入胶囊或溶解在基体中。当损伤发生时，该位置的胶囊被破坏后，释放出愈合剂和催化剂，从而使裂纹愈合，防止裂纹的增长和结构的破坏失效。

主要的外在愈合方法有：

1）愈合剂被包在微胶囊中，催化剂被分散在基体中，愈合剂也能自身引起反应的情况下，不需要催化剂来引发愈合过程（White 等，2002）；

2）愈合剂被包在管中，这种方法本质上也是微胶囊方法，仅仅只是容器的形状不同而已（Pang 和 Bond，2005）；

3）毛细血管网络含有愈合剂或从外部储库输送愈合剂（Hamilton 等，2010），以防止损伤。

图 11-1 显示了带有微胶囊愈合剂和分散有催化剂的聚合物复合材料，当材料受到损伤时，愈合剂流入裂纹并且在催化剂的协助下修补裂纹。在中空纤维的情况下，当损伤发生时愈合剂被传递或释放进裂纹中。此外，材料若使用外在愈合剂的方法，则在原位容易受到重复损伤，同样，一旦愈合剂被用完或容器空了，结构也不可能再愈合。最新的研究焦点在于愈合剂和催化剂的改进上，以及当愈合剂释放时没有催化剂也能反应的新的封装技术。

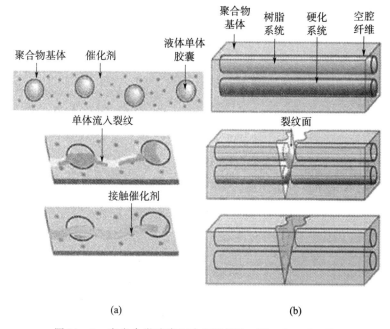

图 11-1　自愈合微胶囊和中空纤维法（Kessler，2008）

11.2.2　内在愈合

内在愈合基于某一种材料的特殊性能，例如分子结构、化学或物理键合，在很多情况下，内在自愈合要求有外部激励（例如，高温），几乎没有内在自愈合材料不需要任何外部激励就能引发愈合过程的。已经提出了三种不同的内在自愈合模型（Zhang 和 Rong，2012），内在自愈合可以通过可逆共价键、热可逆物理相互作用或超分子化学来实现：

1）可逆共价化学意味着可解离的共价键能在损伤下重新结合，这样的反应大部分涉及环链的平衡，一个被广泛研究的例子是可控的 Diels-Alder（rDA）反应（见图 11-2）（Park 等，2009）；

2）关于热可逆物理相互作用的研究很广泛，且主要集中在离子交联聚合物上（Varley 和 Van der Zwaag，2008；García 等，2011）；

3）超分子化学被认为是最有前途的，同时也是自愈合聚合物第一种商业化应用
（Cordier 等，2008）。如果设计合理的话，可逆的超分子相互作用是一种对材料整体性能
有影响的低能量相互作用，获得这些相互作用的可能方法是基于氢键或金属配位（Garcia
和 Fischer，2014）。

图 11 - 2　rDA 反应的化学反应（Wikipedia，2014）

（摘自：Kessler，M. R.，2008. 22 - Self - healing composites. In：Sridharan，S. （Ed.），Delamination Behaviour of
Composites. Woodhead Publishing，pp. 650 - 673；Blaiszik，B. J.，et al.，2010. Self - Healing Polymers and
Composites. Annual Review of Materials Research 40（1），179 - 211.）

图 11 - 3 显示了内在自愈合的常规机理，可逆的相互作用用红色（深色）和蓝色（浅
色）代表，当发生损伤时，裂纹形成，通过带或不带外触发的前驱体相互作用恢复而实现
内在自愈合。

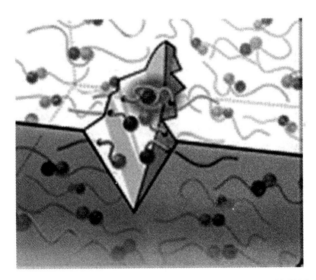

图 11 - 3　内在自愈合方法（Blaiszik et al.，2010）（见彩插）

11.3　自愈合方法

本节介绍常用的各种外在和内在自愈合技术。

11.3.1　微胶囊

基于微胶囊的自愈合是一种外在自愈合方法，因为愈合剂被置入微胶囊中，这个方法
已经被广泛地进行了研究（White 等，2002；Keller，2013；Yin 等，2007）。

基于微胶囊的愈合由置入微胶囊中的愈合剂组成，当裂纹产生时微胶囊破裂，然后愈合剂被释放出来，从而实现裂纹的修补。通常，催化剂与愈合剂一起使用，催化剂在聚合物复合材料中充当聚合剂，愈合剂和催化剂有以下四种不同的使用方法：1）液体试剂可以与分散的催化剂组合制成胶囊（White 等，2002）；2）愈合剂和催化剂分别制成不同的胶囊（Keller，2013）；3）愈合剂也可以直接在外在激励下与树脂基体的官能团反应（Yin 等，2007）；4）愈合剂或催化剂可作为独立相置入基体中。

已经制造和使用了不同类型的微胶囊，通常用于环氧树脂基复合材料中。常用的微胶囊由脲醛树脂制成（Blaiszik 等，2008；Brown 等，2003；Brown 等，2004；Guadagno 等，2010；Yang 等，2011；Coope 等，2011），其他类型的微胶囊，例如用于耐磨聚合物复合材料的三乙胺（TETA）微胶囊（Khun 等，2014）和具有高储存和热稳定性的聚甲基丙烯酸酯甲酯（PMMA）微胶囊（Li 等，2013），也已经被制造和使用。微胶囊的尺寸范围从 $25\mu m$ 到 $250\mu m$，然而，一些研究也已经制得了纳米（220nm）微胶囊（Blaiszik 等，2008），与大的微胶囊相比表明，其单位体积分数的断裂韧性有所增加。

已经用于制备自愈合材料的几种封装技术，其研究主要集中在可熔分散、原位封装和界面封装。可熔分散是先在熔融聚合物中分散愈合剂，在冷却凝固后形成胶囊的分散方法（Rule 等，2005）。

原位封装和界面封装技术已经被用于脲醛树脂（Blaiszik 等，2008；Brown 等，2004；Yang 等，2011）或 TETA（Khun 等，2014）微胶囊的制备中。在这项技术中，外壳是通过在愈合剂液滴和水包油乳液的界面处聚合反应而形成的，采用超声波技术也能合成纳米胶囊（Blaiszik 等，2008），常规的愈合方法如图 11 - 4 所示。

11.3.2　管状材料

用中空纤维或毛细血管网络的自愈合材料被称作管状材料（Dry 和 Sottos，1993；Williams 等，2007a，b；Toohey 等，2009）。这个方法是一种外在方法，且类似于微胶囊方法，由于愈合剂被置入中空纤维或毛细血管网络中，当损伤产生时释放出愈合剂。愈合纤维（即，带有愈合剂的中空纤维）已经代替一些复合材料中的纤维与纤维增强树脂基（FRP）复合材料实现了一体化制造。纤维与微胶囊相比的一个主要优点是纤维可以相互连接形成网络，这实现了愈合剂的有效传递。另外，这些纤维也可以在一定程度上网络化，从而可以实现大面积的愈合。但是，在复合材料机械性能方面中空纤维比微胶囊的影响要大（见图 11 - 5）。

毛细血管网络可以是一维（1D）、二维（2D）或者三维（3D）系统，1D 系统由 Dry 和 Scottos（1993）在置入环氧树脂的玻璃移液管上开发而来；2D 网络系统由 1D 系统演变而来，适合于层压复合材料层之间的界面（Williams 等，2007b）；3D 系统模拟生物的血管系统，并且正在开发以延长血管自愈合复合材料的寿命（Toohey 等，2009）。

有几种方法可以构建管状复合材料（Garcia 和 Fischer，2014），大多数常规方法是使用独立的中空纤维，它可以替代 FRP 复合材料中的一些增强纤维（Pang 和 Bond，2005），

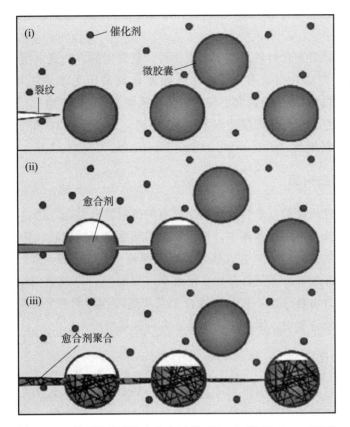

图 11-4　基于微胶囊的自愈合过程（Garcia 和 Fischer，2014）

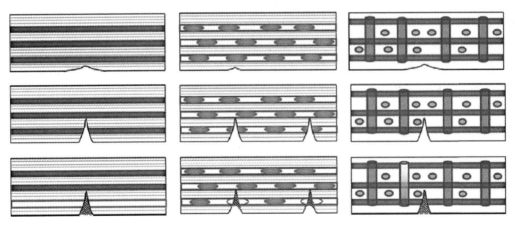

图 11-5　采用中空纤维的自愈合方法（Garcia 和 Fischer，2014）

且可以被相互连接，因而形成管状网络（Toohey 等，2009）。由 Mookhoek 等人（2012）开发的一种叫作“套装式纤维”的新型中空纤维，具有基于微胶囊和中空纤维自愈合方法的优点，事实上，使用这种类型的纤维，可以激活局部愈合反应。另一种类似于中空纤维及血管状网络的方法是实施中孔网络（Coope 等，2014）。图 11-5 显示了中空纤维基自愈合材料三种不同的可能方法（从左到右）：独立中空纤维、套装式纤维、相互连接纤维形成血管状网络。

用于制造血管状自愈合材料的技术有很多种，最常用的方法是采用适当的愈合剂填充的中空玻璃纤维。例如，用含有 5％钴化合物愈合剂采用毛细作用填充中空玻璃纤维（Zainuddin 等，2014），然后通过真空辅助树脂传递模塑（VARTM）工艺将这些纤维嵌入基体中。然而，中空玻璃纤维的使用仅限于 1D 网络，为了获得 2D 和 3D 互连网络，可以使用细至 0.5 mm 的钢丝（Coope 等，2014；Norris 等，2011a，b）。

11.3.3　可溶热塑性树脂

基于分散热塑性树脂的自愈合材料使用固有的热激活自愈合方法，热塑性树脂因其良好的相容性而被选择并溶解在基体中，从而形成均质系统。损伤后，升高的温度和压力引发愈合，因此热塑性树脂愈合剂可以移动并填充裂纹（Hayes 等，2007）。研究人员测试了一种含有从 5％到 20％（重量百分比）溶解聚（双酚－A－环氧氯丙烷）的自愈合 E－玻璃纤维环氧树脂复合材料性能，它具有适合于常规热固性树脂基复合材料的优点，然而，这需要外加压力来愈合裂纹，因此限制了其在各种领域的应用。

11.3.4　可逆化学反应

自愈合概念可以通过外部引发的可逆化学反应来实现，上述类型的自愈合概念称作外在自愈合技术，这是因为需要诸如热或辐射等外在激励来引发愈合。

已经报道了几种可逆化学反应在自愈合中的应用，被研究的最广泛的反应是 rDA 反应，图 11-6 显示了 DA 交联聚合物的聚合和修补机理。Chen 等人（2003）证明了呋喃-马来酰亚胺聚合物的自愈合性能，采用 DA 反应和碳纤维电阻来加热（Park 等，2010），双马来酰亚胺四氢呋喃可用于构建热活性自愈合碳纤维复合材料，在某种条件下这种复合材料强度的恢复接近 100％。DA 反应被用于纤维-基体界面剪切的恢复，这种方法是通过在碳纤维上接枝马来酰亚胺官能团来实现的，该官能团可以与呋喃基体中的官能团形成键合（见图 11-7），采用碳纤维电阻实现加热（Zhang 等，2014）。其他可逆反应包括腙键（Deng 等，2010）和二硫化物交换反应（Canadell 等，2011）。

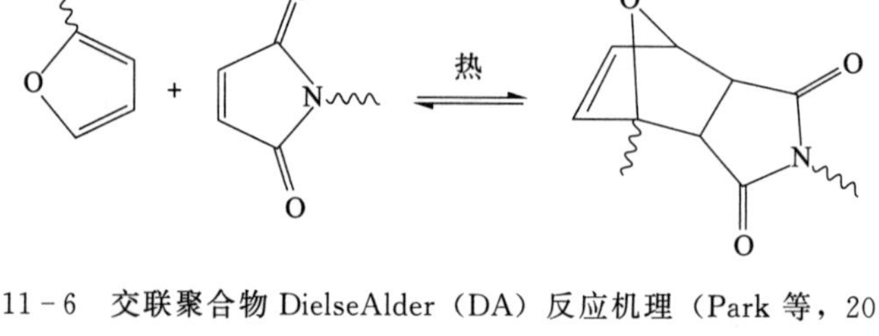

图 11-6　交联聚合物 DielseAlder（DA）反应机理（Park 等，2010）

大多数自愈合复合材料需要通过外部热源引发愈合过程的可逆化学反应，另一种引发愈合的方法是使用强光辐照（Froimowicz 等，2011）。

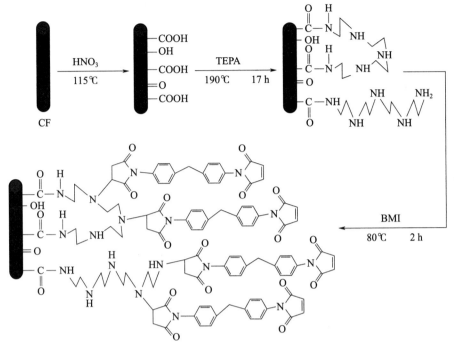

图 11-7 马来酰亚胺官能团接枝在 T700-U 碳纤维表面（Zhang 等，2014）

11.3.5 可逆物理相互作用

最近已经证实了基于可逆物理相互作用的自愈合行为，这涉及离子聚合物的使用。离子聚合物是一类包含离子的聚合物，例如金属盐，可以聚集并且形成簇，由于可逆簇的形成，导致聚合物网络流动性发生变化，这可用于自愈合。

已经研究了用于弹道应用的聚（乙烯-甲基丙烯酸酯）共聚物的自愈合响应（Kalista，2007），冲击力引发自愈合。事实上，簇弛豫是由产生的热量引起的。James 等（2014）致力于自愈合压电陶瓷-聚合物复合材料的研究，该复合材料在锌离子乙烯-甲基丙烯酸酯（EMAA）共聚物中含有钛酸锆陶瓷。研究了具有用钠离子中和羧酸官能团的 EMAA 共聚物的冲击行为，离子聚合物复合材料用在航天器中以实现碎片防护（Francesconi 等，2013）。采用离子聚合物材料开发该复合材料，已经具有良好的自愈合能力并且在高速冲击下表现比铝板好。

11.3.6 可逆超分子相互作用

可逆超分子相互作用是分子之间的相互作用，不同于共价键或物理相互作用，可逆超分子相互作用是不同共价键或物理相互作用分子之间的相互作用，例如静电相互作用，相互作用包括多重氢键、π-π 堆积和金属配位。

超分子相互作用对于开发内在自愈合复合材料是一个有希望的方法，它们具有低能量并且可逆，且它们对材料的整体机械性能有很大的影响（见图 11-8）。

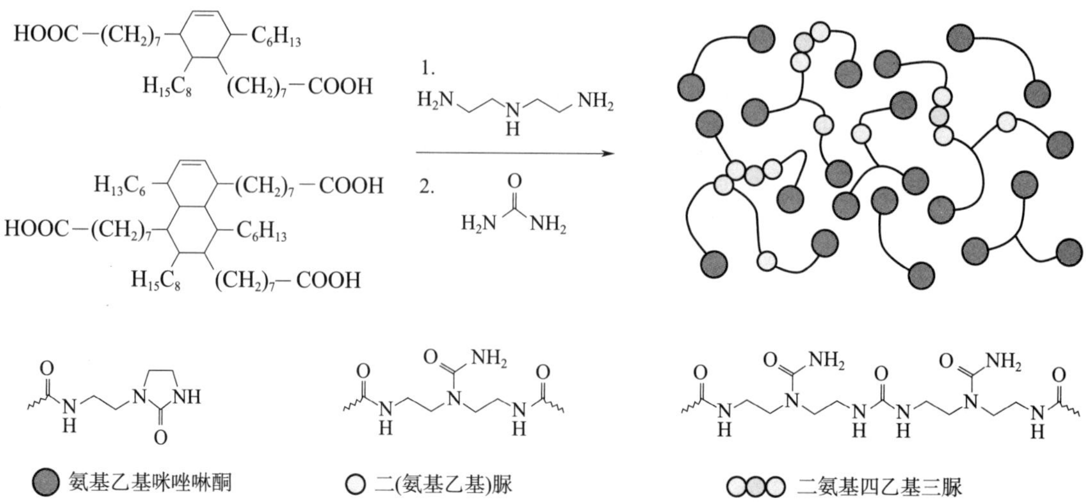

图 11-8　柔性（氢键）弹性体合成路径（自愈合）（de Espinosa 等，2015）

Cordier 等人（2008）开发了一种来自于氢键超分子组装体的自愈合和热可逆橡胶，通过氢键形成分子链，该聚合物可以在室温下修复并且恢复到其初始形态和弹性；还开发了一种基于共价键和超分子相互作用的自愈合材料（Roy 等，2014），通过氢键，氨基可逆超分子相互作用成为可能，通过硅氧烷基主链连接，亚胺键被用作可逆共价键。也研究了使用可逆配位化学的金属超分子聚合物的光引发自愈合性能，与其他内在愈合概念一样，大多数超分子系统需要外在的引发剂来愈合，如压力、光或者高温。

11.4　自愈合复合材料的组成材料

已经成功地利用材料自愈合性能来制造自愈合复合材料，关于自愈合复合材料的第一个研究是聚合物（环氧树脂）基复合材料。因为聚合物有良好的分子活性，这就解释了为什么关于自愈合材料的大多数研究仍然集中在聚合物和聚合物基复合材料上。然而，对自愈合陶瓷基复合材料的兴趣正在急速增加，少数新的自愈合概念近来已经浮现，并且自愈合 MMCs 似乎有希望用于先进航空领域。在本节中，对不同的自愈合复合材料将进行讨论。

11.4.1　聚合物基体

树脂基自愈合复合材料的研究在过去主要集中在环氧树脂基复合材料上（White 等，2002；Blaiszik 等，2010；Guadagno 等，2010；Bond 等，2008）。该领域近来的研究工作涉及环氧乙烯基酯、双马来酰亚胺四氢呋喃（2MEP4F）、硅树脂［例如，聚二甲基硅氧烷（PDMS）］、环戊二烯衍生物或氰酸酯自愈合复合材料。也研究了原材料树脂和各种复合材料，如 E-玻璃纤维增强复合材料（FRCs）和碳纤维 FRCs，植入微胶囊或中空纤维的原材料树脂也可以考虑作为复合材料。本小节将讨论由具有自愈合行为的各种材料所制成的复合材料。

11.4.1.1 玻璃纤维增强环氧树脂基复合材料

E-玻璃纤维 FRCs 似乎是第一种开发的带有愈合能力的复合材料，这是随着原材料自愈合环氧树脂一同开发的（White 等，2002；Brown 等，2003）。E-玻璃纤维环氧树脂复合材料由于轻质、低成本和良好的机械性能而被广泛应用，E-玻璃纤维环氧树脂 FRC 的应用包括船艇、运动车身和如雷达天线罩类航空部件等众多领域。

已经研究了带有可溶解的聚（双酚-A-环氧氯丙烷）热塑性树脂的 E-玻璃纤维环氧树脂 FRCs 自愈合特性（Hayes 等，2007），当热塑性树脂被有效分散在 Araldyte 环氧基体中时，愈合现象是内在愈合，恢复率可达到初始材料性能的 70%，并且可观察到分层区域缩小了。在另一项工作中，制造了自修复编织玻璃纤维增强环氧树脂复合层压板，其中包含与嵌入的 $CuBr_2$（2-MeIm）4 硬化剂相关的环氧树脂微胶囊，该复合材料显示了低速冲击后的裂纹愈合性能（Yin 等，2008），愈合需要在 140 ℃ 下来引发。Norris 等人（2011a，b）已经开发和研究了植入管状系统的玻璃纤维复合材料，这种复合材料由 28 层单向板制成，并且玻璃纤维增强的环氧树脂带有 0.5 mm 的管子，发现管子的合适构造是按照玻璃纤维的方向进行排列。通过复合材料层之间增加管状网络，模型 I 的断裂韧性无降低。Coope 等人（2014）通过结合一系列平行于纤维方向的管子制造了一体化的 28 层 E-玻璃纤维环氧树脂单向板，论证了该复合材料的自愈合。自愈合剂是路易斯酸催化的环氧树脂，这种复合材料显示了良好的愈合效率、强度和断裂韧性恢复性。已经开发了采用编织（0/90）E-玻璃纤维织物增强 SC-15 环氧树脂基体制造的植入中空玻璃纤维的复合材料（Zainuddin 等，2014），该复合材料采用 VARTM 技术制造，用不饱和聚酯树脂填充中空玻璃纤维，利用接触反应的方法愈合，作者报道该复合材料在低速冲击性能方面有明显的改进，且冲击后愈合剂填充裂纹实现损伤的愈合。

11.4.1.2 碳纤维增强环氧树脂基复合材料（CFRPs）

CFRPs 是另一种自愈合复合材料，从 2000 年以来就引起了广泛关注，尽管其价格高，但是这种复合材料广泛应用于先进航空航天领域，这是由于这类复合材料提供了高的比刚度和比强度。一些现代民航客机现在使用高于 50% 的 CFRPs 来制造（空客 A350XWB 采用 53% 的 CFRPs 制造），其他的应用领域包括汽车和高端体育用品。

通常，对碳纤维环氧树脂复合材料的研究比玻璃纤维环氧树脂复合材料的少，在 21 世纪早期就注意到了最初的自愈合碳纤维 FRPs 的开发。Kessler 等人（2003）展示了结构碳纤维增强环氧树脂基复合材料的自愈合，该复合材料采用平纹碳布和 EPON828 环氧树脂基体制造，在这项研究中，通过原位聚合在聚氨酯-甲醛微胶囊中加入双环戊二烯愈合剂，实现自主自愈合，Grubbs' 催化剂（用作石蜡交换催化剂的过渡金属元素碳烯联合体）被分散在基体中，这种复合材料在分层后可以恢复到初始层间断裂韧性的 80%。Norris 等人（2011b）研究了碳纤维 FRPs 层压板中管状系统的最佳构型，开发了航空级单向碳纤维增强环氧树脂 $[-45°/90°/45°/0°]_{2s}$ 预浸带，用焊丝预先成型毛细血管网络，并布置在层之间，当管子被固定在层之间时，发现愈合是有效的。Wang 等人研究了将聚（乙烯-共-甲基丙烯酸酯）（EMA）和聚（乙烯-共-甲基丙烯酸甲酯）（EMAA）愈合剂放置在层之间的碳纤维增强环氧树脂基复合材料（Wang 等，2012），该复合材料采用矩形预浸料预制体制造，结果显示，层间断裂韧性增加，但层间剪切强度有所降低。此外，发现 EMAA 对热塑性树脂夹层的修补是一个良好的选择。Hargou 等人（2013）报道了用一种新的超声波焊接方法来激活复合材料中的 EMAA。已经研究了碳纤维-呋喃官能化环氧树脂基体复合材料中的纤维-基体界面（Zhang 等，2014），在碳纤维上接枝了马来酰亚胺基团，基体用呋喃官能团官能化，通过马来酰亚胺和呋喃官能团之间的热活性 DA 反应实现愈合，与碳纤维-环氧树脂复合材料相比，层间剪切强度增大，该复合材料用电阻加热来活化愈合过程（Park 等，2010；Zhang 等，2014）。

11.4.1.3　其他自愈合树脂基复合材料

环氧树脂基自愈合复合材料从 2000 年以来已经被广泛研究，但其他具有不同基体和/或增强体的聚合物也已经在研究了。

Wilson 等人（2008）研究了含有外-二环戊二烯（DCPD）以及蜡保护的 Grubbs，催化剂微球的环氧乙烯基酯基体的自主自愈合。DCPD - Grubbs' 系统被证明是一种很好的愈合剂，可以填补环氧乙烯基酯基体中的裂缝，自修复被证明在 2.5 min 内迅速发生。Park 等人（2010）合成了一种基于双马来酰亚胺四氢呋喃（2MEP4F）基碳纤维增强的自愈合复合材料，采用真空辅助注射成型方法制造，复合材料铺层顺序为 [0°/90°/0°]，纤维体积分数为 0.46，在这项研究中，基于碳纤维电阻加热的激发热活性 DA 反应实现愈合，研究工作证明分层后的应变能实现良好恢复，但是强度比初始复合材料的明显要低，同时碳纤维损伤后不能实现自愈合；Keller 等人（2007）开发和研究了一种新型的聚二甲基硅烷（PDMS）自愈合弹性体，PDMS 基复合材料包含与单独的交联剂结合的 PDMS 树脂胶囊，报道了该复合材料的剪切强度可恢复到初始值的 100%，此外，微球体的加入增加了材料的剪切强度；Park 等人（2009）用碳纤维和 Mendomer - 401 制作了一个两层复合材料板，Mendomer - 401 是一种可加热修复的环戊二烯衍生物，通过碳纤维电阻加热实现自愈合，通过动态热分析仪确定了引发愈合的合适温度；Li 等人研究了一种由环氧树脂基（EPON828）制成的复合材料，该复合材料中植入应变硬化形状记忆聚氨酯（SMPU）短纤维和分散的线性聚乙烯热塑性树脂粒子，通过三点弯曲测试证明该聚合物能自愈合产生的大开口裂纹，通过热塑性树脂粒子和 SMPU 形状记忆效应的结合实现了愈合（大约在 80 ℃）。

11.4.2　陶瓷基体

陶瓷由于其高熔点、优异的稳定性和良好的耐腐蚀性被广泛应用于高端技术领域，然而，这种材料也会发生脆性破坏，因为它们对裂纹增长的抵抗力很低。此外，这些材料对热机械应力特别敏感。为了克服以上这些问题，已经开发了 CMCs，CMCs 由植入陶瓷基体中的陶瓷或金属纤维组成，这些纤维用于提高机械性能，例如断裂韧性、拉伸强度和断裂延伸率。

最常用的 CMCs 由碳、碳化硅或氧化铝基体和碳、碳化硅或铝纤维制成，不同类型的

CMCs 有 C—C、C—SiC、SiC—SiC 和 Al_2O_3—Al_2O_3。碳纤维增强碳基（CFRC）复合材料可以通过气相沉积、热解、化学反应、烧结和电解沉积法制造，CFRCs 用于制造刹车片、燃烧室构件、定子叶片、涡轮叶片和热防护板。

陶瓷基体材料主要由于氧化而性能降低，因此，提高这类材料寿命的最有效方法是通过填充或形成防护层来阻止或降低基体裂纹内部氧的扩散。在氧扩散的情况下，可以改进基体使液态氧化物能够释放并填充裂纹，这方面的一个例子是硼化物添加剂可以形成 B_2O_4 氧化物，其液化温度高于 500 ℃（Lamouroux 等，1999），可以在基体中加入硼化锆等抑制剂，来阻止或减少基材的氧化（McKee，1988）。除了这些基于基体改性的方法外，研究也已经集中在开发 CMCs 材料自愈合防护层，尤其是稀土硅酸盐已经用作 SiC—SiC 复合材料的屏蔽涂料（Lee 等，2005）。

通过化学气相渗透法制造了一种基体中含有热解碳界面涂层和无定形 B_4C 的 SiC‑SiC 纤维增强陶瓷复合材料（Quemard 等，2007），采用与拉伸强度相差较大的载荷对试样进行预损伤，也就是在基体暴露在腐蚀环境中之前制造裂纹，在该复合材料中，当氧化发生时生成的 B_2O_3 可以密封裂纹，从而防止氧更深入扩散，最终实现自愈合，发现纤维和界面涂层受到含硼基体自愈合剂的良好保护。Nualas 和 Rebillat（2013）的进一步工作侧重于 B_4C 相和整个复合材料的氧化和降解机制，他们确定了最适宜的自愈合温度为 550 ℃。在另一项研究中，Zuo 等人（2012）制造了碳纤维增强 SiC 基陶瓷复合材料（C—SiC），并使其氧化，为了实现自愈合行为的目的，在基体中施加了 Si—B—C 涂层，这种复合材料显示在 1 000 ℃ 以上具有良好的耐腐蚀性，这是由于基体的自愈合性能所致。SiC 改性基体的耐腐蚀性能是由于 B_2O_3 的形成，同时也是由于硼硅酸盐玻璃密封了基体的微裂纹。Zhang 等人（2011）继续致力于同类型多层 CMCs 的研究工作，当材料暴露在高温下时，机械性能得到改善，突出了自愈合行为。Mohanty 等人制作了含有钇氧化物（Y_2O_3）的 Al_2O_3—SiC 陶瓷复合材料，采用缺口的方法在基体中制作了微裂纹（Mohanty 等，2011），自愈合性能得到证实，据报道是氧气渗透到裂缝中时 SiC 被氧化的结果，氧化发生在高温和存在添加剂（如 Y_2O_3）的情况下。

11.4.3　金属基体

MMCs 是由不同材料增强的金属基体组成的先进复合材料，MMCs 有良好的机械性能，如强度、刚度和弹性模量，同时密度相对较低，但是这种材料通常比传统合金和树脂基复合材料贵很多。由于其地位重要，它们的使用仅限于一些高技术领域，例如飞行器结构、航天系统和高端体育器材，特别是用于盘式制动器和起落架部件。

在大多数结构应用中，基体由轻金属或合金制造，如铝、镁或钛；增强相通常为碳、硼或碳化硅纤维，也可以使用铝和碳化硅粒子来获得各向同性材料。

图 11‑9 显示了 MMCs 中获得自愈合的三种不同方法。已经研究了含有胶囊和形状记忆合金（SMA）线愈合剂的方法，另一种可能的方法是合成过饱和固溶体作为基体，当由于溶液的亚稳态平衡而发生损伤时，原子会填充裂纹。

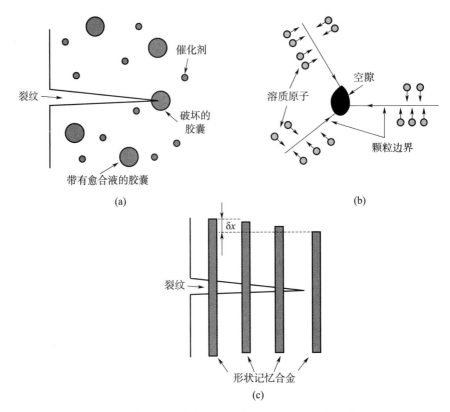

图 11-9　金属复合材料三种自愈合方法（Nosonovsky 和 Rohatgi，2012）

　　尽管研究范围比聚合物基复合材料和 CMCs 小很多，自愈合 MMCs 最近已经被开发，研究通常集中在不同方法实现自愈合性能的可行性上。最近几年已经研究了不同的概念，包含使用 SMA 纤维、含中空增强体的低熔点合金、过饱和固体溶液和植入枝状结构的共熔相。

　　植入愈合剂，包含中空增强体，可以被用于开发自愈合复合材料。特殊的还有通过焊接合金增强铝开发的合金铝微管（Lucci 等，2009），这类似于聚合物体系，当中空纤维通过裂纹扩展而被损伤时，愈合剂流动并且填充裂纹，Manuel 对在焊接基体中使用 SMA 线进行了评估（Manuel，2007），在这项研究中，为了获得高强度自愈合 MMC，TiNi SMA 线被植入含有 Mg（5.7%）和 Zn（2.7%）的 Sn 基合金基体中，研究显示损伤后复合材料的拉伸强度恢复到初始值的 94%，并且延展性增加了约 160%。为了获得更高的强度和愈合效率，研究了带有枝状结构低熔点共熔合金添加剂（Nosonovsky 和 Rohatgi，2012；Ruzek，2009），加热时共熔相可以熔化并且愈合裂纹，在愈合过程中枝状相可以保持固态，对于新型自愈合金属合金，SMA 线与金属基体的联合可能是有用的。也已经研究了偏共晶相的使用（Ruzek，2009），偏共晶体系有能力在均衡条件中同时存在于固态和液态中，自愈合方法与共熔和枝状系统相同，目标是当固相保持复合材料结构完整性的时候创建一个可以部分熔化和愈合裂纹的系统。另一种热力学溶液创建了一种自愈合金属复合材料，使用过饱和固体溶液作为基体（He 等，2010），在这个概念中，疲劳或损伤诱导微裂纹作为过饱和合金晶核生长点，当裂纹快速自然地出现时，裂纹会被填充和愈合。

　　总的来说，金属基自愈合复合材料的可能性似乎是有希望的，并且为了实现有效的自愈合，已经进行了一些概念的探索。

11.5　自愈合复合材料功能性恢复

　　延长复合材料结构件使用寿命和使其易于维修是发展自愈合技术的主要原因。事实上，这种材料能在损伤的情况下自修复，因此能明显提高它们的预期使用寿命，在自主自愈合材料的情况下，甚至不需要外部干预。但这样的自愈合不可能完美无缺，且损伤和老化总是会导致复合材料机械性能有部分损失，因此，重要的是评估每一种材料和每一种愈合概念的愈合效率。此外，自愈合材料只能处理有限数量的重复损伤修复循环，这是公认的。尽管通过自愈合材料可以恢复的性能多种多样，但愈合效率可以定义为（Blaiszik 等，2010）

$$\eta = \frac{f_{\text{healed}} - f_{\text{damaged}}}{f_{\text{virgin}} - f_{\text{damaged}}} \tag{11-1}$$

式中，f 是所关注的性能。

　　表 11-1 列出了研究人员获得的几个愈合效率数据，用于研究具有不同愈合方法的不同复合材料，所关注的性能和加载条件非常多样化。在一些情况中愈合效率可以超过 100%，是因为愈合的性能可能比初始性能更好。另外，图 11-10 显示了 Mendomer40-碳纤维复合材料中微裂纹愈合前和愈合后的比较情况（Park 等，2009）。

表 11-1　一些复合材料的自愈合效率（Blaiszik 等，2010）

材料	愈合方法	加载条件	关注的性能	愈合效率/(%)	参考文献
改进剂 401-碳纤维	可逆 DA 反应	三点弯曲	应变能	94	Park 等(2009)
2 MEP4F 聚合物	可逆 DA 反应	冲击拉伸	断裂韧性	83	Chen 等(2003)
环氧树脂-E-玻璃纤维	微胶囊	双悬臂梁	断裂韧性	60	Kessler 和 White(2001)
环氧树脂-SMA 线	微胶囊和 SMA 线	分层双悬臂梁	断裂韧性	77	Kirkby 等(2009)
环氧乙烯基酯树脂	微胶囊	分层双悬臂梁	断裂韧性	30	Wilson 等(2008)
环氧-碳纤维	微胶囊	宽度分层双悬臂梁	断裂韧性	80	Kessler 等(2003)
环氧树脂-PCL 相	熔融相	单边缺口梁	峰值断裂载荷	>100	Keller 等(2007)
PDMS	微胶囊	撕裂试验	撕裂强度	>100	Luo 等(2009)

11.5.1　结构完整性恢复

　　关于自愈合复合材料的主要研究已经瞄准恢复结构的完整性，而不是集中在机械性能上（White 等，2002）。事实上，在使用载荷下结构完整性的损失对复合材料来说是主要

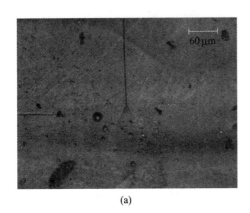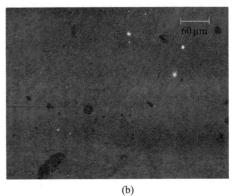

图 11 - 10　（a）愈合前和（b）愈合后裂纹构型

的威胁，因为复合材料由对热机械载荷响应不同的材料制成，特别是复合材料会遇到基体微裂纹、分层和纤维脱粘，已经进行了一些研究来评估这种结构损伤的愈合效率。

基体微裂纹可能导致产生大开口的裂纹，然后使材料失效。众多的研究已经实现了评估不同自愈合方法的裂纹愈合效率，含有微胶囊的 DCPS 对修补环氧基复合材料中的疲劳裂纹是有显著作用的（Brown 等，2005），这项研究结果显示，复合材料的疲劳寿命可以延长 118%～213%。也观察到了 C/Si—B—C CMCs 裂纹愈合的现象（Zuo 等，2012），发现通过硼硅酸盐玻璃可以有效地愈合裂纹，从而给复合材料提供了良好的抗氧化能力。在另一项研究中，分散开的热塑性树脂粒子被用于大开口裂纹的愈合（Li 和 Zhang，2013），因为大开口裂纹在愈合前通过 SMPU 纤维形状记忆效应已被闭合，然后通过SMPU 纤维的熔融裂纹变窄并有效愈合，因此该自愈合过程被称作先闭合然后愈合。经受热机械应力后分层是复合材料的另一种缺点，分层损伤后的结构完整性恢复是极其受关注的，许多调查研究已经实现了对分层损伤愈合效率的评估，这些概念包括使用溶解的EMAA 热塑性树脂（Pingkarawat 等，2012）、微毛细血管网络（Trask 等，2014）和可修补的 EMAA 细丝缝合（Yang 等，2012）。除了分层损伤外，纤维脱粘也是纤维增强复合材料结构完整性的潜在威胁，一些研究已经侧重于防护和修补这样的损伤（Blaiszik 等，2010；Zhang 等，2014；Carrere 和 Lamon，2003）。

11.5.2　机械性能恢复

对航空航天结构材料最重要的性能是机械性能，因而，就航空航天领域应用的角度来说，知道自愈合材料准确的愈合效率是至关重要的。大多数关于自愈合材料的研究都已经集中在机械性能恢复上，将此作为评估自愈合效率的一种方式，对于断裂韧性恢复尤其如此。研究人员也已经评估了冲击强度和耐疲劳性的恢复能力。

11.5.2.1　断裂性能

可以通过不同的机械测试来评价断裂韧性的恢复能力，例如三点弯曲、紧凑型拉伸、双悬臂梁、锥形双悬臂梁和宽锥形双悬臂梁测试。根据自愈合概念，断裂韧性恢复率范围为 30%～100%。

已观察到含微胶囊的环氧树脂的断裂载荷的恢复率为 75%（White 等，2002）。然而，大多数研究者更喜欢采用断裂韧性的恢复来分析愈合效率，而不是使用最大断裂载荷的恢复。从 2000 年开始，微胶囊基愈合技术已经被研究和分析（Mangun 等，2010；Yuan等，2011a，b；Jin 等，2012；Tripathi 等，2014）。已经证明断裂韧性的恢复对愈合剂数量和催化剂的使用与否依赖性非常强，在 CFRP 复合材料和 2MEP4F 树脂体系中采用可逆 DA 反应是有效的（Park 等，2009；Chen 等，2003），这些交联聚合物材料被证实可以有效地愈合，且恢复率超过 80%。

11.5.2.2　冲击性能

冲击对航空复合材料结构构成严重的危害，因为冲击载荷会损坏复合材料面板，而且这很难检测到。已经开发了大修程序和无损控制方法用于解决这些问题，但使用自愈合复合材料可能是一种简单而有效的解决方案。许多研究者已经将注意力放在冲击载荷之后的损伤恢复和冲击之后的冲击性能恢复上，并且分别研究了低速、高速以及重复冲击（Zainuddin 等，2014；Francesconi 等，2013；Yuan 等，2011b；Chunlin 等，2013；Nji和 Li，2012）。

玻璃纤维增强环氧层压板，将微胶囊植入，经受低速冲击后（Yuan 等，2011b），用扫描电镜计算损伤面积的减小程度来研究愈合效率，结果显示基体微裂纹完全地愈合了，并且结构损伤明显减小。在低速冲击下，研究了包含被植入 E-玻璃纤维环氧树脂复合材料中的中空纤维的愈合剂效率（Zainuddin 等，2014），观察到第二次冲击后最大载荷（53%）和最大载荷能量（86%）被改进了，也对高速冲击进行了研究。开展了一项研究，用以验证一种自愈合离子聚合物是否可以替代铝板进行空间碎片的防护（Francesconi 等，2013），结果发现了令人满意的损伤恢复，相反，发现铝有轻微的破碎行为。Chunlin 等人（2013）制备了植入毛细血管网络的自愈合夹层复合材料层压板，比刚度在冲击损伤后表现出良好的恢复性，但是复合材料蒙皮强度恢复仍有待提高。还检查了重复冲击后性能的恢复（Nji 和 Li，2012）。研究了含有形状记忆聚合物基体的 3D 编织玻璃纤维织物增强热塑性树脂基复合材料，已发现了其在低速冲击后在室温下的自主愈合现象（Yuan 等，2011b）。

11.5.2.3　疲劳性能

与金属材料相比，尽管聚合物并未广泛用于有疲劳载荷的领域中，但结构复合材料可能会由于循环机械载荷而出现疲劳裂纹。自愈合材料可能是解决这些情况的一个有希望的解决方案，因为这些材料可以愈合裂纹，包括疲劳裂纹，从而延长疲劳寿命。

Hamilton 等人（2012）已经研究了管状愈合剂环氧复合材料中疲劳损伤的愈合，材料经受高达 80% 的准断裂韧性的高水平应力，然而，证明愈合对于较低的载荷是最有效的，因为愈合剂可以有效地愈合疲劳裂纹，在这些条件下，裂纹扩展率降低了大约 80% 以上。Neuser 和 Michaud（2014）的研究集中在植入含 EPA 的微胶囊且通过 SMA 线增强的环氧树脂基复合材料的疲劳响应上，操作愈合机制是疲劳载荷所独有的，EPA 溶剂释放时抑制了裂纹的生长，提高了复合材料的韧性，另外，SMA 线使复合材料基体愈合且结构完整性恢复。除试验研究之外，一些研究旨在使用现象学和物理模型理解自愈合复合材料的疲劳寿命（Jones 和 Dutta，2010）。

11.5.3　屏蔽和腐蚀防护恢复

耐腐蚀性对航空部件尤其是那些暴露在外部环境中的部件是一个主要关注点，金属合金和聚合物复合材料被特定地用在机身部件中。此外，发动机叶片和燃烧室经受非常高的温度和腐蚀性空气，使问题更加复杂。大多数研究已经集中在用自愈合概念恢复涂层和块状复合材料的屏蔽以及腐蚀防护性能上。

已经研究了旨在保护航空级铝合金腐蚀的自愈合涂层（Garcia 等，2011），该涂层基于发生腐蚀损伤时会发生甲硅烷基酯的反应。可逆二硫化物链被用于恢复损伤表面的机械性能（Canadell 等，2011），显示即使数个愈合循环之后机械性能也能全部恢复，二硫化物化学可能是创建智能、自愈合树脂基涂料的优势。另一个研究实现了枝状大分子的光致愈合，并且证明所有交联键具有可逆性（Froimowicz 等，2011），这项工作作为开发自愈合航空涂料铺平了道路，这种涂料可以通过光来引发，而不需要其他外部干预。在钢基材上评估了含有微胶囊的涂层（Yang 等，2011），发现脲醛胶囊填充环氧能有效地防护下面的钢基材，因为被处理的试样无腐蚀标志，与对照试样相反；也研究了含有 TiO_2 的聚合物复合材料涂料（Yabuki 等，2011），发现这个概念可以明显提高腐蚀性能。

11.6　自愈合复合材料应用

11.6.1　航空航天应用

11.6.1.1　发动机

常规陶瓷复合材料由于其卓越的耐热性能，现在广泛应用于喷气式发动机，然而，对脆性破坏和冲击损伤的敏感性降低了陶瓷零部件的预期使用寿命和可靠性。另外，陶瓷复合材料用在那种要经受冲击的运动零部件中是几乎不可能的，例如涡轮叶片，通常采用镍基合金来制造这些零部件。但是，镍的熔点阻碍了发动机制造者提高其工作温度，这限制了发动机的效率，因此，最近已经进行大量研究来评估自愈合 CMCs 作为喷气式发动机的固定或运动的零部件的解决方案。

已经尝试了在发动机燃烧室中采用自愈合复合材料替代现有的陶瓷复合材料，作为可选择的方案，已研究了多层含硼基复合材料。描述了 SiC（f）/PyC（i）/Si—B—C（m）复合材料中纤维和基体在相对较低的温度下的氧化行为（Nualas 和 Rebillat，2013），在自愈合陶瓷复合材料中，1 000 ℃、1 200 ℃、1 350 ℃高温（这个温度是航空发动机燃烧室的典型温度）下的研究表明，由于硼氧化物（B_2O_3）的形成可以密封基体裂纹而产生愈合行为（Liu 等，2011）。

由 2D-C/［SiC—（B—C）］含硼陶瓷和硼硅玻璃相制成的复合材料，当硼化物和硼硅玻璃被氧化时实现自愈合，这种氧化致使形成可以流进基体裂纹并密封裂纹的相，结果发现三点弯曲强度和拉伸强度随着温度的升高而增加，这些结果显示了陶瓷复合材料特殊的自愈合行为，并且可能适合航空发动机燃烧室的使用。除了硼掺杂的基体外，还进一步研究了硼在界面热解碳中的使用，以增强自愈性能和耐腐蚀性（见图 11 - 11）（Naslain 等，2004），评估了具有多层基体的 SiC—SiC 纤维增强陶瓷复合材料，特别是，该多层基体包含硼掺杂的热解碳层和 B_4C 及 SiC 层。在界面层和基体自身（高温石墨和 B_4C）中，含硼试样给复合材料提供了一个在氧化条件下形成 B_2O_3 产生自愈合的能力，据报道，这种类型的复合材料在机械载荷和高温下具有极好的耐腐蚀性能，并且似乎适用于喷气式发动机燃烧室。Osada 等人（2014）探讨了喷气式发动机自愈合陶瓷复合材料涡轮叶片的设计，自愈合技术使陶瓷涡轮叶片代替镍基合金涡轮叶片成为可能，当然，目前的陶瓷复合材料对外在载荷的冲击还是敏感的，这种敏感性可能导致叶片失效。陶瓷叶片的使用使其可以在高温下工作，从而提高涡轮效率。研究者探索了纳米复合材料和多尺度复合材料的自愈合方法，结果表明，这种复合材料在高温和低氧分压下可以有效自愈合。

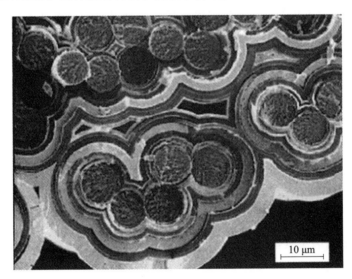

10 μm

图 11 - 11　自愈合复合材料愈合后显示基体沉积在纤维周围（Naslain 等，2004）

11.6.1.2　机身

FRP 复合材料现在被广泛用在飞机机身中，最新的民航客机（波音 - 787 和空客 A350）复合材料重量高达 50%。然而，FRP 复合材料易受冲击损伤的影响，这常常导致为了适应安全的要求而设计的结构比较重。另外，因为复合材料冲击损伤很难检测和评估，这往往需要进行大范围的维修。自愈合方法是大多数有希望克服冲击载荷弱点且设计低维护、轻质复合材料机身方法中的一种。

对航空航天结构应用的自愈合中空玻璃纤维环氧树脂复合材料进行了研究，特别是通过模压工艺制造的复合材料（Tan 等，2008）。通过测试三点弯曲冲击损伤试样，测试结果显示愈合后的强度恢复达到 47%，能明显提高航空器复合材料结构抗冲击损伤性，采用该方法就可以简单地实现复合材料自愈合。然而，大多数航空级复合材料是碳纤维增强聚合物，因此，很多研究已经集中在评估碳纤维环氧自愈合复合材料的冲击和机械性能上（Bond 等，2008；Williams 等，2007b），特别是 Bond 等人合成了自愈合碳纤维增强环氧层压板，并解决了常规纤维增强聚合物抗冲击性能差的问题。关于这些复合材料的自愈合效率开展了两个不同的研究。开始时，研究了植入 $70\mu m$ 和 $200\mu m$ 中空玻璃纤维（HGFs）的 16 层（$-45°/90°/45°/0°/HGF/-45°/90°/45°/0°/0°/45°/90°/-45°/HGF/0°/45°/90°/-45°$）航空级复合材料受损后的弯曲强度，准缺口损伤之后的测试结果显示，恢复了 97% 的强度，据报道同样复合材料在冲击损伤和愈合后压缩强度平均恢复了 92%，其结果显示具有愈合能力的 FRP 复合材料作为 HGF 自愈合复合材料可以广泛且有效地用在机身上。为了提高航空应用的自愈合树脂基复合材料的抗冲击性能，对使用超弹性形状记忆 NiTi 合金线的玻璃纤维织物或碳纤维织物复合材料进行了研究，玻璃纤维织物复合材料层压板是一种玻璃纤维增强乙烯基酯树脂，铺层顺序为 [0°，W，90°，W，0°，90°，0°]s；碳纤维复合材料是碳纤维织物增强乙烯基酯树脂，铺层顺序为 [0°，W，90°，W，0°，90°]s；含有 SMA 线的复合材料相比于标准复合材料，结果显示其具有明显较高的简支梁冲击能，然而，在重复冲击下，添加 SMA 线的碳纤维复合材料损伤容限降低，所以，对于航空玻璃纤维复合材料提高抗冲击性能时使用 SMA 线可能是有希望的方法，但对碳纤维增强复合材料则不是。也评估了自愈合聚合物复合材料替代金属合金的办法保护空间结构被空间碎片损伤的情况（Francesconi 等，2013），特别制备了具有用钠离子中和的羧基 EMAA 共聚物，结果显示该离子聚合物在高速冲击下有优秀的自愈合能力。此外，发现聚合物板与典型的铝合金板相比更耐冲击，尽管铝板的碎片破碎性能略好。因此，离子聚合物还可用于空间结构复合材料，除具有良好碎裂能力，特别地，空间飞行器应用中的自愈合能力对于关键的压缩模块和蓄能组件可能是更重要的。

11.6.1.3　飞机结构

随着 FRCs 在航空器结构零部件中日益一体化，似乎自愈合复合材料将被应用在该领域。确实，自愈合复合材料具有较好的耐疲劳性能，因为它们可以在任何裂纹生长或扩展导致失效前愈合微裂纹。此外，它们的初始机械性能有时比常规复合材料还高。

进行了一项研究，用来评估愈合组分对复合材料机械性能的影响，以决定它们是否用于航空飞行器结构领域（Guadagno 等，2010）。被研究的复合材料由植入含有脲醛微胶囊 DCPD 的 DGEBA 环氧树脂制成，由于基体中加了催化剂，复合材料的弹性模量略有降低，但是，愈合后的机械性能明显恢复较好。大多数航空结构复合材料是环氧复合材料，Teoh 等人（2010）完成了关于植入含 HGFs 愈合剂的自愈合环氧复合材料的研究，试样通过缺口而被损伤，然后对其进行三点弯曲测试，结果显示愈合后强度恢复良好，这项研究证明自愈合 HGF 聚合物复合材料作为航空飞行器结构零部件未来的材料具有强大的潜力。一些测试集中在 E-玻璃纤维环氧航空级复合材料上（Coope 等，2014；Norris 等，2011a）。Coope 等人通过结合一系列平行于增强纤维方向的血管网络，展示了航空级 E-玻璃纤维环氧板的自愈合。如 E-玻璃纤维环氧 FRCs 部分所述，自愈合剂是路易斯酸催化的环氧树脂（Coope 等，2014），发现复合材料可完全恢复其初始机械性能，从而，自愈合玻璃纤维环氧树脂复合材料能有效地替换航空飞行器纤维增强聚合物复合材料，因为它们具有克服现有复合材料局限性的潜力。同样地，Norris 等人（2011a）开发了一种用植入毛细血管网络来传输愈合剂的一体自愈合 FRP 层压板，该层压板为用于航空器主结构的玻璃纤维复合材料，结果也显示添加毛细血管网络对其断裂韧性有明显的影响，因而，管状自愈合 FRP 层压板可能是航空飞行器结构领域替代现有层压板的一个有效方案。除通过自愈合容易实现维护和降低重量外，碳纤维增强聚合物复合材料也被广泛应用于结构件领域，特别是军用和近年来的民航客机（空客 A350XWB 和波音 - 787 梦幻者）。

　　将形状记忆聚合物与碳纳米管和（0°/90°/90°/0°）碳布相结合，使用高压成型工艺制造了一种碳纤维增强聚合物基复合材料（Liu 等，2013），聚合物的可逆交联表现出自愈合行为，从而呈现了系统的形状记忆能力。在拉伸下损伤开始后，发现复合材料可有效愈合基体裂纹且恢复了结构完整性，另外，愈合后所恢复的机械性能（峰值载荷）高达初始值的 72%。总的来说，自愈合聚合物复合材料可以替代一些现有航空结构复合材料，从而改进航空飞行器损伤容限、服役寿命和安全性。

11.6.1.4　涂层

　　涂层和油漆在航空航天工业中至关重要，因为它们可以保护机身和结构部件免受可能导致腐蚀损伤的外部和环境条件的影响。自愈合涂料似乎很有希望，因为它们会在任何损伤后自主恢复其保护能力。且可使用自修复环氧树脂复合材料实现用于保护航空航天结构免受腐蚀和轻微冲击的自修复涂层（Yang 等，2011）。涂层没有结构零部件那么重要，因为它们的失效通常不会导致整个结构的失效。Yang 等人（2011）为钢合金结构合成了一种植入脲醛微胶囊的环氧树脂复合材料涂料，证明微胶囊适合于环氧树脂复合材料油漆领域，因为它们在此步骤中不会破裂，另外，成功地防护了带涂层的钢试样，涂层损伤并且愈合后的抗蚀性能与之前相同。

　　铝、钛和镁合金对民用和军用航空飞行器都是关键材料，并且这些材料需要腐蚀防护，因此金属合金的涂层是非常重要的。Hamdy 等人致力于航空级铝合金（Hamdy 等，2011a，b）和镁合金（Hamdy 等，2011b；Hamdy 和 Butt，2013）自愈合钒涂层的研究，涂层通过化学转化在 AA2024 铝合金上合成，发现钒涂料是令人满意的，特别当从 10 g/L 的钒溶液中制备时，通过薄的钒氧化物薄膜形成防止氧更深入地渗入来解释自愈合性能。对于航空级铝合金和镁合金的铬酸盐涂料来说，含钒涂料可能是一个好的可供选择的方法。

11.6.2　其他应用

　　除航空飞行器结构、发动机和涂层领域外，自愈合复合材料在汽车、高端体育用品和各个工业领域也具有巨大的应用前景。可是，由于其价格高和制造复杂，自愈合复合材料似乎仅应用于高技术、关键领域，例如航空、核工业和电子元件。

　　大量关于航空发动机的自愈合陶瓷的研究已经完成了，除此之外，也研究了这类复合材料在固体氧化物燃料电池、核应用和热煤燃烧条件下的使用（Rebillat，2014）。自愈合陶瓷可以替代现有陶瓷，因为它们实现了对脆性的不敏感，并且有较长的预期使用寿命，但是，价格是限制其应用的一个因素。

由于高昂的测试费用和制造成本，MMCs 行为预报是复杂的，而且，金属中的自愈合概念也是相对较新的，需要更多的实际应用来进行研究。然而，研究已经带来了一些潜在的机会，特别是对于更耐受的电子器件（Nosonovsky 和 Rohatgi，2012）。

相比于自愈合陶瓷和金属，自愈合聚合物基复合材料可被简单制造且价格较低，目前正在开发自愈合聚合物复合材料的各种应用。显然，许多有机涂层和油漆已经被研究，这涉及自愈合聚合物复合材料（García 等，2011）。另外，也已经研究了船舶和海上石油平台防护海水环境的防护涂层（Yabuki 等，2011）。已经评价了提高有机光发射二极管（OLEDs）寿命的自愈合聚合物复合材料的自愈合效率（Lafont 等，2012）。

11.7　结语

从 2000 年自愈合复合材料已经被广泛研究，已经证实许多概念在聚合物、陶瓷和金属基复合材料中明显有效，这些发展可以为一些应用铺平道路，特别是航空航天领域的应用。使用含微胶囊、血管网络、溶解的热塑性塑料和聚合物基复合材料中的可逆相互作用的愈合剂能实现自愈合，也已证实了 CMCs 和 MMCs 的自愈合能力。自愈合复合材料是航空航天应用中的重要组成部分，特别在解决疲劳和抗冲击问题时，愈合后的腐蚀和防护性能也能有效恢复。航空航天领域的应用包括机身和航空结构、发动机叶片、燃烧室、防腐涂料、智能涂料和抗冲击空间结构。

参 考 文 献

[1] Blaiszik, B. J., Sottos, N. R., White, S. R., 2008. Nanocapsules for self - healing materials. Composites Science and Technology 68 (3 - 4), 978 - 986.

[2] Blaiszik, B. J., Kramer, S. L. B., Olugebefola, S. C., Moore, J. S., Sottos, N. R., White, S. R., 2010. Self - healing polymers and composites. Annual Review of Materials Research 40 (1), 179 - 211.

[3] Brown, E. N., Moore, J. S., White, S. R., Sottos, N. R., 2003. Fracture and fatigue behavior of a self - healing polymer composite. In: Simon, U., et al. (Eds.), Bioinspired Nanoscale Hybrid Systems, pp. 101 - 106.

[4] Brown, E. N., White, S. R., Sottos, N. R., 2004. Microcapsule induced toughening in a self - healing polymer composite. Journal of Materials Science 39 (5), 1703 - 1710.

[5] Bond, I. P., Trask, R. S., Williams, H. R., 2008. Self - healing fiber - reinforced polymer composites. MRS Bulletin 33 (08), 770 - 774.

[6] Brown, E. N., White, S. R., Sottos, N. R., 2005. Retardation and repair of fatigue cracks in a microcapsule toughened epoxy composited—Part II: In situ self - healing. Composites Science and Technology 65 (15 - 16), 2474 - 2480.

[7] Cordier, P., Tournilhac, F., Soulie - Ziakovic, C., Leibler, L., 2008. Self - healing and thermoreversible rubber from supramolecular assembly. Nature 451 (7181), 977 - 980.

[8] Coope, T. S., Mayer, U. F. J., Wass, D. F., Trask, R. S., Bond, I. P., 2011. Self - healing of an epoxy resin using Scandium (III) triflate as a catalytic curing agent. Advanced Functional Materials 21 (24), 4624 - 4631.

[9] Coope, T. S., Wass, D. F., Trask, R. S., Bond, I. P., 2014. Metal triflates as catalytic curing agents in self - healing fibre reinforced polymer composite materials. Macromolecular Materials and Engineering 299 (2), 208 - 218.

[10] Chen, X. X., Wudl, F., Mal, A. K., Shen, H. B., Nutt, S. R., 2003. New thermally remendable highly cross - linked polymeric materials. Macromolecules 36 (6), 1802 - 1807.

[11] Canadell, J., Goossens, H., Klumperman, B., 2011. Self - healing materials based on disulfide links. Macromolecules 44 (8), 2536 - 2541.

[12] Carrere, P., Lamon, J., 2003. Creep behaviour of a SiC/Si - B - C composite with a self - healing multilayered matrix. Journal of the European Ceramic Society 23 (7), 1105 - 1114.

[13] Chunlin, C., Kara, P., Yulong, L., 2013. Self - healing sandwich structures incorporating an interfacial layer with vascular network. Smart Materials and Structures 22 (2), 025031.

[14] Dry, C., Sottos, N. R., 1993. Passive smart self - repair. In: Varadan, V. K. (Ed.), Polymer Matrix Composite - Materials. Smart Materials: Smart Structures and Materials 1993, vol. 1916, pp. 438 - 444.

[15] Deng, G., Tang, C., Li, F., Jiang, H., Chen, Y., 2010. Covalent cross-linked polymer gels with reversible sol-gel transition and self-healing properties. Macromolecules 43 (3), 1191-1194.

[16] de Espinosa, L. M., Fiore, G. L., Weder, C., Johan Foster, E., Simon, Y. C., 2015. Healable supramolecular polymer solids. Progress in Polymer Science 49-50.

[17] Froimowicz, P., Frey, H., Landfester, K., 2011. Towards the generation of self-healing materials by means of a reversible photo-induced approach. Macromolecular Rapid Communications 32 (5), 468-473.

[18] Francesconi, A., Giacomuzzo, C., Grande, A. M., Mudric, T., Zaccariotto, M., Etemadi, E., 2013. Comparison of self-healing ionomer to aluminium-alloy bumpers for protecting spacecraft equipment from space debris impacts. Advances in Space Research 51 (5), 930-940.

[19] Garcia, S. J., Fischer, H. R., 2014. 9-Self-healing polymer systems: properties, synthesis and applications. In: Aguilar, M. R., Román, J. S. (Eds.), Smart Polymers and Their Applications. Woodhead Publishing, pp. 271-298.

[20] García, S. J., Fischer, H. R., van der Zwaag, S., 2011. A critical appraisal of the potential of self healing polymeric coatings. Progress in Organic Coatings 72 (3), 211-221.

[21] Guadagno, L., Longo, P., Raimondo, M., Naddeo, C., Mariconda, A., Sorrentino, A., 2010. Cure behavior and mechanical properties of structural self-healing epoxy resins. Journal of Polymer Science Part B e Polymer Physics 48 (23), 2413-2423.

[22] Hamilton, A. R., Sottos, N. R., White, S. R., 2010. Self-healing of internal damage in synthetic vascular materials. Advanced Materials 22 (45), 5159.

[23] Hayes, S. A., Jones, F. R., Marshiya, K., Zhang, W., 2007. A self-healing thermosetting composite material. Composites Part A: Applied Science and Manufacturing 38 (4), 1116-1120.

[24] Hargou, K., Pingkarawat, K., Mouritz, A. P., Wang, C. H., 2013. Ultrasonic activation of mendable polymer for self-healing carboneepoxy laminates. Composites Part B: Engineering 45 (1), 1031-1039.

[25] He, S. M., Van Dijk, N. H., Schut, H., Peekstok, E. R., Van Der Zwaag, S., 2010. Thermally activated precipitation at deformation-induced defects in Fe-Cu and Fe-Cu-B-N alloys studied by positron annihilation spectroscopy. Physical Review B-Condensed Matter and Materials Physics 81 (9).

[26] Hamilton, A. R., Sottos, N. R., White, S. R., 2012. Mitigation of fatigue damage in self-healing vascular materials. Polymer 53 (24), 5575-5581.

[27] Hamdy, A. S., Doench, I., Mohwald, H., 2011a. Intelligent self-healing corrosion resistant vanadia coating for AA2024. Thin Solid Films 520 (5), 1668-1678.

[28] Hamdy, A. S., Doench, I., Mohwald, H., 2011b. Smart self-healing anti-corrosion vanadia coating for magnesium alloys. Progress in Organic Coatings 72 (3), 387-393.

[29] Hamdy, A. S., Butt, D. P., 2013. Novel smart stannate based coatings of self-healing functionality for AZ91D magnesium alloy. Electrochimica Acta 97, 296-303.

[30] James, N. K., Lafont, U., van der Zwaag, S., Groen, W. A., 2014. Piezoelectric and mechanical properties of fatigue resistant, self-healing PZT-ionomer composites. Smart Materials

and Structures 23 (5).

[31]　Jin, H., et al., 2012. Self – healing thermoset using encapsulated epoxy – amine healing chemistry. Polymer 53 (2), 581 – 587.

[32]　Jones, A. S., Dutta, H., 2010. Fatigue life modeling of self – healing polymer systems. Mechanics of Materials 42 (4), 481 – 490.

[33]　Kessler, M. R., 2008. 22 – Self – healing composites. In: Sridharan, S. (Ed.), Delamination Behaviour of Composites. Woodhead Publishing, pp. 650 – 673.

[34]　Keller, M. W., 2013. Encapsulation – based self – healing polymers and composites. In: Hayes, W., Greenland, B. W. (Eds.), Healable Polymer Systems, pp. 16 – 61.

[35]　Khun, N. W., Sun, D. W., Huang, M. X., Yang, J. L., Yue, C. Y., 2014. Wear resistant epoxy composites with diisocyanate – based self – healing functionality. Wear 313 (1 – 2), 19 – 28.

[36]　Kalista Jr., S. J., 2007. Self – healing of poly (ethylene – co – methacrylic acid) copolymers following projectile puncture. Mechanics of Advanced Materials and Structures 14 (5), 391 – 397.

[37]　Kessler, M. R., Sottos, N. R., White, S. R., 2003. Self – healing structural composite materials. Composites Part A: Applied Science and Manufacturing 34 (8), 743 – 753.

[38]　Keller, M. W., White, S. R., Sottos, N. R., 2007. A self – healing poly (dimethyl siloxane) elastomer. Advanced Functional Materials 17 (14), 2399 – 2404.

[39]　Kessler, M. R., White, S. R., 2001. Self – activated healing of delamination damage in woven composites. Composites Part A: Applied Science and Manufacturing 32 (5), 683 – 699.

[40]　Kirkby, E. L., Michaud, V. J., Månson, J. A. E., Sottos, N. R., White, S. R., 2009. Performance of self – healing epoxy with microencapsulated healing agent and shape memory alloy wires. Polymer 50 (23), 5533 – 5538.

[41]　Lamouroux, F., Bertrand, S., Pailler, R., Naslain, R., Cataldi, M., 1999. Oxidation – resistant carbon – fiber – reinforced ceramic – matrix composites. Composites Science and Technology 59 (7), 1073 – 1085.

[42]　Lee, K. N., Fox, D. S., Bansal, N. P., 2005. Rare earth silicate environmental barrier coatings for SiC/SiC composites and Si_3N_4 ceramics. Journal of the European Ceramic Society 25 (10), 1705 – 1715.

[43]　Li, Q., Mishra, A. K., Kim, N. H., Kuila, T., Lau, K. – T., Lee, J. H., 2013. Effects of processing conditions of poly (methylmethacrylate) encapsulated liquid curing agent on the properties of self – healing composites. Composites Part B: Engineering 49, 6 – 15.

[44]　Li, G., Zhang, P., 2013. A self – healing particulate composite reinforced with strain hardened short shape memory polymer fibers. Polymer 54 (18), 5075 – 5086.

[45]　Lucci, J. M., Amano, R. S., Rohatgi, P., Schultz, B., Asme, 2009. Experiment and computational analysis of self – healing. In: An Aluminum Alloy. Imece 2008: Heat Transfer, Fluid Flows, and Thermal Systems, vol. 10 (Pts A – C), pp. 1759 – 1768.

[46]　Luo, X., Ou, R., Eberly, D. E., Singhal, A., Viratyaporn, W., Mather, P. T., 2009. A thermoplastic/thermoset blend exhibiting thermal mending and reversible adhesion. ACS Applied Materials & Interfaces 1 (3), 612 – 620.

[47]　Liu, G. – H., Cheng, L. – F., Luan, X. – G., Liu, Y. – S., 2011. Self – healing behavior of

2D – C/SiC—（B—C）composite in aero – engine combustion chamber. Journal of Inorganic Materials 26（9），969 – 973.

[48]　Liu，Y.，Rajadas，A.，Chattopadhyay，A.，2013. Self – healing nanocomposite using shape memory polymer and carbon nanotubes. In：Proceedings of SPIE—The International Society for Optical Engineering.

[49]　Lafont，U.，van Zeijl，H.，van der Zwaag，S.，2012. Increasing the reliability of solid state lighting systems via self – healing approaches：a review. Microelectronics Reliability 52（1），71 – 89.

[50]　Mookhoek，S. D.，Fischer，H. R.，van der Zwaag，S.，2012. Alginate fibres containing discrete liquid filled vacuoles for controlled delivery of healing agents in fibre reinforced composites. Composites Part A：Applied Science and Manufacturing 43（12），2176 – 2182.

[51]　McKee，D. W.，1988. Oxidation behavior of matrix – inhibited carbon carbon composites. Carbon 26（5），659 – 664.

[52]　Mohanty，D.，Sil，A.，Maiti，K.，2011. Development of input output relationships for self – healing Al_2O_3/SiC ceramic composites with Y_2O_3 additive using design of experiments. Ceramics International 37（6），1985 – 1992.

[53]　Manuel，M. V.，2007. Design of a Biomimetic Self – healing Alloy Composite. Northwestern University，Ann Arbor，p. 184.

[54]　Mangun，C. L.，Mader，A. C.，Sottos，N. R.，White，S. R.，2010. Self – healing of a high temperature cured epoxy using poly（dimethylsiloxane）chemistry. Polymer 51（18），4063 – 4068.

[55]　Norris，C. J.，Bond，I. P.，Trask，R. S.，2011a. Interactions between propagating cracks and bioinspired self – healing vasules embedded in glass fibre reinforced composites. Composites Science and Technology 71（6），847 – 853.

[56]　Norris，C. J.，Bond，I. P.，Trask，R. S.，2011b. The role of embedded bioinspired vasculature on damage formation in self – healing carbon fibre reinforced composites. Composites Part A：Applied Science and Manufacturing 42（6），639 – 648.

[57]　Nualas，F.，Rebillat，F.，2013. A multi – scale approach of degradation mechanisms inside a SiC（f）/Si—B—C（m）based self – healing matrix composite in a dry oxidizing environment. Oxidation of Metals 80（3 – 4），279 – 287.

[58]　Nosonovsky，M.，Rohatgi，P. K.，2012. Development of metallic and metal matrix composite self – healing materials. In：Biomimetics in Materials Science：Self – Healing，Self – Lubricating，and Self – Cleaning Materials，152，pp. 87 – 122.

[59]　Nji，J.，Li，G. Q.，2012. A smart polymer composite for repeatedly self – healing impact damage in fiber reinforced polymer（Frp）vessels. In：Duncan，A. J.（Ed.），Proceedings of the Asme Pressure Vessels and Piping Conference，Pvp 2011，vol. 6（Part A and B），pp. 1221 – 1227.

[60]　Neuser，S.，Michaud，V.，2014. Fatigue response of solvent – based self – healing smart materials. Experimental Mechanics 54（2），293 – 304.

[61]　Naslain，R.，Guette，A.，Rebillat，F.，Pailler，R.，Langlais，F.，Bourrat，X.，2004. Boron – bearing species in ceramic matrix composites for long – term aerospace applications. Journal of Solid State Chemistry 177（2），449 – 456.

[62] Osada, T., Nakao, W., Takahashi, K., Ando, K., 2014. 17 - Self - crack - healing behavior in ceramic matrix composites. In: Low, I. M. (Ed.), Advances in CeramicMatrix Composites. Woodhead Publishing, pp. 410 - 441.

[63] Pang, J. W. C., Bond, I. P., 2005. A hollow fibre reinforced polymer composite encompassing self - healing and enhanced damage visibility. Composites Science and Technology 65 (11 - 12), 1791 - 1799.

[64] Park, J. S., Kim, H. S., Hahn, H. T., 2009. Healing behavior of a matrix crack on a carbon fiber/mendomer composite. Composites Science and Technology 69 (7 - 8), 1082 - 1087.

[65] Park, J. S., Darlington, T., Starr, A. F., Takahashi, K., Riendeau, J., Thomas Hahn, H., 2010. Multiple healing effect of thermally activated self - healing composites based on Dielse Alder reaction. Composites Science and Technology 70 (15), 2154 - 2159.

[66] Pingkarawat, K., Wang, C. H., Varley, R. J., Mouritz, A. P., 2012. Self - healing of delamination cracks in mendable epoxy matrix laminates using poly [ethylene - co - (methacrylic acid)] thermoplastic. Composites Part A: Applied Science and Manufacturing 43 (8), 1301 - 1307.

[67] Quemard, L., Rebillat, F., Guette, A., Tawil, H., Louchet - Pouillerie, C., 2007. Self - healing mechanisms of a SiC fiber reinforced multi - layered ceramic matrix composite in high pressure steam environments. Journal of the European Ceramic Society 27 (4), 2085 - 2094.

[68] Rule, J. D., Brown, E. N., Sottos, N. R., White, S. R., Moore, J. S., 2005. Wax - protected catalyst microspheres for efficient self - healing materials. Advanced Materials 17 (2), 205.

[69] Roy, N., Buhler, E., Lehn, J. - M., 2014. Double dynamic self - healing polymers: supramolecular and covalent dynamic polymers based on the bis - iminocarbohydrazide motif. Polymer International 63 (8), 1400 - 1405.

[70] Ruzek, A. C., 2009. Synthesis and Characterization of Metallic Systems with Potential for Self - healing. University of Wisconsin - Milwaukee.

[71] Rebillat, F., 2014. 16 - Advances in self - healing ceramic matrix composites. In: Low, I. M. (Ed.), Advances in Ceramic Matrix Composites. Woodhead Publishing, pp. 369 - 409.

[72] Toohey, K. S., Hansen, C. J., Lewis, J. A., White, S. R., Sottos, N. R., 2009. Delivery of two - Part Self - healing chemistry via microvascular networks. Advanced Functional Materials 19 (9), 1399 - 1405.

[73] Trask, R. S., Norris, C. J., Bond, I. P., 2014. Stimuli - triggered self - healing functionality in advanced fibre - reinforced composites. Journal of Intelligent Material Systems and Structures 25 (1), 87 - 97.

[74] Tripathi, M., Rahamtullah, Kumar, D., Rajagopal, C., Roy, P. K., 2014. Influence of microcapsule shell material on the mechanical behavior of epoxy composites for self - healing applications. Journal of Applied Polymer Science 131 (15), 40572.

[75] Tan, W. C. K., Kiew, J. C., Siow, K. Y., Sim, Z. R., Poh, H. S., Taufiq, M. D., 2008. Self healing of epoxy composite for aircraft's structural applications. In: Diffusion and Defect Data Part. B: Solid State Phenomena, pp. 39 - 44.

[76] Teoh，S. H.，Chia，H. Y.，Lee，M. S.，Nasyitah，A. J. N.，Luqman，H. B. S. M.，Nurhidayah，S.，2010. Self healing composite for aircraft's structural application. International Journal of Modern Physics B 24 (1 - 2)，157 - 163.

[77] Varley，R. J.，van der Zwaag，S.，2008. Towards an understanding of thermally activated self - healing of an ionomer system during ballistic penetration. Acta Materialia 56 (19)，5737 - 5750.

[78] White，S. R.，Sottos，N. R.，Geubelle，P. H.，Moore，J. S.，Kessler，M. R.，Sriram，S. R.，2002. Autonomic healing of polymer composites (vol 409, pg 794, 2001). Nature 415 (6873)，817.

[79] Wikipedia，2014. Retro - DielseAlder Reaction，Wikipedia，the Free Encyclopedia. Available from：https：//en. wikipedia. org/w/index. php? title＝Retro - Diels％E2％80％93Alder _ reaction&oldid ＝632353668.

[80] Williams，H. R.，Trask，R. S.，Bond，I. P.，2007a. Self - healing composite sandwich structures. Smart Materials and Structures 16 (4)，1198.

[81] Williams，G.，Trask，R.，Bond，I.，2007b. A self - healing carbon fibre reinforced polymer for aerospace applications. Composites Part A：Applied Science and Manufacturing 38 (6)，1525 - 1532.

[82] Wang，C. H.，Sidhu，K.，Yang，T.，Zhang，J.，Shanks，R.，2012. Interlayer self - healing and toughening of carbon fibre/epoxy composites using copolymer films. Composites Part A：Applied Science and Manufacturing 43 (3)，512 - 518.

[83] Wilson，G. O.，Moore，J. S.，White，S. R.，Sottos，N. R.，Andersson，H. M.，2008. Autonomic healing of epoxy vinyl esters via ring opening metathesis polymerization. Advanced Functional Materials 18 (1)，44 - 52.

[84] Yin，T.，Rong，M. Z.，Zhang，M. Q.，Yang，G. C.，2007. Self - healing epoxy composites—preparation and effect of the healant consisting of microencapsulated epoxy and latent curing agent. Composites Science and Technology 67 (2)，201 - 212.

[85] Yang，Z.，Wei，Z.，Le - ping，L.，Hong - mei，W.，Wu - jun，L.，2011. The self - healing composite anticorrosion coating. Physics Procedia 18，216 - 221.

[86] Yin，T.，Rong，M. Z.，Wu，J.，Chen，H.，Zhang，M. Q.，2008. Healing of impact damage in woven glass fabric reinforced epoxy composites. Composites Part A：Applied Science and Manufacturing 39 (9)，1479 - 1487.

[87] Yang，T.，Wang，C. H.，Zhang，J.，He，S.，Mouritz，A. P.，2012. Toughening and self - healing of epoxy matrix laminates using mendable polymer stitching. Composites Science and Technology 72 (12)，1396 - 1401.

[88] Yuan，Y. C.，Ye，X. J.，Rong，M. Z.，Zhang，M. Q.，Yang，G. C.，Zhao，J. Q.，2011a. Self - healing epoxy composite with heat - resistant healant. ACS Applied Materials & Interfaces 3 (11)，4487 - 4495.

[89] Yuan，Y. C.，Ye，Y.，Rong，M. Z.，Chen，H.，Wu，J.，Zhang，M. Q.，2011b. Self - healing of low - velocity impact damage in glass fabric/epoxy composites using an epoxy - mercaptan healing agent. Smart Materials & Structures 20 (1).

[90] Yabuki，A.，Urushihara，W.，Kinugasa，J.，Sugano，K.，2011. Self - healing properties of

TiO₂ particle - polymer composite coatings for protection of aluminum alloys against corrosion in seawater. Materials and Corrosion - Werkstoffe Und Korrosion 62 (10), 907 - 912.

[91]　Zhang, M. , Rong, M. , 2012. Design and synthesis of self - healing polymers. Science China - Chemistry 55 (5), 648 - 676.

[92]　Zainuddin, S. , Arefin, T. , Fahim, A. , Hosur, M. V. , Tyson, J. D. , Kumar, A. , 2014. Recovery and improvement in low - velocity impact properties of e - glass/epoxy composites through novel self - healing technique. Composite Structures 108, 277 - 286.

[93]　Zhang, W. , Duchet, J. , Gérard, J. F. , 2014. Self - healable interfaces based on thermo - reversible Dielse - Alder reactions in carbon fiber reinforced composites. Journal of Colloid and Interface Science 430, 61 - 68.

[94]　Zuo, X. , Zhang, L. , Liu, Y. , Cheng, L. , Xia, Y. , 2012. Oxidation behaviour of two - dimensional C/SiC modified with self - healing Si—B—C coating in static air. Corrosion Science 65, 87 - 93.

[95]　Zhang, C. , Qiao, S. , Yan, K. , Liu, Y. , Wu, Q. , Han, D. , 2011. Mechanical properties of a carbon fiber reinforced self - healing multilayered matrix composite at elevated temperatures. Materials Science and Engineering: A 528 (7 - 8), 3073 - 3078.

第12章　天然纤维和聚合物基复合材料
在航空航天工程中的应用

P. Balakrishnan[1]，M. J. John[2]，L. Pothen[3]，M. S. Sreekala[4]，S. Thomas[1]

([1]圣雄甘地大学，印度喀拉拉邦科塔亚姆；[2]CSIR 材料科学与制造，南非伊丽莎白港；
[3]摩尔主教学院，印度喀拉拉邦阿勒皮；[4]卡拉迪斯里桑卡拉学院，印度喀拉拉邦埃尔纳库拉姆)

12.1　绪论

纤维增强聚合物（FRP）复合材料是 20 世纪最有前途和最重要的材料，它们在各种服役环境中的耐用性和完整性可以通过其成分（即纤维或聚合物基体）的响应以及在特定环境中纤维和聚合物基体之间的界面和中间相而改变。它们对降解的敏感性取决于环境本身和每种成分的不同以及其独特的响应。所有这些结构和部件在其使用寿命期间都暴露在某些环境中，这些环境条件可能有高低温、高湿度、紫外线（UV）照射和碱性环境，且如果温度、水热环境和近地轨道空间环境有交变循环的话（Ray 和 Rathore，2014），则可能更严重。FRPs 的广泛应用范围涵盖了几乎所有类型的先进工程结构，它们的用途包括各种航空飞行器、直升机、空间飞行器、游艇、船舶和海上钻井平台的各种部件，以及汽车、化学加工设备、体育用品和民用建筑及桥梁基础设施（Shrive，2006）。先进结构FRP复合材料的行为和性能不能仅从其组成纤维和基体的具体性能来解释，因为纤维和基体之间的界面和中间相也有重要的意义（Guigon 和 Klinklin，1994；Kuttner 等，2013）。界面处存在的水分可以改变界面附着力，从而影响 FRP 复合材料的机械性能；UV 辐照能量能够分解聚合物基体中的分子键，并可导致材料降解；纤维和基体之间的边界是组分相互连接的结果，它有自己的形态和化学性质，代表了纤维增强复合材料中的临界区域（Guigon 和 Klinklin，1994；Ray，2004；Sethi 和 Ray，2015）。

天然纤维复合材料（NFCs）的历史始于航空航天领域，当时引入了 Gordon Aerolite，主要是采用酚醛树脂浸渍的亚麻粗纱，Gordon Aerolite 轻质、高拉伸强度和刚度使其适合于航空材料的应用，且被用于 Bristol Breinheim 轰炸机的试验主梁，然而，Gordon Aerolite 的使用量随着新材料效能的增加有所减少。

夹层板经常用作飞机的内饰地板、天花板、船上的厨房墙壁、厕所和货物托盘。近来，南非科学与工业研究委员会（Council for Scientific and Industrial Research，CSIR）的研究者已经参与了与空中客车公司合作的一个项目，该项目的重点是采用亚麻纤维-酚醛蒙皮和 Nomex 纸蜂窝芯材制成天然纤维增强热固性树脂夹层板，用于在飞机上使用，该夹层板采用预浸料模压成型工艺在树脂合适的固化温度下制造，这项研究工作也包含开发采用水基阻燃剂处理的亚麻纤维，以保证复合材料板符合美国联邦航空管理局（FAA）的规定。除原来的阻燃剂外，复合材料也含有非纤维性的天然硅酸盐阻火材料，据报道，该复合材料对于上述目的表现出优异的燃烧、烟雾和毒性特性（Anandjiwala 等，2013）。

在另一项研究中（Alonso-Martin 等，2012），研究者开发了天然纤维热固性树脂基和热塑性树脂基蒙皮，用于飞机内墙板，发现所制成的夹层板具有所要求的耐火和耐热性能，便于回收和处置，并且与常规夹层板相比价格比较便宜、减重明显。发明者在他们的专利中进一步指出，典型商用客机每减轻一千克重量，每小时可减少 $0.02 \sim 0.04$ kg 的燃油消耗。假设典型客机的航时为 100 000 h，则对每千克的减重可减少 4 t 燃油，且客机整个工作时间结束可以减少 CO_2 释放 12.5 t。一架典型的客机使用由天然纤维增强板制成的飞机内饰板作为次承力结构，例如天花板、地板、侧墙、隔墙、储物舱和机舱内的其他零部件，这将使由无机树脂制成的板减重 $200 \sim 500$ kg 和由热塑性树脂制成的板减重 $100 \sim 250$ kg。在客机寿命期内，由无机树脂制成的板的减重也等同于减少 CO_2 释放量 $2\,500 \sim 6\,500$ t，由热塑性树脂制成的板减重等同于减少 CO_2 释放量 $1\,300 \sim 3\,250$ t。此外，在服役寿命末期，由于夹层板便于回收和处置，可以实现 CO_2 减少得更多。

在需要轻质、足够承载高强度的高性能产品中，例如航空结构件（垂尾、机翼和机身）、船上建筑物、自行车架和跑车车身，复合材料已广受欢迎（尽管成本普遍较高），复合材料的其他使用包括储油罐和鱼竿。已经发现天然复合材料（木材和布）在飞机中有应用，从 1903 年 12 月 17 日怀特兄弟飞行者 1 号在北卡罗莱纳州的第一次飞行开始，到现在人造（工程）复合材料在军用和民用飞机上的大量使用，除更多的特殊应用外，无人飞行器（UAVs）、空间发射器和卫星也在应用。

1964 年，在英国范堡罗的皇家航空研究院发现碳纤维，它们被采纳成为对飞机结构的重大贡献，然而，直到 20 世纪 60 年代后期，这些新的复合材料才开始在示范基础上应用于军用飞机，实证的例子如格栅、扰流板、方向舵和门。聚合物的大多数常规使用是作为纤维复合材料的基体相，聚合物是用于将纤维聚合物复合材料中的高硬度、高强度纤维粘接在一起的胶粘剂。低应力组件早期的制造工艺规模较小，在制造过程中涉及大量的人工干预，依靠原材料的低密度、高刚度和高强度来达到所需要的性能。在这个规模下，零部件的应力值和危险程度都增大了，通过复杂、成熟的自动化机器的替代，人工干预大幅下降。机器人提供了一致性、无缺陷和更高的处理速度，以应对大型民用飞机机翼和机身部分的制造，然而，预浸料路线的要点并没有改变，这条路线的费效比仍然存在问题。与此同时，制造工艺的研究人员正在寻求更低成本的方法。

在本章中，将描述各种形式的预浸料路线，以及相比于它的其他成型技术。过去，飞机部件使用纤维增强复合材料的主要驱动力是：

1）减重；

2）成本降低；

3）性能改进。

现在重点已经移向环境问题，因此，主要驱动力是：

1）减少燃油消耗；

2）减少污染；

3）降低噪声。

Taylor（2000）指出，"在机身制造中越来越多地使用复合材料代替铝带来了许多性能优势，例如减重的潜力（由于更高的比强度和比模量）、增加了设计的灵活性（由于在特定方向的性能构建能力）、更好的耐腐蚀性和更高的耐疲劳性，减轻重量可提高燃油效率"，另外，与用铝铆钉铆接相比，复合材料结构中减少了大量的紧固件，这赋予了飞机更好的气动外形。与复合材料制造相关的一个主要难点是在浸渍和固化过程中形成空隙（Lowe 等，1995），因为这些气态空隙被固定基体中，可在基体中诱发形成应力集中。这些可能源于多种方式，包括：

1）树脂简单混合期间；

2）较复杂形状构件中孔洞填充期间；

3）由于织物增强体本身的复杂性，因为空气会被困于织物结构的空隙中，当使用粗纱（或麻的粗纤维）或使用复合材料三维（3D）结构时，这些是特别明显地，并且大多是在模具-复合材料界面产生孔隙；

4）发生在热固性树脂固化时的复杂化学反应期间，当释放挥发性气体时，并且挥发性气体在树脂交联过程变成胶囊（Hill 和 McIlhagger，1999）。

评价所有成型工艺的要求是，能使空隙的形成最少化，且确保树脂和纤维均匀分散在整个构件中。在评估任何特定制造技术的优点时，除了制造不同类型组件的成本和灵活性外，这些都是主要因素，在设计阶段必须了解这些成型工艺的变化。

发射一个重型运输系统进入低地和地球静止轨道通常分别要花费€ 5 000～15 000/kg和€ 28 000/kg，由于燃油和燃气成本问题，航空航天工业对轻质材料的需求是巨大的，即使在常规飞行中，燃料成本也占所有成本的大约 50%。因此，在过去的 30 年中，FRP 复合材料在这些应用中的使用从不到结构重量的5%（波音-737）增加到50%（波音-787），燃油效率提高了20%以上。

12.2　NFCs 的优势

天然纤维是一种丰富的可再生资源，所以它们的成本相比于其他常规纤维要低，同时也是环境友好和可生物降解的材料，当用于替代不可降解的填料时，它们减少了固体废物产生的问题。由于它们的固有特性，天然纤维具有柔韧性。由于它们的非磨蚀性行为，聚合物基体中添加的填料比非有机填料的量大，因为它不太可能在制造过程中对机械或健康造成损伤。天然纤维拥有很多的优点，例如低密度和相对较高的机械性能，如比模量和比强度。作为纤维增强聚合物的替代增强材料，天然纤维最近对研究人员更具吸引力。它们是从可再生资源中提取的，为聚合物材料提供了新一代的增强材料。这些生态高效纤维已在各种应用中作为玻璃纤维和其他合成聚合物纤维的替代品。NFCs 有助于保护不可再生资源，这些不可再生资源是当下应用中大多数材料的主要来源，天然纤维基材料比石油基产品的生产量少，并且它们的应用针对不同的领域，与先进应用中的许多合成纤维（如玻璃、碳和凯夫拉尔）相比，天然纤维密度低，可以提供能够赋予复合材料高比机械性能的增强材料。由于天然纤维来源于可再生自然资源，因此它们的生产需要较少的能源，它们还消除了许多导致环境退化有关的问题，这意味着与先进纤维复合材料相比，NFCs 处理更容易、更安全且更便宜。NFCs 也提供优良的吸音特性，这可应用于建筑物。在天然纤维采收前后和栽培方面，天然纤维分离过程的能量消耗比合成纤维生产过程要低。因此，在复合材料中使用天然纤维的主要优点是低成本、可持续和低密度。

纤维准备与聚合物基体胶接时，在制造过程中经常需要进行表面处理，不管是热固性树脂（环氧、聚酯、酚醛和聚酰亚胺树脂）还是热塑性树脂（聚丙烯、尼龙 6-6、PMMA 和 PEEK）基体。纤维表面通过化学蚀刻进行粗化，然后涂上适当尺寸的助粘剂以帮助粘合到指定的基体上。尽管复合材料的拉伸强度主要是纤维性能的函数，但在许多情况下，基体支撑纤维（良好的压缩强度所需）和提供平面外强度的能力是同等重要的。材料供应商的目标是提供具有一组性能平衡的系统，当改进纤维和基体性能的时候可以带来层或层压板性能的改进，但不能忽视纤维基体界面这个最重要的领域。作用在基体上的载荷必须经由界面传递给增强体，因此，如果要将纤维的高强度和刚度赋予复合材料，则必须将纤维牢固地粘合到基体上。断裂行为取决于界面强度，弱界面导致低刚度和强度，但是抗断裂性高，而强界面则带来高刚度和强度，但是通常抗断裂性低（例如脆性行为）。因此存在冲突，并且设计师必须选择最接近使用要求的材料。复合材料的其他性能，例如抗蠕变性、抗疲劳性和抗环境降解，也受界面特性的影响。在这些情况下，性能和界面特性之间的关系通常是复杂的，并且分析模型和数学模型需要通过大量的试验来支撑。

FRP 复合材料易于因分层（即嵌入纤维的聚合物基体树脂中发生分离的区域）的开始和扩展而损坏，分层可以以纤维-基体脱粘的形式产生在聚合物和纤维层之间。在 FRP 复合材料中，分层位于通过纤维铺层来定义的面内，并且如果施加的应力足够大，则它们会在这些面内传播或生长（Steyer，2013；Williams，1989）。分层的开始通常是由冲击及其随后的传播和生长所引起的，这种冲击是由循环热机械使用载荷引起的，或者，分层也是由制造缺陷引起的。引起分层的另一个来源是复合材料的机加工（例如，切割），正如Lasri 等人（2011）所详细讨论的那样。

在过去 20 年中，纤维加工技术的改进使聚丙烯腈基纤维的拉伸强度（w4.5GPa）和断裂应变（超过 2%）有了显著提高，这些纤维现在以三种基本形式来供应：高模量（HM；E 380GPa）、中模量（IM；E 290GPa）和高强度（HS；模量大约为 230 GPa，拉伸强度大约为 4.5 GPa）。近来，高强度纤维的最新发展带来"高应变纤维"，这类纤维断裂前应变值为 2%，拉伸应力应变为弹性响应，直至断裂失效，并且，当纤维以脆性方式断裂时释放大量能量，选择合适的纤维很大程度上依赖于应用。对于军用飞机来说，高模量和高强度性能都需要；相比较而言，对于卫星的应用则需要高模量来改进反射体、天线和承力结构的稳定性和刚度（Lasri 等，2011）。用于增强目的的织物的一个优点是它们能够悬垂或贴合曲面而不会起皱。现在，使用某些类型的编织机，可以生产适合最终部件形状的纤维预制体。但是，一般来说，每根长丝的缠绕程度越高，如机织织物中的交叉点或针织织物中打圈时，其增强能力就越低。

12.3　天然植物纤维的种类

天然纤维有六种基本类型，其分类如下：树皮纤维（黄麻、亚麻、大麻、苎麻和洋麻）、树叶纤维（马尼拉麻、剑麻和菠萝）、种子纤维（椰壳纤维、棉花和木棉）、核纤维（洋麻、大麻和黄麻）、草和芦苇纤维（小麦、谷物和水稻）以及所有其他类型的纤维（木头和根）。天然纤维增强聚合物复合材料性能取决于几个因素，其中包括纤维的化学成分、晶胞尺寸、微纤角度、缺陷、结构、物理性能和化学性能，以及纤维与聚合物的相互作用。为了扩展天然纤维在复合材料中的使用并改进性能，必须知晓纤维的特性。如果纤维被用作疏水性塑料的增强体，纤维的亲水性对所有纤维素纤维来说都是主要问题，例如 PP、PE 塑料等。纤维水分含量取决于非结晶部分的含量和纤维的孔隙含量，整体而言，天然纤维亲水性影响机械性能，复合材料增强体中天然纤维的主要缺点是纤维和基体之间弱的相容性及其相对较高的吸湿性，因此，需要考虑改进天然纤维的界面来改进纤维和不同基体的粘接性能。高强度和刚度可以通过强界面实现，这个界面非常脆且裂纹易于通过基体和纤维传播。从基体到纤维的应力传递效率可以通过弱界面降低。

传统的纤维增强复合材料使用各种类型的玻璃纤维、碳纤维、氧化铝纤维和许多其他类型的纤维作为增强组分，天然纤维，特别是树的内皮（树皮）纤维，例如亚麻、大麻、黄麻、龙舌兰和许多其他纤维，在最近几年被用作复合材料的纤维增强体（Phil 和 Soutis，2014；Singleton 等，2003；Rana 等，2003；Valadez-Gonzalez 等，1999）。天然纤维的优点超过人造纤维，包括低密度、低成本、再循环能力和生物降解能力（Oksman 等，2003；Mohanty 等，2005；Baley，2002），这些优点使得天然纤维具有替代复合材料中的玻璃纤维的潜力。天然纤维（特别是亚麻、大麻、黄麻和剑麻）的机械性能非常好，而且在比强度和比模量方面可以与玻璃纤维相媲美（van Voorn 等，2001；van de Velde 和 Kiekens，2002），表 12-1 列出了一些天然纤维和人造纤维的机械性能。天然纤维增强复合材料可以被应用于整形外科、汽车和包装工业来降低材料成本（Frederick 和 Norman，2004）。

表 12-1　一些天然纤维和人造纤维的性能

纤维	密度/(g/cm³)	延伸率/(%)	拉伸强度/MPa	杨氏模量/GPa
棉	1.5～1.6	3.0～10.0	287～597	5.5～12.6
黄麻	1.3～1.46	1.5～1.8	393～800	10～30

续表

纤维	密度/(g/cm³)	延伸率/(%)	拉伸强度/MPa	杨氏模量/GPa
亚麻	1.4~1.5	1.2~3.2	345~1500	27.6~80
大麻	1.48	1.6	550~900	70
苎麻	1.5	2.0~3.8	220~938	44~128
剑麻	1.33~1.5	2.0~14	400~700	9.0~38.0
椰壳	1.2	15.0~30.0	175~220	4.0~6.0
软木牛皮纸	1.5	—	1 000	40.0
E-玻璃	2.5	2.5~3.0	2 000~3 500	70.0
S-玻璃	2.5	2.8	4 570	86.0
芳纶(常规)	1.4	3.3~3.7	3 000~3 150	63.0~67.0
碳(标准)	1.4	1.4~1.8	4 000	230.0~240.0

为了扩展复合材料中天然纤维的使用并改进性能，必须知晓纤维的特性。每种天然纤维的物理特性都很关键，包括纤维尺寸、缺陷、强度和结构。在使用该纤维以发挥其最大潜力之前，知晓每种天然纤维的几个物理特性很重要，必须考虑纤维尺寸、缺陷、强度、可变性、结晶度和结构。高强度和刚度可以通过强界面实现，这个界面非常脆且裂纹易于通过基体和纤维传播。从基体到纤维的应力传递效率可以通过弱界面降低。天然纤维改进的物理方法包括拉伸、压延、热处理和混杂纱线，物理处理方法改变纤维的结构和表面性能，因此，影响聚合物的机械连接，物理处理方法不会大幅度改变纤维的化学成分，所以，通常通过纤维和基体之间的机械连接的增加来增强界面。强极性的纤维素纤维由于其亲水性而本质上与疏水聚合物不相容。在很多情况下，可通过在两种不相容材料中引入第三种材料诱导其相容，第三种材料有两种不相容材料之间的中间性能。材料中有几种耦合机理（例如，弱边界层、可变性层、约束层、可浸润性、化学键合和羧基作用），为复合材料中使用偶联剂的键合机理制定明确的理论是一个复杂的问题，仅靠主要的化学键理论是不够的，所以，有必要考虑其他的概念，包括界面形态、界面中的羧基反应、表面能和浸润现象。

12.4　基体的种类

高温共混聚合物（HTPBs）通常在 $T \geqslant 140\ ℃$ 下使用，且在 $154\ ℃$ 时其性能保持在室温时的 25%，考虑到它们在军用、航空航天、运输、电子、卫生保健和燃油气工业等行业的应用范围不断扩大，它们需要具有良好的加工性、高机械性能、耐化学性、阻燃性等。FRPs 对内部损伤非常敏感，例如分层（特别）、基体裂纹和疲劳损伤，已经采取了几种方法来解决这些问题，其中包括：

1）通过环氧弹性体共混改进层间界面断裂韧性；

2）降低层间界面之间的弹性匹配不当（和应力集中）。

这些材料还缺乏其他所需的功能特性，例如用于静电消除和雷击保护的高导电性和导热性。目前，人们认为在聚合物中实现多功能特性的最佳途径是将其与纳米级填料混合，这是因为聚合物纳米复合材料的三个主要特性：

1）减少基体聚合物链纳米级限制；

2）变化的纳米无机填料性能（许多研究已经报道了几种无机纳米粒子的机械、传导性、光学、磁学、生物学和电性能明显的改变，当它们的尺寸从宏观尺度到微观尺度再到纳米尺度减小时）；

3）纳米粒子排列和大聚合物或粒子界面区域的建立。

复合材料被用于现代军用和民用飞机的机身及发动机构件，随着模压塑料和纤维聚合物复合材料被广泛应用在客机内饰和家具中，聚合物占到材料总体积的 40%～45%。

聚合物的另一个重要应用是作为胶粘剂连接飞机构件，不同类型聚合物的优点和缺点列在表 12-2 中。用聚合物胶粘剂无需紧固件（例如铆钉和螺钉）就可形成高强度、高耐久性的连接，胶粘剂通常用于连接金属-金属、复合材料-复合材料及金属-复合材料构件，例如，胶粘剂用于将肋条、翼梁和纵梁粘接到整个机身使用的结构面板的蒙皮上。胶粘剂也被用于粘接夹层结构复合材料的蒙皮与芯材，并且粘接修补复合材料和金属构件使用过程中的损伤。薄薄的胶粘剂层被用于将铝和纤维聚合物复合材料片粘接在一起来生产称作 GLARE 的纤维金属层压板，这类层压板被用在 A380 机身上。弹性体的使用通常仅限于飞机的非结构件，这些零部件要求有高的柔顺性和弹性，例如密封圈和衬垫。聚合物具有几种使其作为飞机材料有用的性能，包括低密度（$1.2～1.4$ g·cm^{-3}）、价格低廉、耐腐蚀性能优秀和高延展性（除了热固性树脂）。有些聚合物坚韧且透明，这使其适用于飞机窗户和机盖。然而，仅仅聚合物自身不能作为结构材料来使用，这是由其刚性低、强度低、蠕变和使用温度低所致。

表 12-2　飞机结构应用的聚合物优点和缺点比较 (Steyer, 2013)

热塑性树脂	热固性树脂	弹性体
优点		
无反应;无固化需求	低加工温度	低加工温度
快速加工	低粘度	高柔性和挠性
高柔性	良好的压缩性能	高断裂韧性
高断裂韧性	良好的耐蠕变性	高抗冲击性
高抗冲击性	高耐溶剂性	—
少许吸潮	复合材料中良好的纤维浸润性	—
缺点		
非常高的粘度	长加工时间	长加工时间
高加工温度(300～400 ℃)	低柔性	差的耐蠕变性
高加工压力	低断裂韧性	低杨氏模量

续表

热塑性树脂	热固性树脂	弹性体
差的耐蠕变性	低耐冲击性	低拉伸强度
—	吸湿	—
—	有限的保存寿命	—
—	不能循环	—

环氧树脂是飞机结构中最常用的热固性聚合物,用作飞机结构碳纤维复合材料的基体或连接和修补用的胶粘剂。环氧树脂的种类很多,环氧树脂的化学结构决定了其常用于航空航天复合材料。由于环氧树脂在固化过程中具有低收缩和低挥发物释放、高强度以及在炎热和潮湿环境中良好的耐久性,它是许多飞机应用中首选的聚合物。环氧树脂广泛用于飞机复合材料结构件中,但由于其耐火性能差,在内饰材料中使用不安全。大多数环氧树脂暴露在火中时易燃且释放出大量的热、烟和气体。美国联邦航空管理局(FAA)法规规定了火灾发生时内饰材料释放的热量和产生的烟的最大量的限制,大多数结构级环氧树脂不符合这个规范,酚醛树脂符合这个规范,并且客机内大多数内部配件、部件和家具都是由玻璃纤维-酚醛复合材料和模压酚醛树脂制成的(Muhammad 和 Mohini,2003)。与热固性树脂的大量使用相比,无论是作为纤维聚合物复合材料的基体还是作为结构胶粘剂,热塑性树脂在飞机中的使用都很少。一些航空航天工业部门热衷于增加复合材料中热塑性树脂的使用,并且一些应用正在明显增加。当热塑性树脂在复合材料中使用时,提供了几种优于热固性树脂的重要优点,特别是更好的耐冲击损伤性、更高的断裂韧性和更高的使用温度,但是,由于热塑性树脂必须在高温下加工,这使得它们制造飞机复合材料构件的成本高昂。有几种透明、坚韧和耐冲击的热塑性树脂,这使得它们非常适合于飞机窗户和机盖,飞机窗户中最常用的热塑性树脂是丙烯酸酯树脂和聚碳酸酯树脂。丙烯酸酯树脂是丙烯酸酯或其变体的聚合物或共聚物,飞机窗户中使用丙烯酸酯树脂的一个例子是甲基丙烯酸甲酯(PMMA),其商业销售的名称为 Plexiglas 和 Perspex 等,丙烯酸酯树脂比窗玻璃更轻、更强、更坚韧。聚碳酸酯这个名字的来源是由于他们是通过羰基(—O—(C═O)—O—)官能团连接在一起形成长分子链聚合物,聚碳酸酯比丙烯酸酯树脂更强、更韧,在需要高耐冲击的情况下使用,例如驾驶员座舱窗和机盖,在这些应用中,材料必须具有高耐冲击性,因为有鸟撞击的情况发生(见图 12-1)。尽管机鸟相撞在巡航阶段不会发生,但是在低高度下非常严重,特别是在飞机的起飞和降落阶段,聚碳酸酯风挡玻璃也可耐大冰雹撞击损伤。

弹性体由于缺乏刚度和强度,不适用于飞机结构,但是由于它们有非常高的弹性和 100%到几千百分比的断裂延伸率,这使得弹性体非常适合于低刚度和高弹性情况的使用,例如飞机轮胎、密封圈和衬垫。许多飞机构件需要用弹性体进行紧密封,例如窗户和门的密封。这些材料因其出色的弹性而被使用,它们可以被容易地压缩形成紧密封而不会损伤或永久变形。尽管弹性体通常作为密封圈和衬垫,其可以良好地工作,但是它们在恶劣的使用条件下能被逐渐地腐蚀和降解,例如高温。

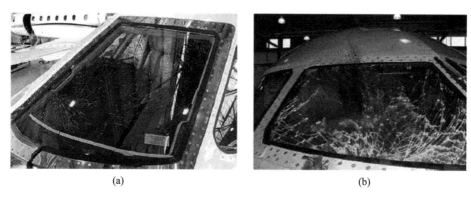

(a)　　　　　　　　　　　　　　　　　(b)

图 12-1　　(a) 冰雹损伤驾驶员座舱窗；(b) 鸟撞损伤飞机窗

12.5　绿色复合材料

　　FRPs 各种可销售和工业的应用包括飞机和空间飞行器、船舶和潜艇、卡车、铁路、汽车、结构和假肢，由于它们具有高比刚度和比强度，纤维增强聚合物复合材料已经长期用于航空航天工业，并且由于环境法规对轻型汽车制造的关注日益增加，在汽车上的应用正变得越来越广泛，其他值得注意的工程应用包括压力容器、废水管道和配件。波音公司强调了利用材料的机械性能并避免对航空航天应用的不合理过度规范的必要性，他们估计将一颗卫星送入轨道的成本为每磅 10 000 美元（约合每千克 12 500 英镑）。同样的概念，当考虑到生产和使用水平时，道路车辆高达 40% 的燃料消耗被认为归因于其惯性；惯性的影响在城市测试周期中尤为显著。随着环境压力的增加，一些汽车制造商希望更多地使用聚合物复合材料来减轻重量。在大批量生产行业中使用复合材料进行高效设计的另一个驱动力是基础材料的成本。由于复合材料具有与传统材料一样好的特性，NFCs 的使用已开始在工程应用中获得青睐，低密度、低成本、可再生性和环境友好性等都是最重要的特性。在过去，对 NFCs 进行了各种研究。因此，使用复合材料进行产品设计是一个极其重要的问题，了解复合材料的各种性能预测因素对设计来说势在必行。随着全球社会的不断发展，人们越来越重视确保我们的材料系统的可持续性，材料生产商越来越多地考虑诸如温室气体排放、隐含能源、毒性和资源枯竭等话题。由于石油资源的减少，源自可再生资源的绿色复合材料为公司、自然环境和最终客户带来了巨大的希望。汽车行业向更可持续建设的转变不仅是实现更可行的环境和成本效益的举措，也是欧洲法规的要求，后者在推动可持续材料使用方面发挥着重要作用。根据欧盟委员会发布的欧洲指南 2000/53/EG，到 2005 年，车辆重量的 85% 必须是可回收的。到 2015 年，这一可回收百分比增加到 95%（Mouritz，2012）。早在 1996 年，梅赛德斯-奔驰就在其 E 级汽车的门板上使用了环氧树脂基体，并在门板上添加了黄麻（Koronis 等，2013）。绿色复合材料应用的另一种范式出现在 2000 年，当时奥迪推出了 A2 中档汽车：车门饰板由混合亚麻-剑麻材料增强的聚氨酯材料制成。

　　使用植物纤维（纤维素）和改性淀粉和蛋白质等树脂制造的绿色复合材料已经在汽车内部得到证实，而在外部得到证实的例子很少。新型绿色复合材料已在众多研究中进行了测试，试图探索其在多种应用中的性能，绿色复合材料在汽车车身面板中的应用似乎是可行的，因为绿色复合材料具有与合成材料相当的机械性能，相反，由于其可分解的特性，绿色复合材料似乎也相当成问题。当以 100％生物基复合材料应用为目标时，尤其是在处理未来车辆外板的结构部件时，生物降解性问题是一个需要解决的问题。必须考虑更多方面，例如这些复合材料性能的可重复性以及它们作为外部车身部件的长生命周期。不幸的是，到目前为止，生物热塑性树脂的成本是其在汽车行业普遍使用的主要障碍，但预计这些材料的制造商很快将提供负担得起的解决方案，因为它们在工业规模应用中的需求无疑将倾向于将价格降低到更实惠的水平。这一趋势也可以逆转，因为环保解决方案的必要性可能会颠覆价值链，并对当前解决方案的环境影响定价。

12.6　天然纤维的局限性

　　天然纤维在复合材料中的应用除了带来的优势外，它们在性能、聚合物基体系统中的行为及其加工方面也存在缺陷。首先，天然纤维无法在给定年份提供一致的物理特性模式；根据可互换的阳光、雨水和土壤条件，这些特性可能因每个收获季节和/或收获区域而异。此外，即使在作物之间的相同栽培种群中，也可以令人惊讶地观察到这些变化。更准确地说，它们的特性主要取决于产地、它们从植物的哪部分（叶或茎）收获、植物的成熟度以及纤维如何以垫子或短切纤维、编织或非编织的形式被收获和预处理。与合成纤维对应物（玻璃纤维）相比，所有这些因素都会导致性能发生明显变化（Mohanty 等，2005）。此外，重要的参数是植物生长的土地类型、植物在生长过程中接受的水量、收获年份，最重要的是加工和生产路线的类型。解决这个问题的一种方法是混合不同批次收获的纤维，混合纤维可以对冲任何单一纤维作物的变异性。通过拥有多个纤维和收获物供应商，纤维比例可确保成品部件的性能相对一致（O'Donnell 等，2004）。或者，将转基因品种引入市场可以保证产品质量稳定（Brosius，2006）。天然纤维的另一个主要负面问题是它们与几种聚合物基体的相容性差，这可能导致纤维在基体内不能均匀分散，它们的高湿度敏感性导致机械性能显著降低和分层。此外，低抗微生物性和对腐烂的敏感性也是限制因素，特别是在运输和长期储存期间，以及在复合材料加工期间（Mougin，2006）。与木材复合材料的情况类似，天然纤维和树脂就像油和水，因为它们不能很好地混合。由于大多数聚合物，尤其是热塑性树脂，是非极性（"疏水性"或排斥水）物质，并且与极性（"亲水性"或吸水性）木纤维不相容，因此可能导致聚合物和纤维之间的粘接性能弱（Bismarck 等，2005）。为了提高生产过程中增强材料和热塑性基体之间的亲和力和粘接性，必须使用化学"偶联"或"相容"剂（Mougin，2006；Bismarck 等，2005；Ashori，2008）。化学偶联剂是一种物质，通常是聚合物，处理表面时使用量较少，可使处理过的表面和其他表面之间的结合增强。纤维使用的另一个主要缺点是所需的加工温度低（即它们具有有限的热稳定性），允许的最高温度位为 200 ℃，超过这个限度，纤维开始降解和收缩，从而导致复合材料的性能降低。一般来说，当纤维受热时，发生的物理和/或化学结构变化是解聚、水解、氧化、脱水、脱羧和重结晶（Kim 等，2006），这限制了可以与之混合的树脂的种类（Ashori，2008），为了避免这种加工缺陷，必须限制温度范围和加工时间（Mo 等，2005）。

12.7　改性技术

在过去 40 年中，航空航天领域使用聚合物复合材料的过程中，设计师和制造工程师已经从相对较小、负载较轻的部件和结构部分（例如副翼和整流罩）发展到承受重压的关键部件（例如波音-787 空中客车 A400 M 和新型空中客车 A350 飞机的主机翼和机身），这些部件由高达 50%（A350 为 53%）的碳纤维增强聚合物复合材料（按飞机重量计）构成，其中主机翼和机身主要由复合材料制成。高纤维体积对于良好的飞机结构性能至关重要，同样重要的是，纤维和树脂在整个组件中的分布是均匀的。为了说明，用于计算纵向模量的简单混合规则（ROM）方法属于材料力学范畴，平行于纤维方向的纵向弹性模量（E_L）由下式给出

$$E_L = E_f V_f + E_m (1 - V_f) \tag{12-1}$$

式中，V_f 是复合材料中纤维的体积分数；E_f 是纤维的模量；E_m 是树脂的模量。

航空航天热压罐预浸料构件的典型 V_f 值约为 54%，航空航天树脂传递模塑（RTM）构件的典型 V_f 大约为 57%，一些新的树脂灌注和先进的拉挤成型工艺可能超过 60%。虽然简单的 ROM 方法预测性能会随着 V_f 的增加而增加，但实际上一些重要的材料特性，如冲击强度后的压缩强度，随着树脂含量不足以支撑纤维而开始降低（Wielage 等，1999）。与复合材料制造相关的主要困难之一是在浸渍和固化过程中形成空隙（McIlhagger 等，2014）。随着这些气态空隙被困在基体中，可以在基体中形成应力集中。这些可能源于多种方式，包括：

1）树脂按照比例混合期间；

2）较复杂形状构件中空腔填充期间；

3 由于织物增强体本身的复杂性，因为空气会被困于织物结构的空隙中，当使用粗纱（或麻的粗纤维）或使用复合材料三维（3D）结构时，这些是特别明显地，并且大多是在模具-复合材料界面产生孔隙；

4）发生在热固性树脂固化时的复杂化学反应期间，当释放挥发性气体时，并且挥发性气体在树脂交联过程变成胶囊（Lowe 等，1995）。

制造工艺类型和树脂或纤维系统的选择将受到飞机不同部件所需的特定特性的影响，高纤维强度和刚度与低密度相结合是对飞机结构所有部件的明显通用要求，使用单向预浸料叠层与高压釜固化相结合生产的复合材料可以最好地实现这些性能。通过预浸料技术实现的高复合材料刚度和强度，加上成分的低密度，使得以这种方式制造的部件适用于机翼

和机身结构。如果纤维体积分数低，压缩性能会明显降低。因此，放置在压缩载荷下的上机翼蒙皮和部分翼梁结构将最受益于使用纤维分布控制良好的单向预浸材料。

正如本章所述，制造飞机上的聚合物复合材料的早期示例通常是使用预浸料和手动铺层技术，然后进行高压釜固化。该工艺可以生产具有直纤维、高且均匀的体积分数以及无空隙和孔隙的复合材料。这样的复合材料因此实现了最佳的刚度和静态强度。虽然生产成本可能与铝在有限的生产运行中具有竞争力，但通过这种劳动密集型路线制造复合材料结构的成本通常高于铝。复合材料在比刚度和比强度方面的性能优势必须与增加的制造成本进行权衡。因此，人们越来越关注通过降低材料和制造工艺的成本来降低复合材料零件的成本（McIlhagger 等，2014）。飞机的预浸料生产工艺可以达到最佳性能，但成本相对较高，已经开发了替代的低成本工艺，例如真空辅助树脂传递模塑，尽管它们在韧性、全厚度性能和抗冲击性等某些方面具有卓越的性能，但它们的能力尚未达到预浸料路线构件性能级别。虽然飞机上的小尺寸、轻应力部件可以通过各种低成本技术制造，但现有和计划中的飞机主机翼、机身和尾翼的主要飞机结构构件都是完全使用预浸料作为起始材料和高资本成本的机器人铺层和高压釜技术来处理它。除非原材料和加工成本可以降低，否则复合材料的好处只能在有限的飞机类型上实现（Wielage 等，1999）。

12.8　性能预测：影响因素

航空航天应用中的轻质结构主要由聚合物基复合材料制成。结构尺寸和形状以及它的用途（例如，作为飞机中的主要或次要结构）决定了制造工艺的选择。尽管早期的国防航空应用主要是性能驱动，但今天制造成本越来越受到关注。因此，必须重新审视"无缺陷"结构的传统设计方法。事实上，没有一种结构是没有缺陷的；可测量缺陷的低阈值本质上定义了"无缺陷条件"。如果要管理制造成本（即以受控方式降低），则必须评估缺陷的影响。这需要基于力学的知识库来描述缺陷的特征并量化它们对特定性能的影响。降低制造成本还需要使用可以改变的参数来量化制造过程以最小化成本。

空隙是最常见的基体缺陷类型，几乎在所有 PMC 零部件中都存在，无论是通过热压罐、液体模压还是 RTM 成型工艺制造。空隙的形成在一定程度上可以通过制造工艺参数来控制，例如真空压力、树脂粘度、固化温度和固化压力，例如，与此相关的一项研究（Harries 等，2002），在 RTM 工艺中研究了玻璃环氧树脂圆盘中的空隙形态和空间分布，其中树脂在压力下注入到含有纤维束预制件的模具中，发现这些空隙的大小、形状和空间位置各不相同。如本文所述，纤维缺陷是纤维未对准和波纹以及断裂。在复合材料中，假定纤维是笔直的、平行的并按预定方向排列，由于未对准和波纹导致的偏差会降低初始性能，特别是压缩强度和刚度，并导致飞机服役的设计极限载荷和设计极限载荷能力的降低。对轴向压缩下单向复合材料中纤维波纹影响的研究（Hamidi 等，2004；Hsiao 和 Daniel，1996）表明，由于这种缺陷，刚度和强度严重降低，应力分析和实验观察表明，由于纤维波纹而产生的层间剪切应力是造成分层和随后失效的原因。

　　Toldy 等人（2011）研究了纤维增强环氧树脂的阻燃性能，就涉及的系统阻燃性能来说，含有碳纤维的树脂导致阻燃性能明显提高。在有阻燃剂系统的情况下，树脂和复合材料都可以获得出色的 LOI 和 UL－94 效果；关于热释放效果，同时使用阻燃剂和碳纤维不会导致改进以添加剂为基础的预期结果，这是由于增强碳纤维层引起的受阻膨胀（Toldy 等，2011）。

12.9　聚合物和聚合物复合材料的应用

　　用于粘接飞机构件和夹层结构复合材料的胶粘剂通常是热固性树脂，例如环氧树脂。胶粘剂在固化过程中必须有低的收缩性，避免在粘接中形成残余拉伸应力。正确的表面处理对于确保使用聚合物胶粘剂实现高强度和持久的粘接至关重要。聚合物的机械性能不如航空结构金属，它们的使用仅限于相对低温的应用。聚合物在加热过程中从坚硬的玻璃状态转变为柔软的橡胶状态，最高工作温度由热变形温度或玻璃化转变温度定义。

　　聚合物通常含有用于特殊功能的添加剂，例如颜色、韧性或防火。雷达吸收材料（RAMs）是一类特殊的聚合物，可将雷达（电磁）能量转换为其他形式的能量（例如热量），从而提高军用飞机的隐身性，RAM 必须与其他隐身技术一起使用，例如对飞机形状进行设计调整以最小化雷达横截面。飞机结构构件常常由硬塑料组成的纤维聚合物复合材料制成，用预浸料和 RTM 工艺成型。Celanese 补充说，该工艺的最大缺点是基体固化所需的大量硬化时间。FIBER 使用包含额外嵌入热塑性纤维以及碳纤维的预浸料来为窗框提供结构，这些预浸料经过加工以形成结构嵌体预成型件——由多轴纤维嵌体制成的版本用于缩短循环时间。FIBER 还生产了定制的平行纤维排布预制件，以实现精确的纤维对齐，针织和纬纱纤维的基体是在随后的变温压机中固化形成的。在这个过程中，预浸料中的 Fortron PPS 纤维确保了均匀的基体分布。固化后，结构嵌体被喷涂短纤维增强的 Fortron PPS，以形成完整的硬化结构或功能单元，这将更难以使用连续纤维增强材料来实现。热成型和注射模压成型工艺的结合使其更具成本效益，并允许在更短的时间内实现更高的产量（Anderson 和 Pratschke，2014）。

12.10　结语

　　纤维增强复合材料由于其重量轻且机械性能优越，如今在航空航天工业中变得非常重要。不幸的是，由于在其使用寿命结束时难以回收或不可生物降解，经典的纤维增强聚合物通常会带来相当大的环境问题，这主要是因为混合了各种通常非常稳定的纤维和基体。相比之下，天然纤维和生物复合材料由于其可生物降解性而具有可观的环境效益，并且由于其低成本和高特定机械性能，在航空航天工业（主要是飞机内部部件）中具有未来前景。然而，与它们较差的耐热性和耐火性、吸水性、可降解性、性能的可变性以及它们可靠的预测工具相关的问题必须在未来得到解决，以实现成功的航空航天应用。

参 考 文 献

［1］ Alonso - Martin，P. P.，Gonzalez - Garcia，A.，Lapena - Rey，N.，Fita - Bravo，S.，Martinez - Sanz，V.，Marti - Ferrer，F.，2012. Green aircraft interior panels and method of fabrication. US 20120148824 A1.

［2］ Anandjiwala，R.，Chapple，S.，John，M.，Schelling，H. - J.，Doecker，M.，Schoke，B.，2013. A Flame - Proofed Artefact and a Method of Manufacture Thereof. Published PCT Patent Application：WO2013/084023.

［3］ Anderson，C.，Pratschke，K.，2014. Fibre - reinforced composites used for cost effective aerospace window frames. Reinforced Plastics 58（1）. http：//dx. doi. org/10. 1016/S0034 - 3617（14）70013 - X.

［4］ Ashori，A.，2008. Wood - plastic composites as promising green - composites for automotive industries! Bioresource Technology 99，4661 - 4667.

［5］ Baley，C.，2002. Composites A：Applied Science and Manufacturing 33，939.

［6］ Bismarck，A.，Mishra，S.，Lampke，T.，2005. Plant fibers as reinforcement for green composites. In：Mohanty，A. K.，Misra，M.，Drzal，T. L.（Eds.），Natural Fibers，Biopolymers，and Biocomposites. Crc Press - Taylor & Francis Group，Boca Raton.

［7］ Brosius，D.，2006. Natural fiber composites slowly take root. Composites Technology 12（1），32 - 37.

［8］ Frederick，T. W.，Norman，W.，2004. Natural Fibers Plastics and Composites. Kluwer Academic Publishers，New York.

［9］ Guigon，M.，Klinklin，E.，1994. The interface and interphase in carbon fibre - reinforced composites. Composites 25（7），534 - 539.

［10］ Hamidi，Y. K.，Aktas，L.，Cengiz Altan，M.，2004. Formation of microscopic voids in resin transfer molded composites. Transactions ASME Journal of Engineering Materials and Technology 126，420 - 426.

［11］ Harries，C.，Starnes，J.，Stuart，M.，2002. Design and manufacturing of aerospace composite structures：state - of - the - art assessment. Journal of Aircraft 39，545 - 560.

［12］ Hill，B. J.，McIlhagger，R.，1999. Resin impregnation and prediction of fabric properties. In：Miravete，A.（Ed.），3D Textile Reinforcements in Composite Materials. Woodhead Publishing Limited，Cambridge（UK），p. 7.

［13］ Hsiao，H. M.，Daniel，I. M.，1996. Effect of fibre waviness on stiffness and strength reduction of unidirectional composites under compressive loading. Composites Science and Technology 56，581 - 593.

［14］ Kim，J.，Yoon，T.，Mun，S.，Rhee，J.，Lee，J.，2006. Wood - polyethylene composites using ethylene—vinyl alcohol copolymer as adhesion promoter. Bioresource Technology 97，

494 - 499.

[15] Koronis, G. , Silva, A. , Fontul, M. , 2013. Green composites: a review of adequate materials for automotive applications. Composites Part B: Engineering 44 (1), 120 - 127.

[16] Kuttner, C. , Hanisch, A. , Schmalz, H. , Eder, M. , Schlaad, H. , Burgert, I. , Fery, A. , 2013. Influence of the polymeric interphase design on the interfacial properties of (fiber - reinforced) composites. ACS Applied Materials and Interfaces 5 (7), 2469 - 2478.

[17] Lasri, L. , Nouari, M. , El Mansori, M. , 2011. Wear resistance and induced cutting damage of aeronautical FRP components obtained by machining. Wear 271, 2542 - 2548. http://dx. doi. org/ 10. 1016/j. wear. 2010. 11. 056.

[18] Lowe, J. R. , Owen, M. J. , Rudd, C. D. , 1995. Void formation resin transfer molding. In: Proceedings of the 4th International Conference on Automated Composites, ICAC95. Institute of Materials, Nottingham, pp. 227 - 234.

[19] McIlhagger, A. , Archer, E. , McIlhagger, R. , 2014. Manufacturing processes for composite materials and components for aerospace applications. Polymer Composites in the Aerospace Industry 53.

[20] Mo, X. Q. , Wang, K. H. , Sun, X. Z. S. , 2005. Straw - based biomass and biocomposites. In: Mohanty, A. K. , Misra, M. , Drzal, T. L. (Eds.), Natural Fibers, Biopolymers, and Biocomposites. Crc Press - Taylor & Francis Group, Boca Raton, pp. 473 - 495.

[21] Mohanty, A. K. , Misra, M. , Drzal, T. L. , Selke, S. E. , Harte, B. R. , Hinrichsen, G. , 2005. Natural fibers, biopolymers, and biocomposites: an introduction. In: Mohanty, A. K. , Misra, M. , Drzal, T. L. (Eds.), Natural Fibers, Biopolymers, and Biocomposites. Crc Press - Taylor & Francis Group, Boca Raton, pp. 1 - 36.

[22] Mohanty, A. K. , Misra, M. , Drzal, L. T. (Eds.), 2005. Natural Fibers, Biopolymers, and Biocomposites. CRC Press.

[23] Mougin, G. , 2006. Natural Fibre Composites—Problems and Solutions. JEC Composites Magazine [cited (25)]. http://www. jeccomposites. com/news/compositesnews/challengenatural - fibres - composite - reinforcement.

[24] Mouritz, A. , 2012. Introduction to Aerospace Materials. Royal Melbourne Institute of Technology. Woodhead Publishing, Australia, ISBN 978 - 1 - 85573 - 946 - 8.

[25] Muhammad, P. , Mohini, M. S. , 2003. Resources, Conservation and Recycling 39, 325.

[26] O'Donnell, A. , Dweib, M. A. , Wool, R. P. , 2004. Natural fiber composites with plant oilbased resin. Composites Science and Technology 64, 1135 - 1145.

[27] Oksman, K. , Skrifvars, M. , Selin, J. F. , 2003. Natural fibers as reinforcement in poly lactic acid composites. Composites Science and Technology 63, 1317.

[28] Phil, E. , Soutis, C. (Eds.), 2014. Polymer Composites in the Aerospace Industry. Elsevier.

[29] Rana, A. K. , Mandal, S. , Bandyopadhyay, S. , 2003. Composites Science and Technology 63, 801.

[30] Ray, B. C. , Rathore, D. , 2014. Durability and integrity studies of environmentally conditioned interfaces in fibrous polymeric composites: Critical concepts and comments. Advances in Colloid and Interface Science 209, 68 - 83.

[31] Ray, B. C. , 2004. Effects of crosshead velocity and sub - zero temperature on mechanical behaviour

of hygrothermally conditioned glass fibre reinforced epoxy composites. Materials Science and Engineering A 379 (1)，39 – 44.

[32] Sethi，S.，Ray，B. C.，2015. Environmental effects on fibre reinforced polymeric composites: evolving reasons and remarks on interfacial strength and stability. Advances in Colloid and Interface Science 217，43 – 67.

[33] Shrive，N. G.，2006. The use of fibre reinforced polymers to improve seismic resistance of masonry. Construction and Building Materials 20 (4)，269 – 277.

[34] Singleton，A. C. N.，Baillie，C. A.，Beaumont，P. W. R.，Peijs，T.，2003. Composites B: Engineering 34，519.

[35] Steyer，T. E.，2013. Shaping the future of ceramics for aerospace applications. International Journal of Applied Ceramic Technology 10 (3)，389 – 394.

[36] Taylor，A.，July/August 2000. RTM material developments for improved processability and performance. SAMPE Journal 36 (4)，17 – 24.

[37] Toldy，A.，Szolnoki，B.，Marosi，Gy，2011. Flame retardancy of fibre – reinforced epoxy resin composites for aerospace applications. Polymer Degradation and Stability 96，371 – 376.

[38] Valadez – Gonzalez，A.，Cervantes – Uc，J. M.，Olayo，R.，1999. Effect of fiber surface treatment on the fiberematrix bond strength of natural fiber reinforced composites. Composites Part B: Engineering 30 (3)，309 – 320.

[39] van de Velde，K.，Kiekens，P.，2002. Journal of Applied Polymer Science 83，2634.

[40] van Voorn，B.，Smit，H. H. G.，Sinke，R. J.，de Klerk，B.，2001. Composites A: Applied Science and Manufacturing 32，1271.

[41] Wielage，B.，Lampke，T.，Marx，G.，Nestler，K.，Starke，D.，1999. Thermogravimetric and differential scanning calorimetric analysis of natural fibres and polypropylene. Thermochimica Acta 337，169 – 177.

[42] Williams，J. G.，1989. The fracture mechanics of delamination tests. Journal of Strain Analysis for Engineering Design 24 (4)，207 – 214.

第 13 章　航空航天工程碳-碳复合材料

C. Scarponi

（"拉萨皮恩扎"罗马大学，意大利罗马）

13.1　绪　论

碳-碳（C-C）复合材料是一类先进的复合材料，它们是碳的最先进形式，由基于碳前驱体纤维嵌入碳基体和碳纳米管（CNTs）嵌入碳基体组成。这些材料有不同的形状可供选择，从一维到 n 维（见图 13-1），根据所用原材料（纱、带、织物和编织预制体等）而定，因此，C-C 复合材料的性能可依赖应用需求进行定制。C-C 复合材料最初是为航空航天应用而开发，如今在陶瓷基复合材料中处于领先地位，具有各种特性和应用领域。

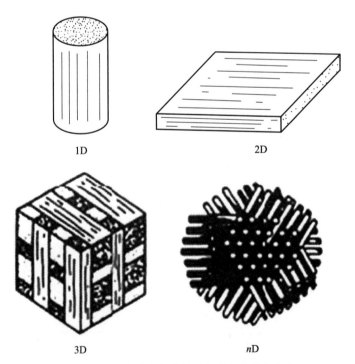

图 13-1　各种形态的碳纤维和碳基体复合材料

（摘自：Buckley, J. D., Edie, D. D., 1993. Carbon-Carbon Materials and Composites. Noyes Publications, Park Ridge, NJ, USA.）

本章重点介绍 C-C 复合材料的低密度、高导热性和优异力学性能，而且在高温下仍具有这些优异性能。这些材料不仅是飞行器刹车材料、火箭喷管和再入飞行器鼻锥的理想材料，而且是最常见应用领域如机械工业和生物工程的理想材料。此外，C-C 复合材料在惰性气氛下能保持良好的化学稳定性，相反，在氧化环境下，C-C 复合材料经受严重的氧化，材料特性大幅度下降。因此，必须为 C-C 复合材料提供防护，本章也将对此进行讨论。

C-C 复合材料研究开始于美国空军牵头负责的波音公司 X-20 "代纳索" 计划 (1957～1963 年)，此军事计划目的是开发一种多任务航天器，可用于侦察、轰炸、修复或摧毁卫星等，该计划在建造第一个原型机之前就被放弃了。20 世纪 60 年代末期，碳纤维技术得到加速发展，作为一种创新的高性能材料用于航天结构制造。

在 20 世纪 70 年代中期，C-C 复合材料在美国和欧洲被广泛应用于波音-757 和波音-767 零部件的制造，在这些应用中，碳纤维嵌入在环氧树脂基体中。C-C 复合材料也广泛应用在发射领域，作为 NASA 阿波罗宇宙飞船隔热系统和许多热防护系统的一部分，比如用于航天飞机计划中使用的系统，在这些应用中，增强材料以机织织物形式使用，基体由酚醛树脂热解制备 (Buckley 和 Edie，1993)。

如本章所述，C-C 复合材料由碳纤维或 CNTs 嵌入碳质基体中组成。CNT 增强碳质基体技术将在 13.5 节进行论述。这些材料是将传统纤维增强复合材料高比强度、高硬度、高面内韧性的优点和陶瓷材料的难熔性结合在一起，难熔材料能够在高温下保持其力学和化学性能。ASTM C71 将这类材料定义为："具有化学和物理特性的非金属材料，可应用于暴露在 1 000 °F (811 K，538 ℃) 环境下的结构或系统部件"。

C-C 复合材料在高温下力学性能的保持性优于其他任何材料，因此作为结构材料被开发用于航天飞机防热罩、火箭喷管和航空刹车系统，就大量消费而言，C-C 复合材料主要的应用还是在高性能刹车系统。C-C 复合材料不仅应用于航天领域，还应用于其他领域，比如发动机难熔材料构件、热压模具和加热元件、高温紧固件、衬垫和管道防护涂层、玻璃工业的流道等。C-C 复合材料在能源领域也有极大的应用潜力，可用作燃料电池和蓄电池极板 (Manocha，2003)。

由于其生物相容性和化学惰性，C-C 复合材料在医学领域也有很好的应用前景 (Savage，1993)。特别是，在对实验仍非常开放的自然骨骼替代领域：多种不同的生物材料已被用作有成效的骨科植入物，包含高分子、金属、陶瓷和复合材料。现在，C-C 复合材料因其独特的性能被认为是最有前途的骨科植入物人工材料，特别是与金属植入材料相比，C-C 复合材料的弹性模量更接近自然骨骼 (Leilei 等，2013)。

13.2　C-C 复合材料概念

C-C 复合材料由碳纤维和碳基体组成，尽管这两种组分的元素相同，但两种组分中元素可以为从碳到石墨不同的形态，因此并不能简化复合材料的性能。结晶形碳，即石墨，由结合很强的六边形排列的碳层组成，碳层间由微弱的范德华力结合（见图 13 - 2），层与层之间的结合力约为 7 kJ/mol。单晶石墨结构（六边形）的碳原子间由很强的共价键结合，键合能约为 524 kJ/mol，导致石墨晶体在层面内呈准各向同性，在与层面正交方向呈强烈的各向异性。

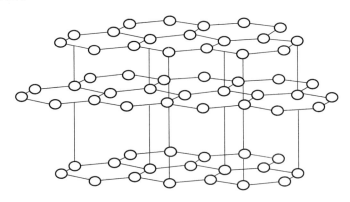

图 13 - 2　由弱范德华力结合的六方碳层（Buckley 和 Edie，1993）

除了它的两种规整同素异形体（钻石和石墨）外，在很大程度上，碳存在很多准晶态结构形式，连续地从非定形碳、玻璃碳到高度结晶石墨。各向异性石墨单晶包含许多碳结构形式，它受到晶粒择优取向的程度和孔隙等因素的影响。这种各向异性能够形成多种材料性能，这正是碳材料所被利用的，在 C - C 复合材料中，这种晶体特性能够扩展到碳纤维和碳基体两种组分中。

考虑到制备 C - C 复合材料的微观结构的可变性、基本材料和不同的制备工艺（将在下文中描述），就很容易理解这类材料具有的高设计灵活性和高的性能。实际上，C - C 复合材料的性能受到许多额外因素的强烈影响，从纤维方面来讲，纤维组分可以由短纤维、长纤维、单向带、双向带或织物材料（二维或三维）组成。

纤维的性能可以在很大范围内变化，这取决于有机前驱体和碳化工艺过程。纤维前驱体是人造丝（目前实际未采用）、聚丙烯腈（PAN）和沥青（石油处理后的残余物）。PAN 前驱体制备碳纤维的性能优于人造丝碳纤维，根据工艺的不同，可以制备出低模量、中模量或者高模量的纤维。

而且，纤维体积分数越高，材料的力学性能越高，最高可提升 60%。

碳纤维和石墨纤维的生产工艺过程是相同的：将施加预张紧力的 PAN 前驱体纤维在高温（约 1 600 ℃）惰性气氛下碳化，并在较高温度（约 2 600 ℃）下石墨化，分别得到高强度和高模量纤维。相比之下，沥青前驱体生产碳纤维工艺略有不同。该工艺与玻璃纤维的生产工艺类似：熔化、细丝生产、无张力碳化。图 13 - 3 描述了这两种工艺过程。

纤维体系结构可以分为四类：离散型、连续型、平面交织型（2D）和完全集成型（3D）结构（见图 13 - 4 和图 13 - 5），表 13 - 1 总结了不同级别纤维体系结构的性质。

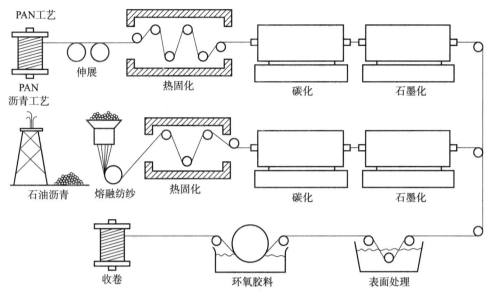

图 13-3　PAN基和中间相沥青基前驱体碳纤维制备工艺

（摘自：Buckley，J. D. ，Edie，D. D. ，1993. Carbon - Carbon Materials and Composites.

Noyes Publications，Park Ridge，NJ，USA. ）

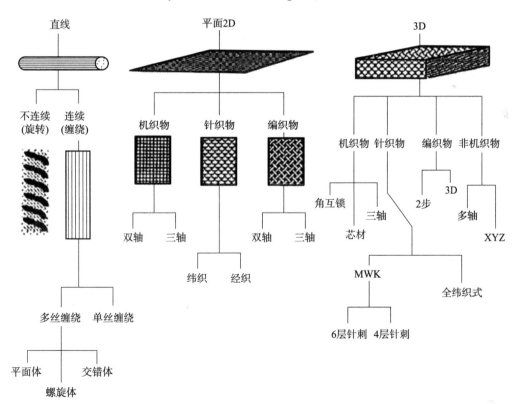

图 13-4　纤维体系结构分类

（摘自：Buckley，J. D. ，Edie，D. D. ，1993. Carbon - Carbon Materials and Composites.

Noyes Publications，Park Ridge，NJ，USA. ）

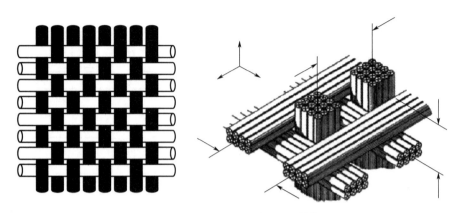

图 13 - 5　双向织物纤维和 3D 结构

（摘自：Savage，G. （Ed.），1993. Carbon - Carbon Composites，Chapman & Hall. ）

表 13 - 1　复合材料的纤维体系结构

级别	增强体系统	纺织结构	纤维长度	纤维方向	纤维缠结
I	离散的	短切纤维	不连续	无控制	无
II	直线的	丝束	连续	线性	无
III	片状的	简单织物	连续	平面	平面
IV	完整的	先进织物	连续	3D	3D

摘自：Buckley，J. D. ，Edie，D. D. ，1993. Carbon - Carbon Materials and Composites. Noyes Publications，Park Ridge，NJ，USA.

　　基体可以通过有机前驱体（通常是树脂）的碳化得到，碳化工艺的温度保持在 800～1 500 ℃ 之间。C - C 并不是单一的物质，而是一组物质，其中有许多化合物还有待认识和评价。这类复合材料的成本非常高，这一点很容易理解，在资源合理的情况下可以考虑使用这类材料（Buckley 和 Edie，1993）。

13.3　C - C 复合材料制备

　　C - C 复合材料通常利用两种不同的技术制造：

1）热固性和热塑性有机基体的热解碳化；

2）碳氢化合物气体的化学气相沉积（CVD）。

基体裂解产生两个重要问题：

1）材料体积减小产生的收缩和孔隙；

2）材料热膨胀系数（CTEs）差异导致基体-纤维界面处产生残余应力和裂纹。

　　上述问题，以及有机基体的内在质量差异，会产生一个重要的后果：即在热解结束时，碳基体的含量和分布通常不能达到令人满意的效果。因此，为保证该技术生产零件的质量，有必要进一步进行新的浸渍和热解循环。这种工艺方法非常耗时，而且成本很高（Buckley 和 Edie，1993）。

13.4　化学气相沉积

　　复合材料的制造需要在纤维预制体内部和周围沉积所需的基体材料，纤维形态可以构造成从单向结构到多向结构的垫或织物预制体，纤维预制体的多孔结构内必须由基体填充，而且基体的沉积必须均匀。CVD 过程必须提供反应物通过预制体边界的扩散，向孔隙内均匀渗透，最后是吸附作用和正确的反应。对扩散速率和固结复杂机制的深入论述不在本书范围之内。

　　在 CVD 过程中，固体产物（基体）通过气相物质的分解或反应在基底（加热的纤维预制体）上形核并生长。将产品预制体放置在炉子内，预制体内孔隙用碳氢化合物气体在高温（约 1 250 ℃）下热解形成的热解碳填充，这在原理上看起来很简单，但在实际中其结果是非常复杂的，通常利用甲烷或丙烷作热解气体。

　　由于基体是一层一层沉积形成的，从而保证纤维-基体结合良好，并减少了结构内部缺陷数量，因此，CVD 比其他途径制备的复合材料具有更好的性能。该工艺的另一个优点是，它也可用于沉积防氧化涂层和抑制剂等无碳材料，然而，CVD 是一个极其缓慢和昂贵的过程，需要相当高的操作技能和精细的加工，在商业操作过程中，通常需要在理想的系统和经济上可行的碳沉积速率系统之间做出妥协。CVD 工艺基本上可以用三种不同的方法进行，如图 13 - 6 所示：等温法、热梯度法和压力梯度法。CVD 方法能够产生更好的力学性能，但缺点是需要较高的时间和成本，可是，技术的选择在很大程度上还是取决于应用（Savage，1993）。

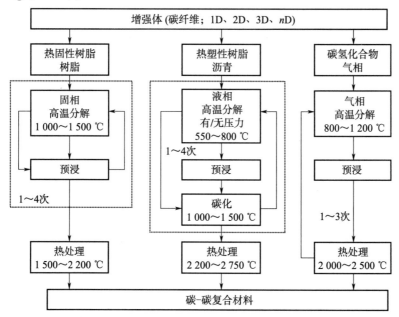

图 13 - 6　C - C 复合材料制备工艺

（摘自：Manocha, L. M., February/April 2003. High performance carbon - carbon composites. Sadhana 28 (Parts 1 & 2), 349 - 358. ）

13.4.1　等温法

　　等温法工艺是将纤维预制体放置于高温炉内，并使反应气体穿过预制体的技术（见图 13-7），扩散可以从孔隙内或孔隙外开始，重要的是要保持预制体表面反应速率低于扩散速率，否则，在完全反应发生之前，气孔会被封住产生闭孔。因此，材料重量增加的速率非常缓慢，而且沉积工艺时间很长。另外，随着孔隙率的降低，材料的增密速率也会降低，材料很难实现完全致密化。图 13-8 显示了多孔 C-C 坯体（固体以使试样成形）在 BF_3-NH_3（BN，见 Savage，1993）沉积气氛下致密化过程中增重质量百分数随时间变化关系。可以明显看出，随着时间的推移，材料质量增加量减少，直到它达到一个渐近值。

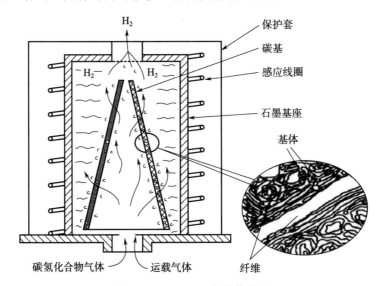

图 13-7　CVD 工艺的等温法

（源自：Buckley，J. D.，Edie，D. D.，1993. Carbon-carbon Materials and Composites.

Noyes Publications，Park Ridge，NJ，USA.）

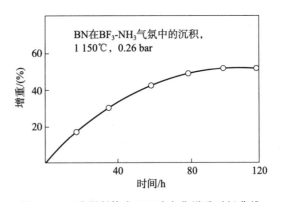

图 13-8　碳预制体中 BN 致密化增重时间曲线

（摘自：Savage，G.（Ed.），1993. Carbon-Carbon Composites，Chapman & Hall.）

这意味着等温法工艺参数需要在以下两种条件之间做出好的折中选择：考虑沉积速率，并在经济可行的条件下获得致密的材料。尽管等温法工艺有其局限性，但仍广泛应用于 C-C 复合材料的生产，在需要同时生产不同零件的情况下，可以选择使用大的炉子进行生产。

实际中，C-C 结构的成型时间高达一周；事实上，成型开始于第一个沉积，然后零部件从高温炉中移出并且机加工打开孔表面的封闭层，之后，零部件被放入高温炉中重新沉积并再致密化。这种循环可能被重复三次或者四次，零部件大约需要一个月才能为客户准备好。

13.4.2　热梯度法

在热梯度法中（见图 13-9），纤维预制体由一般固体石墨制成的心轴支撑，对心轴进行感应加热。有时，纤维预制体通过长丝缠绕工艺制成。基材最热的部分是与加热的心轴直接接触的内表面，外表面暴露在相对温度较低的环境中：这就导致在基材厚度方向产生一个温度梯度。该工艺可以消除表面结壳问题，因为在接近心轴加热纤维上的沉积速率较大，而在较外侧纤维上沉积量很小或不发生沉积。在适当的渗透条件下，热解碳首先在内表面沉积，致密化的基材本身将被感应加热，沉积过程成为沿厚度方向辐射向前推进的连续过程。渗透过程通常在大气压力下进行，心轴加热直到温度达到 1 100 ℃ 左右。

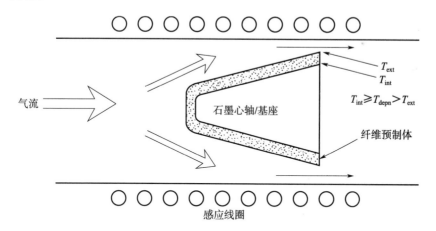

图 13-9　热梯度法示意图

（摘自：Savage，G. (Ed.)，1993. Carbon-Carbon Composites，Chapman & Hall.）

控制该工艺过程的两个主要参数是预制体的热导率和气体流速，最佳参数组合是低的热导率和高的气体流速。从实验的角度来看，1 cm 厚度能够获得 500 ℃ 的温度梯度。相对于等温法，热梯度法允许相当高的沉积速率，该工艺的缺点是每次只能沉积一个产品。

13.4.3　压力梯度法

压力梯度法依赖于前驱体气体混合物通过纤维预制体孔隙的强制流动，纤维预制体密封在气密单元内，用普通加热方式进行加热（见图 13-10）。纤维预制体对气体流动的阻力产生压力梯度，在这个过程中，沉积速率随着时间的增加而增加，这是由于孔隙被填满后压力梯度将增大，这与本章之前描述的过程正好相反，沉积速率与气体穿过预制体的压降成正比关系。

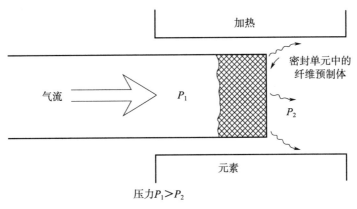

图 13-10　压力梯度法示意图

（摘自：Savage，G.（Ed.），1993. Carbon-Carbon Composites，Chapman & Hall.）

虽然取得了如此重要的成果，然而压力梯度法存在严重的缺点：

1）该工艺仅限制于单件生产；

2）密封元件必须具有高的抗高温和高压性能；

3）可能出现气孔堵塞；

4）为确保深入致密，需进行必要的块切除和表面加工。

这就是该工艺方法不适合于商业应用的原因（Savage，1993）。

13.5　从 CNTs 制备的 C-C 复合材料

CNTs 是 Sumio Iijima 在 1991 年发现的一种管状同素异形碳材料（Monthioux 和 Kuznetsov，2006），CNTs 的直径是纳米级的，范围从 <1 nm 到 50 nm，其长度不超过几微米（Wang 等，2009）。目前，CNTs 主要有两种：单壁碳纳米管（SWCNTs）和多壁碳纳米管（MWCNTs），如图 13-11 所示，由于它们具有较高的导热性和导电性以及力学性能，因此广泛应用于纳米技术、电子学、光学和结构领域。

目前，已开发了多种不同的 CNTs 制备工艺，如通过电弧放电法、激光烧蚀法、热解碳化有机基体法、真空或常压 CVD 法等。碳纳米管的应用同样达到了实验室水平，但工业应用的发展是很有前途的。CNTs 可以代替纤维作为复合材料的增强结构，这要归功于它们非凡的力学性能。标准的 CNTs 可以抵抗高达 25 GPa 的应力而不变形，而且测得最大应力是 55 GPa，体积模量从 462 GPa 到 546 GPa 不等（Popov 等，2002），这就是为什么这种材料可以用于生产特种服装、运动器具、战斗机夹克和太空电梯的原因

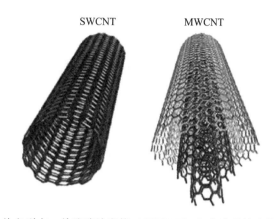

图 13 - 11　从左到右：单壁碳纳米管（SWCNT）和多壁碳纳米管（MWCNT）

（摘自：Choudhary，V.，Gupta，A. Polymer/Carbon Nanotube Nanocomposites，Centre for Polymer Science and Engineering Indian Institute of Technology，Delhi，India.）

（Edwards，2003）。

晶体缺陷的存在，比如空缺，会影响 CNTs 的性能，严重的这类缺陷可以降低 CNTs 的拉伸强度高达 85%。通过类似于制造碳纳米管本身的传统碳化工艺技术（见图 13 - 12），CNTs 可以嵌入碳基基体内，这将产生一种新的材料：C - CNTs 复合材料，如图 13 - 13 所示。

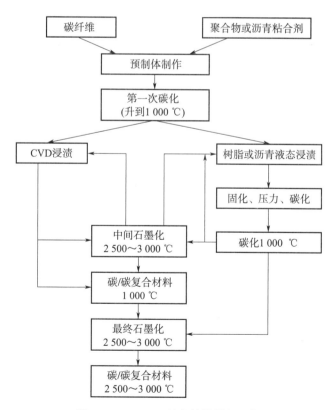

图 13 - 12　C - C 复合材料制备工艺

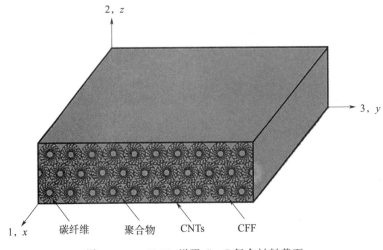

图 13-13　CNTs 增强 C-C 复合材料截面

（摘自：Journal of Applied Mechanics 80（2），021010（January 22，2013）（13 pages），Paper No：JAM-12-1066；doi：10.1115/1.4007722 History：Received：February 12，2012；Revised：August15，2012；Accepted：September 292012.）

13.6　C-C 复合材料的结构

C-C 复合材料的微观结构取决于所使用的碳化工艺，因此，使用碳氢化合物气体 CVD 工艺制备材料的结构不同于热固性或热塑性基体经热解和最终石墨化制备材料的结构（Savage，1993）。

13.6.1　热固性基体的热解

这种情况下，根据工艺温度的不同，材料微观结构会有很大变化。热固性树脂碳化后，在温度大于 1 000 ℃的情况下形成玻璃状各向同性碳，但在基体与纤维界面处形成一种石墨结构，热解温度增加到 200 ℃时，各向同性碳将减少，在 2 800 ℃左右完全消失，基体将完全石墨化。最后，热固性基体微观结构在取向方式上为石墨化平面环绕在纤维上（Savage，1993）。

13.6.2　热塑性基体的热解

热塑性基体（如 PEEK）的热解反应通常在 10 MPa 压力下进行，其微观结构不受纤维类型的影响，热解后的基体为石墨碳结构，平面方向平行于纤维方向（沿界面方向），基体密度高，孔隙率低（见图 13-14）（Savage，1993）。

13.6.3　CVD 致密化复合材料的微观结构

CVD 工艺沉积基体可以有三种不同的类型，第一种是各向同性的，由光学各向同性微粒组成，大小不超过几微米；另外两种具有光学各向异性的形貌。三种类型的最重要差

图 13 - 14　源自于 PEEK 基体制备的 C - C 复合材料

（摘自：Savage，G.（Ed.），1993. Carbon - Carbon Composites，Chapman & Hall.）

异是由于工艺方法导致的：反应气体的浓度和分压以及工艺温度。CVD 工艺机理比较复杂，仍然没有完全被理解。CVD 工艺产生一个界面石墨相，没有热解过程引起的特征收缩和应力，CVD 致密复合材料的微观结构如图 13 - 15～图 13 - 17 所示。

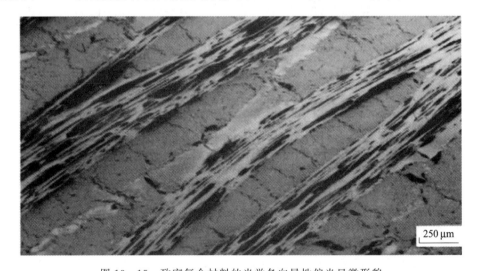

图 13 - 15　致密复合材料的光学各向异性偏光显微形貌

（摘自：Savage，G.（Ed.），1993. Carbon - Carbon Composites，Chapman & Hall.）

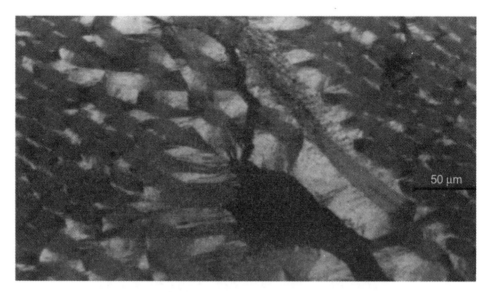

图 13-16　粗糙层结构的 CVD 复合材料微观结构

（摘自：Savage，G.（Ed.），1993. Carbon-Carbon Composites，Chapman & Hall.）

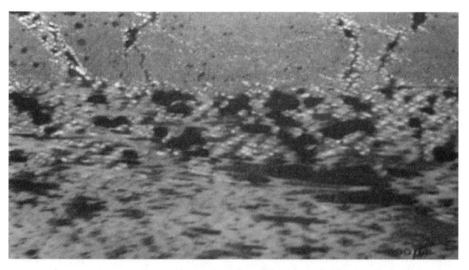

图 13-17　C-C 复合材料微观结构光学显微形貌

（摘自：Savage，G.（Ed.），1993. Carbon-Carbon Composites，Chapman & Hall.）

13.7　C-C 复合材料性能

　　C-C 复合材料是一类微观结构和性能可以在很大程度上根据应用范围进行调整的复合材料，取决于纤维和基体的种类，如纤维预制体体系结构、纤维体积比、制造工艺、抗氧化涂层、抑制剂和任何添加剂等，可以创造不同材料性能的组合数量几乎是无限的。

C-C 复合材料在很高的温度下仍能保持它们的强度，高导热性和低热膨胀率使 C-C 复合材料具有优异的抗热震性能。碳和石墨的高升华热和低热膨胀系数使材料具有良好的耐烧蚀性能，其他优点还包含耐化学腐蚀、优良的高温耐磨损性能、生物相容性、形状稳定性和假塑性断裂性等。

当 C-C 复合材料发生断裂时，它们通常会发生非脆的假塑性断裂，而不是突变失效。尽管 C-C 复合材料具有吸引人的性能，但由于两个缺点，其应用受到严重的限制。第一个缺点是由于目前生产中的工艺非常缓慢和低效，这些材料生产成本非常昂贵。第二个缺点是无保护条件下，C-C 复合材料的氧化温度可低至 400 ℃，还有，C-C 复合材料的失效应变低，基体性能差，耐侵蚀性差，不耐湿气侵蚀，而且连接困难。为便于快速参考，表 13-2 给出了 C-C 复合材料与其他材料如玻璃纤维增强塑料（GFRP）和碳纤维增强聚合物（CFRP）的主要性能比较。

表 13-2　C-C 复合材料、GFRP 和 CFRP 的主要性能

性能	UD HM 纤维 C-C 复合材料	环氧树脂-CFRP	UD HM 纤维 CFRP
杨氏模量/GPa	95	12.3	17
密度/(g/cm³)	1.5	1.8	1.6
剪切模量/GPa	36	30	33
压缩强度/MPa	240	90	110
比热容/[J/(kg·k)]	760	960	795
极限拉伸强度/MPa	900	90	110
热导率/[W/(m·K)]	40	1.2~1.5	15
热扩散率/(m²/s)	2.16×10^{-4}	$1.63 \times 10^{-7} \sim$ 1.77×10^{-7}	$1.6 \times 10^{-7} \sim$ 2.2×10^{-7}
热膨胀系数/K⁻¹	4×10^{-6} %[1]	$\times 10^{-6}$ %	-1.2×10^{-6} %

注：指纤维与加载轴成 45°、干燥、室温、$V_f = 60\%$ 的条件下 GFRP 和 CFRP 的数据。
UD，单向；HM，高模量。

13.7.1　机械性能

一般来说，复合材料的机械性能很大程度上取决于纤维的结构和含量，通常，纤维含量最大值为 60%。例如，在 UD 系统中，遵循混合法则，材料的杨氏模量和法向应力沿着纤维方向最大，在横向则最小（见图 13-18）。

复合材料沿纤维方向的力学性能与纤维的力学性能非常接近，然而在横向上的力学性能仅比相应基体性能略高一些。C-C 复合材料的强度并不简单遵循上面提到的"混合法则"，基体的热解收缩会使体积严重减少约 50%，这种程度的收缩产生很大的应力将对复合材料造成严重的破坏。由于纤维与基体之间以及不同的基体结构之间的热膨胀不匹配，

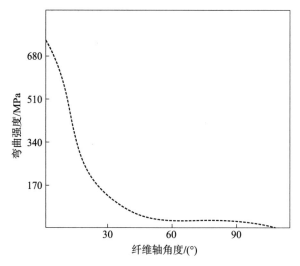

图 13 - 18　纤维轴向与加载方向之间的角度对 C - C 复合材料强度的影响

（摘自：Savage，G.（Ed.），1993. Carbon - Carbon Composites，Chapman & Hall.）

则产生了严重的热应力，反过来导致施加的载荷不能有效地从基体传递到增强体上。长时间受热导致复合材料在使用周期内纤维与基体界面结合随着时间而减弱，这就是为什么遵循经典微观力学准则的简单计算会产生比实验数据更高的结果的原因。取决于材料和工艺的影响，C - C 复合材料的力学性能往往比计算值低 10%～60%，在科学文献中经常提到的层间剪切强度为 30 MPa。C - C 复合材料的主要优点之一是在高温下力学性能保持性（见图 13 - 19），在 1 500 ℃时，其杨氏模量和最大强度比常温高 10%～20%。

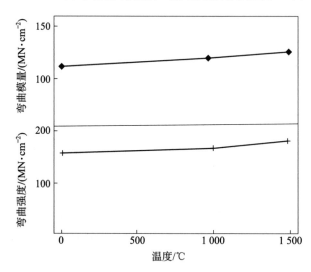

图 13 - 19　热固性树脂前驱体制备的 C - C 复合材料的弯曲强度和弯曲模量随工作温度的变化

（摘自：Savage，G.（Ed.），1993. Carbon - Carbon Composites，Chapman & Hall.）

关于 C - C 复合材料疲劳性能的公开文献报道较少，Shunk（2001）提出的 Wolher 图表明 C–C 复合材料的疲劳极限与钢类似，在恒定循环正弦载荷下经过 107 次循环的情况下，预计无限疲劳寿命约为静态强度的 45%～50%（见图 13 - 20）。

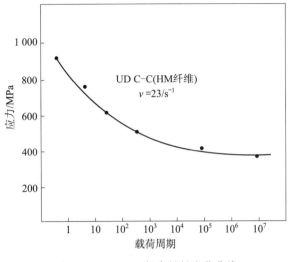

图 13 - 20　C – C 复合材料疲劳曲线

（摘自：Savage，G.（Ed.），1993. Carbon – Carbon Composites，Chapman & Hall.）

13. 7. 2　热性能

C – C 复合材料最重要的特性是热传导和热膨胀，仅次于机械性能。由于多样的纤维预制体，不同的基体以及产生不同基体微观结构的不同制备工艺，C – C 复合材料使为碳材料定制热物理性能成为可能（Savage，1993）。

13. 7. 2. 1　导热性

复合材料的导热性主要由纤维主导，基体的导热作用也不相同，这取决于基体的成分（热固性或热塑性）和制备工艺。导热性能主要是由微观结构（结晶度）决定的，结晶度越高，热传导率也越高，由于这个原因，热固性玻璃碳基体相对于热塑性和 CVD 基体具有较低的热导率，且后者的石墨含量更高，具有更高的结晶度。由于 C – C 复合材料是由纤维、基体和孔隙组成的非均相结构，而前两者又具有不同的微观结构，因此对其热输运性能的评估较为复杂。然而，通过选择合适的组分、结构和工艺条件，可以制备出具有特定导热性能的 C – C 复合材料。

图 13 - 21 给出了不同纤维-基体组合和 C – C 复合材料的导热率比较结果。具有高取向的石墨纤维、基体或其组合的复合材料，如气相生产碳纤维和基体或中间相沥青基碳纤维和基体，在沿纤维方向表现出 250～300 W/（m · K）量级的高导热系数。虽然这些复合材料在横向上表现出高度的各向异性和低的导热率，但可以通过不同的纤维结构、不同的组合形式和方法进行改进。导热率受温度影响很大，而且随温度的上升而减小。表 13 - 3 为 Mc Allister 和 Lachmann（1983）提供的一些数据。

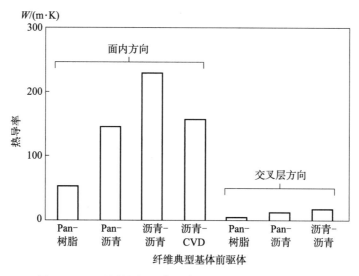

图 13-21　不同纤维-基体组合 C-C 复合材料的热导率

（摘自：Savage，G.（Ed.），1993. Carbon-Carbon Composites，Chapman & Hall.）

表 13-3　源自于酚醛的 3D C-C 复合材料热导率

热导率/[W/(m·K)]	$X-Y$ 面	Z 向
250 ℃下	830	55.4
2 500 ℃下	27.7	24.5

巴特尔研究所（McAllister & Lachmann，1983）发布的有关 3D 编织 T50 纤维增强热塑性基体材料的类似数据见表 13-4。需要注意的是，由于材料的各向异性，导热系数不是整个材料的单一参数，而是一个二阶 3×3 的对称张量。因此，如果测量六个参数，则矩阵是可以完全定义的，这就很容易理解确定全张量的难度，这也就是为什么科学文献中只有一些用于具体研究的特定的数据（Savage，1993）。

表 13-4　3D 编织 T50 纤维热塑性基体材料热导率

热导率/[W/(m·K)]	$X-Y$ 面	Z 向
30 ℃下	149	246
1 600 ℃下	44	60

13.7.2.2　热膨胀性

在高温下使用材料时，热膨胀是一个重要的性能，纤维的取向对复合材料热膨胀系数（CTE）具有很大影响。CTE 的测量值在纤维方向上为（0～1）×10^{-6}/K，在垂直纤维方向上为（6～8）×10^{-6}/K（Manocha，2003），由于材料的各向异性，CTE 也不是一个参数，而是一个二阶 3×3 的对称张量，如果六个参数被测量，矩阵能够完全定义，进行所有必要测试的难度则很容易理解（Savage，1993）。

13.8　摩擦性能

从轴承密封和电刷到重型车辆的刹车片，从军用、超声速和民用飞行器到卡车和铁路，C-C 复合材料拓宽了碳基材料在磨损相关领域的应用范围。由于这些材料的基本摩擦性能以及额外的高强度和导热性能，这些应用得以实现。C-C 复合材料在纤维方向的摩擦系数较低（0.3～0.5），在垂直纤维方向为 0.5～0.8，磨损率也遵循类似趋势（分别为 0.05～0.1 mm 和 0.1～0.3 mm）。

一般来说，对于制造不同车辆的刹车盘，可以采用不同种类的纤维（高强度和高导热性的 PAN 基和沥青基碳纤维）与多种碳基体进行配置，基体可以用沥青基或 CVD 不同类型前驱体中的一种或不同种的组合来制备。在商用 C-C 刹车片中，纤维增强体结构为第三方向纤维束穿刺碳纤维织物，基体采用沥青-CVD 组合致密化方式。然而，成分和加工参数的选择是由制造商决定的（Manocha，2003）。

13.9　电性能

当基于热固性的 C-C 复合材料被热处理到 2 800 ℃以上时，会有 3D 微晶生长，材料的电导率相应增大，如图 13-22 所示。在碳纤维内很少观察到 3D 结构生成，C-C 复合材料大电导率主要由密度和基体微观结构（包括孔隙率）决定（Savage，1993）。

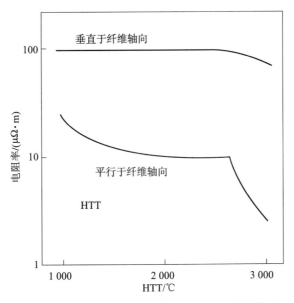

图 13-22　热固性树脂电阻率与热处理温度的关系

（摘自：Savage，G.（Ed.），1993. Carbon-Carbon Composites，Chapman & Hall.）

13.10　生物相容性

许多实验表明，碳元素在所有已知金属中具有最好的生物相容性，它与骨骼、血液和软组织相容，且 C-C 复合材料可以被设计成与骨骼非常相似的力学性能，因此，一旦完全愈合就不需要移除。像 C-C 复合材料这样的材料被认为是具有生物活性的，因此在许多植入手术领域都对它们非常感兴趣，使用生物活性材料目的是在界面处促进骨骼的形成，而不是软组织的形成（Leilei 等，2013）。

13.11　氧化性

在 400 ℃ 以上温度下，碳纤维很容易与氧气发生反应并迅速燃烧殆尽，导致复合材料性能部分或全部降低。C-C 复合材料的氧化行为开始于碳纤维的气化，随后是氧化进一步加剧使材料内部固有的气孔扩大，随着温度的升高，C-C 复合材料在空气中的氧化速率迅速增加，空气中的水蒸气进一步增加氧化速率。当用作热防护时，C-C 复合材料通常制作得非常厚，以补偿它们在高温下急剧氧化的倾向（Advanced Composite Materials，1986）。

13.11.1　C-C 复合材料的氧化防护

碳纤维增强碳基复合材料（C-C 复合材料）通常与抗氧化涂层一起使用，为防止涂层脱落，涂层与 C-C 基底之间常常需要有强的结合强度。然而，对于薄而脆的涂层的结合强度还没有确定合适的测量方法，一种最有前途的措施是在 C-C 复合材料表面沉积陶瓷涂层，例如，SiC 涂层已应用于航天飞机鼻锥和机翼前缘。

抗氧化涂层材料主要要求是抗氧化性、低蒸发率、与底材化学和机械相容性以及 C-C 复合材料与涂层间高的界面结合强度。SiC 涂层由过渡层和 CVD 层组成，过渡层由气相 Si 和 C-C 中的碳反应形成（Hatta 等，2004）（见图 13-23）。C-C 复合材料在 2 773 K 以上温度下具有优异的超高强度性能，使其成为具有先进热防护性能的高温热结构应用中最具有前途的候选材料，然而，它们在 673 K 以上温度氧化性能限制了其在高温有氧环境中的应用，因此出现了试图提高它们的抗氧化性能的相关研究，一种利用 SiC 作内部连接层的多层抗氧化防护涂层被提了出来。

在多层涂层中，$MoSi_2$ 可以作为一种有用的外层材料，因为它具有高熔点和优异的高温抗氧化性能。然而，$MoSi_2$（8.5×10^{-6}/K）外层和 SiC（4.5×10^{-6}/K）连接层的热膨胀系数不匹配导致防护涂层产生裂纹，并为氧气渗透到碳基体提供了通道，因此，单纯 $MoSi_2$ 不能作为外层，使用多组分复合涂层性能可能更好。通过添加低 CTE、与 SiC 具有相当的物理和化学相容性的 $Y_2Si_2O_7$ 晶须，$MoSi_2$ 涂层的 CTE 随韧性的增强而降低，到目前为止，还没有使用 $Y_2Si_2O_7$ 晶须增韧 $MoSi_2$ 涂层的报告。采用一种新型的水热电泳沉积技术，制备了一种致密的 $Y_2Si_2O_7$-$MoSi_2$/SiC 多层涂层，研究了 $Y_2Si_2O_7$ 晶须对涂层 C-C 复合材料微观结构和抗氧化性能的影响。

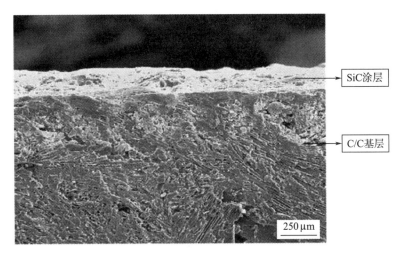

图 13 - 23　SiC 涂层防护 C - C 截面扫描电镜形貌（×100）

在此基础上，采用水热电泳沉积工艺在 SiC - C - C 复合材料表面制备致密均匀的 $Y_2Si_2O_7$ 晶须增强 $MoSi_2$ 复合涂层。与 $MoSi_2$ 涂层相比，$Y_2Si_2O_7 - MoSi_2/SiC$ 多层涂层对 C - C 复合材料具有更好的抗氧化防护能力，因为 $Y_2Si_2O_7$ 晶须在降低 $MoSi_2$ 涂层热膨胀和增加外层与内层间韧性方面起到了明显有效的作用。制备的复合涂层在 1 773 K 下防护 C - C 复合材料 100 h 后，材料质量损失率为 $1.22×10^{-3}\,g/cm^2$（Ya - Qin 等，2011）。

13.12　应用

在大约 30 年前为满足太空项目的需要而开发的 C - C 复合材料，目前被认为是具有高温工业应用潜力的高性能工程材料，其在民用市场的需求也稳步增长。就大量消费而言，C - C 复合材料的主要应用仍是高性能刹车系统（见图 13 - 24），与钢质刹车相比，C - C 复合材料的热容量提高 2.5 倍，重量减小了 40%，使用寿命延长了一倍。尽管 C - C 复合材料在室温下的承载能力不如金属材料高，但是它在高温下性能更优异，这使得它成为高温机械紧固件的首选材料，这种材料还可以节省重量。

在制动应用中，主要关注的不是摩擦行为，而是在很短的时间内吸收和传导大量的热量而不损坏刹车总成的能力。这些创新材料能满足空间结构的所有需求，并用于生产航天飞机再入防热罩、导弹和火箭喷管，以及诸如襟翼、密封件、衬垫、叶片和尾锥等燃气涡轮发动机部件。C - C 复合材料在航天工业中的一些应用如图 13 - 24 所示。

C - C 复合材料的高纯度、耐热和耐电离辐射性能，使它成为可能应用于核工业的材料。在一般工业部门，C - C 复合材料用于发动机部件、耐火材料、热压模具和加热元件、高温紧固件、衬垫和保护管、玻璃工业引导管等。在生物医学方面，C - C 复合材料可用于髋关节置换等假体植入，并已在动物人造新脏中进行了测试。C - C 复合材料在能源领域具有巨大的潜力，可作为燃料电池和蓄电池极板等。因为 C - C 复合材料这项技术变得更加经济和可行，C - C 复合材料将应用在越来越多的领域中（Snell 等，2001）

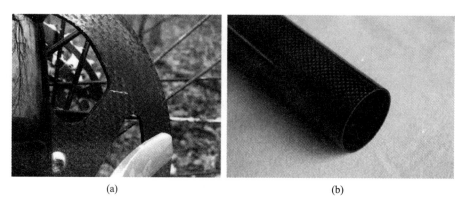

(a)　　　　　　　　　　　　　　(b)

图 13 - 24　　(a) C-C 刹车（自行车专用）；(b) 卫星天线 C-C 支撑管

13.13　C-C 复合材料连接

　　C-C 复合材料具有低密度和高强度重量比的特点，由于这些特性，C-C 复合材料被用于不同的应用领域，正如提到的涡轮发动机部件和碳刹车（Byrne，2004）。除了用于机械紧固件，C-C 复合材料的连接需要开发适当的技术，注意防止电化学腐蚀。当然，它不适用于任何一种焊接技术，因此更好的解决方法是考虑材料本身、几何形状和成品预期用途而开发先进的、适合的连接技术（White 等，2007）。

　　一种重要的方法就是所谓的燃烧连接（CJ）技术，该技术基于使用非均匀发热混合料的原位燃烧。这个方法可以通过两种不同的方式进行，如图 13 - 25 所示。

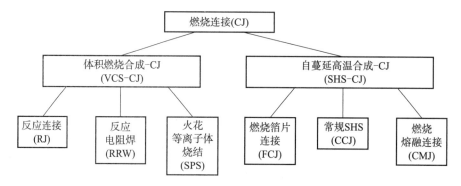

图 13 - 25　典型燃烧连接（CJ）方法

（摘自：White，J. D. E.，Simpson，A. H.，Shteinberg，A. S.，Mukasyana，A. S.，2007. Combustion joining of refractory materials：carbonecarbon composites. Journal of Materials Research.）

　　1）体积燃烧合成（VCS - CJ）：外部加热，体积内部均匀反应。体积燃烧合成（VCS）连接类型包含三种方法：RJ（反应连接）、RRW（电阻焊接）和 SPS（火花等离子体烧结）。

　　2）自蔓延高温合成（SHS - CJ）：反应在一个斑点体内开始，并自蔓延传播到整个体积内。

　　SPS 和 RRW 技术都使用电流：在 SPS 方法中，电流促进反应烧结过程，在 RRW 方法中利用电流预热烧结混料。例如，图 13-26 概述了 RRW 工艺过程，图 13-27 和图 13-28 分别描述了 RRW 连接方法温度随时间的变化和连接后 C-C 复合材料的微观结构。

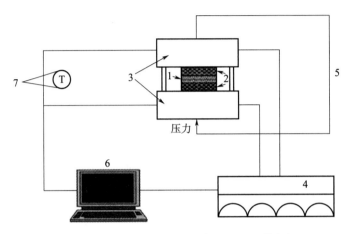

图 13-26　RRW 连接过程示意图（ T ，热电偶）

（摘自：White，J. D. E.，Simpson，A. H.，Shteinberg，A. S.，Mukasyana，A. S.，2007.
Combustion joining of refractory materials：carbon - carbon composites. Journal of Materials Research. ）

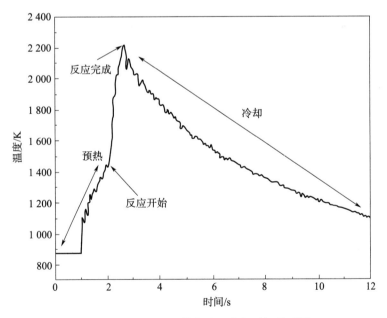

图 13-27　RRW 连接方法温度与时间关系图

（摘自：White，J. D. E.，Simpson，A. H.，Shteinberg，A. S.，Mukasyana，A. S.，2007.
Combustion joining of refractory materials：carbon - carbon composites. Journal of Materials Research. ）

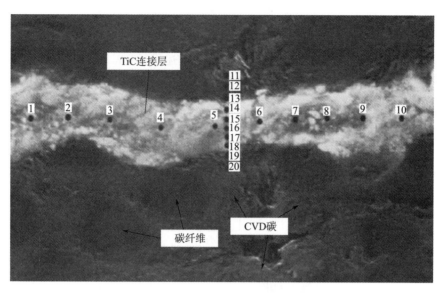

图 13 - 28　连接后 C - C 复合材料的微观结构

（摘自：White，J. D. E.，Simpson，A. H.，Shteinberg，A. S.，Mukasyana，A. S.，2007.
Combustion joining of refractory materials：carbon - carbon composites. Journal of Materials Research.)

13. 14　结语

C - C 复合材料因其非凡的特性，比如在高温下仍能保持其力学和物理性能，且具有很高的韧性和惰性，被广泛应用于航空航天领域。然而，C - C 复合材料也有一些缺点，其制造成本高，制备效率低，而且在高于 400 ℃ 温度下对氧化有强烈的敏感性。

致谢

作者感谢其学生 Marco Messano 和 Bernardino Lovallo 在本章文献研究和编辑方面提供的帮助。

参 考 文 献

［1］ Advanced composite materials and structures. In：Proceedings of an International Conference ［on Advanced Composite Materials and Structures］ Taipei, Taiwan, Republic of China, May 19 – 23, 1986.

［2］ Buckley, J. D., Edie, D. D., 1993. Carbon – Carbon Materials and Composites. Noyes Publications.

［3］ Byrne, C., 2004. Modern carbon composite brake materials. Journal of Composite Materials 38, 1837.

［4］ Edwards, B. C., 2003. The space elevator：a new tool for space studies. Gravitational and Space Biology Bulletin 16 （2）, 101 – 105.

［5］ Hatta, H., Nakayama, Y., Kogo, Y., 2004. Bonding strength of SiC coating on the surfaces of C – C composites. Advanced Composite Materials 13 （2）, 141 – 156. http：//www. bikerumor. com/2013/04/09/first – impressions – kettle – cycles – siccc – sfl – carbon – discbrake – rotors – more – news/. http：//www. jtecrc. com/carbonfiber. html.

［6］ Leilei, Z., Hejun, L., Kezhi, L., Zhang, S., Lu, J., Li, W., Cao, S., Wang, B., 2013. Carbon foam/hydroxyapatite coating for carbon/carbon composites：microstructure and biocompatibility. Applied Surface Science 286, 421 – 427.

［7］ Manocha, L. M., February/April 2003. High performance carbon – carbon composites. Sadhana 28 （Parts 1 & 2）, 349 – 358.

［8］ McAllister, L., Lachmann, W., 1983. Fabrication of composites. In：Kelly, A., Millieko, S. T. （Eds.）, Handbook of Composites 4. North Holland, p. 109.

［9］ Monthioux, M., Kuznetsov, V., 2006. Who should be given the credit for the discovery of carbon nanotubes? Carbon 44, 1621.

［10］ NASA, Getty Images, July 10, 2011.

［11］ Popov, M., Kyotani, M., Nemanich, R., Koga, Y., 2002. Superhard phase composed of single – wall carbon nanotubes. Physical Review B 65 （3）, 033408.

［12］ Savage, G. （Ed.）, 1993. Carbon – Carbon Composites. Chapman & Hall.

［13］ Shunk, 2001. Carbon Fiber Reinforced Carbon, Promotional Brochure.

［14］ Snell, L., Nelson, A., Molian, P., 2001. A novel laser technique for oxidation – resistant coating of carbon – carbon composite. Carbon 39, 991 – 999.

［15］ Wang, X., Qunqing, L., Jing, X., Zhong, J., Jinyong, W., Yan, L., Kaili, J., Fan, S., 2009. Fabrication of ultralong and electrically uniform single – walled carbon nanotubes on clean substrates. Nano Letters 9 （9）, 3137 – 3141.

[16]　White，J. D. E. ，Simpson，A. H. ，Shteinberg，A. S. ，Mukasyana，A. S. ，2007. Combustion joining of refractory materials：carbon‐carbon composites. Journal of Materials Research.

[17]　Ya‐Qin，W. ，Jian‐Feng，H. ，Li‐Yun，C. ，Xie‐Rong，Z. ，2011. $Y_2Si_2O_7$ whisker reinforced $MoSi_2$ multi‐composition coating for SiC pre‐coated carbon/carbon composites. Advanced Composite Materials 20，125‐132.

第 14 章　航空航天工程先进复合材料产品设计

K. V. N. Gopal

（印度理工学院马德拉斯分校，印度钦奈）

14.1　绪论

复合材料以其高比强度、比刚度及其他特性，彻底改变了现代航空飞行器产品的设计和发展。由纤维增强聚合物（FRP）、金属基复合材料（MMC）和陶瓷基复合材料（CMC）制成的先进复合材料被应用于高性能的航空航天系统，用来提供诸如耐温、雷达波吸收和振动抑制等额外的好处。可以理解，商用航空在使用复合材料方面落后于军用航空和小型飞机领域，但是，在像空客 A380 这样的新一代大型飞机中，复合材料的重量占比接近 25%，并且在波音-787 和空客 A350XWB 飞机等最新设计中，复合材料所占的比重超过 50%，在像机翼和机身等主要结构单元中使用复合材料提供了像较轻的飞机可减少排放和燃料成本、降低维护成本并提高乘客舒适度等多种好处。可以经受非常高的温度且轻而强的 CMCs 正在替代金属构件，甚至在诸如 CFM 的 LEAP（前缘航空推进）和 Ge9X 下一代商用喷气发动机中的热区也有应用。复合材料产品以各种构型来进行设计，从简单的粘接层压板到多维增强织物复合材料以及先进的夹层结构复合材料。

先进复合材料将被鉴定，使其成为能够用于未来的航空航天设计。具有高强度、高韧性、抗蠕变性、抗疲劳性及良好粘接的增强树脂材料与高性能增强体、改进的制造技术和可靠的模拟技术相结合，已经加速了先进复合材料在航空领域的使用，这也给产品设计带来了许多挑战。金属结构件的设计程序、规则和设计数据无法直接移植到复合产品设计中，复合材料的设计规范应结合复合材料特有的因素，复合材料需要有新的标准和认证，各种各样的复合材料需要形成一个巨大的设计数据库，这个数据库要求包括复合材料合成的基本知识、生产技术以及复合材料的应力、变形和失效行为。复合材料产品设计策略中，安全性和成本竞争性肯定是关键因素。很多复合材料的失效模式中，其初始触发和最终失效模式完全不同，并且不同模式之间可能存在相互作用，设计策略应考虑复合材料中复杂的失效机理，并且还应特别注意连接复合材料单元与金属零部件的问题及其对结构完整性的影响。

复合材料的类型、组成和制造技术都对产品设计有相当大的影响（Chawla，2013；Mallick，2007；Zagainov 和 Lozino-Lozinsky，1996；Tsai，1992；Gay，2015）。由复合材料的异质性和可控的各向异性所赋予的复合材料巨大的灵活性，也对复合材料的设计过程形成了重大挑战。复合材料不仅在现有设计中作为金属或其他常规材料的替代被使用，而且先进复合材料已经开始了全新的设计，比如早期传统材料无法实现的变形结构。

14.2　设计策略

开发复合材料产品的不同阶段，如图 14-1 所示，看上去与金属产品的制造相同，但其具有复合材料独有的特点，并且影响着复合材料结构件的设计策略。每个阶段有用的多种选择使设计成为一个迭代过程，比如在解决机翼或飞机机身等飞机结构部件的设计问题时（Niu，1988），定义了大量的设计变量，通过变量必须满足来自不同学科的多重约束，并且也要满足多重目标函数，合适的模型被用于建立约束和目标与设计变量的关系。有了高性能计算工具的帮助，飞机设计师现在可以在设计过程的不同阶段使用多学科设计优化（MDO）技术。

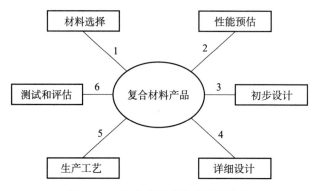

图 14-1　复合材料产品的开发阶段

复合材料产品设计策略的一个关键要素是材料设计或材料工程学（Kassapoglou，2010；Eckold，1994）。在基体和增强单元性质和类型方面有用的大量选择产生了具有广泛形式和特性的复合材料，这些复合材料是各个组成特性的协同组合体。设计师有很大的灵活性，可以通过分析不同材料组合体的性能来针对特定目标定制材料，同时也需要良好的工艺流程设计来为特定的材料和终端产品选择最合适的制造技术。金属材料科学的制造和设计团队可以根据他们的专业知识独立工作，对于先进复合材料而言，这不是一种有效的方法，在每种复合材料产品的设计和开发中，设计策略应允许材料工程师、结构工程师和制造专家相互配合工作，材料方面的创新可以显著缩短设计-制造时间，同时提高产品质量。

在各设计阶段使用设计分析来使成本最小化和改进效率。在初期设计中，使用基于经验及前期认知的简化模型，由于复杂模型需要昂贵的试验和计算程序，所以仅限于详细设计阶段使用。例如，飞机机翼或直升飞机复合材料旋翼叶片在初期设计期间可以用结构细节最小化的叠层梁来建模，在详细设计期间，可以用带有额外结构细节的薄壁闭孔壳来建模，通过详细设计期间的分析，从初期设计得来的载荷、应力和变形预测是精确的。

安全性和费效比对飞机制造商同样重要。复合材料结构件的任何一个设计策略都应考虑复杂的故障机制和预设在使用期间可能的失效情况，以开发出一款对于经营者来说可靠和划算的产品。随着对材料损伤和破坏机理理解的深入，损伤容限哲学现已成为飞机设计的一个基本特征（Backman，2005），损伤容限方法的原理包括健康监测、结构件保养和维修。对于设计人员来说，提出复合材料产品对环境无污染的报废方式也是重要的。设计策略需要不断地被创新以使其适应于影响复合材料产品设计的多种因素的综合考虑。由于飞机设计和生产各学科间的属性，复合材料零部件的设计过程可以有效地利用并行工程的概念来确保其高质量的性能，同时降低成本和交货时间。设计方法应使产品的设计、工艺部门和加工部门能够协同工作，基于模型的工程（MBE）方法可以显著改善产品从设计到生产的整个过程，同时确保产品在各个阶段的质量。

因为复合材料复杂的微观结构和制造过程中的因素，复合材料的材料性能数据的不确定性是一个重要的问题。复合材料结构件强度度量中观察到了较大的离散性，加上载荷的不确定性，这导致在复合材料产品设计中需使用概率方法（Chamis，2006；Long 和 Narciso，1999）进行设计，可以为结构定义允许的概率水平（安全或失效）或概率分布。然后，设计者需要确定影响结构失效和评估设计性能的所有因素的概率水平。

14.3　影响产品设计的因素

复合材料特有的几个因素影响着产品的设计过程，这些因素包括：

1）功能规格：飞机设计过程从导向初步构型的合适的概念研究开始，在这个过程中形成了产品后续设计阶段中的目标、约束和解决方案的框架。复合材料产品不断演变的设计标准来源于包括客机、飞机制造商和管理机构，系统级要求再分解到各个分系统。设计复合材料产品的要求肯定比金属材料的详细，载荷路径的种类、大小和方向信息对于复合材料产品的设计至关重要。材料的功能规格来自于客户要求，这些规格详细说明了具有特殊微观结构的复合材料的设计。

2）材料选择：基于功能规格，需要选择复合材料的基体和增强体的材料和类型，缺少这些材料的有效性能数据时，需要对所选择的材料进行性能测试。关于复合材料，设计师可以通过纤维方向改变或增强体类型改变来设计，例如连续纤维和纳米粘土颗粒等不同类型的增强体可以被组合在一种复合材料中，一方面改进现有的性能，另一方面增加多功能性。与在功能性分级材料中一样，在选择的方向上连续材料性能分级可以在结构中获得。例如，碳纤维 FRPs 可能是相对较轻且具有更高强度的材料，但是玻璃纤维 FRP 具有较高的损伤容限且被用于空客 A380 的垂尾前缘，这个位置易于受到频繁撞击的损伤（Gay，2015）。具有良好冲击损伤容限的新型联合体芳纶增强铝（ARALL）或玻璃-铝（GLARE）纤维层压板，也被应用于飞机结构件中。

3）制造工艺：在设计过程中，合适的工艺方法设计对于制造特殊复合材料是至关重要的，制造技术和加工条件会影响最终的复合材料性能、产品的性能和成本（Mallick，2007）。在产品组装过程中，应注意金属零部件和复合材料单元之间所要求的连接方式。

制造过程和材料之间的相互作用以及设计因素之间的关系如图 14 - 2 所示。类似的增材制造（AM）之类的创新型技术可以生产具有复杂内部和外部特征的零部件，并正在被用于生产高质量、功能齐全的复合材料产品；类似的熔融沉积成型（FDM）或激光烧结（LS）之类的技术可以使用工程级热塑性塑料用来自于 CAD 的数据逐层制造零部件，从而降低不能重复应用的加工成本，并大大缩短了交货时间。未来的发展可以将这些刚具有雏形的技术应用于生产环境中去，如用于剖面简单、规则零部件制造的自动带铺放（ATL）和用于复杂、曲面形状的高精度零部件制造的自动纤维铺放（AFP）等技术都被用于制造高质量复合材料产品。

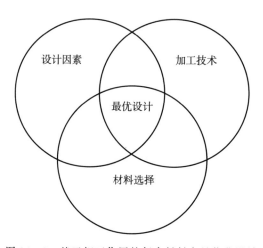

图 14 - 2　基于相互作用的复合材料产品优化设计

4) 性能评价和分析：复合材料的性能特征是其异质性和各向异性，复合材料性能的正确评价是设计性能正确分析的关键，在复合材料的建模中，通常用等效的均质性和各向异性介质代替微观结构的异质性，以便在结构层面进行宏观分析（Kassapoglou，2010）。

5) 可靠性：虽然在金属结构件设计中已建立了安全系数，但复合材料并非如此，其安全系数是不能根据经验得出的。目前，由于相对较少的工程使用经验，复合材料使用了保守的安全系数进行设计，未来，随着复合材料的更多使用，或可预期其安全系数将变得不那么保守。

6) 成本：复合产品的成本在整个设计优化过程中是一个至关重要的参数。随着复合材料使用量的增加，一般使用的复合材料已具有了与传统材料的竞争力，但用于特殊应用的先进复合材料原材料仍然是昂贵的，成本包括复合材料所需要的新制造工艺和特殊加工要求，但是这些应用的成本计算必须综合考虑总生命周期成本，这包括降低产品维护成本和复合材料产品的较高性能。高性能设计工具、创新的制造技术和准确的预测模型可被用于降低复合材料产品的总生命周期成本。

14.4　设计方法

结构设计方法的范围从简单的经验方法到可靠的定值和概率方法，这些方法应用基于以损伤容限为基础的断裂力学测定的强度、刚度和稳定性，基于损伤容限的断裂力学在航空航天设备的设计应用中尤为重要，对于复合材料结构件，仅凭经验设计是不能完全解决问题的。

14.4.1　定值设计

复合材料结构件中的应力、应变和位移场来自于各种载荷工况数学模型计算的结果。对于具有复杂数学模型的复杂几何体，诸如有限元（FE）方法的计算机数值技术可以被用来进行设计分析，将有限元分析值与不同的失效理论的允许极限值进行比较，设计时给出诸如多载荷路径匹配的规定和足够的安全系数以避免出现突变失效。在层压复合材料中，在载荷明显高于损伤开始的载荷时可能发生最终的失效，损伤发生和增长的准确分析需要纤维和基体的详细细观力学模型和损伤的各种模型。

在纵向拉伸载荷下，失效机制包括纤维的脆性断裂、带拔出纤维的脆性断裂和带纤维-基体脱粘的纤维的拔出，如图 14-3 所示，失效模式取决于纤维-基体的粘接强度和纤维体积分数。在压缩载荷下（见图 14-4），失效可能是由于基体开裂、纤维-基体脱粘、纤维微屈曲以及纤维的剪切失效。

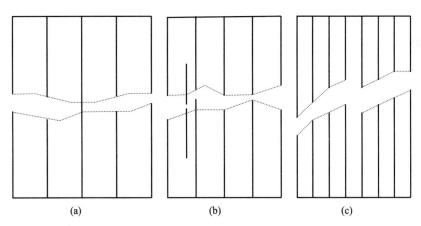

图 14-3　（a）低纤维体积分数；（b）中纤维体积分数；（c）高纤维体积分数

另一种简化程序是将每层作为各向同性来建模的，在基于强度的设计中，进行逐层失效分析以评估最终失效载荷。通过在如 Tsai-Hill 或 Tsai-Wu 准则［式（14-1）和式（14-2）］多轴状态下的失效准则来测定单独层的失效载荷，使用实验方法测得的强度数据 σ_{ult}（例如，用于聚合物基复合材料的 ASTM D3039/D3039 M）来获得安全裕度。对于角度层，必须在应用破坏准则之前将应力转换为层状主轴。

Tsai-Hill 失效准则

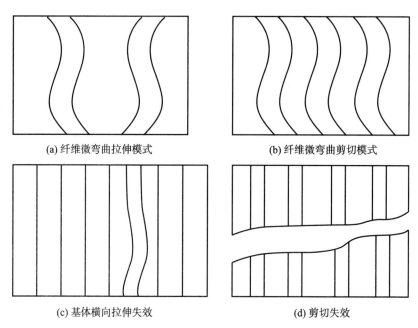

(a) 纤维微弯曲拉伸模式　　　　　　　　(b) 纤维微弯曲剪切模式

(c) 基体横向拉伸失效　　　　　　　　　(d) 剪切失效

图 14 - 4　纵向压缩下单向板失效模式

$$\left(\frac{\sigma_1}{\sigma_{1\text{ult}}}\right)^2 - \left(\frac{\sigma_1 \sigma_2}{(\sigma_{1\text{ult}})^2}\right) + \left(\frac{\sigma_2}{\sigma_{2\text{ult}}}\right)^2 + \left(\frac{\tau_{12}}{\tau_{12\text{ult}}}\right)^2 = 1 \tag{14-1}$$

Tsai - Wu 失效准则

$$F_1 \sigma_1 + F_2 \sigma_2 + F_3 \sigma_1^2 + F_4 \sigma_2^2 + F_5 \tau_{12}^2 + F_6 \sigma_1 \sigma_2 = 1 \tag{14-2}$$

式中，σ_1，σ_2，τ_{12} 是这两个准则的失效载荷应力状态；$F_1 \sim F_6$ 是通过实验方法测定的强度张量分量。

只要性能值的离散度低且尺寸效应不明显，这些理论就可以提供良好的预测。Tsaie - Hill 失效理论考虑了三个单向层压板强度参数之间的相互作用，但在方程式中并未区分拉伸强度和压缩强度，这可能会导致对失效应力的低估。Tsaie - Wu 失效理论是对一个各向异性材料更通用的失效理论的简化，但它比 Tsaie - Hill 模型更全面，因为它区分了层压板的压缩强度和拉伸强度。

对于低许用安全裕度的临界结构件，需检测其他失效情况。基于断裂力学的损伤容限方法使用无损检测（NDT）进行裂纹检测，以评估存在裂纹时的结构完整性，断裂力学被用于分析如基体和纤维-基体脱粘的层间或层内开裂的非连续性损伤，这些损伤是复合材料常见的失效模式之一。由式（14 - 3）通过计算裂纹尖端附近的应力场给出预估应力强度因素（SIF），或由式（14 - 4）给出应变能量释放率（SERRs），并且与实验方法测出的断裂韧性数据相比较。

$$K_I = \lim_{r \to 0} \sigma_y \sqrt{\pi a}, K_I < K_{Ic}, a = \text{半裂纹长度} \tag{14-3}$$

$$G_I = \frac{K_I^2}{E'} \quad E' = E(\text{平面应力}) = \frac{E}{1 - \nu^2}(\text{平面应变}) \tag{14-4}$$

$$G_I < G_{Ic}$$

复合材料被定义了三种主要的断裂模式：拉伸、面内剪切和面外剪切模式；并且像分层、基体开裂和纤维-基体脱粘等失效机理可采用断裂力学法来分析，疲劳破坏可以通过使用实验方法测定的疲劳强度和聚合物失效准则或使用断裂力学预测裂纹扩展并估算结构在疲劳载荷下的剩余强度和寿命，图 14-5 说明了在复合材料和金属合金材料之间耐疲劳特性方面的差异（Harris，2003），然后将其用于设置结构许用载荷或检查设计是否有足够的安全裕度以满足预期使用载荷的要求。

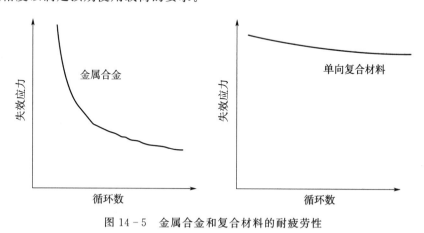

图 14-5　金属合金和复合材料的耐疲劳性

14.4.2　概率设计

在设计如飞机机身或机翼大型结构件时，存在几个不确定源（Chamis，2006；Long 和 Narciso，1999），这种不确定源可能出现在载荷预测或材料数据中。大多数输入参数具有随机的性质，因此，将载荷参数、材料性能和几何模型视为独立的确定值会导致设计的可靠性打折，从而设计过程必须通过适当的方法将这些不确定性考虑在内，以防止结构在最坏的情况下发生失效。由于局部材料性能的随机变化特性，像复合材料中的横向基体开裂等失效机理是一个固有的随机过程，如 Weibull 分析统计方法被用于计算如在特定应力水平下的失效概率等参数，使用统计方法来设计变量并设置可靠性目标以量化安全性（风险）、设计变量的敏感性、成本-重量减少情况和最佳的维护程序（Chamis，2006；Long 和 Narciso，1999）。在结构层面上，必须对每个单元进行此分析，以获取每种失效模式的失效概率，并对整个结构系统进行此分析以得出构件的失效概率。概率设计的使用使设计人员能够更务实地检查高局部应力区域对结构失效的影响。根据结构不同易受影响区域的失效概率和各种设计变量的影响，可以重新设计复合材料构件。

14.5　设计工具

以计算机为基础的分析和模拟极大地提高了设计师快速、有效地设计高性能复合材料结构件的能力。计算程序使用常规目的的模拟和分析软件或特殊目的的内部软件，允许设计师来模拟和分析从材料选择到制造过程的产品设计和开发的全过程，该分析通过多次选

代运行且可能包括优化方法来达到在设计空间内的最优方案，分析步骤的一般顺序
（Kollar 和 Springer，2003）如图 14 - 6 所示。

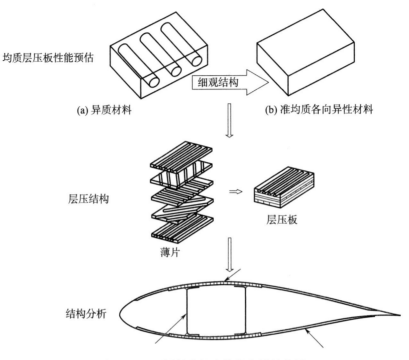

均质层压板性能预估

细观结构

(a) 异质材料　　　　　　　　　　　　　(b) 准均质各向异性材料

层压结构

层压板

薄片

结构分析

图 14 - 6　不同结构尺度的复合材料分析

　　目前已经开发出了不同的设计工具，每个不同的设计阶段都有相应的设计工具，一些
工具是模块化的且允许模块之间信息流动，以此来提高效率。设计师必须为设计的特定阶
段选择合适的设计工具，各种各样的设计工具可以分为以下几类：
　　1) 复合材料构型工具（如铺层设计工具）；
　　2) 基本的层压板分析工具；
　　3) 用于更复杂结构件的 FE 软件；
　　4) 生产设计工具。

14.5.1　复合材料构型工具

　　这些工具允许用户选择复合材料的类型和成分、估算复合材料的性能、进行铺层和应
力分析，并使用简化的层压板失效理论预测复合材料强度。
　　（1）有效的性能计算
　　在设计过程中的第一步，是对最终复合材料系统的机械性能、热性能和湿热性能进行
准确的估算。许多简化而缜密的细观力学，已经可以以不同级别的精度来有效预测复合材
料的性能，一些软件工具和程序允许用户访问数据库中的材料数据，并使用不同类型复合
材料的细观力学模型预测复合材料弹性常数、增强体几何形状和方向、基体中存在的空隙
以及每种成分的相对含量。

（2）层压板设计

在层压复合材料中，许多单独层被粘接在一起，每个薄层可以具有不同的厚度、不同的纤维材料和纤维方向。在层压板设计中，算定与应用相关的一组铺层角度，由于制造方法的限制，仅允许铺层方向有少量的分散设置，例如 $\{0°, \pm15°, \pm30°, \pm45°, \pm60°, \pm75°, \pm90°\}$。设计师可以使用简单的软件工具，根据层压板的重量、成本、尺寸和厚度、单层厚度和机械或湿热行为、强度和变形任何一个约束确定最佳的铺层方式，这个铺层方式决定了层压板的总层数及每个铺层方向的比例。另外，当结构件具有不同厚度的区域时，可以通过在特定位置进行插层的方式获得厚度的变化。几项设计准则被合并进层压板设计工具中，以决定堆砌顺序及插层，这些准则确保结构的强度和损伤容限，并且避免不想要的失效模式。

14.5.2　基本层压板分析

层压板分析的目的是确定在湿热效应下层压板承受面内及面外载荷条件下的应力和变形，设计师将分析层压板的弯曲、屈服和振动响应（Kollar 和 Springer，2003；Bailie 等，1997），一层接一层的失效分析可以用来确定层压板的失效载荷和承载能力。大多数设计工具采用众所周知的失效理论能够完成简单的失效分析，设计工具还可用来检测像湿气扩散、导热系数和疲劳寿命估算等重要信息。

14.5.3　结构分析

对于更复杂的复合材料结构单元和不同类型的载荷，设计分析需要功能强大的计算方法和软件，如使用 FEs、边界单元等数值分析方法。有许多商业和免费软件程序可以用先进理论模型进行静力学、动力学和稳定性分析，这些分析程序包通常具有强大的预处理和后处理功能，使设计师能够模拟所有要求的结构细节，并绘制成直观的结构响应图。使用现有的软件包或通过以既有理论为基础的专门开发的计算程序，设计人员也可以模拟复合材料中的如疲劳或断裂等不同失效机理和复合材料中的如流固耦合或结构声学耦合等复杂多物理场问题等，软件工具还能够分析复合材料中复杂的非线性问题。开发人员正在不断增强其软件对如功能梯度复合材料、电磁弹性复合材料和其他智能复合材料等先进材料系统进行模拟的能力。

14.5.4　生产设计工具

现在，设计师可以使用计算工具来进行过程仿真，以优化复合材料生产的制造过程。这些模拟计算是苛刻的并且结合了像大变形分析、非线性材料仿真、接触面扩展和多物理场仿真等功能，这些设计工具还能够进行多过程仿真，像 ESI 的复合材料模拟套件、西门子 PLM 的 FiberSim™ 和 CGTech 的 VERICUT™ 等软件套件可促进个别制造业务的分析和优化。诸如线性和非线性固体力学、流体力学和热传导等来自于不同学科的原理和理论，通过像 FE 分析和计算流体动力学等数值方法来模拟复合材料的制造过程。

14.6　产品设计案例研究

在这里我们呈现了两个案例研究来说明在设计飞机复合产品时出现的设计挑战，创新的设计策略、制造技术和复杂的计算设计工具共同成功地构建了产品。

14.6.1　案例研究 1：波音-787 梦幻客机中的全复合材料中央翼盒

中央翼盒是一个将机翼连接到机身的关键承载单元（见图 14-7），空客 A380 是第一架由 40％以上复合材料制成中央翼盒的飞机，比最先进的铝合金重量减小了近 1.5 t。同样，波音-787 梦幻客机是第一架拥有由日本名古屋的富士重工使用自动带铺放（ATL）技术制造全复合材料中央翼盒的飞机（见图 14-8），整个中央翼盒单元长 5.3 m、宽 5.9 m、深 1.2 m，制造了迄今为止最大的一个热压罐（7 m×7 m）用来固化中央翼盒。这个热压罐的建造和操作本身就已经是一个巨大的挑战。

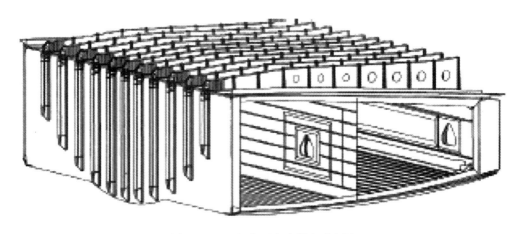

图 14-7　飞机典型中央翼盒示意图

中央翼盒的结构很像外机翼，其复合材料蒙皮壁板通过复合材料桁条加固。波音-787 的复合材料机翼直接与机身紧密配合形成被称作"体侧连接"的复杂连接，而不是与铝制飞机那样机翼和机身之间采用杆系连接的方式，中央翼盒上的桁条在机身内侧与机翼侧的桁条在机翼接头位置紧密地配合。复合材料中央翼盒比金属的零部件数量少，并且只有少量的开孔。复合材料中央翼盒为变厚度结构，以适应局部载荷要求。但是，这种减重设计带来了潜在的弱点且在后续的测试中遇到了意想不到的问题，初始应力测试表明，机翼在达到最终载荷之前在完好的中央翼盒中出现了裂纹，工程师们不得不通过在每一个上部机翼蒙皮桁条的末端创建一个 U 形剪切块重新设计部件来将过载重新分配到翼-身接头处的钛合金配件中，这是一项劳动强度特别大的任务，因为这项任务不得不在机翼被连接后进行。这项重新设计不得不通过彻底的试验来进行验证，导致第一次飞行延期了接近 6 个月。

图 14 - 8　装配前的波音 - 787 梦幻客机中央翼盒

(摘自：www.compositesworld.com)

14.6.2　案例研究 2：喷气发动机反推力装置复合材料滑动套筒

滑动套筒级联反推力装置（见图 14 - 9）连同刹车、扰流板一起是大多数现代大涵道比喷气发动机共同特征，用这些可以在飞机着陆后增加制动效果。着陆时，发动机罩的舯段被液压或电力推动向后滑移，使外涵道的气体改变方向，通过关闭一些或所有阻流门使改变方向的气体从无遮挡的级联叶片排出。平移套筒的主要结构由碳纤维和其他先进的复合材料制成，用以提高套筒的强度、噪声阻隔和零件的耐久性。对于波音 - 787，特别是一级供应商费希尔先进复合材料机构（Fischer Advanced Composite Components，FACC）AG 不得不建造优化的平移套筒单元，为了使减重最大化和成本最小化，同时满足性能规格和紧迫的交付期限，FACC 提出了一种全新的制造工艺并且采用了以 3D 模型为基础的设计方法，使开发过程的设计、制造和报告阶段一体化，以缩短设计和制造周期，同时确保质量。由于复合材料产品设计中如 Fibersim™ 强大的设计工具能力，这个方法是可以实现的，该设计工具允许将复杂几何体和关键的非几何体设计细节融入到一个主模型中，并将详细的设计数据直接输出到制造设备端以进行自动沉积、带铺放和激光投影，该设计工具也允许将分析的应力和空气动力学数据在模型内共享并生成应力报告，这样减少铺层时间超过 15%，并且将交付时间缩短数月。

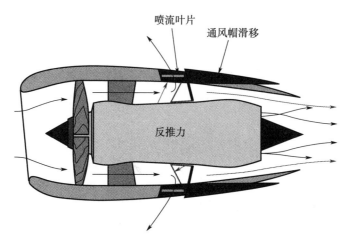

图 14 - 9　喷气式发动机滑移型级联反推力装置

14.7　示例 1：空客 H160 全复合材料直升机

于 2015 年 3 月发布的空客 H160 是一款中型双引擎旋翼飞机，可运送 12 名乘客，航程为 120 海里，巡航速度为 185 mph。H160 具有多项基于复合材料的创新设计，这是有史以来第一架全复合材料民用直升机，机身更轻、耐腐蚀性和抗疲劳性更高，且维护成本低。采用创新型的热塑性复合材料技术的无轴承主旋翼毂复合材料主体，比竞争对手的减少了超过 1 t 的重量，从而提高了燃油经济性，并提高了损伤容限。该直升机具有有史以来最大的涵道式（或翅扇式）尾桨，提高了抗扭转控制效率，降低外部噪声水平接近 50%。该公司的后掠式蓝色前缘（Blue Edge）复合材料主旋翼可以使有效载荷增加 100 kg。

14.8　示例 2：斯凯尔德复合技术公司的白色骑士 2 号

白骑士 2 号（WK2）是由斯凯尔德复合技术公司（Scaled Composites）开发的双机身设计喷气推进货运飞机，由四个喷气发动机提供动力，每个机翼安装两个。飞机完全由碳-环氧制成，以减小结构重量，其翼展约为 43 m，是目前最大的全碳纤维飞机，布线系统也是碳纤维制成的，该飞机可用于运输斯凯尔德复合技术公司的太空飞船 2 号（Scaled Composites SpaceShip Two），除了提供太空边界飞行进行无重力和零重力航天员训练外，也可以进行货物运输。

14.9　示例 3：下一代发动机用 CMCs

GE 航空和斯耐克玛（Snecma）合资企业 CFM 国际开发的 LEAP 发动机（见图 14 - 10）是一种革命性的新一代喷气发动机，复合材料整流罩、碳环氧树脂的风扇叶片和风扇机匣的使用可减重超过 200 kg 以上，叶片数量从 36 个减少到 18 个，这些叶片使用树脂传递模塑工艺由碳-环氧 3D 机织织物预制体制造。这是第一台带有静态涡轮罩环的喷气发动机，该罩环由碳化硅基体中植入碳化硅纤维制成的难熔 CMCs 制造，并且涂覆有热膨胀涂层，工程师现在已经成功地测试了一台 GENx 演示机的喷气式发动涡轮内部由 CMCs 制造的转动零部件。

在喷气发动机的高温部分 CMC 的使用是喷气推进的突破，CMC 的密度是金属合金的三分之一，轻质 CMC 构件可降低发动机的整体重量，提高燃油效率，CMC 的高温性能极大地提高了发动机的性能和耐久性。

图 14 - 10　CFM 的 LEAP 发动机 CMCs 概貌

(摘自：http：//www.cfmaeroengines.com/engines/leap)

14.10　结　语

航空航天结构件采用先进复合材料设计是一个多学科行为，材料、结构和制造工艺之间有强的相互影响，复合材料体系的多样性使材料工程在复合材料设计过程中起重要作用，多学科优化对于有效设计和复合材料结构件制造至关重要。由于复杂的失效机理且要求基于正确的数学模型的充分分析，确保复合材料结构件的损伤容限是一个挑战，材料数据的不确定性和环境因素需要概率方法进行分析。航空航天结构件的案例研究和示例表明，设计策略和制造技术的创新与强大的计算设计仿真工具相结合，可以成功缩短交货时间并降低使用先进复合材料开发优质复合材料结构件的成本。

参 考 文 献

[1] Backman, B. F. , 2005. Composite Structures, Design, Safety and Innovation. Elsevier Ltd, UK.

[2] Bailie, J. A. , Ley, R. P. , Pasricha, A. , 1997. A Summary and Review of Composite Laminate Design Guidelines. NASA Contract NAS1 - 19347. Hampton, Virginia.

[3] Chamis, C. C. , December 2006. Probabilistic Design of Composite Structures, NASA/TM - 2006 - 214660. NASA, Washington, DC.

[4] Chawla, K. K. , 2013. Composite Materials: Science and Engineering, third ed. Springer, New York.

[5] Eckold, G. , 1994. Design and Manufacture of Composite Structures. Woodhead Publishing Limited, Cambridge, England.

[6] Gay, D. , 2015. Composite Materials: Design and Applications, third ed. CRC Press, Boca Raton, FL, USA.

[7] Harris, B. (Ed.), 2003. Fatigue in Composites. Woodhead Publishing and CRC Press LLC, Cambridge, UK.

[8] Kassapoglou, C. , 2010. Design and Analysis of Composite Structures. John Wiley & Sons, Ltd, Chichester, UK.

[9] Kollar, L. P. , Springer, G. S. , 2003. Mechanics of Composite Structures. Cambridge University Press, Cambridge, UK.

[10] Long, M. W. , Narciso, J. D. , June 1999. Probabilistic Design Methodology for Composite Aircraft Structures, DOT/FAA/AR - 99/2. Federal Aviation Agency, Washington, DC.

[11] Mallick, P. K. , 2007. Fiber - Reinforced Composites: Materials, Manufacturing and Design, third ed. CRC Press, Boca Raton, FL, USA.

[12] Niu, M. C. Y. , 1988. Airframe Structural Design. Conmilit Press Ltd, Hong Kong.

[13] Tsai, S. W. , 1992. Theory of Composites Design, Think Composites, USA.

[14] Zagainov, G. I. , Lozino - Lozinsky, G. E. , 1996. Composite Materials in Aerospace Design. Springer - Sciencet+Business Media, B. V, Dordrecht, Netherlands.

第 15 章 航空航天工程先进复合材料质量控制和检测方法

Z. Fawaz

（瑞尔森大学，加拿大安大略省多伦多）

15.1 绪论

一般航空航天结构件，尤其是用于商用飞机建造的要遵守严格的规章制度，以确保其在整个寿命期内的可靠性和耐久性，结构完整性一词通常用于将可靠性和耐用性与经济考虑起主要作用的更全球化的环境联系起来。全球背景的一部分与制造商为验证材料的物理和机械性能而采取的措施有关，因此也与航空航天器制造中使用的结构有关。该确认活动是整个质量保证过程的组成部分，要求确保航空航天设备的结构完整性。航空航天应用的先进复合材料其本质决定了其独特的质量控制过程，这个过程从选择复合材料的成分和基础构件的加工开始，通常以聚合物树脂中预浸渍纤维层的形式，也就是预浸料。从这些基本构件中固结零件和结构，称为固化周期或固化过程，这就指出另一个细致的质量控制承诺，以确保终端产品满足预期使用的严格的质量要求，为了这个目的，破坏性和非破坏性试验在鉴定过程的各个阶段都要进行。

本章 15.2 节介绍了从组成材料控制到过程控制和最终的零件固结控制的每个制造过程阶段不同的质量控制措施的总体情况，在先进航空航天复合材料的背景下，这个质量控制措施主要指热压罐固化监测和控制。

15.3 节讨论了确认先进复合材料机械性能所采用的各种破坏性试验和相应的试验标准，无损检测（NDT）方法在 15.4 节中进行了讨论，最后，15.5 节介绍了一些相关适航性考虑的概况，并在 15.6 节中对整章进行了总结。

15.2 质量控制

先进航空航天复合材料一词通常是指通过将高强度和高刚度连续纤维与各种聚合物树脂粘接并在规定的温度和压力周期下固结得到最终零部件的双材料（复合材料），质量控制过程开始于控制形成这种先进复合材料的原材料，即纤维和树脂。先进复合材料的整个制造过程始于从原材料中加工纤维和树脂，以获得航空终端产品应用所需质量的树脂和纤维，这就意味着加工后的纤维必须满足某些最低要求才能证明它们在强度和刚度方面合格，以及它们在诸如曝露在极端温度、湿度和化学品恶劣条件下保持这些所需性能的能力。同样，加工后的树脂也必须满足一定的最低要求以证明它们在高强度、模量、韧性、低收缩性、良好的耐化学性、最小的固化挥发份和工艺性良好方面是合格的。

组成原料随后转化为中间产品形式，通常是不同结构的预浸料，某些航空航天零部件由树脂直接注入纤维而不经过中间预浸渍步骤制成，所以，质量控制过程也取决于选择的工艺方法，每种方法都有其独特的控制要求。当然，对于航空航天应用，需要中间预浸渍产品形式（预浸料）的零件加工方法仍然是主要方法，这些预浸料然后被进一步加工获得完整的复合材料结构件。显然，整个质量控制过程必须考虑到成品的不同原料加工阶段的累积效应。

一旦原材料所有要求的性能已经确认，复合材料制造商的质量保证部门将进一步验证复合材料制造工艺是否符合工程工艺规范要求，后续章节将描述确保组成材料质量和控制制造过程的广泛活动。

15.2.1　材料质量控制

15.2.1.1　组成材料控制

对于航空航天复合材料，制造商将会规定组成材料的典型要求，其中包括材料检验程序和供应商控制，以确保复合材料结构件制造使用的组成材料符合原设备制造商的工程要求。复合材料制造商为验证所接收的组成材料的特点和性能而进行的试验必须是标准的，以确保生产零部件所用材料的特性与为确定该特定零部件或组件的设计允许值而进行的测试所产生的特性相同。

（1）树脂质量控制

树脂，或者更为一般地被称为复合材料中的基体材料，规定以最高质量保证标准生产，以取得先进航空航天复合材料的组成原材料资格。许多参数会影响树脂质量以及复合材料的性能和长期耐久性，这些参数包括它们的化学成分、物理状态和形态以及存在的杂质和污染物，必须进行测试以检验达到要求的质量，为此必须对单独树脂成分混合物、最终树脂产品进行末端测试，在进行的典型测试中，最重要的是获得树脂的凝胶时间、粘度和玻璃化转变温度的测试。凝胶时间测试提供了在给定的模塑温度下热固性树脂有效凝固到超过不能再被视为可使用的点所需时间的度量，测定树脂系统凝胶时间的各种标准化测试方法包括直接探测和使用凝胶计时器，以及美国材料试验协会（ASTM）出版物 ASTM D3532 中规定的方法，该方法用于获得从预浸带或片中挤出的树脂的凝胶时间。图 15-1 所示为一个典型的凝胶时间测试设备，在这个设备中，一个低扭矩、同步电机在催化树脂或弹性体中旋转一个特殊形状的搅拌器，当凝胶化发生时，阻力矩超过扭矩，马达停止，这时向停止时钟并激活闪光灯的电子电路发送信号，凝胶时间将显示在 LCD 显示屏上（QUALITEST）。测量树脂溶液粘度的测试方法包括 ASTM D1725 中描述的起泡时间法。最后，测定树脂的玻璃化转变温度有各种不同的测试标准，如 ASTM E1356。

（2）纤维质量控制

先进航空航天复合材料中使用了各种纤维类型，其中最常见的是碳-石墨纤维，主要由聚丙烯腈（PAN）碳化制成，它们具有高度各向异性的形态，导致其模量值在纤维轴向

图 15-1　典型的树脂凝胶时间测试仪

（摘自：QUALITEST，http：//www.worldoftest.com/gel-timer）

上的变化范围在 $100 \sim 800$ GPa 之间，横向上在 $10 \sim 30$ GPa 之间，碳纤维可以达到更高的模量值，但这需要不同的前驱体，如液晶中间相沥青。纤维除了在不同方向的模量外，强度也是主要的关注点，表 15-1（ASTM 国际）列出了一些纤维机械性能检测的标准测试方法，此外，检查纤维化学成分的化学测试也与表面分析测试（如电子和 X 射线光谱）一起进行。

（3）预浸料质量控制

预浸料可用于固化浸渍树脂的丝束、带、布或纤维毡片，需要对未固化的预浸料进行物理和化学测试，以确保材料粘附符合质量验收要求，并确定工艺参数。未固化预浸料质量验收要求的例子包括纤维和树脂含量、挥发份和水份、树脂流动性、凝胶时间和粘性的检测和确认。此外，预浸料质量控制规定对固化层压板进行测试，以确保性能结果密切匹配作为工程设计输入数据的性能，这些测试将在下一节进一步讨论。

一些适用于航空航天复合材料的标准测试方法简要列于表 15-1。

表 15-1　适用于航空航天器复合材料组成成份的代表性 ASTM 标准

测试标志	试验描述
C613-14	索氏萃取法测定复合预浸料组分含量的标准试验方法
D3529M-10	复合预浸料基体固体含量和基体含量的标准试验方法
D3530-97(2008)e2	复合材料/预浸料挥发物含量的标准试验方法
D3531/D3531M-11	碳纤维聚氧乙烯预浸料树脂流量的标准试验方法

续表

测试标志	试验描述
D3532/D3532 - 12	碳纤维氧化预浸料凝胶时间的标准试验方法
D3800M - 11	高模量纤维密度的标准试验方法
D4018 - 11	连续长丝碳纤维和石墨纤维丝束性能的标准试验方法
D4102 - 82(2008)	碳耐热氧化性的标准试验方法
D7750 - 12	热固性树脂固化行为的标准测试方法采用封装样品流变仪通过动态机械程序测定

15.2.1.2　采购物资控制

采购材料的质量控制措施的主要目标是确定符合工程要求，以确保最终所制造的零部件或结构件的结构完整性。某些材料的采购控制必须作为最低值设定，其中包括按名称和规格正确识别材料，并确保其包装和储存方式可以防止损伤和污染，还包括确认易腐材料、预浸料和胶粘剂出库时间在允许的储存期内，以及固化时间在允许的使用寿命期内。最后，采购控制包括在使用采购材料之前可能需要的任何验收和复验测试证明（《复合材料手册》，2002）。

15.2.2　过程控制

将预浸料片材加工成成品复合材料零件是一个多阶段的过程，包括按照特定的铺层顺序将片材铺设到模具、真空装袋、固化和后固化步骤，对于确保复合材料零件的高质量最关键的阶段可能是图 15 - 2 所示的铺层和真空装袋阶段，复合材料零部件的铺层必须在无污染物的洁净室中进行，并对温度和压力进行控制，这样的环境要求是为了防止预浸料片

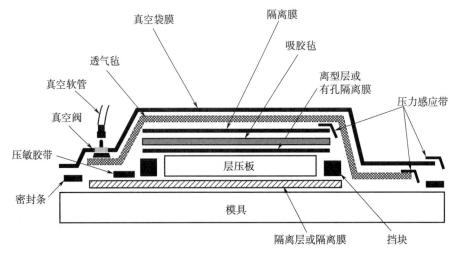

图 15 - 2　典型的真空装袋装置

（摘自：Carbonfiberguru，http：//www.carbonfiberguru.com/carbon - fiber - processing - part - 2 - of - 12 -%E2%80%93 - vacuum - bagging）

中的树脂在过热或过湿的情况下受到污染或降解，污染或降解将极大地影响所生产零部件的质量。铺层阶段的某些关键步骤或操作必须严格控制，这些关键步骤遵循标准的铺层过程，以在清洁的工具表面施用脱模剂开始，操作者必须确保工具表面清洁，并确认已在其上涂上脱模剂并完全固化，必须格外小心，以确保正在制造的零件按照每张工程图纸在严格的尺寸和定位公差内铺设。

　　然后，必须检查最终的预浸料铺层和堆放顺序，以确保符合工程图纸要求的层数和方向。制造商的文件应包含材料供应商信息、生产日期、批号、卷数和适用期总堆放时间；热压罐或烘箱压力、零件温度和时间；热压罐或烘箱负载数；零件和序列号（《复合材料手册》，2002）。

15.2.2.1　固化监测

　　一旦零件铺设完成，它就会被用真空袋包起来，准备热压罐固化。真空装袋步骤是另一个重要步骤，在此步骤中必须注意确保袋子的正确密封，并进行密切监测，以确保准确施加所需的真空压力。当真空袋包起来的零件被放进热压罐中时，固化开始，如图 15-3 所示，热压罐被设定施加规定的温度和压力周期，通常称为固化周期，纤维增强热固性复合材料的典型固化周期如图 15-4 所示。

图 15-3　真空袋装层压复合材料零件放置在大型热压罐中

（摘自：CompositesWorld. http://www. compositesworld. com/articles/fabrication - methods）

　　固化监测是将传感器放置在零件上或内部开始固化以获得诸如树脂粘度、凝胶水平和全部固化度的固化过程信息，通常，传感器还将提供零件上的直接压力以及温度和压实度信息。从固化监测传感器获得的信息可用于简单地获取零件固化数据，以确保满足规定的固化条件，有时候，从固化监测传感器获得的数据也可用于在固化周期间主动调整固化参

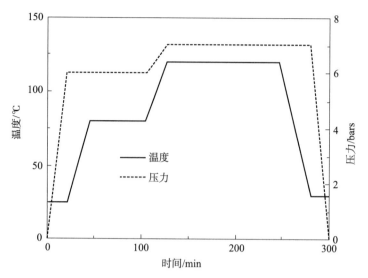

图 15-4　纤维增强热固性聚合物的典型热压罐固化周期

(摘自: Botelho, E. C., Silva, R. A., Pardini, L. C., Rezende, M. C., 2006. A review on the
development and properties of continuous fiber/epoxy/aluminum hybrid composites for aircraft structures.
Materials Research 9 (3), 247-256.)

数,后者要求固化监测传感器通过闭合反馈回路连接到热压罐的各种控制通道 (Schubel
等,2013)。

15.2.2.2　后固化确认

根据正在固化零件的影响程度,有时候专门的测试试板可与生产零件一起固化,随后
用于物理和机械性能验证,后者的要求与所生产部件的结构层次密切相关,用于飞行关键
结构的部件通常是此类要求的主体。验证所需的物理测试包括检验纤维体积、空隙含量和
层数,可能需要的机械测试包括 0°弯曲强度和模量以及短梁剪切强度。

与航空航天复合材料采购和制造相关的质量控制过程包括各种质量保证检查及原材料
和固化零部件的测试,这一切都始于材料供应商采取的质量保证措施,以及连同作为单独
材料的纤维和树脂的验证测试,预浸料供应商还将对复合预浸料材料进行各种检测和验
证。一旦采购,预浸料制造商将对被认为标准的材料进行检测和复验测试,实施过程控制
测试,并最终对成品进行无损检验测试,偶尔也会对成品选择破坏性测试,这些将在 15.3
节和 15.4 节中简要讨论。

15.3　破坏性试验

航空航天复合材料零件破坏性测试的需要源于一种严格的质量保证理念,这种理念承
认成品零件性能的变化可能性,这是这类先进材料所固有的。如前几节所讨论的,破坏性
测试的要求首先需要检验固化部件的基本机械性能,然后可能需要在实际的加载场景下对

成品进行测试，以确定在这样的模拟条件下其结构完整性，这方面的一个主要问题是，统计上的测试结果离散明显与这类材料相关，通常比金属材料的离散更为显著（《复合材料》，2012）。因此，问题就变成了知道制造出来的零件中有多少百分比能够满足规范要求，这个百分比越高越好，表示这个概念的数字被称为过程能力度量，通常，统计方法（如标准偏差）被用来建立与工程规范范围相比较的部件的测试结果范围，以供验收。

为评定产品符合性而规定的破坏性评价的试验设备和试验方法，包括描述试验设备校准的手段和频率以保持试验数据所需的准确性和可靠性的试验和评价程序。零部件和产品质量控制文件要求被建立成各种政府裁定的规范，比如美国联邦航空管理局（FAA）发布的《商用飞机联邦航空条例（FAR）》文件，第 21 部分（"产品和部件的认证程序"）是处理商用飞机质量控制文件要求的专门章节（联邦航空）。

15.3.1　破坏性试验方法

虽然对制造的复合材料结构件质量进行无损检测评估是首选的质量保证方法，然而，在许多情况下，仅靠无损检测技术可能不能满足质量保证，在这种情况下，制造商不得不采取破坏性试验来保证部件的结构完整性。有时，这种破坏性试验可能只涉及对零部件进行解剖，检查其微观结构，但更多的情况是对从零部件多余部分切割下来的试样进行机械试验，甚至对零部件本身进行全尺寸测试，这是指定的质量保证方法，是否进行破坏性试验的决定取决于无损检验（NDI）是否足以保证零件的质量，当 NDI 技术被认为不能满足质量保证的要求时，就要进行破坏性测试，这可以采取完整的零件解剖和随后的微观结构检查的形式。然后，这可以采取完整的零件解剖和随后的微观结构检查的形式，这通常是制造商在制造类似零部件或修正部分测试方面经验很少或没有经验时的要求。后者是首选方法，因为它保留了零部件并规定仅对其多余部分进行微观结构检查或机械测试。

15.3.1.1　微观结构检查

微观结构检查通常包括零部件取样，并在各种光学放大倍数范围内进行检查，放大倍数从几倍到数十万倍不等，较低的放大倍数通常与层数和铺叠顺序的验证有关，而较高的放大倍数则关注详细的微观结构细节，这些细节可能有助于弄清纤维与基体之间固化或粘合的均匀性。光学显微镜通常用于低到中放大倍数的要求，光学显微镜最高可达几千倍，如扫描电子显微镜（SEMs）这样特殊类型的显微镜可用于放大数十万倍，对于包括层数或铺叠顺序验证确认的复合材料部件质量保证，低放大倍率显微镜就足够了。然而，当涉及固化均匀度或成分之间胶粘剂验证时，通常需要更高放大倍率的检验，直至采用诸如 SEM 等先进技术进行检验，图 15 - 5 所示为在两种不同的放大倍数下的 SEM 输出图像。

无论需要多大的放大倍数，微观结构检查通常都包括从零件上切出样品，并在检查前以特殊的方法准备这些样品。在把样品放进显微镜之前，样品准备方法取决于显微镜检查的类型和水平，通常包括在把样品放进显微镜之前对其进行抛光并将其埋入透明的树脂模具（通常是环氧树脂）中。

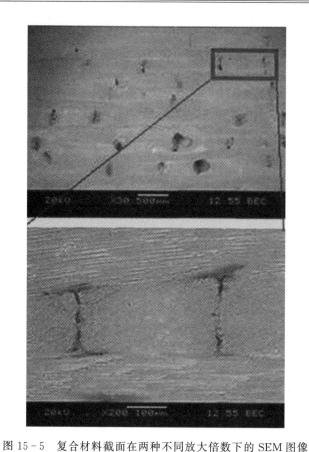

图 15-5　复合材料截面在两种不同放大倍数下的 SEM 图像

［FRAMES（Facility for Research on Aerospace Materials and Engineered Structures，
Ryerson University，Canada.）许可］

　　然而，在复合材料样品准备进行 SEM 检查的情况下，在检查之前通常需要增加准备步骤。在检测之前，样品通常要涂上一层非常薄的导电材料（通常是金），以防止电子填充，但是，涂层可能隐藏更精细的表面细节，因此不推荐用于非常高的放大倍数，但是，在大多数情况下，给扫描电镜样品涂层是经常进行的。

15.3.1.2　机械测试

　　一般情况下，只要部件的强度和刚度性能能被从与零件同时固化的整齐部分或单独的平板上分出的典型试片在各种加载条件下（包括拉伸、压缩、弯曲和扭转）通过机械测试得到验证，然后根据所找到的适用于机械性能类的测试标准的细节切割尺寸准备测试，表 15-2 列出了一些航空航天应用使用的复合材料类有关的标准。

表 15-2　典型的适用于航空航天复合材料的 ASTM 试验标准

测试标准编号	测试描述
D2344/D2344M-13	聚合物基复合材料及其层压板短梁强度的标准试验方法
D3039/D3039M-14	聚合物基复合材料拉伸性能的标准试验方法

续表

测试标准编号	测试描述
D3171 - 11	复合材料成分含量的标准试验方法
D3410/D3410M - 03(2008)	用剪切载荷对无支撑规格截面的聚合物基复合材料的压缩性能的标准试验方法
D3479/D3479M - 12	聚合物基复合材料的拉伸疲劳试验方法
D3518/D3518M - 13	通过±45°层压板的拉伸试验测定聚合物基复合材料的平面内剪切反应的标准试验方法
D3552 - 12	纤维增强金属基复合材料的拉伸性能的标准试验方法
D4255/D4255M - 01(2007)	用轨道剪切法测定聚合物基复合材料平面内剪切性能的标准试验方法
D5229/D5229M - 14	聚合物基复合材料吸湿性能和平衡调节的标准试验方法
D5379/D5379M - 12	V 形缺口梁法测定复合材料剪切性能的标准试验方法
D5448/D5448M - 11	环形缠绕聚合物基复合材料圆筒的平面内剪切性能的标准试验方法
D5449/D5449M - 11	环形缠绕聚合物基复合材料圆筒横向压缩性能的标准试验方法
D5450/D5450M - 12	环形缠绕聚合物基复合材料圆筒横向拉伸性能的标准试验方法
D5467/D5467M - 97(2010)	使用夹层梁的单向聚合物基复合材料的压缩性能的标准试验方法
D5687/D5687M - 95(2007)	带试样制备处理指南的平板复合材料板制备的标准指南
D6641/D6641M - 14	使用组合加载压缩(CLC)试验夹具测定聚合物基复合材料的压缩性能的标准试验方法
D6856/D6856M - 03(2008)e1	织物增强"纺织"复合材料试验的标准指南
D7028 - 07e1	用动态力学分析(DMA)测定聚合物基复合材料玻璃化转变温度(DMA T_g)的标准试验方法
D7078/D7078 M - 12	用 V 形缺口轨道剪切法测定复合材料剪切性能的标准试验方法
D7264/D7264 M - 07	聚合物基复合材料弯曲性能的标准试验方法

　　机械测试也要求用来表征复合材料层压板在广泛的不同载荷情况下的特性，以获得关于这种层压板的行为和性能的知识，这为它们在航空航天应用或其他应用中的选择铺平道路。还可能需要一个广泛的、包罗万象的测试程序来生成经验系数，这些系数构成了纤维增强聚合物材料的通用失效标准的一部分。由于复合材料层压板的性能在很大程度上取决于其构型，因此，理论上可能需要无数次试验才能完全描述所有可能的构型。

　　复合材料零部件或试样的机械测试既昂贵又费时，适用的测试标准通常要求有效的测试设备和辅助设备，而这些设备或许仅仅在高度专业化的实验室中才用到，准确性的需要和有助于结果重复性的动力要求测试设备频繁校准和适用于测试实验室的高质量控制标准。在评估实验室对复合材料进行机械测试的能力时，除了其他的，一个常见的质量保证标准是 ISO 17025。在 ISO 17025 中，两个主要的控制领域是管理和技术，管理控制主要涉及实验室质量管理体系的运行和有效性，而技术控制则主要与在实验室完成的试验和校准的正确性和可靠性有关。

15.3.2　应用实例

　　最常见的测试之一是一个被用来获得航空航天复合材料的面内拉伸性能的操作，比如纤维相关的不同方向上的模量和强度，这种测试的典型标准是 ASTM D3039，该标准描述了一个高模量纤维增强聚合物基复合材料面内拉伸性能的测试程序，与该标准相关的航空航天复合材料的形式是在连续纤维增强复合材料中薄片在测试方向上是平衡和对称的，图15-6描述了根据 ASTM D3039 准备用来测试的试片，图片中突出了使用的各种应变传感器，如应变仪、引伸计和光纤传感器。关于复合材料测试试样应变测量可能会遇到一些挑战，因为从常用的传感器（如应变仪）上很容易得到的局部应变可能与试样较大部分上获得的应变不同，通常带有可变仪器截面长度的引伸计被用来克服这一缺点。

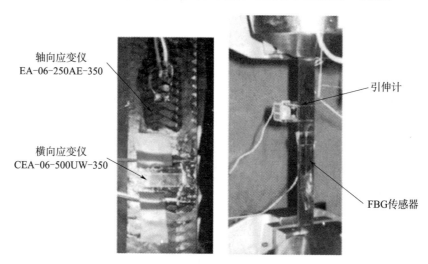

图 15-6　装有各种应变测量传感器的复合材料试验片（FRAMES 许可）

图 15-7 描述了复合材料试样试验的全部装备，此图说明了一个相当精致的测试装备，涉及多个硬件和软件组件。

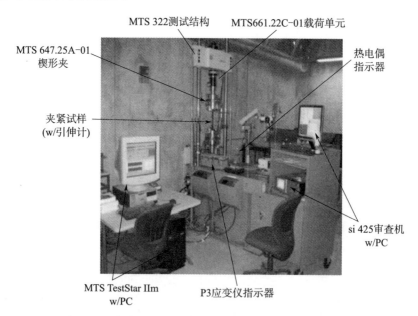

图 15-7　复合材料试样测试的全部装备（FRAMES 许可）

　　近年来，先进复合材料已被研究用于可能更高温度的应用，这个温度接近材料的玻璃化转变温度水平。为了达到这些目的，提出了直到温度远高于标准热固性聚合物所能容忍的温度可以保持其机械完整性的聚合物基体材料的高级形式。显然，与此类高温复合材料相关的验证和确认需要更成熟的测试能力，通常使用加热箱来获得均匀的温度能力以达到或超过所要的给定高温，高温测试环境排除了某些数据采集传感器的使用，仅限于那些专为高温应用而设计的传感器。如果试样夹持装置要封闭在加热箱中，则必须完全由耐热材料制成，这种情况如图 15-8 所示，如果在这种情况下意味着液压管路不得不暴露在高温环境中，则这种情况显然排除了使用液压驱动的夹具。

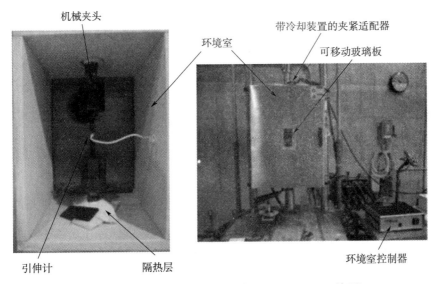

图 15-8　复合材料试样高温测试设置（FRAMES 许可）

　　破坏性测试既昂贵又耗时，然而，当单靠无损检测技术可能无法满足制造的复合材料结构件的质量保证时，常常要求进行破坏性测试。在这种情况下，制造商不得不采取破坏性试验来确保部件的结构完整性，少数情况下，此类破坏性试验可能只涉及对零部件进行解剖来检查其微观结构，但更多的情况是对从多余构件切下的试样进行机械试验或者构件自身进行全尺寸试验，这是规定的质量保证方法。有许多方法和试验标准可用于对复合材料零件进行破坏性评估，这些方法和标准的详细情况可在相关的 ASTM 标准中找到，如表 15-2 中列出的标准。

15.4　无损检测试验

　　与单片电路材料不同，由于其制造的本质和相关的人为错误因素，复合材料明显更容易出现缺陷和异常。一些形式的缺陷，如基体与纤维之间的弱粘或基体材料不均匀灌注导致贫树脂和富树脂区域，这些缺陷可能导致所制造的复合材料零部件的机械性能显著降低，因此，在航空工业强制规定的严格质量保证规定内对制造的部件进行例行检查，以确保它们没有任何可能导致不可接受的性能降级缺陷，这是极为重要的，如本章前面所讨论的，破坏性和非破坏性检测方法都被用来执行这种质量保证规定。由于明显的成本和时间方面原因，无损检测（NDI，也常称为 NDT）是首选的方法，NDT 技术不仅对制造部件的质量保证目的有用，而且可能更重要的是对服役部件的现场检查也有用，这个典型方法是在制造复合材料部件时，为了质量保证的目的，彻底使用各种经过验证的 NDT，然后在该部件的寿命期间依靠目视检查，如果通过目视检查发现服役期内的损伤或怀疑已经发生损伤，则使用一些适合于现场检查的 NDT 方法进行更彻底的无损检测。在所有情况下，NDT 方法的选择取决于组成材料、可疑或实际的损伤类型以及特定 NDT 方法的检测和量化所述损伤的能力。

适当的 NDT 技术允许快速检查，并使部分或整个结构返回服役，从而节省大量的时间和金钱。在日益增长的损伤容忍度设计理念下，航空航天结构件中损伤的精确评估所寻求的强大的 NDT 检测方法使得无损检测研究和开发活动显著增加（Hsu，2008）。

ASTM 将 NDT 定义为以不损害材料或部件未来的有效性和使用性的方式检查材料或构件来检测、定位、测量和评估不连续性、裂纹和其他缺陷，以及评估完整性、性能和成分并测量几何特征的应用技术方法。15.4.1 节介绍了复合材料零部件制造或在服役期间检查用于质量保证目的的最显著的 NDT 方法的总体情况。

15.4.1　常规 NDT 方法

类似于其他工业中使用的 NDT 技术，航空航天工业中所使用的 NDT 技术是基于使用诸如光、热、辐射、电磁、机械力或声波某种形式的能量来评估测试对象。下面简要介绍一些在航空航天工业中广泛使用的 NDT 方法，并举例说明其在复合材料中的应用。

15.4.1.1　光学 NDT

通常用于检测表面异常的最简单的检查方法之一是通过光学设备进行目视检查，如放大镜、管道镜、纤维内窥镜和视频内窥镜。目视检测通常仅对表面异常检测有效，要求的更彻底的检查需要通过更先进的 NDT 方法（Fahr，2014）。图 15-9 所示为用于检测飞机构件表面出现的裂纹和不连续性的目视检测示例。尽管由于其简单性和成本效率而成为首选，但对于通过光学方法检测复合材料零部件服役中损伤和/或已深入零部件内的不可见制造缺陷的有效性或许是有限的。

15.4.1.2　液体辅助渗透 NDT

液体辅助渗透无损检测通常用于发现和检查表面开口的缺陷，渗透材料通常含有两种或两种以上的染料，当这种染料暴露在紫外线辐射下时会发出荧光。ASTM 液体渗透测试的标准规程在 ASTM E1417 中有详细说明，液体渗透辅助的无损检测通常包括五个主要阶段：清洗测试表面；将渗透剂应用到测试部分；停留一定时间；从零部件上去除多余渗透剂；最后使用光学显微镜或射线照相等方法检查构件。使用射线照相的话，辐射通过测试物体并被投射在记录胶片上来研究测试物体的内部。辐射是以短波长的电磁射线（如 X 射线和伽马射线）或中子辐射的形式进行，诸如气孔、空腔、夹杂物或裂纹缺陷和内部不

图 15 - 9　目视检测飞机零部件上的裂纹

（摘自：Industrial NDT. http：//www. industrialndt. com/visual - testing. html. ）

完整性的存在影响通过测试物体的投放在胶片上或其他记录介质的辐射吸收量。

纤维增强复合材料中液体辅助渗透无损检测的应用必须小心谨慎，以确保液体渗透染料不会通过干扰基体、纤维或它们之间的粘接而导致性能降低。

15.4.1.3　超声 NDT 技术

超声 NDT 技术是基于对通过测试材料的由声波传播和反射所产生的信号的评估，适用的声波通常在一定的频率域内，该频域范围从 0.5 MHz 到 50 MHz。当复合材料构件的测试区域出现不连续时，一部分超声能量被反射回并被变频器接收，通常以电信号的形式显示在屏幕上。超声检测是航空航天复合材料无损检测最常用的方法之一，通常用于定位孔隙、裂纹和分层，以及进行厚度测量（Fahr 和 Charlesworth，1986）。

超声波检查结果通常以 A、B 或 C 扫描的形式呈现。在 A 扫描中，传输信号通常在示波器上以与信号振幅相对的通过构件厚度的信号传输距离的形式显示出来；B 扫描描述了测试区域的线性扫描结果，这个结果显示为缺陷回波和测试构件的外表面之间的时间间隔，该时间间隔是探针沿选定扫描线位置的函数；C 扫描表示法本质上是以彩色图形形式表示的 A 扫描位移与振幅信息相对的一个平面视图，其中不同的颜色代表不同的信号传播水平，相同的彩色图形表示相同的信号传输，因此没有缺陷或至少没有缺陷会影响信号传输。相反，图上颜色的变化表明存在影响缺陷或缺陷类型的信号（Fahr 和 Charlesworth，1986）。

15.4.2 先进 NDT 方法

由先进复合材料制成的航空航天结构的维护和检查对传统 NDT 技术提出了新的挑战，更先进 NDT 方法的引入以及现有 NDT 技术的优化是应对这些挑战的关键。在本节中简要介绍了一些主要用于航空航天工业更先进的和优化的 NDT 方法。

15.4.2.1 红外（IR）热成像技术

IR 热成像技术提供了在热激励下物体表面温度的非接触式测量，缺陷和不连续性的存在将影响与表面温度局部差异有关的热流，这些温度差异由 IR 相机检测通常生成一个被检查构件的彩色热成像图。

热成像主要有两种类型：被动热成像和主动热成像。被动热成像中，IR 相机简单地指向测试物体，并且物体正常使用期间的表面温度被监测（Montesano 等，2013）；主动热成像中，测试对象由光学、机械、热或电磁的外部源加热，并对产生的热特征响应进行分析（Riegert 等，2006），通过绘制表面温度分布图或监测温度变化速率的差异内部缺陷被显示出来。加热以短脉冲（脉冲热成像）的形式或以周期激励的形式（锁相成像）施加到测试零部件，这种激励可以通过光学方法或注入高功率超声来实现。图 15-10 所示为一个机械循环（疲劳）复合材料测试试样的 IR 热成像图，显示了分层开始区域。

图 15-10　复合材料测试试样 IR 热成像图显示顶部左侧分层开始区域（FRAMES 许可）

15.4.2.2　激光基超声技术

在这个技术中，被测物体表面的一个靶点通过脉冲激光加热，引起材料的一个快速热膨胀，依次产生应力波，这些波的频率与激光脉冲的产生时间有关，通过合适的脉冲持续时间可以产生超声波，类似于常规超声方法，这些超声波在遇到内部缺陷和不连续性时被反射，通过连续波激光干涉仪这些波引起的小位移可被目视检测（Fahr，2014），这种方法已成功用于检测复杂几何形状的复合材料零部件，如雷达罩、桁条、机翼和机身壁板，其速度可与平板上的传统 C 扫描系统（NDT）相媲美。图 15-11 所示为猎鹰 10 喷气机碳纤维增强聚合物（CFRP）机翼的激光超声 C 扫描。

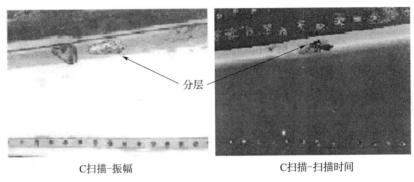

C扫描-振幅　　　　　　　　　　　C扫描-扫描时间

图 15-11　猎鹰 10 喷气机 CFRP 机翼激光超声 C 扫描

（摘自：Tretout，H.，1998. Review of advanced ultrasonic techniques for aerospace structures. In：ECNDT，Denmark）

15.4.2.3　激光错位散斑

在航空航天领域具有独特应用的更多先进 NDT 方法之一是激光错位散斑法，在该方法中，测试零部件表面受到来自激光源的光，并用错位干涉仪对相对于参考光束的反射光束进行横向剪切，这导致由电荷耦合器件（CCD）相机当时监控的物体产生剪切散斑图像，该 NDT 技术主要用于检测蜂窝芯材和 CFRP 或铝合金蒙皮制造的复合材料夹层结构板的冲击损伤。

NDT 已成为先进航空复合材料所遵循的全面质量保证理念和流程的重要组成部分。鉴于其独特的制造方法和固有的相关人为错误因素，复合材料更容易出现缺陷和异常，这可能对其结构完整性造成巨大损害。这个弱点通过这类材料固有的对小的和经常几乎不能或不可见服役损伤的灵敏性使之进一步复杂，如由那些相对低能量冲击造成的损伤。因此，具有足够的无损检测能力来准确及时地检测这些缺陷和损伤形式是至关重要的，目前的 NDT 技术虽然可以说相当先进，在研究和发展框架内已经足够，但仍然不够，而且没有为现场和维护类的检查充分优化。在这方面，便携性和检测速度仍然是面对航空航天复合材料 NDT 的主要挑战之一，因此，也是正在进行的 NDT 研究和开发工作的关键课题领域。

15.5　适航性的考虑

适航规则是国家管理的要求，这个规则管理航空工业产品，并且旨在确保飞行设备在整个预期服役寿命内的安全运行。在这里，一个关键的监管要求是确保飞行器在所有可能的飞行条件下的结构完整性，即使当那些非常不太可能的情况发生，足够的强度和刚度保持力可以确保航空航天结构件在所有可能的使用条件下的寿命，这是监管部门关注的主要领域之一。

从适航性的角度来看，在机身中使用先进的复合材料提出了独特的挑战。缺乏与金属对应物类似的长期经验，加上与先进复合材料的结构特性和属性相关的不确定性程度较高，需要特殊的适航考虑，如下面两小节中简要讨论的那样。

15.5.1　认证

各种政府管理机构，如联邦航空管理局（FAA）或联合航空管理局（JAA），除了一般规定外，还有专门针对复合材料结构认证的特殊规定，通常以咨询通告的形式提供针对复合材料结构件应用的规定和要求，特别是那些对维持飞机整体飞行安全实质性的规定和要求。典型地，FAA的咨询通告AC No：20-107B是包含了对复合材料飞机结构件的特殊规定（联邦航空管理局，2009）的文件，该通告讨论了一些与复合材料飞机结构适航性相关的问题，包括材料和制造发展、静态性能、疲劳、损伤容限和结构的空气弹性耐扰性、持续适航性和其他一些诸如防撞性和防火性的考虑因素。

15.5.2　设计许可

复合材料飞机结构件的设计考虑主要是考虑损伤容限要求，正如本章前面所讨论的，复合材料结构容易产生诸如基体与纤维之间的弱粘、纤维褶皱、气孔和分层缺陷，所有这些缺陷都可能在制造过程中产生，复合材料零部件在运输和装配期间可能遭受损伤，此外，低速撞击会对复合材料层压板或夹层结构造成几乎不可见但仍然严重的损伤，因此，损伤容限要求详细说明了带有初始缺陷或服役损伤结构的安全运行能力。如本章中所述，认证要求通常在政府的适航条例中给出，如联邦航空管理局的联邦航空法规（第23和25部分）及其咨询通告20-107B，这些规则规定的设计容限可归纳如下：

1）未损伤的结构件（1类损伤）以及可以等待修补的受损结构件（例如，可能容忍到定期维修的损伤）（2类损伤）必须安全地承受飞机的极限载荷加上50%的安全系数，也就是说，一个极限载荷的1.5倍，称为最终或设计载荷。

2）需要立即修复的损伤结构件（3类损伤）必须能够承受极限载荷。

3）遭受离散源损伤（4类损伤）的结构件必须承受70%的极限操纵载荷和40%的极限阵风载荷，并结合最大的适当舱压（Poe，1996）。在AC 20-107B中引证的一些4类损伤的例子包括发动机转子爆炸、鸟撞、轮胎爆炸和严重的飞行中冰雹。

　　关于受损的结构件，AC 20 - 107B 规定："最初可检测到的损伤程度应被确定，并与在制造和使用期间使用的检查技术一致。"服役检测优先选择简单、便宜的方法，如本章前面讨论的光学方法。

　　最后一种损伤称为 5 类损伤，是由异常地面或飞行事件造成的严重损害，因此，5 类损伤没有相关的损伤容限设计标准或相关的结构证明任务。图 15 - 12 为采用 AC 20 - 107B 提供的与各损伤类型相关的设计载荷水平示意图。

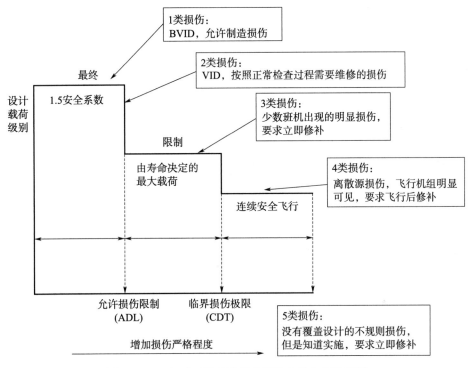

图 15 - 12　相对于损伤类型的设计载荷水平示意图

（摘自：Federal Aviation Administration：AC 20 - 107B - Composite Aircraft Structure，2009.

www. faa. gov/regulations _ policies/advisory _ circulars. ）

15.6　结　语

　　由于其独特的性质，用于航空航天应用的先进复合材料规定了一个相对独特的质量控制过程，该过程始于确保复合材料组成材料和预浸料满足航空航天工业的严格要求。从这些基本构建试块合并出的零部件和结构件规定了另一套质量控制措施来确保终端产品满足其预期用途的严格质量要求。本章介绍了这些质量控制措施，并深入研究了在鉴定过程不同阶段所进行的各种破坏性和非破坏性试验，最后对一些相关的适航性的考虑进行了简要讨论。随着先进复合材料的使用在过去的 20 年左右继续以非常快的速度激增，它们的质量控制方法和过程将继续发展。因此，本章所介绍的内容将作为一个起点，这将有助于为更深入地理解这个非常重要的主题奠定基础。

参 考 文 献

［ 1 ］ ASTM International. http：//www. astm. org/Standards/composite - standards. html.

［ 2 ］ Botelho, E. C. , Silva, R. A. , Pardini, L. C. , Rezende, M. C. , 2006. A review on the development and properties of continuous fiber/epoxy/aluminum hybrid composites for aircraft structures. Materials Research 9 （3）, 247 - 256.

［ 3 ］ Composite Materials Handbook, MIL - HDBK - 17 - 3F. Quality Control of Production Materials and Processes, vol. 3, 2002 （Chapter 3）.

［ 4 ］ Composite Materials Handbook CMH - 17. Polymer Matrix Composites: Guidelines for Characterization of Structural Materials, vol. 1, 2012. SAE International, ISBN 978 - 0 - 7680 - 7811 - 4.

［ 5 ］ CompositesWorld. http：//www. compositesworld. com/articles/fabrication - methods.

［ 6 ］ Fahr, A. , Charlesworth, A. M. , 1986. An Introduction to the Ultrasonic C - Scan Inspection of Advanced Composite Materials. NRC Report: LTR - ST - 1602.

［ 7 ］ Fahr, A. , 2014. Aeronautical Applications of Non - destructive Testing. Destech Publications, Inc.

［ 8 ］ Federal Aviation Administration: AC 20 - 107B ——Composite Aircraft Structure, 2009. www. faa. gov/regulations _ policies/advisory _ circulars.

［ 9 ］ Federal Aviation Regulations Part 21. http：//www. faa - aircraft - certification. com/far - 21. html.

［10］ Hsu, D. K. , 2008. Nondestructive inspection of composite structures: methods and practice. In: 17th World Conference on Nondestructive Testing, October 25 - 28, 2008, Shanghai, China.

［11］ Industrial NDT. http：//www. industrialndt. com/visual - testing. html.

［12］ Montesano, J. , Fawaz, Z. , Bougherara, H. , 2013. Use of infrared thermography to investigate the fatigue behavior of a carbon fiber reinforced polymer composite. Composite Structures 97, 76 - 83.

［13］ Poe Jr. , C. C. , 1996. Residual Strength of Composite Aircraft Structures with Damage. In: ASM Handbook, Fatigue and Fracture, vol. 19. ASM International, pp. 920 - 935.

［14］ QUALITEST. http：//www. worldoftest. com/gel - timer.

［15］ Riegert, G. , Pflleiderer, K. , GerHard, H. , Solodov, I. , Busse, G. , 2006. Modern methods of NDT for inspection of aerospace structures. In: ECNDT.

［16］ Schubel, P. J. , Crossley, R. J. , Boateng, E. K. G. , Hutchinson, J. R. , 2013. Review of structural health and cure monitoring techniques for large wind turbine blades. Renewable Energy 51, 113 - 123.

［17］ Tretout, H. , 1998. Review of advanced ultrasonic techniques for aerospace structures. In: ECNDT, Denmark.

第 16 章　结语和未来趋势

S. Rana，R. Fangueiro

（米尼奥大学工程学院，葡萄牙吉马良斯）

16.1　总结

纤维增强复合材料（FRPs）在军用和民用飞机、空间飞行器和卫星航空航天应用中被广泛应用，导致航空航天结构件中复合材料的应用大幅增长，该材料的主要特点是其轻质、比强度和比刚度高，以及根据结构和功能要求适应其外形的能力。在不久的将来，FRPs，特别是碳纤维增强复合材料，将占飞机结构件重量的 50% 以上。

不同类型的先进纤维体系结构［二维（2D）和三维（3D）机织织物，针织物和编织物］已被开发并且用作复合材料的预成型体。3D 纤维体系结构包含厚度方向改善复合材料 z 向性能的纱线，但以降低面内机械性能为代价，因此，尽管定向（DOS）2D 纤维体系结构已被广泛应用于航空航天领域，但 3D 纤维体系结构在航空航天工业也有着极好的前景。同样，夹层结构复合材料通过结合更高强度的蒙皮和轻质芯材得到发展，由于其轻质、平面内和抗弯刚度高，在航空航天应用中具有很大的潜力，目前，夹层结构复合材料已经应用于商用飞机机身，夹层结构复合材料采用面芯一体化先进 3D 夹层结构纤维体系结构解决分层问题，或许在航空航天零部件未来的应用中是有利的。

金属基复合材料和陶瓷基复合材料（分别为 MMCs 和 CMCs）也是航空航天结构零部件的极好材料，它们具有诸如断裂韧性高、延展性好、强度和刚度高、耐高温、耐火等优点，然而，这些复合材料在尺寸、形状、空间分布状态和组分性能方面都是高度不均匀的系统。因此，为了在航空航天工业中成功应用 CMCs 和 MMCs，必须发展可靠的模拟和仿真技术来预测用这些复合材料制造的结构零部件的结构行为和各种性能。

编织复合材料具有几个有利的性能，这些有利性能使其在包括航空航天工程许多先进应用中具有很大的吸引力。这些性能包括高剪切及抗扭强度及刚度、高横向强度和模量、高损伤容限和疲劳寿命、缺口不敏感性、高断裂韧性及开发复杂和近净成型复合材料的可能性。火箭喷管、风扇叶片壳体、飞机螺旋桨、定子叶片等都是用编织复合材料制成的航空航天结构零部件。

拉胀复合材料是一种具有负泊松比的新型复合材料（即在承受纵向载荷时，它们在横向方向上伸展），它们具有高剪切模量、同向曲率、高阻尼、高断裂韧性、抗裂纹扩展能力强、能量吸收能力强等优点，考虑到这些特性，通过在这一领域的进一步研究和发展，它们在飞机结构中的应用是非常有前景的。

　　纳米技术已经使设计具有增强功能和新功能的智能和高性能材料成为可能，纳米材料在复合材料中的广泛应用是由于其高比表面积带来的良好界面和增强效率，同时引入像导电性和导热性、电磁屏蔽、自感应能力、气体阻隔性能、防火性能等新的特性。在航空航天部门，主要使用纳米粘土、碳纳米管（CNTs）和金属纳米颗粒增强复合材料。纳米复合材料最近在航空航天工业宣布的应用是 CNT 复合材料在翼尖整流罩中的应用。

　　多尺度复合材料也是近年来发展起来的一类特殊的纳米复合材料，这些复合材料本质上是混杂的，包含不同长度尺度（宏观、微观或纳观）的增强体。针对像航空航天的先进应用，在常规复合材料中引入像碳纳米管、碳纳米纤维、纳米粘土、金属纳米颗粒等或将它们结合在纤维表面或分散在基体中的多尺度复合材料已经得到发展。与传统复合材料相比，多尺度复合材料给出了提高的面内机械性能和较高的断裂韧性、冲击性能、抗疲劳性能、热稳定性及在纳米复合材料中观察到的许多其他性能。多尺度复合材料可以使用任何类型的纤维和基体系统及利用广泛的纳米材料来制造，达到优异的性能，因此，它们被期望成为未来航空航天应用材料。

　　自感应复合材料对于航空航天结构零部件执行应变和损伤的连续监测是非常有用的。这些复合材料可以通过检测早期阶段的损伤，大大提高航天结构件的安全性并减少维修。航空航天应用的不同类型自感应复合材料包括连续碳纤维-聚合物基复合材料、短碳纤维复合材料、混杂碳纤维-碳颗粒复合材料、碳纤维-玻璃纤维复合材料、玻璃纤维-碳纳米管复合材料等。在载荷条件下电接触点的变化是引起这些复合材料电阻率变化的主要原因，应变和损伤通过测量复合材料表面电阻率（用于感应弯曲引起的损伤）或体积电阻率（用于感应纤维断裂的纤维方向变化，或用于感应分层的厚度方向变化或用于感应纤维断裂和分层的斜向变化）而被感应。

　　航空航天结构件提高安全性和降低维护成本的另一种创新型材料是自愈合复合材料，自愈合复合材料可以使用复合材料结构中的愈合剂（在微胶囊、中空纤维或毛细血管网络中）进行损伤自动修补。裂纹的开始或生长打破了愈合剂容器，因此导致愈合剂释放，在无外来干涉的情况下裂缝被自动修补。相反，一些自愈合机制是通过诸如加热、压力、辐照等外界激励来进行的，如热塑性塑料愈合剂和可逆物理和化学相互作用。因此，自感应特性可以被用来检测损伤并激活自愈合机制，从而，自感应、自愈合复合材料可以被设计和开发来为航空航天应用提供高度安全、耐用和低维护性材料。可以利用这些复合材料来恢复复合材料的各种性能，包括疲劳、冲击、阻隔和耐腐蚀性等。

　　碳-碳复合材料是航空航天应用的极好材料，并且已经应用在航天工业再入防热大底、火箭喷嘴及诸如副翼、密封件、衬套、叶片和尾锥等燃气涡轮发动机零部件中。它们在非常高的温度下具有保持机械和物理性能的能力，高度的韧性和惰性以及轻质是它们的非凡特性，这使得它们非常适合于航空航天应用，然而，制造工艺的高成本和低效率是制约其在飞机和其他应用中广泛使用的技术挑战。

　　质量控制是复合材料在航空航天领域应用的重要要求之一，这个领域要求高安全性。航空航天级复合材料质量控制的不同步骤包括纤维特性（密度、机械性能、耐热氧化性、化学成分分析、电子和 X 射线光谱等）、预浸料（纤维和树脂含量的测定和验证、挥发物和水分含量、树脂流动性、凝胶时间和粘度等）、制造过程（固化监测）、固化后验证（纤维体积、空隙含量、层数和机械性能）以及通过无损检测（NDT）测试（光学 NDT、辅助液体渗透 NDT、超声波 NDT、红外热成像、激光超声技术等）的结构件、各种破坏性试验方法（纤维含量测定、扫描电子显微镜微观结构表征、诸如拉伸/压缩/剪切等机械测试）、湿气吸收等，这些质量控制和特性描述过程应严格遵循航空航天工业使用的规范或标准。

16.2　结语和未来趋势

综上所述，几种类型的复合材料（即层压复合材料、夹层结构复合材料、编织复合材料、碳–碳复合材料、纳米复合材料等）已经用于不同的航空航天应用，且能够看到航空航天工业中复合材料使用的实质性增长。此外，诸如拉胀复合材料、多尺度复合材料等新开发的复合材料在航空航天应用中有着巨大的前景，并将在未来得到广泛应用。然而，在航空航天应用中复合材料广泛利用的主要挑战仍然是这些材料的供应和可靠性，大量的研究和开发来改进新型复合材料的制造工艺以在较低成本下获得更好的质量是非常实质性的工作。由于航空航天材料应提供高安全性，在航空航天结构件中复合材料生产和使用的不同阶段应该采取严格的质量控制措施。为了减少对破坏性表征技术的重视，改进现有的模拟和仿真工具并为新近开发的复合材料开发新的方法也是非常实质性的工作。现有 NDT 方法的改进也是必要的。还应努力改进修补技术，以减少修补时间和成本。另外，重点应放在发展可靠的自感应和自愈合技术上，以降低维修费用和提高航空航天结构的使用寿命和安全性。不过，可以预见的是，在未来的航空航天结构中，在材料、结构和性能方面具有巨大灵活性的复合材料将取代金属零部件。

扩展阅读

［1］ Cranfield，P. E. ，Soutis，C. ，2014. Polymer Composites in the Aerospace Industry. Woodhead Publishing.

［2］ Mouritz，A. ，2012. Introduction to Aerospace Materials. Woodhead Publishing，Elsevier.

［3］ Rana，S. ，Fangueiro，R. ，2015. Braided Structures and Composites：Production，Properties，Mechanics，and Technical Applications. CRC Press.

［4］ Rana，S. ，Fangueiro，R. ，2016. Fibrous and Textile Materials for Composite Applications. Springer.

［5］ Zagainov，G. I. ，Lozino - Lozinski，G. E. ，1996. Composite Materials in Aerospace Design. Springer.

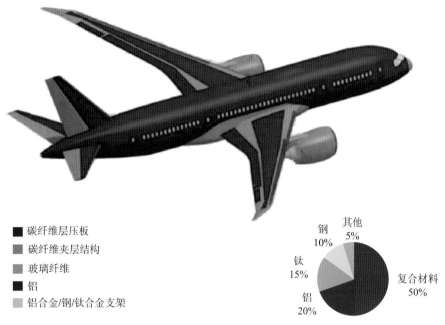

■ 碳纤维层压板
■ 碳纤维夹层结构
■ 玻璃纤维
■ 铝
■ 铝合金/钢/钛合金支架

其他 5%
钢 10%
钛 15%
铝 20%
复合材料 50%

图 1-2　复合材料在波音-787 梦幻客机上的使用情况（Brown，2014）（P2）

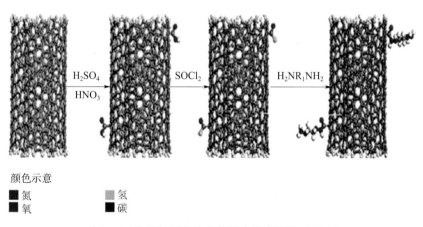

颜色示意
■ 氮　　■ 氢
■ 氧　　■ 碳

图 9-6　纳米材料改进分散行为的官能团（P231）

（摘自：Sharma，K.，Shukla，M.，2014. Three-phase carbon fiber amine functionalized carbon nanotubes epoxy
composite：processing，characterisation，and multiscale modeling. Journal of Nanomaterials 2014，1-10.）

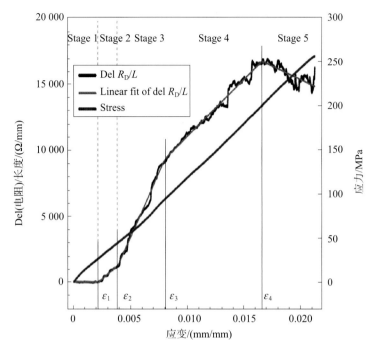

图 9 - 19　3D 编织多尺度复合材料中电阻随着拉伸应力变化（P244）

（摘自：Kim，K. J.，Yu，W. R.，Lee，J. S.，Gao，L.，Thostenson，E. T.，Chou，T. W.，Byun，J. Y.，2010. Damage characterization of 3D braided composites using carbon nanotube-based in situ sensing. Composites Part A：Applied Science and Manufacturing 41（10），1531-1537.）

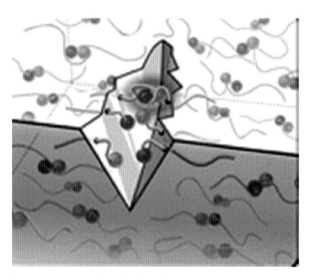

图 11 - 3　内在自愈合方法（Blaiszik et al.，2010）（P287）